算法的乐趣

（第2版）

王晓华◎著

人民邮电出版社

北　京

图书在版编目（CIP）数据

算法的乐趣 / 王晓华著. -- 2版. -- 北京 : 人民
邮电出版社，2023.4
　　（图灵原创）
　　ISBN 978-7-115-61205-2

　　Ⅰ．①算… Ⅱ．①王… Ⅲ．①算法语言－程序设计
Ⅳ．①TP312

中国国家版本馆CIP数据核字(2023)第030857号

内 容 提 要

　　本书从一系列有趣的生活实例出发，全面介绍了构造算法的基础方法及其广泛应用，生动展现了算法的趣味性和实用性。书中介绍了算法在多个领域的应用，如图像处理、物理实验、计算机图形学、数字音频处理、机器学习等。其中，既有各种大名鼎鼎的算法，如神经网络、遗传算法、离散傅里叶变换算法、KNN、贝叶斯算法，也有不起眼的排序和概率计算算法。本书讲解浅显易懂而不失深度和严谨，对程序员有很大的启发意义。书中所有示例都与生活息息相关，淋漓尽致地展现了算法解决问题的本质，让你爱上算法，乐在其中。本书在第1版的基础上新增了图像处理算法、游戏开发中检测碰撞常用的分离轴（SAT）算法、垃圾邮件过滤相关的算法、中文分词算法、限流算法、手写数字识别和变声器等，进一步提升趣味性。

　　本书适合软件开发人员、编程和算法爱好者以及计算机专业的学生阅读。

◆ 著　　　　王晓华
　　责任编辑　王军花
　　责任印制　胡　南

◆ 人民邮电出版社出版发行　　北京市丰台区成寿寺路11号
　　邮编　100164　　电子邮件　315@ptpress.com.cn
　　网址　https://www.ptpress.com.cn
　　北京隆昌伟业印刷有限公司印刷

◆ 开本：800×1000　1/16
　　印张：27.25　　　　　　2023年4月第2版
　　字数：608千字　　　　　2023年4月北京第1次印刷

定价：109.80元
读者服务热线：(010)84084456-6009　印装质量热线：(010)81055316
反盗版热线：(010)81055315
广告经营许可证：京东市监广登字 20170147 号

前　　言

本书的起源可以追溯到十几年前我博客里的"算法系列"专栏。当时写这个专栏可不是为了蹭"算法"这个热点，因为那时候"算法"不像现在这么"热"，而仅仅是为了在枯燥的编码工作之外寻找一些乐趣。每当一个有趣的问题被解决之后，我就将其记录到博客中，以便乐趣能长久回味。没想到我的这个举动影响了很多人，以至于这个专栏在某一年还被读者们票选为该博客网站的十大优秀专栏之一。读者们热情的反馈让我意识到大家"苦算法之枯燥久矣"。如果能从趣味性入手，吸引大家玩算法、了解算法，改变大家对算法的片面认识，让更多人也能够运用算法定义自己遇到的问题并解决它们，将是一件很有意义的事情。于是，本书的第 1 版诞生了。

如今"算法"成了一个热点，然而更热的是以面试大厂为目的的各种算法培训班。但是我依然坚信，突击各种算法题目和到 LeetCode 刷题都只是权宜之计，通过了解算法的实现原理，打开思路，为今后解决实际问题积累经验才是玩算法的真正意义。前段时间，我为一家开发 3D 打印设备的公司设计了一个多激光器的优化分配算法，该算法的目的是确保每台激光器在每层的打印时间分配均匀，以便最有效地减少打印时间。由于各层向量在自动分配的过程中会导致激光器的跳跃距离发生很大的变化，使得大家习以为常的预先计算平均值，然后参考平均值进行分配的方法根本行不通，分配时间与实际平均值偏差很大。此时我想到了股票领域的"自适应平均值算法"，那是一种对随机出现的离散数据进行统计分析的算法。参考这个算法的思想，我设计了针对激光器加工时间的特殊自适应平均值算法，不仅时间分配更接近实际平均值，还省略了为计算理论平均值而预先统计加工时间的步骤，提高了算法效率。

我个人将算法的应用分为三类：第一类是针对特定问题的特殊算法，第二类是由特定理论支持的原理性算法，第三类是需要具体问题具体分析的算法。第一类算法的应用基本上就是扩大知识面，需要知道什么问题对应什么解决方案，应用时也只需关注各种算法实现的性能。典型的例子有解决稳定匹配问题的 Gale-Shapley 算法、天文与历法相关的算法、计算机图形学中的常见算法等。第二类算法的应用需要能将算法原理与具体问题的数学模型相结合，实现具体的算法代码。典型的例子有数值分析领域里的各种梯度算法、傅里叶变换算法、遗传算法等。比如将图像数据转换成灰度值矩阵，然后用拉普拉斯梯度算法计算灰度值矩阵的梯度值，可以实现图像清晰度的判断；而换一种数据模型，又可以用于图像中轮廓的识别和提取。再比如对声音数据建模，将其离散化后与离散傅里叶变换算法配合，完成从时域到频域的转换，可以实现音频声调的变化；如果将其应用于图像数据模型，又可以通过在频域过滤高频噪声，实现图像的降噪。第三类算法面向生产、生活中遇到的各种非典型问题，你先遇到了，就得解决，没有现成的方案可参考。此类问题如果解决得好，提出了针对性的高效算法，形成了针对特定问题的特定算法，通常可转化为第一类算法。

　　软件开发人员日常遇到的基本上都是第三类问题，应对这类问题除了需要熟练掌握各种常用的基础算法外，还需要了解算法设计的常用思想和模式，并且掌握将抽象的问题转换成数据模型，并进一步用数据结构实现数据模型的方法。而这些经验需要长期积累，但是研究算法比较枯燥，常常让人半路放弃，从入门到放弃仅一步之遥。

　　实际上，算法并不都是枯燥的，在生活中，凡是有乐趣的地方就有算法。在历法计算的章节里，你会看到霍纳法则（Horner's rule）的使用和求解一元高次方程的牛顿迭代法；音频播放器界面跳动的频谱，背后是离散傅里叶变换算法；RSA 算法的光环之下是朴实的欧几里得算法、蒙哥马利算法和米勒–拉宾算法；华容道游戏求解的简单穷举算法中蕴藏着对棋盘状态的哈希算法。本书挑选的算法例子都围绕“趣”字展开，都是简单且在生活中常见的算法，可能有些是你还没有意识到的。我上学的时候曾经做过一个 MP3 播放器程序，你可能觉得这主要就是利用一些音频解码算法。当然，这个是主要部分，但是一个功能完整的播放器程序还用了很多你想不到的算法：为了增加频谱显示和均衡器功能，使用了离散傅里叶变换算法；为了计算频率功率谱，使用了加权平均值算法；为了匹配硬件输出设备与解码算法的性能差异，需要一个有多个缓冲区的队列管理音频数据块，这就引入了滑动窗口算法；为了提供按照专辑名称或作者名称排序的功能，使用了快速排序算法；为了平滑均衡器调节对音频的影响，使用了三次样条插值算法；为了在切换歌曲时压制刺耳的杂音（通过填充一些舒适噪声的方式实现），还使用了正弦信号发生器算法。是不是很有趣？

　　相较于第 1 版，第 2 版做了如下更新：将第 1 版的第 1 章、第 2 章和第 3 章内容替换成有趣的图像处理算法、游戏开发中检测碰撞常用的分离轴（SAT）算法和垃圾邮件过滤相关的算法。将趣味性不强的第 4 章、第 10 章、附录 A 和附录 B 替换成中文分词算法、限流算法、手写数字识别和变声器等内容。同时对第 15 章进行了比较大的修改，对滑动窗口的介绍补充了具体的算法实现。

　　本书各章内容概括如下。

　　第 1 章：介绍图像处理常用的几个有趣算法，比如图像二值化、清晰度判断、轮廓提取等，最后用一个有趣的模拟飘雪效果的例子演示轮廓提取算法的作用。

　　第 2 章：介绍分离轴算法，这是游戏中碰撞检测的支撑。

　　第 3 章：介绍贝叶斯分类算法，最早的一批垃圾邮件过滤算法都是基于这个理论实现的。

　　第 4 章：介绍一种最简单的中文分词算法，做任何中文处理都绕不开分词算法。

第 5 章：解决 3 个水桶等分 8 升水的问题的有趣实现。

第 6 章：解决妖怪与和尚过河问题的有趣实现。

第 7 章：解决稳定匹配与舞伴问题，两个算法的设计者还因此获得了诺贝尔奖。

第 8 章：介绍爱因斯坦的思考题。

第 9 章：介绍图的拓扑排序算法，这可是各种项目管理软件中基本功能背后的支撑。

第 10 章：介绍限流算法的应用。

第 11 章：介绍与历法有关的各种算法，包括公历的星期计算、节气的精确时间计算、农历朔日的计算等。

第 12 章：介绍实验数据与曲线拟合，涉及数值计算中的几种曲线拟合算法。

第 13 章：介绍非线性方程与牛顿迭代法。

第 14 章：介绍计算几何与计算机图形学中的几个常见算法的原理。

第 15 章：介绍傅里叶变换算法，利用其实现音频频谱和均衡器。

第 16 章：介绍全局最优解与遗传算法，将算法原理与问题模型相结合解决具体问题。

第 17 章：介绍大整数计算相关的几个著名算法。

第 18 章：介绍 RSA 算法原理，以及用该算法实现加密与签名。

第 19 章：介绍数独游戏的自动求解算法。

第 20 章：介绍华容道游戏的自动求解算法。

第 21 章：结合一个图形演示程序介绍 Dijkstra 算法与 A*算法的原理。

第 22 章：介绍用 Pierre Dellacherie 算法自动求解俄罗斯方块游戏的有趣实现。

第 23 章：介绍棋类游戏中常用的有趣算法，比如博弈树搜索算法、置换表和哈希算法、各种剪枝和估值函数等内容。

第 24 章：介绍用 KNN 算法实现的一个简单的手写数字识别程序，这又是一个算法原理与具体问题相结合的应用实例。

第 25 章：结合 Stephan M. Bernsee 算法，介绍音频处理中声音变调的原理与实现。

再次重申一点，本书没有任何关于算法重要性的说教。当你阅读本书时，我希望你的反应是"啊哈，原来如此！"，或者是"嗯，有意思！"，并从中获得乐趣。本书几乎所有章节都有相关算法实现和功能演示的代码，读者可以到 GitHub（/inte2000/code_for_algo_book）或图灵社区本书主页下载使用。

致　　谢

　　本书的示例和思考来源于我多年的资料收集和面试题目，旨在通过现实生活中的有趣实例揭示算法的作用。本书内容来源于我博客中的算法专栏，在写作过程中，很多人给予了我无私的帮助，在此我要向所有帮助过我的人致以诚挚的感谢。

　　首先，感谢我的家人给予的无条件的支持，没有他们的理解和鼓励，本书将无法按时完稿。

　　其次，感谢图灵公司的各位编辑老师在本书策划和编写过程中给予的指导和帮助，感谢本书的排版老师让书中的图表更加清晰和规范，感谢封面设计师潘建永，其非凡的创意和优秀的设计让这本书锦上添花。

　　最后，我要感谢本书参考资料的所有作者，我已经尽力寻找所有资料的引用来源，但是仍有可能漏掉一些内容，对于没有提到名字的作者，我感到十分抱歉，但是仍然要感谢你们。

目　　录

第 *1* 章
图像处理的几个简单算法

用软件解决生活中遇到的问题，很多情况下会因为问题过于复杂，而无法在问题域直接建模并设计实现算法。因此，很多问题的解决思路是将问题转化到另一个知识领域，用那个领域的方法或原理设计算法。将问题转化到数学域是最常采用的路线，因为人类在数学域的研究比较成熟，有大量实践经验和定理可供参考，比如傅里叶变换和音频处理的算法。本章介绍几个常见的图像处理算法，其背后也是强大的数学原理。

1.1 灰度（灰阶）算法

现在的年轻人可能都没有见过黑白电视机，几十年前最早流行的都是黑白电视机，后来才有了彩色电视机。严格来说，不应该叫"黑白"电视机，应该叫"灰度"电视机，因为灰度图像和黑白二值图像还是有明显差别的。图 1-1 用著名的 Lena 照片直观地展示了二者的差异，虽然都失去了色彩，但是灰度图像比黑白二值图像保留了更多细节。

图 1-1　灰度图像和黑白二值图像的对比

灰度在很多资料里也常被称为灰阶（gray scale）。这里之所以要介绍灰度算法，是因为很多图像处理方法要用到数学领域的一些算法和原理，这些算法和原理的输入参数区间通常是某种一致的线性值范围。所以，将 RGB 表示的分量颜色转成用 0~255 表示的线性灰度值就成了最常用的一种转换思路，通过转换将人眼看到的一幅由离散的像素点组成的彩色图像转化成一个在 0 至 255 区间内的线性值的序列，然后使用相应的数学原理和公式对其进行计算处理。

1.1.1 平均值法

将彩色图像转成灰度图像的算法通常非常简单，原理基本上都是将多个彩色通道按照一定的规则转换成一个 256 阶灰度值，用 0~255 的值表达图像的明暗程度，0 表示黑色，255 表示白色。平均值法是一种比较简单的权重算法，其原理就是取 RGB 通道的平均值作为灰度值：

$$g = \frac{r+g+b}{3}$$

```
const double one_third = 1.0 / 3.0;

BYTE RGB2GrayAvg(BYTE r, BYTE g, BYTE b)
{
    return BYTE(r * one_third + g * one_third + b * one_third + 0.5);
}
```

1.1.2 最大值法

最大值法不考虑 RGB 通道上颜色分量之间的关系，总是取三个颜色分量中最大的那个值作为对应的灰度值，所以用最大值法得到的灰度图像一般比用其他方法得到的灰度图像"亮"一点（白的区域多一点），但是会丢失比较多的细节，通常在一些算法计算的预处理阶段用于粗略的估算。其计算方法是：

$$g = \max(r, g, b)$$

```
BYTE RGB2GrayMax(BYTE r, BYTE g, BYTE b)
{
    return std::max(r, std::max(g, b));
}
```

1.1.3 （经验）权重法

（经验）权重法是根据人眼对 RGB 三个颜色分量的敏感度，为每个颜色分量指定一个权重值，利用加权平均算法计算出对应的灰度值。这些权重系数可以根据图像的特点进行调节，一般使用以下标准化参数（下式也称心理学灰度公式）：

$$g = 0.3 \times r + 0.59 \times g + 0.11 \times b$$

```
BYTE RGB2GrayWeight(BYTE r, BYTE g, BYTE b)
{
    return BYTE(r * 0.3 + g * 0.59 + b * 0.11 + 0.5);
}
```

三种方法得到的结果对比明显，如图 1-2 所示。

图 1-2   三种灰度算法的对比效果

提到灰度算法，就不得不提一下灰度转彩色的算法，这个算法在现实中的应用就是老照片上色技术。从原理上说，上述三种灰度算法都损失了太多的颜色数据，无法根据灰度图像逆运算出彩色图像。最简单的转换算法就是所谓的"灰度级-彩色变换法"：定义一套从灰度值到三个颜色分量的转换关系，然后不管三七二十一，将灰度值转换成彩色值。可想而知，照片的内容千差万别，光线环境也各不相同，很难找到一种普适的转换关系。本章附带的 color 示例程序，就是使用一种在风景照片中常用的转换关系，对 Lena 的灰度照片进行逆转换，对此感兴趣的读者可以测试一下效果。除了"灰度级-彩色变换法"，还有各种滤波法和梯度法，但是它们都要根据照片内容反复调整很多参数，使用这种算法的软件一般内置了很多模板（参数集），供用户反复对比，选择一个最接近真实色彩的模板。近些年，随着 AI 技术的进步，由其辅助进行老照片上色的技术逐步替代老的转换算法，AI 技术的原理就是对海量的照片进行机器学习，根据学习结果，辅以一些光线追踪算法，对灰度照片进行色彩还原，目前看此类技术已经接近实用。

1.2   二值化（阈值）算法

彩色图像转灰度图像之后，已经可以用大多数支持线性运算的算法进行数据处理，但是仍有一些算法需要更进一步的二元参数域。比如本人曾参与过一款光栅图像矢量化软件的开发，矢量化识别需要将扫描的图纸转化成黑白二值图像才能处理。还有一些膨胀（线条加粗）算法或腐蚀

（线条变细）算法、文字识别算法、指纹识别算法，也都需要将图像二值化后才能处理。除此之外，一些图像处理功能的本质也是对图像进行二值化处理，比如轮廓图、雕刻效果，等等。

图像二值化的原理非常简单，就是将彩色图像转成灰度图像之后，再指定一个阈值，超过阈值的对应为亮点（白），低于阈值的对应为暗点（黑），从而将原图像转化成非黑即白的二值化图像。这就是使用全局阈值的二值化算法，其优点是简单，缺点是对于一些有大块暗区域的图像来说，如果阈值太大，暗区域就会成为一块黑斑；如果阈值太小，会造成亮区域变成一块白斑，丢失很多细节。我记得当年做二值化的时候，一直没办法解决阈值问题，不得不将图像分割成 32×32 或 64×64 的小区域，对每个小区域采用不同的阈值，虽说处理起来有点烦琐，但也算能满足要求。

1.2.1 Wellner 1993 算法原理

1993 年，施乐公司的 Pierre D. Wellner 发表了一篇名为 "A fast adaptive image binarization method" 的论文，提出了一种快速自适应阈值算法（quick adaptive thresholding algorithm）。这个算法对灰度图像数据采用一遍扫描方式进行二值化计算，将一幅灰度图像上的每个点按照从左向右、从上向下的顺序拼接成一个线性序列，拼接的方法如图 1-3 所示。

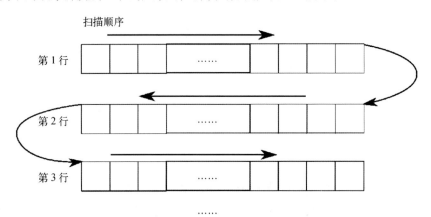

图 1-3 Wellner 1993 算法线性顺序示意图

作者在论文里解释了采用这种顺序的原因：对于某一个点来说，这个扫描只关注一个方向的计算；但是对于某个区域附近的几个点来说，这种顺序相当于考虑了这几个点的左右两个方向。比如同一列的点，如果上一行是从左向右计算，则下一行就是从右向左计算，效果相当于这一列两个相邻点组成的小区域的左右各计算了 s 个点的数据。虽然这 $2s$ 个点的数据不在同一行上（在相邻的两行上），但是位图数据通常有个特点，就是相邻行的数据相差不大，因此可以近似地认为这个点附近的 $2s$ 个点都参与了计算。

如果这个线性序列中第 n 个点的灰度值记为 p_n，则二值化后 p_n 对应的 t_n 是 0 还是 1，取决于包括 p_n 在内的前 s 个点的灰度值的平均值（记为 g_n）和一个亮度范围调整系数的乘积与 p_n（灰度值）的大小关系，将这个乘积视作当前点的门限值，g_n 的计算范围如图 1-4 所示。

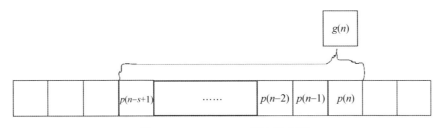

图 1-4　Wellner 1993 算法示意图

最终，如果 p_n 小于计算出来的动态阈值，则 p_n 点对应的是 0（黑色）；如果 p_n 大于等于这个动态阈值，则 p_n 点对应的是 1（白色）。我们用 $g_s(n)$ 表示第 n 个点之前（包括第 n 个点）s 个点的灰度值之和：

$$g_s(n) = \sum_{i=0}^{s-1} p_{n-i}$$

则二值化图像 t_n 的计算方法是：

$$t_n = \begin{cases} 0, & p_n < \dfrac{1}{s} g_s(n) \cdot \dfrac{100-t}{t} \\ 1, & \text{其他情况} \end{cases}$$

这个算法中有两个关键参数，一个是检测点个数 s，一个是亮度范围调整系数 t，一般根据经验，s 取值图像宽度的 1/8，t 取值 15 会得到比较好的结果。

在了解了 Wellner 1993 算法的原理之后，不难发现这个算法存在两个明显的不足之处。第一个不足之处是算法在计算 p_n 时使用的是前 s 个点的平均值，这就默认了这 s 个点对第 n 个点的影响权重相同。但是实际上，往往离第 n 个点近的点对第 n 个点的影响大，离第 n 个点远的点对第 n 个点的影响小，也就是说，这 s 个点在参与计算 p_n 时，应该给予不同的权重。另一个不足之处是只在扫描方向上考虑了前后点的影响，完全没有考虑二维图像的上下方向上的互相影响。Wellner 1993 算法的作者也注意到了这两个问题，并对算法做了一些改进。首先他对 g_n 的计算进行了改进，将 $g_s(n) = \sum_{i=0}^{s-1} p_{n-i}$ 的计算方法由只考虑一个相邻点的简单递推计算替换成同时考虑两个相邻点的递推计算，$g_s(n) = g_s(n-1) - \dfrac{1}{s} g_s(n-1) + p_n$，然后根据这个关系做递推计算，得到以下推导关系：

$$g_s(n) = g_s(n-1) - \frac{1}{s}g_s(n-1) + p_n$$

$$= p_n + \left(1 - \frac{1}{s}\right)g_s(n-1)$$

$$= p_n + \left(1 - \frac{1}{s}\right)\left[p_{n-1} + \left(1 - \frac{1}{s}\right)g_s(n-2)\right]$$

$$= p_n + \left(1 - \frac{1}{s}\right)p_{n-1} + \left(1 - \frac{1}{s}\right)^2 g_s(n-2)$$

$$= p_n + \left(1 - \frac{1}{s}\right)p_{n-1} + \left(1 - \frac{1}{s}\right)^2\left[p_{n-2} + \left(1 - \frac{1}{s}\right)g_s(n-3)\right]$$

$$= \cdots\cdots$$

$$= \sum_{i=0}^{n}\left(1 - \frac{1}{s}\right)^i p_{n-i}$$

这相当于给每个点加了一个权重 $\left(1 - \frac{1}{s}\right)^i$，$p_n$ 的权重是 $\left(1 - \frac{1}{s}\right)^0$，也就是 1。从 p_n 开始，权重依次降低，实现了各点的灰度值按权重参与计算。另一个改进就是在计算过程中，保留每一个点上方的 g_n 的值，记为 prev_g_n，将使用上式计算出的本行 g_n 值与 prev_g_n 取平均数作为本次判断的依据，这样就使得图像上方的点的灰度值信息也参与当前点的计算。根据递推计算的原理，其意义就是这个点上方的多个点都会或多或少地影响本次计算，从而从根本上缓解了原方法中只考虑水平方向的影响所导致的问题。最终，改进后的 t_n 计算方法如下：

$$t_n = \begin{cases} 0, & p_n < \dfrac{1}{s} \cdot \dfrac{g_s(n) + \mathrm{prev}\_g_s(n)}{2} \cdot \dfrac{100 - t}{t} \\ 1, & \text{其他情况} \end{cases}$$

1.2.2　Wellner 1993 算法实现

　　算法的原理分析完了，比较简单，特别是其中计算的部分，几个式子都不复杂。实际上，设计这个算法的难点在于如何将由行和列组成的二维位图数据拼接成一个线性序列。如果真的要构造这个线性序列的话也不难，根据位图的高和宽计算出一个缓冲区的大小，然后申请一个缓冲区，将位图的数据按照图 1-3 所示的顺序"搬"到这个缓冲区中就可以。但其实没有这个必要，我们可以考虑将位图数据按照奇偶行分一下，奇数行从左向右扫描处理，偶数行从右向左扫描处理，只需控制好图像宽度循环的下标，很自然地就实现了图 1-3 所示的顺序。

　　然后考虑初始值，因为在处理第一行的第一个点的时候，没有 g_n 的值，也没有 prev_g_n 的值。上一节分析的计算公式没办法应用，怎么办呢？在设计程序的时候，遇到这种特殊的边界情况，一般有两种解决思路：一种是特殊情况特殊处理，用一些 if 分支处理；另一种是对特殊的边界情况做一般化处理——定义一些特殊的初始值作为边界值，将其纳入计算公式中计算，从而不需要对特殊情况做编码处理。在这个算法中，作者为这些特殊情况设计了解决方案，就是采用第二种思路，给 g_n 和 prev_g_n 设计初始值，这个算法的初始值是假设灰度的平均值是 127。代码如下所示：

```
bool ConvertGrayScaleToBWWellner(FIBITMAP* gray_bmp, FIBITMAP* bw_bmp, double t)
{
    int gray_width = FreeImage_GetWidth(gray_bmp);
    int gray_height = FreeImage_GetHeight(gray_bmp);
    double factor = (100.0 - t) / 100.0;
    int s = gray_width / 8; //gray_width >> 3
    std::vector<double> prev_gn(gray_width);
    double gn = 127.0 * s;

    std::fill_n(prev_gn.begin(), gray_width, 127.0 * s); //将上一行的 gn 初始化为平均值 127

    for (int y = 0; y < gray_height; y++)
    {
        for (int x = 0; x < gray_width; x++) //处理奇数行，从左向右
        {
            BYTE pn;
            FreeImage_GetPixelIndex(gray_bmp, x, y, &pn);
            gn = pn + (1.0 - 1.0 / s) * gn;  //利用 g(n) = pn + (1- 1/s)g(n-1) 计算 g(n)
            BYTE tn = ((double)pn >= factor * (gn + prev_gn[x]) / 2.0 / s) ? 1 : 0;
            FreeImage_SetPixelIndex(bw_bmp, x, y, &tn);
            prev_gn[x] = gn; //保存此位置的 g(n)，计算下一行的数据时使用
        }
        y++; //转到下一行，处理偶数行
        if (y == gray_height) //没有下一行了，结束
            break;

        for (int x = gray_width - 1; x >= 0; x--)
        {
            BYTE pn;
            FreeImage_GetPixelIndex(gray_bmp, x, y, &pn);
            gn = pn + (1.0 - 1.0 / s) * gn;  //利用 g(n) = pn + (1- 1/s)g(n-1) 计算 g(n)
            BYTE tn = ((double)pn >= factor * (gn + prev_gn[x]) / 2.0 / s) ? 1 : 0;
            FreeImage_SetPixelIndex(bw_bmp, x, y, &tn);
            prev_gn[x] = gn; //保存此位置的 g(n)，计算下一行的数据时使用
        }
    }

    return true;
}
```

这就是算法的实现，注意内层的两个 for 循环，通过下标的处理，很自然地实现了图 1-3 所示的顺序，非常巧妙。这里为了演示算法、更好地展示转换的结果而使用了 FreeImage 库，从函数名（FreeImag_xxxxx）可以看出它们做的事情很简单，读者可以用其他图像处理库来代替。还需要说明的是，这个算法只是对算法原理的简单翻译，很多图像处理库中这个算法的实现可能和

以上代码有很大差异，比如直接用指针操作位图数据，而不是用 GetPixel 和 SetPixel 之类的库函数，还有就是对浮点数计算的优化，将浮点数转换成整数计算，或者用移位代替除法，等等。不过，整体上外层 for 循环加上内层并列的两个 for 循环的算法框架基本一致，计算步骤也一致，很容易看出这是使用了 Wellner 1993 算法。

1.2.3 Bradley & Roth 算法原理

不得不说，虽然 Wellner 对算法进行了改进，但是这个算法只考虑了两个方向的维度。实际上，至少有 4 个方向或者周围 8 个点影响一个点的计算结果。Derek Bradley 和 Gerhard Roth 两人在 2007 年发表了一篇名为 "Adaptive Thresholding Using the Integral Image" 的文章，提出了一种利用矩形区域的二位平滑值代替一维加权平均值的算法，这就是 Bradley & Roth 算法。

Bradley & Roth 算法的整体思想是对灰度数据进行两遍扫描处理，第一遍计算得到灰度图像的积分图像（integral image），第二遍扫描则借助该积分图像对灰度数据进行二值化。Bradley & Roth 算法沿用了 Wellner 1993 算法的扫描半径参数 s 和亮度范围调整系数 t，只是将 s 扩展为一个 $s \times s$ 的二维区域。

1. 积分图像

很多图像处理算法要时不时地计算某块区域所有点的灰度值之和，尤其是 Bradley & Roth 算法，当从图像的 (x, y) 位置计算到 $(x+1, y)$ 位置时，只移动了一个点的位置，这两个点的包围矩形中大部分是重合的，但是也需要重新计算它们的灰度值之和，这就会造成大量的计算浪费。为了提高计算效率，人们提出了积分图像的概念，也就是对图像中的每个点做"积分"，这个积分表达的就是这个点之前（包含这个点）所有点的灰度值之和。这里所说的"之前"可以直观地理解为二维图像上这个点左上方的所有像素。如图 1-5 所示，我们以一幅简单的 4×4 图像为例，介绍其对应的积分图像如何计算。

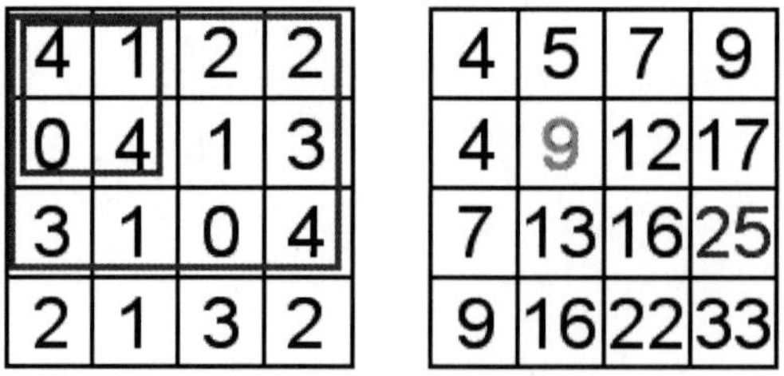

图 1-5　积分图像原理图

图 1-5 中左边的矩形是原始图像的像素灰度值，右边的矩形是其对应的积分图像。积分图像中浅色的 9 对应原始图像中第 2 行第 2 列的点（灰度值是 4 的这个点）的积分值，通过计算 2×2 矩形内的所有像素点的灰度值之和得到：$4 + 1 + 0 + 4 = 9$；浅色的 25 对应原始图像中第 3 行第 4

列的点（灰度值是 4 的这个点）的积分值，通过计算 4×3 矩形内所有像素点的灰度值之和得到：$4+1+2+2+0+4+1+3+3+1+0+4=25$。是不是很简单？实际上，在计算积分图像的时候，不是每次都对之前的所有像素点进行累加计算，每个点的积分值可以用下面这个迭代公式直接计算出来：

$$I(x,y) = f(x,y) + I(x-1,y) + I(x,y-1) - I(x-1,y-1)$$

上式中 $I(x,y)$ 表示像素点 (x,y) 的积分值，$f(x,y)$ 是像素点 (x,y) 的灰度值。所以图 1-5 中第 3 行第 4 列的点的积分值的计算方法就是：$4+16+17-12=25$。

有了上面的算式，很容易写出计算积分图像的算法。事实上，计算积分图像有更成熟、更高效的算法。Derek Bradley 和 Gerhard Roth 在他们的文章中非常贴心地给出了这样一种算法。假设图像宽度是 w，高度是 h，算法的伪代码如下：

```
for i=0 to w do
  sum ← 0
  for j=0 to h do
    sum ← sum + in[i,j]
    if i=0 then
      intImg[i,j] ← sum
    else
      intImg[i,j] ← intImg[i-1,j] + sum
    end if
  end for
end for
```

不需要动脑子，我们要做的就是把伪代码翻译出来。考虑到对于非常大的图像，某些点的积分值可能非常大，所以我们使用 64 位整数来存储积分图像矩阵：

```
unsigned long long* CalcIntegralImages(FIBITMAP* graybmp)
{
    int width = FreeImage_GetWidth(graybmp);
    int height = FreeImage_GetHeight(graybmp);

    unsigned long long* ivals = new(std::nothrow) unsigned long long[width * height];
    if (ivals == nullptr)
        return nullptr;

    memset(ivals, 0, width * height * sizeof(unsigned long long));
    for (int x = 0; x < width; x++)
    {
        unsigned long long sum = 0;
        for (int y = 0; y < height; y++)
        {
            BYTE cidx;
            FreeImage_GetPixelIndex(graybmp, x, y, &cidx);
            sum += cidx;
            if (x == 0)
                ivals[x + y * width] = sum;
```

```
        else
            ivals[x + y * width] = ivals[x - 1 + y * width] + sum;
    }
}

return ivals;
}
```

2. 计算区域平均灰度值

接下来讨论如何在积分图像的基础上计算某个区域的平均灰度值。在此之前，先要算出这个区域的灰度值之和。如图 1-6 所示，假设我们要计算 (x_1, y_1) 和 (x_2, y_2) 这两点之间 D 区域的灰度值之和，已知积分图像矩阵中对应 $(x_1 - 1, y_1 - 1)$ 和 (x_2, y_2) 的位置分别存放着 A 区域和整个 $(A + B + C + D)$ 区域的灰度值之和。同理，积分图像矩阵中 $(x_1 - 1, y_1)$ 位置存放的是 $(A+C)$ 区域的灰度值之和，积分图像矩阵中 $(x_2, y_1 - 1)$ 位置存放的是 $(A+B)$ 区域的灰度值之和，我们可以利用 $(A + B + C + D) - (A + B) - (A + C) + A = D$ 这个关系计算出 D 区域的灰度值之和。

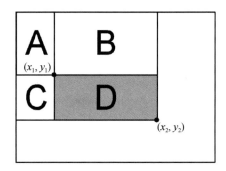

图 1-6　计算区域灰度值示意图

所以，(x_1, y_1) 和 (x_2, y_2) 两点之间的灰度值之和就可以用下式计算：

$$\sum_{x=x_1}^{x_2}\sum_{y=y_1}^{y_2}f(x,y) = I(x_2, y_2) - I(x_2, y_1 - 1) - I(x_1 - 1, y_2) + I(x_1 - 1, y_1 - 1)$$

最后，计算出来的平均灰度值也要乘上一个亮度范围调整系数 $\frac{100-t}{100}$，最后的 $t(x,y)$ 判断是

$$t(x,y) = \begin{cases} 0, & f(x,y) < \dfrac{1}{s^2}\cdot\left[\sum_{x=x_1}^{x_2}\sum_{y=y_1}^{y_2}f(x,y)\right]\cdot\dfrac{100-t}{t} \\ 1, & \text{其他情况} \end{cases}$$

1.2.4　Bradley & Roth 算法实现

不得不说，Bradley & Roth 算法非常简单。从实现角度看，该算法的控制难度比 Wellner 1993

算法还要低。对于图像中一个给定的像素点 (x, y)，只需根据 s 值求出它的包围矩形的范围，然后照着前面分析的算式翻译算法代码就可以了。更何况，作者还给出了算法的伪代码，照猫画虎，错不了！

```cpp
bool ConvertGrayScaleToBWBradleyRoth(FIBITMAP* gray_bmp, FIBITMAP* bw_bmp, double t)
{
    int width = FreeImage_GetWidth(gray_bmp);
    int height = FreeImage_GetHeight(gray_bmp);
    double factor = (100.0 - t) / 100.0;
    int s = width / 8; //width >> 3

    unsigned long long * ivals = CalcIntegralImages(gray_bmp); //计算图像积分矩阵
    if (ivals == nullptr)
        return false;

    for (int x = 0; x < width; x++)
    {
        for (int y = 0; y < height; y++)
        {
            //计算(x,y)的包围范围 (x1,y1]-(x2,y2)
            int x1 = x - s / 2;
            int y1 = y - s / 2;
            int x2 = x + s / 2;
            int y2 = y + s / 2;
            x1 = (x1 < 0) ? 0 : x1;   //修正边界
            y1 = (y1 < 0) ? 0 : y1;
            x2 = (x2 >= width) ? (width - 1) : x2;
            y2 = (y2 >= height) ? (height - 1) : y2;
            int count = (x2 - x1) * (y2 - y1); //计算包围范围内实际像素点的个数, 不包括 x1 和 y1
                                    //所在的行和列
            //算式翻译: I(x2,y2)-I(x2,y1-1)-I(x1-1,y2)+I(x1-1,y1-1)
            unsigned long long sum = ivals[x2 + y2 * width] - ivals[x2 + y1 * width]
                - ivals[x1 + y2 * width] + ivals[x1 + y1 * width];
            BYTE pn;
            FreeImage_GetPixelIndex(gray_bmp, x, y, &pn);
            BYTE tn = ((double)pn >= (factor * sum / count)) ? 1 : 0;
            FreeImage_SetPixelIndex(bw_bmp, x, y, &tn);
        }
    }

    delete[] ivals;
    return true;
}
```

从算法的代码中读者可能也看出来了，在图像的边界位置，计算平均灰度值时并不是一个完整的 $s \times s$ 矩形，有可能会缺失上面一部分或下面一部分，这种缺失会导致边界点的计算退化为一维平均值。作者在文章中也探讨了这方面的影响，有兴趣的读者可以阅读原文。另外需要注意的是，代码中计算出来的区间不包括 x1 和 y1 所在的行和列，与算式中的 x_1 和 y_1 的值不一样，所以在计算区域和的时候，代码实现就不需要再对 x1 和 y1 做减 1 处理了。

图 1-7 展示了全局阈值算法（经过手工反复调整，在全局阈值是 120 时取得最佳效果）、Wellner 1993 算法和 Bradley & Roth 算法对灰度图像 Lena 的处理结果对比，可以看出后者比前者保留了更多细节。实际上，在对一些明暗变化很大的文本图片进行二值化处理时，Bradley & Roth 算法的优势更明显。

图 1-7　三种二值化算法的效果对比

1.3　考眼力游戏与图像求差

玩考眼力、找差异之类的游戏时，有一种简单的"作弊"方法：打开图像处理软件，将两幅图片粘贴为两个图层，然后将图层计算方式设置为"差值"，图片中不一致的地方就一目了然了。图像求差的现实意义就是直观地显示两幅图片之间的差异。求差算法大概是所有图像处理算法中最简单的了，就是点对点地做减法。不过，在进行求差计算之前，一般要根据情况做一些转换，比如转换为灰度图像，甚至是黑白二值图像。无论是彩色图像还是灰度图像，求差算法的原理都是一样的。

本章的演示程序里求差就用了下面几行代码：

```
for (int y = 0; y < height; y++)
{
    for (int x = 0; x < width; x++)
    {
        BYTE vp1, vp2, dp;
        FreeImage_GetPixelIndex(diff1, x, y, &vp1);
        FreeImage_GetPixelIndex(diff2, x, y, &vp2);
        dp = std::abs(vp1 - vp2);
        FreeImage_SetPixelIndex(result, x, y, &dp);
    }
}
```

虽然简单，但是效果不错，如图 1-8 所示。

图 1-8　求差计算的效果演示

1.4　梯度算法与图像清晰度

　　相机的镜头和手机的摄像头都有自动对焦功能。注意观察就会发现，自动对焦过程其实就是一个成像从模糊到清晰的反复试探过程，其中会用到判断图像清晰度的算法。所谓的对焦，就是在对焦点附近多次成像，然后通过计算清晰度，得到成像最清晰的镜头位置。

　　判断图像清晰度的原理非常简单，就是比较图像中相邻点的差异程度。对清晰的图像而言，相邻点之间的像素差异比较明显；对模糊的图像而言，相邻点之间的颜色过渡比较平滑，像素差异比较小。因此，选择一种求像素差异的方法，再加上一套统计图片上所有差异的方法，就可以设计出一个判断图片清晰度的方法。求像素差异的方法也称梯度（评价）函数，本节介绍几个常见的梯度函数。为了比较这些函数的效果，我准备了 3 张图片，分别是 Lena 原图、用半径 1.0 的高斯模糊处理后的 Lena 图片和用半径 2.0 的高斯模糊处理后的 Lena 图片，如图 1-9 所示。

图 1-9　Lena 清晰度对比图

1.4.1　Brenner 梯度函数

Brenner 梯度函数应该算是最简单的梯度函数了，它只计算当前像素和相隔一个位置的像素灰度值差的平方，累加平方值，最后除以图像的像素点数，得到一个平均值，用这个平均值衡量图片的清晰度。很显然，这个值越大，图片越清晰。

使用 Brenner 梯度函数的清晰度定义是：

$$D(f) = \frac{1}{\text{height} \cdot (\text{width} - 2)} \sum_{y=0}^{\text{height}} \sum_{x=0}^{\text{width}-2} \left| f(x+2, y) - f(x, y) \right|^2$$

这个定义比较简单，翻译成代码也简单。用 Brenner 梯度评估上例的 3 幅图像，得到的清晰度评估值分别为 319.3、162.6 和 90.0，和人眼的主观感受一致。

```
double Brenner(FIBITMAP* lenabmp)
{
    double result = 0.0f;
    int width = FreeImage_GetWidth(lenabmp);
    int height = FreeImage_GetHeight(lenabmp);
    for (int y = 0; y < height; y++)
    {
        for (int x = 0; x < width - 2; x++) //控制范围
        {
            BYTE cidx, nidx;
            FreeImage_GetPixelIndex(lenabmp, x, y, &cidx); //当前像素点
            FreeImage_GetPixelIndex(lenabmp, x + 2, y, &nidx); //隔一个位置的像素点

            result += std::pow(nidx - cidx, 2); //计算差的平方，并累加到 result
        }
    }

    return result / (height * (width - 2)); //计算平均值
}
```

注意算法中宽度的循环边界是 width - 2，为的是取间隔一个像素点的灰度值时不会越界，而简化算法对边界的处理（实际上就是不需要处理了）。这样做的后果是图像的最后两列数据没有参与计算，但是对一幅图片来说，其主体部分计算过了，边上的两列数据不影响对整体的判断，这个结果是可以接受的。代码中为了解释像素点数据的选择位置，仍然用了 GetPixel() 之类的函数。前面提到过这个问题，想要高效地处理图像数据，就需要直接根据位置偏移访问图像数据。各种图像处理库都提供了这样的数据获取接口，以 FreeImage 库为例，Brenner 梯度算法的实现函数中数据处理部分可改为：

```
for (int y = 0; y < height; y++)
{
    BYTE *scanLine = FreeImage_GetScanLine(lenabmp, y);
    for (int x = 0; x < width - 2; x++) //控制范围
    {
```

```
        result += std::pow(scanLine[x + 2] - scanLine[x], 2); //计算差的平方,并累加到 result
    }
}
```

1.4.2　EVA 梯度函数

Brenner 梯度函数只考虑水平方向间隔点的差异,EVA 梯度函数则同时以带权重的方式计算一个点周围 8 个方向上点的差值。不要看下式很复杂,其实解释起来非常简单,就是分别计算一个点周围 8 个方向上的相邻点与这个点的灰度值差,然后求和。改进的 EVA 梯度函数还对这 8 个相邻点做了权重分配,即水平和垂直方向上的 4 个点的权重是 1,45°和 135°斜方向上的 4 个点的权重是 0.7。

$$D(f) = \frac{1}{(\text{width}-2)(\text{height}-2)} \sum_{y=1}^{\text{height}-1} \sum_{x=1}^{\text{width}-1} \sum_{i=1}^{8} \left| \frac{\mathrm{d}f}{\mathrm{d}x} \right|$$

从上式中的求和边界可以推断,这个算法不计算图像最外围的一圈像素点,即图像矩阵中最上面和最下面两行像素,以及最左边和最右边两列像素不直接参与计算差值,这样做的目的也是简化算法实现时的边界处理,编写代码时就不需要考虑 +1 或 –1 之后超出图像范围的问题了。对于一幅大的图像来说,少这一圈数据计算,并不影响对图像整体的判断。

```
double Eva(FIBITMAP* lenabmp)
{
    double result = 0.0f;
    int width = FreeImage_GetWidth(lenabmp);
    int height = FreeImage_GetHeight(lenabmp);
    for (int y = 1; y < height - 1; y++)
    {
        for (int x = 1; x < width - 1; x++) //控制范围
        {
            BYTE ltidx, tidx, rtidx, lidx, cidx, ridx, lbidx, bidx, rbidx;
            FreeImage_GetPixelIndex(lenabmp, x - 1, y - 1, &ltidx); //Left, Top 点
            FreeImage_GetPixelIndex(lenabmp, x, y - 1, &tidx); //Top 点
            FreeImage_GetPixelIndex(lenabmp, x + 1, y - 1, &rtidx); //Right, Top 点

            FreeImage_GetPixelIndex(lenabmp, x - 1, y, &lidx); //Left 点
            FreeImage_GetPixelIndex(lenabmp, x, y, &cidx); //当前点
            FreeImage_GetPixelIndex(lenabmp, x + 1, y, &ridx); //Right 点

            FreeImage_GetPixelIndex(lenabmp, x - 1, y + 1, &lbidx); //Left, Bottom 点
            FreeImage_GetPixelIndex(lenabmp, x, y + 1, &bidx); //Bottom 点
            FreeImage_GetPixelIndex(lenabmp, x + 1, y + 1, &rbidx); //Right, Bottom 点

            result += (std::abs(ltidx - cidx) * 0.7 + std::abs(tidx - cidx)
                + std::abs(rtidx - cidx) * 0.7
                + std::abs(lidx - cidx) + std::abs(ridx - cidx)
                + std::abs(lbidx - cidx) * 0.7 + std::abs(bidx - cidx)
                + std::abs(rbidx - cidx) * 0.7); //带权重计算 8 个点
```

```
        }
    }

    return result / (double(height - 2) * double(width - 2)); //计算平均值
}
```

用 EVA 梯度评估上例的 3 幅图像，得到的清晰度评估值分别为 36.9、23.8 和 17.8，也与人眼的主观感受一致。同样，要高效处理像素数据，可以考虑这样修改算法实现的主体部分：

```
for (int y = 1; y < height - 1; y++)
{
    BYTE* lastLine = FreeImage_GetScanLine(lenabmp, y - 1);
    BYTE* curLine = FreeImage_GetScanLine(lenabmp, y);
    BYTE* nextLine = FreeImage_GetScanLine(lenabmp, y + 1);
    for (int x = 1; x < width - 1; x++) //控制范围
    {
        result += (std::abs(lastLine[x - 1] - curLine[x]) * 0.7 + std::abs(lastLine[x] - curLine[x])
            + std::abs(lastLine[x + 1] - curLine[x]) * 0.7 + std::abs(curLine[x - 1] - curLine[x])
            + std::abs(curLine[x + 1] - curLine[x]) + std::abs(nextLine[x - 1] - curLine[x]) * 0.7
            + std::abs(nextLine[x] - curLine[x])
            + std::abs(nextLine[x + 1] - curLine[x]) * 0.7); //带权重计算 8 个点
    }
}
```

1.4.3 Tenengrad 梯度函数

提到 Tenengrad 梯度，就要先介绍一下 Sobel 算子（Sobel operator）。Sobel 算子的主要作用是做边缘检测，发现图像中变化显著的位置，当然，所谓的变化显著，意味着这些位置上周围像素差异比较大。Sobel 算子可用于评估图像的清晰度，因为我们对清晰度的判定就是像素间差异越大的图像越清晰，所以可以用 Sobel 算子计算图像像素点之间的差异，累加这些差异并求平均值，此平均值就可以作为判断图像清晰度的一个指标。

Sobel 算子本质上是一组离散性差分算子，它在 x 轴方向和 y 轴方向有两个卷积因子，分别用于计算图像在水平方向和垂直方向上的灰度值差分近似值，对这两个方向的差分值平方后求和，然后再开平方，可作为该点的综合差分值。用于做边缘检测或清晰度计算的 Sobel 算子，建议使用以下两个卷积因子：

$$G_x = \begin{bmatrix} -1 & 0 & 1 \\ -2 & 0 & 2 \\ -1 & 0 & 1 \end{bmatrix} \qquad G_y = \begin{bmatrix} 1 & 2 & 1 \\ 0 & 0 & 0 \\ -1 & -2 & -1 \end{bmatrix}$$

Tenengrad 梯度函数的原理非常简单，当前像素点 (x, y) 和周围 8 个像素点组成一个 3×3 的矩阵，分别与两个卷积因子 G_x 和 G_y 做卷积，得到两个方向上的差分值 $G_x(x, y)$ 和 $G_y(x, y)$。设 $f(x, y)$ 是像素点 (x, y) 的灰度值，则 $G_x(x, y)$ 和 $G_y(x, y)$ 的计算方法是：

$$\begin{cases} G_x(x,y) = \left[f(x+1,y-1) + 2f(x+1,y) + f(x+1,y+1) \right] - \left[f(x-1,y-1) + 2f(x-1,y) + f(x-1,y+1) \right] \\ G_y(x,y) = \left[f(x-1,y-1) + 2f(x,y-1) + f(x+1,y-1) \right] - \left[f(x-1,y+1) + 2f(x,y+1) + f(x+1,y+1) \right] \end{cases}$$

然后用下式

$$G(x,y) = \sqrt{G_x^2(x,y) + G_y^2(x,y)}$$

计算该点的差分值，累加所有像素点的差分值，然后取平均数作为梯度函数输出，即：

$$D(f) = \frac{1}{(\text{width}-2)(\text{height}-2)} \sum_{y=1}^{\text{height}-1} \sum_{x=1}^{\text{width}-1} G(x,y)$$

从上式可以看出来，和 EVA 梯度函数的计算原则一样，Tenengrad 梯度函数也不计算图像最外围的一圈数据，也是为了简化算法实现时的边界处理。用 Tenengrad 梯度函数评估上例的 3 幅图像，得到的清晰度评估值分别为 46.5、35.3 和 27.4，也与人眼的主观感受一致。

```cpp
double Tenengrad(FIBITMAP* lenabmp)
{
    double result = 0.0f;
    int width = FreeImage_GetWidth(lenabmp);
    int height = FreeImage_GetHeight(lenabmp);
    for (int y = 1; y < height - 1; y++)
    {
        BYTE* lastLine = FreeImage_GetScanLine(lenabmp, y - 1);
        BYTE* curLine = FreeImage_GetScanLine(lenabmp, y);
        BYTE* nextLine = FreeImage_GetScanLine(lenabmp, y + 1);
        for (int x = 1; x < width - 1; x++) //控制范围
        {
            double gx = (lastLine[x + 1] + 2 * curLine[x + 1] + nextLine[x + 1])
                        - (lastLine[x - 1] + 2 * curLine[x - 1] + nextLine[x - 1]);
            double gy = (lastLine[x - 1] + 2 * lastLine[x] + lastLine[x + 1])
                        - (nextLine[x - 1] + 2 * nextLine[x] + nextLine[x + 1]);
            result += std::sqrt(gx * gx + gy * gy);
        }
    }

    return result / (double(height - 2) * double(width - 2)); //计算平均值
}
```

1.4.4 Laplacian 梯度函数

Laplacian 梯度函数和 Tenengrad 梯度函数评估图像清晰度的原理一样，只不过前者使用的是 Laplacian 算子。Laplacian 算子是一个二阶微分算子，也常用来做图像边缘检测、线条检测。和 Sobel 算子一样，Laplacian 算子也有多种模板，本例选了一种计算梯度常用的模板：

$$L = \frac{1}{6} \begin{bmatrix} 1 & 4 & 1 \\ 4 & -20 & 4 \\ 1 & 4 & 1 \end{bmatrix}$$

Laplacian 梯度的计算公式是：

$$D(f) = \frac{1}{(\text{width} - 2)(\text{height} - 2)} \sum_{y=1}^{\text{height}-1} \sum_{x=1}^{\text{width}-1} |L(x, y)|$$

和 Tenengrad 梯度函数的计算方法一样，Laplacian 梯度的计算也需要选择当前像素点 (x, y) 和周围 8 个像素点组成一个 3×3 的矩阵，用这个矩阵和 Laplacian 算子做卷积计算得到一个梯度值，将每个点的梯度值累加后除以像素点个数，得到像素点的梯度平均值，这个值就是图像的 Laplacian 清晰度评估值。代码如下所示：

```cpp
double Laplacian(FIBITMAP* lenabmp)
{
    double result = 0.0f;
    int width = FreeImage_GetWidth(lenabmp);
    int height = FreeImage_GetHeight(lenabmp);
    for (int y = 1; y < height - 1; y++)
    {
        BYTE* lastLine = FreeImage_GetScanLine(lenabmp, y - 1);
        BYTE* curLine = FreeImage_GetScanLine(lenabmp, y);
        BYTE* nextLine = FreeImage_GetScanLine(lenabmp, y + 1);
        for (int x = 1; x < width - 1; x++) //控制范围
        {
            double lxy = lastLine[x - 1] + 4 * curLine[x - 1] + nextLine[x - 1]
                    + 4 * lastLine[x] - 20 * curLine[x] + 4 * nextLine[x]
                    + lastLine[x + 1] + 4 * curLine[x + 1] + nextLine[x + 1];

            result += std::abs(lxy) / 6.0;
        }
    }

    return result / (double(height - 2) * double(width - 2)); //计算平均值
}
```

从计算公式可以看出，Laplacian 梯度函数也不计算图像最外围的一圈数据，也是为了简化算法实现时的边界处理。用 Laplacian 梯度函数评估上例的 3 幅图像，得到的清晰度评估值分别为 8.16、3.23 和 1.90，与人眼的主观感受一致。

1.5 边缘检测与落雪效果

记得在我上大学的时候，朋友向我推荐了一个屏幕保护程序，它会在电脑桌面上模拟下雪的场景，最让我觉得神奇的是雪花居然会在图像中的某些轮廓上，或者快捷方式的图标上积累，形成积雪效果。模拟雪花飘落并不难，实现积雪效果却难倒了我，直到后来学习了《计算机图形学》才知道，这原来就是边缘检测（轮廓提取）算法的威力。边缘检测其实也是应用各种梯度函数，只是输出形式不一样。本节将介绍 Laplacian 梯度在边缘检测中的应用，并且模拟落雪的效果。

1.5.1　梯度函数与边缘检测

　　所谓的边缘或轮廓，其实就是图像像素变化显著的地方，这就是我们使用梯度函数的原因。上一节为了评估图片的清晰度，我们用梯度函数计算出每个点的梯度值，然后取平均数作为评估的依据。但是在检测边缘时，我们需要直接保存每个像素位置的梯度，形成一个与图片上像素点相对应的梯度矩阵，选择一个合适的阈值，将梯度矩阵二值化后，就可以得到原图的边缘数据（轮廓数据）。一般来说，为了更直观地看到轮廓检测的效果，我们通常会将这个梯度矩阵用灰度图像或黑白二值图像的形式展示出来。

　　首先，我们把上一节介绍的计算清晰度的 Laplacian() 函数做些修改，使其输出一幅表达轮廓数据的黑白二值位图，这幅位图中 0 和 1 交替的地方即可视为边缘（轮廓）。LaplacianImage()函数的算法主要结构和 Laplacian()函数一样，只是不再累加各点的梯度值，而是将这些值直接根据阈值判断写入一幅黑白二值位图中，目的是展示轮廓图的效果。如果具体算法中不需要展示轮廓图，可以直接将这个结果存到一个 width × height 的二维矩阵中。顺便说一下，代码中依然使用了上节例子中的 Laplacian 算子，读者可换成其他算子模板：

```
FIBITMAP* LaplacianImage(FIBITMAP* grayimg, int threshold)
{
    int width = FreeImage_GetWidth(grayimg);
    int height = FreeImage_GetHeight(grayimg);

    FIBITMAP* lcimg = FreeImage_Allocate(width, height, 1);//创建一幅黑白二值位图
    InitBwBinPalette(lcimg);
    for (int y = 1; y < height - 1; y++)
    {
        BYTE* lastLine = FreeImage_GetScanLine(grayimg, y - 1);
        BYTE* curLine = FreeImage_GetScanLine(grayimg, y);
        BYTE* nextLine = FreeImage_GetScanLine(grayimg, y + 1);
        for (int x = 1; x < width - 1; x++) //控制范围
        {
            double lxy = lastLine[x - 1] + 4 * curLine[x - 1] + nextLine[x - 1]
                + 4 * lastLine[x] - 20 * curLine[x] + 4 * nextLine[x]
                + lastLine[x + 1] + 4 * curLine[x + 1] + nextLine[x + 1];

            BYTE didx = (std::abs(lxy) > threshold) ? 1 : 0;
            FreeImage_SetPixelIndex(lcimg, x, y, &didx);//写入黑白二值位图
        }
    }

    return lcimg;
}
```

　　对于本例的图片（来自百度搜索），当 threshold 选择 216 的时候，得到的轮廓图如图 1-10 右侧所示。

图 1-10 边缘检测结果对比

1.5.2 研究积雪的效果

那个屏幕保护程序中的积雪效果，其实就是在对桌面图片进行边缘检测（轮廓提取）的基础上，识别出边缘变化的地方，在那里模拟雪花聚集的效果。既然我们现在也能提取边缘数据了，不妨也来试试做积雪效果。

首先，要模拟雪花飘飘的场景，我们来简化一下要求，所有雪花只是垂直下落，位置随机出现，下落速度也各不相同（随机值）。假如图像宽度是 width，我们就取 [0, width−1] 区间的一个随机值作为雪花出现的水平位置（垂直方向都是从 0 开始下落）。所有的"雪花对象"用一个 list 管理，周期性地根据每片雪花的下落速度调整其垂直方向的坐标位置，就可以模拟出雪花飘落的情景了。画雪花也简单一点，就用白色的点画个十字形状。本例的绘图部分使用了 EasyX 库，使用方法非常简单，有兴趣的读者可自行了解一下这个库。

```
void DrawSnowOnDevice(const CSnow& sn, int width, int height)
{
    POINT pos = sn.GetPosition();
    putpixel(pos.x, pos.y, RGB(255,255,255));

    if((pos.x - 1) >= 0)
        putpixel(pos.x - 1, pos.y, RGB(255, 255, 255));
    if ((pos.y - 1) >= 0)
        putpixel(pos.x, pos.y - 1, RGB(255, 255, 255));
    if ((pos.x + 1) < width)
        putpixel(pos.x + 1, pos.y, RGB(255, 255, 255));
    if ((pos.y + 1) < height)
        putpixel(pos.x, pos.y + 1, RGB(255, 255, 255));
}
```

根据上一节的 LaplacianImage() 函数，我们得到的轮廓数据是一幅黑白二值位图，其中值为 1 的点被视为边缘变化的地方。在雪花飘落的过程中，检测雪花对应位置的轮廓数据是否是 1，如果是 1，说明遇到边缘轮廓了，让雪花停在这个位置就实现了积雪效果。另外，为了更逼真地模拟落雪效果，避免雪花只在最外层轮廓的边缘积累一层的情况，本节的算法还给每个"雪花对象"

安排了一个层次（layer）参数，每个雪花对象随机初始化一个层次值，雪花下落过程中，每遇到一个轮廓边缘，这个值就减 1，当减为 0 的时候停止，从而使得积雪效果显得更有层次。代码如下所示：

```
void UpdateAndDrawSnows(IMAGE* img, FIBITMAP* lcImg, std::list<CSnow>& snows)
{
    ......
    std::list<CSnow>::iterator it = snows.begin();
    while (it != snows.end())
    {
        POINT pos = it->GetPosition();
        int speed = it->GetSpeed();
        bool bstop = CheckEdgeStop(lcImg, pos.x, pos.y, speed, width, height);
        if (bstop) //遇到边缘了?
        {
            int layers = it->DecreaseLayers();
            if (layers <= 0) //检查层数
            {
                //停止处理
            }
            ......
        }
        else
        {
            it->UpdatePosition(); //继续下落
            it++;
        }
    }
    //在新位置画雪花
}
```

最后就是整体控制了，代码使用了 EasyX 库的批量 Buffer 处理绘图，避免闪烁。整体控制就是一个循环，间隔 20ms 进行一次雪花的更新和绘制，用一个 count 计数，每循环 5 次（0.1s）就随机生成一批新的雪花。生成雪花的个数可自由调整。代码如下所示：

```
std::list<CSnow> snows;
while (true)
{
    if ((count++ % 5) == 0)
    {
        std::list<CSnow> newsn;
        GenerateSnows(16, exImgSc.getwidth(), newsn); //生成一批（16 片）新雪花
        snows.insert(snows.end(), newsn.begin(), newsn.end());
    }
    //更新并绘制所有雪花的状态，同时删除飘出图像的雪花
    UpdateAndDrawSnows(&exImgSc, lcImg, snows);
    FlushBatchDraw();//整体绘制到显示设备
    Sleep(20);
}
```

看看效果，如图 1-11 所示，还不错吧。想想当年让我羡慕不已的飘雪效果，背后竟是只有十几行代码的 Laplacian 梯度函数，谁说不简单呢？

图 1-11 雪花飘飘的效果

1.6 总结

本章介绍了几个与图像处理有关的简单而有趣的算法。看似神奇的相机自动对焦，其实背后是只有十几行代码的梯度函数；模拟雪花飘飘的屏幕保护程序原来用的是边缘检测算法，居然也这么简单。

最后再来理解一下积分图像的意义。积分的本质是累加求和，在很多情况下，如果我们需要频繁地对某个区域或某个线性表进行局部或整体求和，可以考虑采用这种思想，以空间换时间。比如某个线性表的算法，需要频繁地对任意区间 $[i, j](i < j)$ 之间的元素求和，就可以先对线性表做一次积分处理，得到每个位置的积分值 $I(i)$，这个积分值就是这个位置之前（包含这个位置）的所有元素的和。当算法中需要求某个区间 $[i, j](i < j)$ 之间元素的和的时候，就可以用 $I(j) - I(i-1)$ 直接计算出来，避免每次都重复做累加计算。这种思想在很多算法中有应用，读者也可以在自己设计算法实现的时候应用这种思想。

1.7 参考资料

[1] FreeImage 3.18.0 用户手册（FreeImage3180.pdf）。

[2] EasyX 在线帮助。

[3] Derek Bradley, Gerhard Roth. Adaptive Thresholding Using the Integral Image, 2007.

[4] Pierre D. Wellner. A fast adaptive image binarization method, 1993.

[5] 孙家广，杨常贵. 计算机图形学. 北京：清华大学出版社，1995.

[6] Cormen T H, et al. Introduction to Algorithms (Second Edition). The MIT Press, 2001.

第 *2* 章
分离轴算法与碰撞检测

物体碰撞检测是游戏软件中的关键算法之一。判断两个角色是否能够对话，子弹是否击中了物体，以及是否出现人物穿墙的 bug，都依赖于一套可靠的碰撞检测算法。有很多算法可以实现碰撞检测，基于计算几何的方法有轴对称包围盒（axis-aligned bounding box，AABB）算法、方向包围盒（oriented bounding box，OBB）算法、分离轴定理（separating axis theorem，SAT）算法、GJK 距离（Gilbert-Johnson-Keerthi distance）算法等。当然，也可以直接计算光栅图像的像素值来精确地判断物体是否发生了碰撞。本章介绍基于分离轴定理的分离轴算法。

2.1 计算几何基础

本章和第 14 章都涉及一些计算几何的内容。提到计算几何，很多人会想到各种令人头疼的公式。请放心，本章内容涉及的计算几何理论非常少，你只需要知道向量的加法和减法、点积、法向量和投影这几点简单的知识即可。

2.1.1 向量的加法和减法

什么是向量？简单地讲就是既有大小又有方向的量，也称矢量。既然有方向，那就有二维向量和三维向量，这里我们只讨论二维向量。平面几何学意义的向量是一个端点有次序的线段，即有向线段（directed segment）。假如坐标原点是 $O(0, 0)$，点 P 的坐标是 (x, y)，则线段 OP 的向量表示就是 $P = (x, y)$。

假设有两个向量 $P_1 = (x_1, y_1)$，$P_2 = (x_2, y_2)$，则向量的加法可定义为：

$$P_1 + P_2 = (x_1 + x_2, y_1 + y_2)$$

同样，向量的减法可定义为：

$$P_1 - P_2 = (x_1 - x_2, y_1 - y_2)$$

向量加法和减法的几何意义如图 2-1 所示。

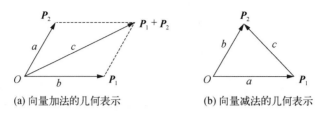

(a) 向量加法的几何表示　　　　(b) 向量减法的几何表示

图 2-1　向量加法和减法的几何意义

2.1.2　向量的点积

假设有两个向量 $P_1 = (x_1, y_1)$，$P_2 = (x_2, y_2)$，则向量的点积定义为：

$$P_1 \cdot P_2 = x_1 \times x_2 + y_1 \times y_2$$

显然，向量点积的结果是一个标量，它的代数表示是：

$$P_1 \cdot P_2 = |P_1|\,|P_2| \cos(P_1, P_2)$$

给定向量 P1 = (x1, y1)，P2 = (x2, y2)，计算点积的算法实现为：

```
double DotProduct(double x1, double y1, double x2, double y2)
{
    return x1 * x2 + y1 * y2;
}
```

2.1.3　法向量

对于平面几何的二维向量，它的法向量定义为垂直于该向量的向量。根据向量垂直的几何意义，假如一个向量 $P = (x, y)$，则其法向量是 $Q = (y, -x)$ 或 $Q = (-y, x)$。

法向量的几何意义如图 2-2 所示，其中垂直于向量 $\overrightarrow{PQ}$ 的那条线段就是 $\overrightarrow{PQ}$ 的法向量（确切地说，是法向量方向）。

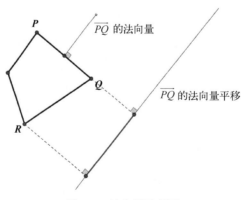

图 2-2　法向量示意图

2.1.4 投影

给定一个向量 P，其在另一个向量 Q 方向上的投影 P' 的几何意义如图 2-3 所示，投影向量 P' 的方向与 Q 相同，长度是 d。如果两个向量的夹角是 θ，则长度 d 的计算公式为：

$$d = |P|\cos\theta$$

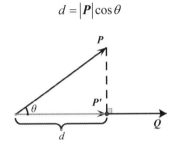

图 2-3　向量投影示意图

2.2　分离轴定理

分离轴定理是一个判断两个凸多边形是否碰撞的理论，在物理模拟、游戏开发等很多方面得到了广泛应用。分离轴算法不仅高效，其实现也非常简单，核心代码有十几行。

分离轴定理使用的概念就是投影。先想象一下，两个平面物体如果相交，那么从任何一个方向发出平行光，都可以得到一个完整的阴影；如果两个物体不相交，那么总可以找到一个方向，这个方向上的平行光从它们之间的缝隙穿过。如图 2-4 所示的两个图形不相交，平行于缝隙的光就可以从中穿过，从而得到两个分离的阴影。

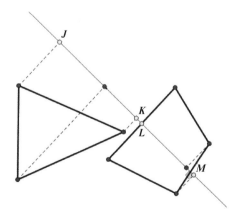

图 2-4　没有重叠的投影方向

分离轴定理从光线和阴影的例子中延伸出分离轴和投影的概念，如果能找到一条分离轴，使得两个物体在该轴上的投影没有重叠，则这两个物体不相交。**这里有个关键点，就是不管这两个物体在多少个轴上的投影重叠，只要在一条轴上的投影不重叠，这两个物体就不相交，**如图 2-5 所示。

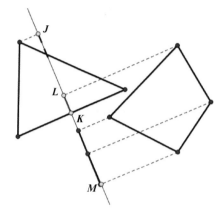

图 2-5　有重叠的投影方向

2.2.1　算法原理

总结起来，分离轴算法的原理就是：

(1) 得到两个多边形的分离轴；

(2) 对于每条分离轴，将两个多边形的每条边向这条分离轴做投影；

(3) 检查两个多边形的投影是否重叠，如果没有重叠，则直接结束，此时两个多边形没有碰撞；

(4) 如果两个多边形的投影有重叠，则转到 (2) 继续判断其他分离轴，如果分离轴都已经处理完，则结束处理，此时两个多边形有碰撞。

整个算法的原理很简单，但是实现过程中有很多细节需要处理。接下来我们就一步一步实现分离轴算法。

2.2.2　基本数据模型

首先，计算几何的基础就是坐标系。假设存在一个平面坐标系，原点是(0, 0)，我们讨论的多边形、点、向量等，都基于这样一个坐标系。

1. 点

```
class Point
{
    ......
```

```
    double x;
    double y;
};
```

点，不需要多解释，x 和 y 分别对应平面坐标系的 x 坐标和 y 坐标。

2. 向量

```
class Vector
{
    ......
    double x;
    double y;
};
```

我们的数据模型假设向量起点都在 $(0,0)$，所以这里的 x 和 y 只是表达向量的方向。向量对象有很多方法，包括求法向量以及法向量的单位化，后面实现算法的时候会具体介绍。

3. 多边形

```
class Polygon
{
    ......
    std::vector<Point> vertex;
};
```

多边形就是顶点的集合，vertex 就是多边形顶点数组。这个数据模型比较简单，不需要多做解释。

4. 投影范围

```
class Projection
{
    ......
    double min;
    double max;
};
```

投影其实就是多边形在分离轴上的投影范围，多边形的每条边都能得到一个投影，投影的长度可以通过向量的点积计算出来，其表现就是分离轴所在直线上的一段，每条边对应一段范围，所有边的投影叠加在一起可以得到一个范围，min 和 max 分别是这个范围的最小值和最大值。

2.2.3 如何找分离轴

平面物体可以向任何方向投影，想象一下这样的投影轴有千千万万个，这可怎么计算？幸运的是，根据多边形的特性，我们只要检测几个方向即可。根据分离轴定理，需要检测的投影方向数量就是两个多边形的边数，也就是说，需要做投影检测的方向数量是有限的。以图 2-4 和图 2-5 所示的两个图形为例，只需要在 7 个方向上做投影检测即可。

那么问题又来了，就算是需要检测的投影方向数量有限，那到底是哪些方向呢？对这两个图形来说，是哪 7 个方向？根据分离轴定理，这些方向就是多边形每条边的法向量方向。要求边的法向量，首先要得到边的向量。在只给了多边形各个顶点坐标的情况下，如何得到边的向量？答案就是通过向量的减法。对于平面上的两个点 P_1 和 P_2，我们假设有两个从坐标原点$(0,0)$到这两个点的向量 $\overrightarrow{OP_1}$ 和 $\overrightarrow{OP_2}$，计算这两个向量的差，就可以得到连接这两个点的线段向量，这就是 MakeEdge() 函数做的事情。至于方向，取决于你用哪个向量去减哪个向量。

所以，将多边形的顶点视作起点是坐标原点的向量，依次做向量的减法，就可以得到多边形各条边的向量。有了边的向量，根据前面介绍的向量和法向量的几何意义，就可以得到边向量对应的法向量。GetPerpendicular() 函数用于获取当前向量的法向量，但是注意，GetNormal() 函数在调用 GetPerpendicular() 函数得到法向量后，又调用 Normalize() 函数将法向量单位化。单位化的目的是在后续计算投影范围时，两个多边形的投影范围能在相同的比例尺度上进行比较。代码如下所示：

```
class Vector
{
    ....
    Vector GetNormal()
    {
        Vector v = GetPerpendicular();
        v.Normalize();

        return v;
    }
    static Vector MakeEdge(const Point& p1, const Point& p2)
    {
        Vector u(p1); //看作从(0, 0)起始的向量
        Vector v(p2); //看作从(0, 0)起始的向量
        return u.Subtarct(v); //做向量的减法

        //上述代码只是为了介绍逻辑和原理，其结果相当于下面一行代码
        //return Vector(p1.x - p2.x, p1.y - p2.y);
    }

protected:
    Vector Subtarct(const Vector& v) const
    {
        return Vector(x - v.x, y - v.y);
    }
    Vector GetPerpendicular() const
    {
        return Vector(y, -x);
    }
    void Normalize()
    {
        double dist = std::sqrt(x*x + y*y);
        if (dist != 0.0)
        {
```

```
                x = x / dist;
                y = y / dist;
            }
        }
    };

    class Polygon
    {
        ......
        void GetAxes(std::vector<Vector>& axes) const
        {
            for (std::size_t i = 0; i < vertex.size(); i++)
            {
                Point p1 = vertex[i];
                Point p2 = vertex[(i + 1) % vertex.size()];
                Vector edge = Vector::MakeEdge(p1, p2);
                axes.push_back(edge.GetNormal());
            }
        }
    }
```

最后，使用 Polygon::GetAxes() 函数得到多边形所有边的法向量，存入 axes 数组。遍历多边形的每个顶点，每次取前后相邻的两个点组成一条边。注意我们用了(i + 1) % vertex.size()，而不是类似这样的代码：

```
if((i + 1) == vertex.size())
{
    p2 = vertex[0];
}
else
{
    p2 = vertex[i + 1];
}
```

这就是程序设计中常用的一致性思想。

2.2.4 计算投影

Polygon::GetProject() 函数负责计算多边形在分离轴上的投影范围，axes 参数就是法向量。按照分离轴定理，这里应该先根据顶点得到边向量，然后计算边向量到分离轴向量的投影。但是实际上我们已经将分离轴单位化了，相当于将其平移到(0,0)，这样就可以将顶点直接看作从(0,0)起始的向量，用这个向量与分离轴向量计算点积，得到一个在单位化向量方向上的投影值，这其实就是边投影的一个端点的值。我们要的其实是边投影的两个端点的值（要用这两个值计算范围），对投影长度并不关心，所以用这种方法直接得到端点的值，要比先求边向量再计算投影省事儿。

Polygon::GetProject() 函数还用到了遍历线性表，求最大值和最小值的惯用方法，先给最大值赋一个很小的值，给最小值赋一个很大的值，然后在遍历过程中更新它们：

```
class Vector
{
    ......
    double DotProduct(const Vector& v) const
    {
        return (x * v.x + y * v.y);
    }
};

class Polygon
{
    ......
    Projection GetProject(const Vector &axes) const
    {
        double min = RANGE_MAX;
        double max = RANGE_MIN;
        for (const Point& i : vertex)
        {
            Vector p = Vector(i); //把顶点视作以(0, 0)为起点的向量
            double prj = p.DotProduct(axes);
            if (prj < min)
                min = prj;

            if (prj > max)
                max = prj;
        }
        return Projection(min, max);
    }
};
```

2.2.5　最后，碰撞检测

CollisionTest()函数用于判断两个多边形是否碰撞。首先得到第一个多边形的所有法向量作为分离轴，将两个多边形分别向其投影，判断投影范围是否重叠，然后得到第二个多边形的所有法向量作为分离轴，重复上述投影和判断。在判断过程中，只要有一条分离轴能满足投影范围没有重叠，就可判断这两个多边形没有碰撞。

这里其实可以把两个多边形的分离轴信息存入一个数组中，然后做一次遍历就可以了，我写两遍是为了说明算法过程。代码如下所示：

```
class Projection
{
    ......
    bool IsOverlap(const Projection& p) const
    {
        return ((max > p.min) && (p.max > min));
    }
};

bool CollisionTest(const Polygon& pa, const Polygon& pb)
{
    std::vector<Vector> axes_a, axes_b;
```

```
pa.GetAxes(axes_a);
for (auto& ax : axes_a)
{
    Projection pj1 = pa.GetProject(ax);
    Projection pj2 = pb.GetProject(ax);
    if (!pj1.IsOverlap(pj2)) /*只要有一条轴上的投影没有重叠，就说明不相交*/
    {
        return false;
    }
}

pb.GetAxes(axes_b);
for (auto& ax : axes_b)
{
    Projection pj1 = pa.GetProject(ax);
    Projection pj2 = pb.GetProject(ax);
    if (!pj1.IsOverlap(pj2)) /*只要有一条轴上的投影没有重叠，就说明不相交*/
    {
        return false;
    }
}

return true;
}
```

2.3　总结

　　SAT 算法只能用于凸多边形，那么对于凹多边形，应该怎么办呢？很简单，就是将凹多边形分解为若干个小的凸多边形，然后分别计算。根据欧氏几何公理，凹多边形总是可以分成凸多边形或三角形的组合。不仅 SAT 算法，GJK 距离算法也只适用于凸多边形，对于凹多边形的处理方法是一样的。

　　为了提高算法的效率，游戏开发人员一般用矩形包围盒算法排除一些明显不可能碰到一起的物体，然后再用 SAT 算法精确检查那些疑似碰撞的物体。

　　GitHub 上有一套用 ActionScript 3 实现的 SAT 算法（/sevdanski/SAT_AS3），会用 Flash 的朋友可以直接做个演示用的 Flash。

2.4　参考资料

[1]　周培德. 计算几何：算法设计与分析. 北京：清华大学出版社，2005.

[2]　德贝尔赫. 计算几何：算法与应用. 邓俊辉，译. 北京：清华大学出版社，2005.

[3]　孙家广，杨常贵. 计算机图形学. 北京：清华大学出版社，1995.

[4]　王小春. PC 游戏编程——人机博弈. 重庆：重庆大学出版社，2002.

[5]　GameDev 网站.

第*3*章
垃圾邮件过滤与贝叶斯分类算法

分类算法有很多种理论，比如决策树理论、*k*-最近邻（KNN）法理论、朴素贝叶斯理论、神经网络理论等。贝叶斯分类算法是众多分类算法中的一种，确切地说是一类，因为这类算法都以贝叶斯定理为理论基础，所以统称贝叶斯分类算法。本章将介绍这类算法，并用它做一个简单的文本分类器，演示区分垃圾邮件和正常邮件的过滤器的原理。

3.1 贝叶斯定理

近些年大家收到垃圾邮件的概率已经很低了，一方面是电子邮件已经不是网络沟通的主要方式了，通过电子邮件推送广告基本无利可图；另一方面是邮件服务器都应用了各种垃圾邮件过滤系统。我上学的时候情况可不是这样，那时候可以说垃圾邮件满天飞，每天收到十几封垃圾邮件都很正常。我那时候使用 Foxmail，据说这个软件的作者张小龙先生使用了贝叶斯算法识别垃圾邮件，在那个年代，这应该算是很流行的垃圾邮件分类算法了。我曾经研究过这种分类算法，也做了一个算法雏形，但是由于没有找到好的分词算法，所以无法达到实用。时至今日，贝叶斯算法作为一种采用监督学习的分类算法，仍然具有很大的研究价值。

托马斯·贝叶斯（Thomas Bayes）是个英国牧师，为了证明上帝的存在，他提出了概率统计学原理。这可不是什么讽刺与幽默，历史上的很多科学发现，是一些神职人员在研究神学过程中的"副产品"。比如被誉为现代遗传学之父的格雷戈尔·约翰·孟德尔（Gregor Johann Mendel）就是一个修道院的神父，他的豌豆实验想必大家都知道。

理解贝叶斯分类算法之前，先要了解一下贝叶斯定理（Bayes' Theorem）。在某些情况下，人们需要根据一些不确定性信息做出推理和决策，而决策的依据就是各种结果发生的概率，这类推理称为概率推理。比如我们看到一个人经常做好事，那他很可能是一个好人（当然并不绝对，有时候眼见也不为实），这就是概率推理。贝叶斯定理就是与概率有关的推理。贝叶斯定理也称贝叶斯公式，是关于随机事件 A 和 B 的条件概率或边缘概率的一则定理。在介绍贝叶斯分类算法之前，先简单介绍贝叶斯定理。

3.1.1 概率和条件概率

概率论中常用 $P(A)$ 表示 A 事件发生的概率，也称先验概率或边缘概率。$P(A|B)$ 表示已知 B 条件发生的情况下 A 事件发生的概率，也称条件概率。在古典概率论中，条件概率 $P(A|B)$ 的计算公式是：

$$P(A|B) = \frac{P(B|A) \cdot P(A)}{P(B)}$$

对这个公式做一下变换，可以计算 $P(B|A)$：

$$P(B|A) = \frac{P(A|B) \cdot P(B)}{P(A)}$$

这可以理解为 A 事件发生有多大概率是由 B 条件触发的。

3.1.2 有多个条件时的条件概率

当有 $B_1, B_2, \cdots, B_n$ 个条件时，如果这些条件两两互斥，则由于 B_i 条件触发 A 事件发生的概率的计算公式可由上一节的公式变形得到：

$$P(B_i|A) = \frac{P(A|B_i) \cdot P(B_i)}{P(A)}$$

假如 $B_1, B_2, \cdots, B_n$ 是完整样本空间，$P(A)$ 可由全概率公式计算出来：

$$P(A) = \sum_{i=1}^{n} P(A|B_i) \cdot P(B_i)$$

在实际应用中，当 A 事件发生时，反求 B_i 条件触发 A 事件发生的概率更为常见，这也正是贝叶斯理论应用于分类算法的理论基础。

3.2 贝叶斯理论

贝叶斯理论也称贝叶斯决策理论，主要原理是在不能获得完整信息的情况下，利用主观概率对未知状态进行估计。由于后验概率无法直接获得，所以引入贝叶斯公式计算它，并对发生概率进行修正。

3.2.1 贝叶斯理论原理

如果某种实体有 n 个相互独立的特征（feature），分别为 $F_1, F_2, \cdots, F_n$，同时这种实体可以分为 m 个类别（category），分别是 $C_1, C_2, \cdots, C_m$，贝叶斯理论的原理就是：

假设有一个待分类的实体 $A = \{F_1, F_2, \cdots, F_n\}$，分别计算 $P(C_1 \mid A), P(C_2 \mid A), \cdots, P(C_m \mid A)$，如果其中最大的值是 $P(C_k \mid A) = \max\{P(C_1 \mid A), P(C_2 \mid A), \cdots, P(C_m \mid A)\}$，那么可以认为实体 A 属于 C_k 这个类别。

其中 $P(C_i \mid A)$ 的计算公式可由上一节的多条件贝叶斯公式得到：

$$P(C_i \mid A) = \frac{P(A \mid C_i) \cdot P(C_i)}{P(A)}$$

由此可见，贝叶斯理论的原理很简单，使用它的关键就是如何计算各个条件概率。$P(A)$ 比较难计算，好在对于 $P(C_i \mid A)$ 的计算来说，$P(A)$ 可视为一个常量，因此在比较 $P(C_i \mid A)$ 大小的时候，只要比较分子部分 $P(A \mid C_i) \cdot P(C_i)$ 的大小即可。

由于实体 A 的所有特征 F_i 之间相互独立，所以 $P(A \mid C_i)$ 可由以下公式计算得出：

$$P(A \mid C_i) = P(F_1 \mid C_i) \cdot P(F_2 \mid C_i) \cdots P(F_n \mid C_i) = \prod_{j=1}^{n} P(F_j \mid C_i)$$

这样一来，计算 $P(C_i \mid A)$ 需要的条件就是，对每个特征的 $P(F_j \mid C_i)$ 和 $P(C_i)$，这些概率的值都可以通过对已知类别的样本数据进行统计计算得到，得到这些统计概率的过程也称训练样本集合。在概率学中，当分析样本足够大，大到接近总体数时，样本中事件发生的概率也将接近总体中事件发生的概率，这也是贝叶斯理论中样本训练的依据所在。

3.2.2 贝叶斯分类器原理

当我们验证实体 A 的一个个体 a 时，a 通常并不具有实体 A 定义的全部特征，即 a 可能只有特征集合 $\{F_1, F_2, \cdots, F_n\}$ 的一个子集。假如 a 只有 $\{F_1, F_3, F_8\}$ 3 个特征，在这种情况下，分别计算每个类别的 $P(C_i \mid \{F_1, F_3, F_8\})$，比较这些概率值，假如 $P(C_2 \mid \{F_1, F_3, F_8\})$ 最大，就可推测 a 属于 C_2 类别，这就是贝叶斯分类器的原理。当然，在这种情况下也可以理解为 a 也拥有全部特征，只是那些不具备的特征对应的特征值是 0。

3.2.3 贝叶斯理论的应用示例

假设某校有男生 320 人、女生 280 人，女生中留长发的有 200 人，留短发的有 80 人，男生中留长发的有 20 人，剩下的 300 个男生都是短发。某老师在操场上看到一个长头发的背影随手乱丢垃圾，请你分析一下这个人可能是男生还是女生？

男生基本上不留长发，看起来应该是女生，不过我们还是来算一算。首先看分类的目的是识别这个人是男生还是女生，所以 C 就是两个类别，不妨令 C_0 为男生类别，C_1 为女生类别。接下来看看有哪些特征属性。显然，这里关注的特征属性就是两个：长发和短发，不妨令 F_0 是长发，F_1 是短发。这样，每个学生就有两个特征，即 $A = \{F_0, F_1\}$。现在我们需要在只有样本的部分特征 F_0 的前提下，推测这个人是男生还是女生。

根据贝叶斯理论，我们需要分别计算 $P(C_0 \mid F_0)$ 和 $P(C_1 \mid F_0)$ 的概率：

$$P(C_0 \mid F_0) = \frac{P(F_0 \mid C_0) \cdot P(C_0)}{P(F_0)} = \frac{(20 / 320) \cdot (320 / 600)}{(200 + 20) / 600} = \frac{1}{11}$$

$$P(C_1 \mid F_0) = \frac{P(F_0 \mid C_1) \cdot P(C_1)}{P(F_0)} = \frac{(200 / 280) \cdot (280 / 600)}{(200 + 20) / 600} = \frac{10}{11}$$

显然，比较两个概率值，$P(C_1 \mid F_0) > P(C_0 \mid F_0)$，这个人应该属于 C_1 类别，也就是说，应该是个女生。

3.2.4 贝叶斯理论的使用方法

上一节的例子很简单，概率的计算用经典概率理论就可以解决。但是实际应用贝叶斯理论的时候，往往没有这么简单。应用贝叶斯理论设计分类算法，一般分为三个阶段。

(1) 准备阶段，主要工作是识别出样本的所有类别 C_i，并确定样本的全部特征 F_i。接下来由人工对一些已知的样本进行分类，形成训练样本集合。人工分类的方法就是对所有待分类数据，由人工进行分类，并输出特征属性和训练样本。

(2) 分类器训练阶段，主要工作是生成分类器。具体来说，就是计算每个类别在训练样本中的出现频率及每个特征属性划分对每个类别的条件概率估计，并记录结果。其输入是上一步人工分类输出的特征属性和训练样本，输出是分类器中的各种概率值。

(3) 应用阶段，任务是使用分类器对待分类项进行自动分类。其输入是第二阶段生成的分类器和待分类的数据，输出是待分类数据与类别的映射关系。

第一个阶段的工作非常重要，人工分类的质量对分类器的生成影响很大，分类器的质量很大程度上由特征属性、特征属性划分及训练样本质量决定。另外，训练样本的数量对分类器的影响也很大，很多网站和应用客户端为了增加训练样本的数量，还允许用户自己提交样本。比如某电子邮件客户端就提供了一键举报垃圾邮件的功能，其实就是让用户帮忙对样本进行分类。垃圾邮件的内容提交到服务器后，后台应用程序会自动完成特征属性的区分，然后将其提交到训练样本库，管理员会周期性地用样本库训练分类器，不断提高其准确度。

第二个阶段的工作主要是做一些机械性的计算，该阶段的训练通常也是由程序自动完成的。

3.3 垃圾邮件分类器原理

由于贝叶斯理论比较简单，算法实现也不复杂，所以很多早期的电子邮件客户端选择用贝叶斯分类算法实现垃圾邮件过滤功能。使用贝叶斯分类算法，首先要实现一个分类器，本节我们用一个例子来演示如何用贝叶斯分类算法对文本内容进行分类，并识别出垃圾邮件。

3.3.1 第一步：准备工作

第一步是准备工作，其实就是我们针对问题的建模过程，贝叶斯理论可以用来解决很多分类问题，但是理论必须与模型相结合才能解决实际问题。我们按照上一节介绍的理论来"套"一下，看看需要做哪些准备工作。我们的问题是对邮件进行分类，那么可以认为邮件内容 A 就是问题的实体。问题的实体确定了，接下来是识别分类，也就是对 A 进行分类。这个比较简单，根据我们的目的，将 A 分为两个类别，分别是垃圾邮件和普通邮件，这样一来 C 就确定了。接下来是确定邮件内容 A 有哪些相互独立的特征。特征怎么确定呢？并且还要求相互独立。答案就是从邮件内容着手分析。我们用分词算法将邮件内容分成一个个独立的词，每个词可能出现的概率就是邮件内容的特征。因为词是独立的，每个词出现的概率也是独立的，所以用每个词可能出现的概率作为邮件内容 A 的特征是合适的。

"邮件内容 A 的特征是每个词出现的概率"，这句话还是有点抽象，我们进一步分析一下。在各种能识别连续文字的逻辑意义的 AI 技术出现之前，对文字的计算处理就是量化分析。由于汉语的独特性，对汉字组成的文本做量化分析时，首先要做的就是分词。所谓分词，就是从连续的汉字串中识别出一个个独立的有意义的词。要识别垃圾邮件，需要将邮件内容作为普通文本进行分词，得到一个词汇列表。将所有样本邮件的词汇列表汇集、整理在一起，去掉重复的词，就得到一个词汇表。这个词汇表中每个词的位置是固定的，可以看作向量的一个维度。词汇表中词的总数是多少，这个向量就有多少维。有了向量的定义，我们就可以进一步计算出每个词在分类中出现的概率，这个概率就是向量中这个词所在维度上的数值。

1. 样本数据模型

为了简化算法实现，下面重点介绍贝叶斯分类器的算法原理。本章不考虑分词的过程，所以在建模的时候，直接将邮件的模型定义为一组拆分好的词。如此简化后，对样本数据的建模也就简单了很多。我们将样本数据的模型定义为一组词和一个（这组词对应的）分类结果的映射关系。其中"一组词"就是词的一个列表，简单来说，就是字符串数组或字符串列表，Java 可以用 List<String>，C++可以用 std::list<std::string>或 std::vector<std::string>。分类结果可以用一个字符串表示类别名称，也可以用一个整数表示类别编号。如果类别确定只有两类，还可以用 bool 变量来标识。演示程序的样本数据的数据模型定义是：

```
typedef std::pair<std::vector<std::string>, std::string>    EXAMPLE_T;
```

用 std::pair 表示这是一对数据，first 是字符串数据，类型是 std::vector<std::string>，second 是人工识别出来的分类结果，类型是 std::string。为了保证分类器的准确性，往往需要很多这样的样本数据进行训练。我们的演示程序准备了 14 组样本数据：

```
//人工分类好的样本数据
std::vector<EXAMPLE_T>  examples =
{
    { { "周六", "公司", "庆祝", "聚餐", "时间", "订餐" },              "普通邮件" },
    { { "喜欢", "概率论", "考试", "研究", "及格", "补考", "失败" },      "普通邮件" },
    { { "贝叶斯", "理论", "算法", "公式", "困难" },                   "普通邮件" },
    { { "上海", "晴朗", "郊游", "青草", "蓝天", "帐篷", "停车场", "拥堵" }, "普通邮件" },
    { { "代码", "走查", "错误", "反馈", "修改", "入库", "编译" },        "普通邮件" },
    { { "公司", "单元测试", "覆盖率", "时间", "用例", "失败", "成功" },    "普通邮件" },
    { { "优惠", "打折", "促销", "返利", "金融", "理财" },              "垃圾邮件" },
    { { "公司", "发票", "税点", "优惠", "增值税", "返利" },             "垃圾邮件" },
    { { "抽奖", "中奖", "点击", "恭喜", "申请", "资格" },              "垃圾邮件" },
    { { "爆款", "秒杀", "打折", "抵用券", "特惠" },                   "垃圾邮件" },
    { { "招聘", "兼职", "日薪", "信用", "合作" },                    "垃圾邮件" },
    { { "贷款", "资金", "担保", "抵押", "小额", "利息" },              "垃圾邮件" },
    { { "正规", "发票", "税务局", "验证", "咨询", "打折" },             "垃圾邮件" },
    { { "诚意", "合作", "特价", "机票", "欢迎", "咨询" },              "垃圾邮件" }
};
```

2. 分类器模型

分类器模型中的数据分为两部分：一部分是训练过程产生的中间数据，用于最后计算各个词的出现概率；另一部分是最终计算的结果，用于对新的数据进行分类测试。count 是这个类别的样本个数，用于计算最后的 $P(C_i)$，而 $P(C_i)$就存在于 pci 中。totalWords 记录所有样本中属于这个类别的词的总数，有一个词就算一个，重复出现的也算。wordsNum 是个整数数组，它记录属于这个类别的词出现的次数，每个词在数组中的对应位置由总的词汇表确定。最后 wordsNum 和 totalWords 计算出每个词的出现概率，并存储在 pfci 数组中。代码如下所示：

```
typedef struct
{
    int count;
    int totalWords;
    std::vector<int> wordsNum;
    double pci;
    std::vector<double> pfci;
}TRAINING_T;

typedef std::map<std::string, TRAINING_T>  TRAINING_RESULT;
```

对于学习到的多个类别，我们用一个映射表来管理，Java 可用 TreeMap<String, TRAINING_T>，C++ 可以用 std::map<std::string, TRAINING_T>。

3. 得到词汇表（向量）

词汇表不区分样本类别，将所有样本中的词全都统计在内，但是要去重。词汇表中词的先后顺序不影响训练和测试的结果，但是词的位置只要定了，后续的训练和测试过程中就不能变了。

因为词汇表不能重复，所以这里我们偷个懒，对于演示程序这种规模的数据，我们用了 C++ 的集合 std::set。集合会根据关键字保证集合元素的唯一性，所以我们只要遍历所有样本数据，将所有的词加入集合中就行了。完成统计后，我们再把集合中的词复制到一个数组或向量中，从而保证词的位置固定不变。根据 std::pair 的定义，下面代码中每个样本数据 e.first 就是词汇表，e.second 就是分类名称，但是这个函数不负责分类，所以没有用 e.second。

```cpp
std::vector<std::string> MakeAllWordsList(const std::vector<EXAMPLE_T>& examples)
{
    std::set<std::string> wordsSet;
    for (auto& e : examples) //遍历所有样本数据
    {
        wordsSet.insert(e.first.begin(), e.first.end()); //将样本数据中的词汇表加入集合
    }

    std::vector<std::string> wordsList;
    //将集合中的词复制到向量中
    std::copy(wordsSet.begin(), wordsSet.end(), std::back_inserter(wordsList));
    return std::move(wordsList); //C++ 11 的 move 语义，优化返回值的效率
}
```

到这里，贝叶斯分类器的准备工作就完成了，接下来就是训练数据，完成分类器的学习。

3.3.2　第二步：训练分类器

在开始分类器训练编码之前，先介绍一下分类器学习的原理，这对后面理解算法代码很有帮助。我们以具体数字为例，计算概率，训练分类器。

假设我们定义 C_1 类别是垃圾邮件，C_2 类别是普通邮件，并且对所有样本邮件的内容进行统计（不分类统计）后，得到一个有 1000 个词的词汇表，我们用特征 $F_1, F_2, \cdots, F_{1000}$ 来标识这 1000 个词。接着，我们对分类为 C_1 的垃圾邮件样本进行统计，计算出词汇表中的词在这些邮件中出现的总次数（TRAINING_T 中的 totalWords）。假设统计结果是词汇表中的词总共出现了 4000 次，其中 F_1 代表的词出现了 32 次，F_2 代表的词出现了 68 次，等等，这样我们就可以计算出在 C_1 类别中特征 F_1 出现的概率 $P(F_1 | C_1) = 32 / 4000 = 0.008$，特征 F_2 出现的概率 $P(F_2 | C_1) = 68 / 4000 = 0.017$，以此类推，可以得到全部的 $P(F_i | C_1)$。同理，我们可以对被标记为 C_2 的普通邮件进行同样的计算，得到每个特征的 $P(F_i | C_2)$。

$P(C_1)$ 和 $P(C_2)$ 的计算就更简单了。样本中 C_1 类别的邮件出现的次数（TRAINING_T 中的 count）除以样本总数，结果就是 $P(C_1)$。同样，样本中 C_2 类别的邮件出现的次数除以样本总数，结果就是 $P(C_2)$。

以上就是分类器学习（训练）的原理，接下来我们看看如何实现训练样本的算法。首先，我

们需要将样本中出现的词转化成词向量，这个向量中每个位置上的数字代表了词汇表中这个词在当前样本中出现的次数。这个向量都初始化为 0（每个维度的初始值都是 0）。一般来说，测试样本中词的个数跟词汇表中词的个数不在一个数量级，因此这个向量中绝大多数位置上的数字是 0，只有少数位置上的数字大于 0。我们的演示程序中词汇很少，就简单地用了数组，实际应用中的词汇表很大，如果用固定数组会很浪费空间。实际应用一般怎么组织这个向量呢？我们在介绍多项式建模时其实提到过方法，稀疏矩阵和稀疏链表就是解决问题的思路，这里就不再赘述了。MakeWordsVec() 函数的 allWords 参数是准备阶段得到的词汇表，words 参数是当前样本中出现的词的列表，返回值就是每个词出现的统计向量。代码如下所示：

```cpp
std::vector<int> MakeWordsVec(const std::vector<std::string>& allWords, const
std::vector<std::string>& words)
{
    std::vector<int> wordVec(allWords.size(), 0); //跟词汇表一样长

    for (auto& word : words) //遍历样本中的每个词
    {
        //是否在词汇表中？如果不在就放弃这个词（一般词汇表准备充分的话，很少出现这种情况）
        auto it = std::find(allWords.begin(), allWords.end(), word);
        if (it != allWords.end())
        {
            //如果在词汇表中，就计算这个词在词汇表中的位置索引，然后将对应的统计向量+1
            wordVec[it - allWords.begin()] += 1;
        }
    }

    return std::move(wordVec);
}
```

有了将样本中出现的词转化成词向量的 MakeWordsVec() 函数，接下来就可以开始训练分类器了。TrainingExample() 函数分两个阶段完成训练，第 1 个阶段（第 1 个 for 循环）统计样本中的信息，第 2 个阶段（第 2 个 for 循环）计算概率值。在第 1 个循环中遍历每个样本数据，GetTrain-ClassificationDate() 函数负责从 tr 中取出 e.second 表示的分类的训练数据，如果 tr 中没有这个类别，就创建一个类别。注意，在创建新分类数据时，我们将 totalWords 初始化为一个非 0 的数字，是为了防止样本数据组织得不好导致出现除 0 错误。MakeWordsVec() 将当前样本中的词转化成词向量，然后由 std::transform() 算法将其按位置累加到分类数据的词向量（tt.wordsNum）统计中。第 2 个 for 循环根据训练的中间数据计算出分类中每个词的出现概率。注意这里对概率值取了对数，原因是这里计算出来的概率值都非常小，有时候甚至和 0 没有太大的区分度。

根据高等数学的基础知识，对数函数是单调函数，并且不改变原函数的单调性。换句话说，如果两个数 $a > b$，那么 $\log a > \log b$ 也成立。但是取对数会对前面介绍的计算方法产生一点影响，这个在第三步分类测试的时候再具体介绍。代码如下所示：

```cpp
TRAINING_RESULT TrainingExample(const std::vector<std::string>& allWords, const
std::vector<EXAMPLE_T>& examples)
```

```
{
    TRAINING_RESULT tr;

    for (auto& e : examples)
    {
        TRAINING_T& tt = GetTrainClassificationDate(tr, e.second, allWords.size());
        tt.totalWords += e.first.size(); //累加词的数量
        std::vector<int> wordNum = MakeWordsVec(allWords, e.first);
        std::transform(wordNum.begin(), wordNum.end(), tt.wordsNum.begin(),
                    tt.wordsNum.begin(), std::plus<int>());
    }

    for (auto& cr : tr)
    {
        cr.second.pci = double(cr.second.count) / examples.size();
        for (std::size_t i = 0; i < allWords.size(); i++)
        {
            cr.second.pfci[i] = std::log(double(cr.second.wordsNum[i]) / cr.second.totalWords);
        }
    }

    return std::move(tr);
}

TRAINING_T& GetTrainClassificationDate(TRAINING_RESULT& tr, const std::string& classification,
std::size_t vecLen)
{
    auto it = tr.find(classification);
    if (it == tr.end())
    {
        tr[classification].count = 1;
        tr[classification].totalWords = 2; //初始化为2，避免除0
        tr[classification].wordsNum = std::vector<int>(vecLen, 1); //初始化为1
        tr[classification].pfci = std::vector<double>(vecLen);
    }
    else
    {
        tr[classification].count++;
    }

    return tr[classification];
}
```

3.3.3 第三步：应用分类器

分类器应用，就是用训练好的分类器参数对未知的（或未分类的）数据进行自动分类。分类验证的原理就是用分词算法从待验证的邮件文本中分离出一组词，然后应用 MakeWordsVec() 函数将其转化为这组词的统计向量。将这组词的统计向量与分类器学到的 $P(F_j | C_i)$（就是 tr[classification].pfci 数组中的元素）相结合（结对相乘），得到这组词对应的特征向量（数组）。统计向量中值为 0 的项与 tr[classification].pfci 数组中对应概率相乘的积是 0，说明这组词不

具备这个词的特征（不存在这个词），后面计算概率时，0 也不会对其他特征的结果产生影响。所以，我们不需要像算法原理描述的那样，将这组词对应的特征单独提取出来计算，因为数组中的 0 不影响结果。得到这组词的 $P(F_j|C_i)$ 后，就可以用全概率公式计算 $P(A'|C_i)$，注意这里的 A' 是全部特征 A 的一个子集。本来全概率公式中各个分项之间是乘法运算，但是因为我们之前对概率取了对数，所以这里的乘法就变成了对数的加法。还记得对数运算规则吧：

$$\log(ab) = \log a + \log b$$

除了计算全概率公式，后面计算 $P(A'|C_i)\cdot P(C_i)$ 的时候也要变成加法，因为我们对 $P(C_i)$ 也取了对数。

看看分类器的算法实现 ClassifyResult() 函数，是不是很简单？需要分类的词存在于 wordsList 列表中，先用 MakeWordsVec() 函数得到这组词的统计向量 numVec，然后将 numVec 向量中的每个分量与训练得到的对应分量的出现概率做乘法计算，统计向量中的 0 与概率分量的乘积也是 0。将得到的概率分量累加，然后再加上 $P(C_i)$ 的对数，得到的结果就是 $P(A'|C_i)\cdot P(C_i)$。前面解释过了，因为对于这组词来说，$P(A')$ 是常量，直接比较 $P(A'|C_i)\cdot P(C_i)$ 就可以了。代码如下所示：

```cpp
std::string ClassifyResult(const TRAINING_RESULT& tr, const std::vector<std::string>& allWords,
                           const std::vector<std::string>& wordsList)
{
    double pm = -DBL_MAX;
    std::string classification;

    std::vector<int> numVec = MakeWordsVec(allWords, wordsList);
    for (auto& cr : tr)
    {
        double p = 0.0;
        for (std::size_t i = 0; i < allWords.size(); i++)
        {
            p += numVec[i] * cr.second.pfci[i];
        }
        p += std::log(cr.second.pci);
        if (p > pm)
        {
            pm = p;
            classification = cr.first;
        }
    }

    return classification;
}
```

终于，到了激动人心的垃圾邮件识别环节了。做了那么多准备工作，也完成了训练，这个简单的分类器效果如何呢？我们假设从两封邮件中分别提取了两组词：

`["公司", "保险", "讨论", "喜欢", "周六", "郊游", "蓝天"]`

`["公司", "优惠", "打折", "秒杀", "喜欢", "合作"]`

结果我们的分类器正确识别了它们，如图 3-1 所示。

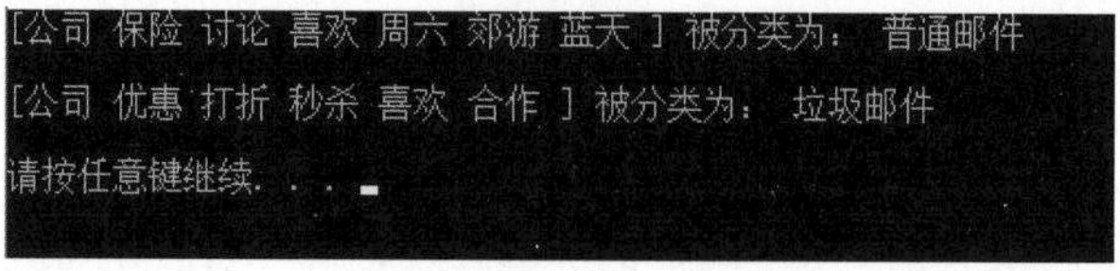

图 3-1 分类结果示意图

3.4 总结

很多大名鼎鼎的算法，其原理其实很简单。贝叶斯算法中那些神秘的词汇，比如样本、训练，其实就是这么简单。本章我们用了 50 多行代码（5 个函数）实现了一个简单的垃圾邮件分类器，而且我们的演示算法支持多个类别，只要样本数据 examples 中出现的类别，演示算法都会进行统计计算，并按照概率计算的结果进行分类。

最后，朴素贝叶斯算法是基于条件概率的一种分类算法，通过概率大小来进行分类。和其他分类算法相比，贝叶斯分类算法有一定的局限性。比如贝叶斯理论要求特征之间是独立的，并且每个特征的权重一样。对于一些特征之间存在比较强的关联性，或者特征的重要性不一样的情况，贝叶斯分类算法的效果就不那么好了。

3.5 参考资料

[1] 周志华. 机器学习. 清华大学出版社，2016.

[2] 李航. 统计学习方法. 清华大学出版社，2001.

[3] Ian Goodfellow，等. 深度学习. 张志华，译. 人民邮电出版社，2017.

[4] 陈希孺. 概率论与数理统计. 中国科学技术大学出版社，2009.

[5] 维基百科词条 "naïve Bayes spam filtering"。

[6] Paul Graham. A Plan for Spam, 2002.

[7] Paul Graham. Better Bayesian Filtering, 2003.

第 4 章

最大匹配算法——最简单的中文分词算法

在自然语言识别领域，中文的分词技术绝对是一个很有意思的话题。英文是以单词为基础的，单词之间以空格隔开，不存在分词的问题，但是汉语有这个问题。关于分词有很多可玩的地方，比如之前很火的一个对对联的小程序，可以根据上联自动对出下联，对上联的识别肯定建立在正确分词的基础上。本章介绍一种理论简单、实现也简单的分词方法，通常情况下它还能取得不错的效果，拿来做个趣味小程序玩玩还是可以的。

4.1　最大匹配算法

目前常见的中文分词技术大致可分为三类：一类是基于词典、字库的匹配算法；另一类是基于统计学的分词方法，在词典、字库的基础上增加了词频统计信息；还有一类是基于对语言知识理解的分词方法，包括各种机器学习类分词算法。本章要介绍的最大匹配算法是第一类。

由于最大匹配算法基于词典或字库，所以我们需要准备一个包含所有汉语词汇的词典，每当需要确认一个词的时候，就要进行一次词典的匹配。由此可见，词典的组织方式对于这种算法的效率至关重要。各种最大匹配算法的实现差异，主要集中在词典的组织和匹配算法上。尽管最大匹配算法的效果一般，但是其原理和实现都很简单，适合拿来学习算法知识或者出算法题目。

根据分词算法匹配的方向，最大匹配算法可分为正向最大匹配（forward maximum matching）算法和逆向最大匹配（reverse maximum matching）算法，接下来分别介绍。

4.1.1　正向最大匹配算法

假设最大匹配算法的词典中最长的词有 k 个汉字字符，则正向最大匹配算法的基本思想是，每次从被处理的句子中取前 k 个汉字作为匹配字符串，用这个字符串查词典，如果词典中存在这个词，则查找成功，将匹配的词从句子中切分出来；如果查找失败，即找不到这样一个有 k 个字的词，则将匹配字符串中最后一个字去掉，将剩下的 $k-1$ 个字组成的词作为匹配字符串，继续查词典。如果还是查找失败，则再去掉最后一个字，将剩下的 $k-2$ 个字组成的词作为匹配字符串，继续查词典。如此重复，直到匹配成功，切分出一个词，完成一轮匹配。将匹配到的词从句子中切除，然后再从句子剩余部分中取前 k 个字继续处理，重复上述过程，直到完成整个句子的分词。

算法的整体流程如下。

(1) 判断待处理的句子是否为空，如果为空，转至 (5) 结束处理，否则转至 (2) 继续处理。

(2) 从前向后从待处理的句子中取 k 个字作为匹配字符串，k 是词典中最长的词条的字数。

(3) 从词典中查找匹配字符串，如果找到，就将此匹配字符串切分为一个词，并将这个词从句子中切除，转至 (1) 继续处理；如果没有找到匹配项，转至 (4) 继续处理。

(4) 如果匹配字符串不为空，则将其最后一个字删除，转至 (3) 继续处理，否则转至 (5) 结束处理。

(5) 如果待处理的句子不为空，则返回失败；否则返回成功，并输出切分的词。

接下来，我们举例说明上述算法流程。假设要处理的句子是“计算机编程有意思”，并且假设我们有一个很全面的词典，其中最长的词条是 5 个汉字，我们按照上述算法流程对这个句子进行处理。

(1) 原始句子 S1=“计算机编程有意思”，匹配字符串 S2，从 S1 中取前 5 个字，赋值给 S2，即 S2=“计算机编程”。

(2) 用 S2 匹配词典，没有找到匹配项，去掉最后一个字，S2=“计算机编”。

(3) 用 S2 匹配词典，没有找到匹配项，去掉最后一个字，S2=“计算机”。

(4) 用 S2 匹配词典，找到一个匹配的词“计算机”，从 S1 中切分出“计算机”这个词。S1=“编程有意思”，从 S1 中取前 5 个字，赋值给 S2，即 S2=“编程有意思”。

(5) 用 S2 匹配词典，没有找到匹配项，去掉最后一个字，S2=“编程有意”。

(6) 用 S2 匹配词典，没有找到匹配项，去掉最后一个字，S2=“编程有”。

(7) 用 S2 匹配词典，没有找到匹配项，去掉最后一个字，S2=“编程”。

(8) 用 S2 匹配词典，找到一个匹配的词“编程”，从 S1 中切分出“编程”这个词。S1=“有意思”，从 S1 中取前 3 个字（剩下 3 个字），赋值给 S2，即 S2=“有意思”。

(9) 用 S2 匹配词典，没有找到匹配项，去掉最后一个字，S2=“有意”。

(10) 用 S2 匹配词典，没有找到匹配项，去掉最后一个字，S2=“有”。

(11) 用 S2 匹配词典，找到一个匹配的词“有”，从 S1 中切分出“有”这个词。S1=“意思”，从 S1 中取前 2 个字（剩下 2 个字），赋值给 S2，即 S2=“意思”。

(12) 用 S2 匹配词典，找到一个匹配的词“意思”，从 S1 中切分出“意思”这个词。S1=“”，结束处理。

经过上述处理过程,整个句子被切分成 4 个中文词,分别是"计算机""编程""有"和"意思"。

4.1.2 逆向最大匹配算法

逆向最大匹配算法和正向最大匹配算法的原理一样,只是对字符串的处理方向不一样。逆向最大匹配算法从被处理句子的末端开始匹配扫描,每次取最末端的 k 个字(k 是词典中最长的词的字数)作为匹配字符串。用这个匹配字符串查词典,如果词典中存在这个词,则查找成功,将匹配的词从句子中切分出来;如果匹配失败,则去掉匹配字段最前面的一个字,将剩下的 $k-1$ 个字组成的词作为匹配字符串,继续查词典。如果还是查找失败,则再去掉匹配字段最前面的一个字,将剩下的 $k-2$ 个字组成的词作为匹配字符串,继续查词典。如此重复,直到匹配成功,切分出一个词,完成一轮匹配。然后再从句子中取最末端的 k 个字继续处理,直到完成整个句子的分词。

可以看出,逆向最大匹配算法整体的流程如下。

(1) 判断待处理句子是否为空,如果为空,转至 (5) 结束处理,否则转至 (2) 继续处理。

(2) 从后向前从待处理的句子中取 k 个字作为匹配字符串, k 是词典中最长的词条的字数。

(3) 从词典中查找匹配字符串,如果找到,就将此匹配字符串切分为一个词,并将这个词从句子中切除,转至 (1) 继续处理。如果没有找到匹配项,转至 (4) 继续处理。

(4) 如果匹配字符串不为空,则将其最前面一个字删除,转至 (3) 继续处理,否则转至 (5) 结束处理。

(5) 如果待处理的句子不为空,则返回失败;否则返回成功,并输出切分的词。

接下来,我们还是以"计算机编程有意思"这句话为例,介绍逆向最大匹配算法的处理过程。同样假设我们有一个很全面的词典,词典中最长的词条是 5 个汉字。我们按照上述算法流程对这个句子进行处理。

(1) 原始句子 S1="计算机编程有意思",匹配字符串 S2,从 S1 中取后 5 个字,赋值给 S2,即 S2="编程有意思"。

(2) 用 S2 匹配词典,没有找到匹配项,去掉最前面一个字,S2="程有意思"。

(3) 用 S2 匹配词典,没有找到匹配项,去掉最前面一个字,S2="有意思"。

(4) 用 S2 匹配词典,没有找到匹配项,去掉最前面一个字,S2="意思"。

(5) 用 S2 匹配词典,找到一个匹配的词"意思",从 S1 中切分出"意思"这个词。S1="计算机编程有",从 S1 中取后 5 个字,赋值给 S2,即 S2="算机编程有"。

(6) 用 S2 匹配词典,没有找到匹配项,去掉最前面一个字,S2="机编程有"。

(7) 用 S2 匹配词典,没有找到匹配项,去掉最前面一个字,S2="编程有"。

(8) 用 S2 匹配词典,没有找到匹配项,去掉最前面一个字,S2="程有"。

(9) 用 S2 匹配词典，没有找到匹配项，去掉最前面一个字，S2="有"。

(10) 用 S2 匹配词典，找到一个匹配的词"有"，从 S1 中切分出"有"这个词。S1="计算机编程"，从 S1 中取后 5 个字，赋值给 S2，即 S2="计算机编程"。

(11) 用 S2 匹配词典，没有找到匹配项，去掉最前面一个字，S2="算机编程"。

(12) 用 S2 匹配词典，没有找到匹配项，去掉最前面一个字，S2="机编程"。

(13) 用 S2 匹配词典，没有找到匹配项，去掉最前面一个字，S2="编程"。

(14) 用 S2 匹配词典，找到一个匹配的词"编程"，从 S1 中切分出"编程"这个词。S1="计算机"，从 S1 中取后 3 个字（剩下 3 个字），赋值给 S2，即 S2="计算机"。

(15) 用 S2 匹配词典，找到一个匹配的词"计算机"，从 S1 中切分出"计算机"这个词。S1=""，结束处理。

4.1.3 算法分析

由于汉语中偏正结构较多，一般来说，使用逆向最大匹配算法比正向最大匹配算法的准确率高一点。在不考虑其他辅助方法的情况下，单纯使用正向最大匹配算法的错误率为 1/169，单纯使用逆向最大匹配算法的错误率为 1/245（我不是语言专家，以上数字来自网络）。当然，这些都是相对的，比如对于"南京市长江大桥"这句话，正向最大匹配算法切分的结果是：

南京市 / 长江 / 大桥

逆向最大匹配算法切分的结果是：

南京 / 市长 / 江大桥

是否有人叫"江大桥"呢？很有可能，但是显然现任南京市长不是江大桥。这正是最大匹配算法的软肋（无论是正向还是逆向），所以实用的分词算法不会单纯使用词典匹配的方法。

4.2 算法实现

本节介绍最大匹配算法的实现。

4.2.1 词典及词典匹配

无论是正向最大匹配算法还是逆向最大匹配算法，其实现都很简单，唯一需要啰唆的就是词典的组织了。关于词典实际上有很多高效的查找和匹配算法，这里我们用简单的代码实现一种根据词条长度分类管理词典的方法。进行词典匹配的时候，并不需要完整地遍历所有的词，如果匹配字符串只有两个字，就没有必要遍历一个字的词和超过两个字的词。所以，按照词条长度对词典进行分区管理是词典设计的第一步。对长度相同的词条进行匹配的时候，线性遍历是最简单但效率最低的方法，把这些词条有序排列，采用二分查找能明显提高效率，所以词典设计的第二步是对现有词条进行排序。

所以，词典设计简单理解就是"分分类，排排队"。按照词条长度对所有的词分类，本章为了用尽量少的代码演示算法，用了 std::map。当然，你也可以用数组来组织，然后利用数组下标的技巧管理各种长度的词条。用 std::map 组织词典的数据结构：

```
typedef struct
{
    int max_len;    //词典中词条的最大长度
    std::map<int, std::vector<std::wstring>> words;
}WORD_DICT;
```

max_len 是词典中最长的词条的字数，分词算法根据这个值决定每次从句子中取多少个字进行匹配。每个长度的词条组织在一个 std::vector<std::string>中，这是一个字符串数组，存储这个长度对应的所有词。基于这个模型的词条匹配算法的大致实现如下：

```
bool LookupDict(const WORD_DICT& dict, std::wstring& word)
{
    int length = word.length();
    //根据词条长度选择对应的词集
    const std::vector<std::wstring>& wds = dict.words.at(length);

    return std::binary_search(wds.begin(), wds.end(), word);
}
```

dict.words.at(length)得到长度 length 对应的 std::vector<std::wstring>，然后用二分查找算法从中匹配，找到匹配项就返回 true，否则返回 false。

4.2.2 正向最大匹配算法实现

从算法流程的描述可以看出，这个算法的整体框架有两层循环，第一层循环是对被处理字符串（s1）是否处理完的判断和处理，第二层循环是对匹配字符串（s2）的判断和处理。为了使代码更容易理解，提高可读性，我们将对匹配字符串（s2）的处理提取到一个独立的函数中，相当于将内层循环封装了。对匹配字符串（s2）的处理就是查词典，如果查找不到就去掉最后一个字，然后继续查找，直到匹配 s2 成功。如果到 s2 为空也没有匹配成功，则返回 false。代码如下所示：

```
bool MatchWord(const WORD_DICT& dict, std::wstring& s2)
{
    while (!s2.empty())
    {
        if (LookupDict(dict, s2)) //查词典
        {
            return true;
        }
        else
        {
```

```
            s2.pop_back(); //从 s2 中删除最后一个字
        }
    }

    return false; //s2 都空了也没匹配到词？可能是词典有问题
}
```

最后，正向最大匹配算法的实现代码如下：

```
bool MaxMatching(const std::wstring& sentence, const WORD_DICT& dict, std::vector<std::wstring>&
words)
{
    std::wstring s1 = sentence;

    while (!s1.empty())
    {
        int s2_len = (s1.length() > dict.max_len) ? dict.max_len : s1.length();
        std::wstring s2 = s1.substr(0, s2_len);
        if (!MatchWord(dict, s2))
        {
            return false;
        }

        words.push_back(s2); //匹配到一个词
        s1 = s1.substr(s2.length()); //将这个词从句子（s1）中切分出来
    }

    return true;
}
```

将待处理的句子 sentence 的分词结果存储在 words 中，这是一个字符串数组，依次存放切分出来的词。

4.2.3 逆向最大匹配算法实现

逆向最大匹配算法的整体框架和正向最大匹配算法一样，只是处理的细节不同，主要是一些字符串处理函数的使用不同。代码如下所示：

```
bool ReverseMatchWord(const WORD_DICT& dict, std::wstring& s2)
{
    while (!s2.empty())
    {
        if (LookupDict(dict, s2)) //查词典
        {
            return true;
        }
        else
        {
            s2 = s2.substr(1); //从 s2 中删除第一个字
        }
    }
```

```
        return false; //s2 都空了也没匹配到词? 可能是词典有问题
}

bool ReverseMaxMatching(const std::wstring& sentence, const WORD_DICT& dict,
std::vector<std::wstring>& words)
{
    std::wstring s1 = sentence;

    while (!s1.empty())
    {
        //这里不是长度了, 是子串的开始位置
        int s2_pos = (s1.length() > dict.max_len) ? s1.length() - dict.max_len : 0;
        std::wstring s2 = s1.substr(s2_pos); //从 s2_pos 开始的子串
        if (!ReverseMatchWord(dict, s2))
        {
            return false;
        }

        words.push_back(s2); //匹配到一个词
        s1 = s1.substr(0, s1.length() - s2.length()); //将这个词从句子中切分出来
    }

    return true;
}
```

SectionToChinese()函数将一个节的数字转换成中文数字，利用中文数字表 chnNumChar 转换中文数字，利用表 chnUnitChar 得到数字权位，unitPos 变量用作权位索引。SectionToChinese()函数的关键部分是对 0 的处理，根据规则 1 和规则 2，小节结尾的 0 不需要转换成"零"，但是两个数字之间的 0 需要转换成"零"。如果两个数字之间有多个 0，也只转换一个"零"。变量 zero 用于控制"零"的转换，避免出现多个"零"连在一起的情况。代码如下所示：

```
void SectionToChinese(unsigned int section, std::string& chnStr)
{
    std::string strIns;
    int unitPos = 0;
    bool zero = true;
    while(section > 0)
    {
        int v = section % 10;
        if(v == 0)
        {
            if(!zero)
            {
                zero = true; /*需要补零, zero 的作用是确保对连续的多个 0, 只补一个中文零*/
                chnStr.insert(0, chnNumChar[v]);
            }
        }
        else
        {
            zero = false; //至少有一个数字不是
```

```
            strIns = chnNumChar[v]; //此位对应的中文数字
            strIns += chnUnitChar[unitPos]; //此位对应的中文权位
            chnStr.insert(0, strIns);
        }
        unitPos++; //移位
        section = section / 10;
    }
}
```

4.3　总结

　　本章介绍了一种基于词典的分词算法，原理很简单，算法实现也很简单，只要词典质量高，切分的效果还不错。如果要提高切分的准确度，需要引入更复杂的理论，常见的方法就是在词典的词频上做文章。此类方法也叫"基于词的频度统计的分词方法"，其原理就是在句子的上下文中，相邻的字同时出现的次数越多，就越可能构成一个词，因此字与字相邻出现的概率或频率能较好地反映词的可信度。常见的统计模型有 N 元文法模型（N-gram model）、隐马尔可夫模型（hidden Markov model，HMM）等，有兴趣的朋友可以找相关资料研究。

　　中科院计算机所的张华平博士发布过一个名为 ICTCLAS 分词系统的开源代码库，大家可以找来研究，看看工程上可用的分词系统是如何工作的，它的算法内核是怎么实现的。

4.4　参考资料

[1]　FoolNLTK（GitHub：rockyzhengwu）。

[2]　ICTCLAS 分词系统。

[3]　宗成庆. 统计自然语言处理（第 2 版）. 清华大学出版社, 2013.

第 *5* 章

3 个水桶等分 8 升水的问题

有这样一道智力题：有 3 个容积分别是 3 升、5 升和 8 升的水桶，其中容积为 8 升的水桶中装满了水，容积为 3 升和容积为 5 升的水桶是空的。3 个水桶都没有体积刻度，现在需要将大水桶中的 8 升水等分成两份，附加条件是只能使用另外两个空水桶，不能借助其他辅助容器。

这是一个很经典的问题，但是并不难，大部分人可以在 1 分钟内给出答案。不过，很多人可能没有注意到，这个问题的答案不止一个。先来看一个最常见的答案，也是目前已知最快的操作步骤，共需要 7 次倒水动作：

(1) 从 8 升水桶中倒 5 升水到 5 升水桶中

(2) 从 5 升水桶中倒 3 升水到 3 升水桶中

(3) 从 3 升水桶中倒 3 升水到 8 升水桶中

(4) 从 5 升水桶中倒 2 升水到 3 升水桶中

(5) 从 8 升水桶中倒 5 升水到 5 升水桶中

(6) 从 5 升水桶中倒 1 升水到 3 升水桶中

(7) 从 3 升水桶中倒 3 升水到 8 升水桶中

最后的结果是 5 升水桶和 8 升水桶中各有 4 升水。再来看一个稍微复杂一点的答案，这个方案需要 8 次倒水动作：

(1) 从 8 升水桶中倒 3 升水到 3 升水桶中

(2) 从 3 升水桶中倒 3 升水到 5 升水桶中

(3) 从 8 升水桶中倒 3 升水到 3 升水桶中

(4) 从 3 升水桶中倒 2 升水到 5 升水桶中

(5) 从 5 升水桶中倒 5 升水到 8 升水桶中

(6) 从 3 升水桶中倒 1 升水到 5 升水桶中

(7) 从 8 升水桶中倒 3 升水到 3 升水桶中

(8) 从 3 升水桶中倒 3 升水到 5 升水桶中

到底有多少种答案？水在水桶之间倒来倒去，情况太多了，我这平凡的脑袋搞不定这个问题，但是计算机可以。设计一个算法，让计算机帮我们把所有答案都找出来，这就是本章的内容。在写作本书时我已经知道答案了，没想到会有这么多种倒水方法。

5.1　问题与求解思路

如果用人类的思维方式，那么解决这个问题的关键是，怎么通过倒水凑出确定的 1 升水或能容纳 1 升水的空间。3 只水桶的容积分别是 3 升、5 升和 8 升，用这 3 个数做加减运算，可以得到很多组答案，例如：

$$3 - (5 - 3) = 1$$

这个策略对应了上面提到的第一种解决方法，而另一组运算

$$(3 + 3) - 5 = 1$$

则对应了上面提到的第二种解决方法。

但是计算机并不能理解这个 "1" 的重要性，很难按照人类的思维方式按部就班地推导答案，因此用计算机解决这个问题，通常会选择使用 "穷举法"。为什么使用 "穷举法" 呢？因为这不是一个典型的求解最优解的问题，虽然可能暗含了求解倒水次数最少的方法的要求，但就本质而言，常用的求解最优解问题的高效方法都不适用于此问题。如果能够穷举解空间的全部合法解，然后通过比较找到最优解，也是一种求解最优解的方法。不过就本题而言，我们并不关心什么方法求解最快，能求出全部等分水的方法可能更符合题意。

使用 "穷举法"，首先要定义问题的解，并分析解空间的范围和拓扑结构，然后据此设计遍历搜索算法。如果我们把某一时刻 3 个水桶中存水的情况称为一个状态，则问题的初始状态是 8 升的水桶装满水，3 升和 5 升的水桶为空。最终要求的解的状态就是 3 升的水桶为空，5 升水桶和 8 升水桶各 4 升。针对此问题的 "穷举法" 的实质就是从初始状态开始，根据某种状态变化的规则搜索全部可能的状态，每当找到一个从初始状态到最终状态的变化路径，就可以理解为找到了一个解，这条从初始状态到最终状态的路径就是倒水问题的一种答案。

状态都是静止的，从初始状态到最终状态的变化需要一种 "推动力"，接下来我们需要找到这样一种 "推动力"。这个 "推动力" 就是隐含在问题描述中的 "倒水动作"，每个动作实施的结果就是从一个水桶倒水到另一个水桶，水桶中水的状态就发生变化了，于是状态也就变化了。如果能找到一种方式，持续地促使倒水动作发生，使得状态能不停地随动作变化，那就等于找到了该问题的解空间搜索方法。

5.2 建立数学模型

根据上一节的分析，求解这个问题的算法本质上就是对状态的穷举搜索。这样状态变化搜索的结果通常是得到一棵状态树，根节点是初始状态，叶子节点可能是最终状态，也可能是某个无法转换到最终状态的中间状态。状态树有多少个最终状态的叶子节点，就有多少种答案。由此可知，解决该问题的算法关键是建立状态和动作的数学模型，并找到一种持续驱动动作产生的搜索方法。

该问题并不复杂，因此建立数学模型的工作就"退化"成建立描述问题的数据结构。前面定义的状态都是静止状态，完整的状态模型不仅要能够描述静止状态，还要能够描述并记录状态转换动作，尤其是对状态转换的描述，因为这会影响到状态树搜索算法的设计。先来看看状态模型以及状态树的设计。

5.2.1 状态的数学模型与状态树

所谓的静止状态，就是某一时刻 3 个水桶中存留水的体积。我们采用长度为 3 的一维向量描述这个状态，这组向量的 3 个值分别是容积为 8 升的桶中的水量、容积为 5 升的桶中的水量和容积为 3 升的桶中的水量。因此算法的初始状态就可以描述为[8, 0, 0]，终止状态为[4, 4, 0]。

倒水动作与静止状态的结合就产生了状态变化，持续的状态变化就产生了一棵状态树，这棵状态树上的所有状态就构成了穷举算法的解空间。以初始状态[8, 0, 0]为例，如果与"倒 5 升水到 5 升水桶"动作相结合，就得到了一个新状态[3, 5, 0]。同样，如果与"倒 3 升水到 3 升水桶"动作相结合，就得到了另一个新状态[5, 0, 3]。以此类推，可以得到如图 5-1 所示的状态树。

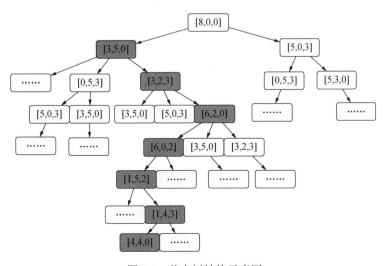

图 5-1 状态树结构示意图

[8, 0, 0]是状态树的根，图 5-1 只画出了这棵状态树的一部分，图中深色背景标识出的几个状态是状态树的一个分支，也是一个正确的解的状态转换路径。根据题目要求，最终结果是要输出这条转换路径的倒水过程，实际上就是与状态转换路径相对应的动作路径或动作列表。当定义了动作的数学模型后，就可以根据状态图中状态转换路径反推出对应的动作列表。依次输出这个动作列表就可以得到一个倒水过程的答案。

5.2.2　倒水动作的数学模型

两个静态状态是通过倒水动作建立关联的，这里说的倒水动作必须是合法的。因为水桶是没有体积刻度的，所以倒水动作不能是任意的。一个合法的倒水动作的前提条件是倒出水的桶中有水且倒入水的桶中还有空间。分析一下，实际上只有两种情况：一种是倒入水的桶中空间足够大，倒出水的桶中的水全部加到倒入水的桶中，此时倒出水的桶成为空桶；另一种是倒入水的桶中空间不够大，只能倒一部分水，此时倒出水的桶中还剩有水。

一个合法的倒水动作包含 3 个要素：倒出水的桶、倒入水的桶和倒水体积。我们用一个三元组来描述倒水动作：{from, to, water}，from 是指从哪个桶中倒水，to 是指将水倒入哪个桶，water 是此次倒水动作所倒的水量。倒水动作的数据结构定义如下：

```
typedef struct tagACTION
{
    int from;
    int to;
    int water;
}ACTION;
```

某一时刻 3 个水桶中的存水状态，经过某个倒水动作后演变为一个新的存水状态，这是对状态转换的文字描述。对算法来讲，倒水状态描述就是"静止状态"＋"倒水动作"。将静止状态和倒水动作组合在一起是为了结果输出，因为此问题要求最终提供如何倒水的过程。包含动作的倒水状态定义如下：

```
struct BucketState
{
    ...
    int bucket_s[BUCKETS_COUNT];
    ACTION curAction;
};
```

本模型的特例就是第一个状态如何得到，也就是[8, 0, 0]这个状态对应的倒水动作如何描述。我们用–1 表示未知的水桶编号，因此第一个状态对应的倒水动作就是{–1, 1, 8}。应用本模型对前面提到的第一种解决方法进行状态转换描述，整个过程如图 5-2 所示。

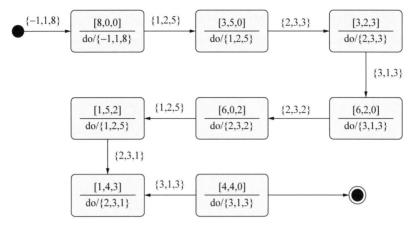

图 5-2　组合状态转换过程示意图

5.3　搜索算法

确定了状态模型后，就需要解决算法面临的第二个问题：状态树的搜索算法。一个静止状态结合不同的倒水动作会迁移到不同的状态，所有状态转换所呈现的就是一棵如图 5-1 所示的状态树。对于该问题来说，这棵状态树最初只有一个根节点，整棵树是随着搜索算法逐步生长的。对于树状结构的搜索，可以采用深度优先搜索（DFS）算法，也可以采用广度优先搜索（BFS）算法。这两种方法各有优缺点。广度优先搜索的优点是不会因为状态重复出现而导致搜索时出现状态环路，缺点是需要比较多的存储空间记录中间状态。深度优先搜索的优点是在同一时间只需要存储从根节点到当前搜索状态节点这一条路径上的状态节点，需要的存储空间比较小，缺点是要对搜索过程中因出现重复状态导致的状态环路做特殊处理，避免状态搜索时出现死循环的情况。

状态树的搜索就是对整棵状态树进行遍历，其中暗含了状态生成，因为状态树一开始并不完整，只有一个初始状态的根节点，当搜索（遍历）操作完成时，状态树才完整。前面已经提到，对树的遍历可以采用广度优先搜索算法，也可以采用深度优先搜索算法。就本题而言，要求解所有可能的等分水的方法，暗含了要记录从初始状态到最终状态，所以更适合使用深度优先搜索算法。

5.3.1　状态树的遍历

状态树的遍历暗含了状态生成，就是促使状态树上的一个状态向下一个状态转换的驱动过程。这是一个很重要的部分，如果不能正确地驱动状态变化，就不能实现状态树的遍历（搜索）。之前提到的动作模型，就是驱动状态变化的关键因子。对一个状态来说，它能转换到哪些新状态，取决于它能应用哪些倒水动作。一个倒水动作能够在原状态的基础上"生成"一个新状态，不同的倒水动作可以"生成"不同的新状态。由此可知，状态树遍历的关键是找到 3 个水桶之间所有合法的倒水动作，用这些倒水动作分别"生成"各自相应的新状态。

　　遍历 3 个水桶所有可能的倒水动作，就是对 3 个水桶任取两个进行全排列，这样可以得到 6 种水桶的排列关系，这也就意味着有 6 种可能的倒水动作。将这 6 种倒水动作依次应用到当前状态，就可以"生成" 6 种新状态，从而驱动状态发生变化。但是，受当前水桶状态的影响，并不是 6 种排列关系都能组合出合法的倒水动作。例如，我们给 3 个水桶编号 1、2、3，取 1 号水桶和 3 号水桶得到一个排列关系 $(1, 3)$，意味着从 1 号水桶向 3 号水桶倒水，但是如果 1 号水桶没有水，或者 3 号水桶已经满了，则无法进行从 1 号水桶向 3 号水桶倒水的动作。因此，在组合倒水动作时，需要结合当前 3 个水桶的存水状态来判断倒水动作是否合法。BucketState::CanTakeDumpAction 函数负责做这个判断，其实现代码如下：

```
bool BucketState::CanTakeDumpAction(int from, int to)
{
    assert((from >= 0) && (from < BUCKETS_COUNT));
    assert((to >= 0) && (to < BUCKETS_COUNT));

/*不是同一个桶，且 from 桶中有水，to 桶中不满*/
    if( (from != to)
        && !IsBucketEmpty(from)
        && !IsBucketFull(to) )
    {
        return true;
    }

    return false;
}
```

from 是倒出水的水桶编号，to 是接收水的水桶编号。判断的依据有 3 个：第一，不能向自身倒水；第二，倒出水的桶不能为空桶；第三，接收水的桶必须有空间接收水，不能是满桶状态。

5.3.2　剪枝和重复状态判断

　　上一节提到，采用深度优先搜索状态树，会遇到重复状态导致的状态环路。比如，假设某一时刻从 1 号桶倒 3 升水到 3 号桶，下一个时刻又从 3 号桶倒 3 升水到 1 号桶，此时各水桶就回到了之前的状态，这就形成一个状态环路。有时候状态环路可能复杂一点，几个状态之后才出现重复状态，图 5-1 展示的就是一种复杂一点的状态环路。在状态[3, 5, 0] → [3, 2, 3] → [6, 2, 0] → [3, 5, 0]的转换过程中，[3, 5, 0]状态再次出现形成状态环路。如果对这种情况不做处理，状态搜索就会在某个状态树分支陷入死循环，永远无法到达正确的结果状态。除此之外，如果对一个状态树分支上的某个状态经过搜索，已经知道其结果，则在另一个状态树分支上搜索时再遇到这个状态，可以直接给出结果或跳过搜索，以便提高搜索效率。在这个过程中因重复出现被放弃或跳过的状态，可以理解为另一种形式的"剪枝"，这可以使一次深度优先搜索很快收敛到初始状态。

考虑到上述两种情况，需要对当前深度遍历过程中经过的搜索路径上所有搜索过的状态做记录，形成一个当前已经处理过的状态表。每次因为动作组合生成新状态时，都检查一下是否在这个记录中有状态相同的记录，如果存在则跳过这个新状态，回溯到上一步继续处理下一个状态。如果新状态在状态表中不存在，则将其加入状态表，然后从新状态开始继续进行深度优先搜索。

本题还有一个要求，就是在搜索到一个最终状态时，输出搜索过程中记录的状态，以便还原整个过程的倒水动作。这也需要用一个列表记录一次深度优先搜索过程中已经处理过的状态，算法设计时可以考虑将这两个表合二为一。如此一来，这个存放状态记录的列表不仅要支持从一端插入和删除状态，还要支持从头到尾遍历所有记录。从这两方面考虑，我们采用双端队列数据结构来维护这个记录列表。利用 C++ 的 STL 提供的便利，可以很简单地实现状态重复判断的算法，IsProcessedState() 函数就是算法的实现代码：

```
bool IsProcessedState(std::deque<BucketState>& states, const BucketState& newState)
{
    std::deque<BucketState>::iterator it = states.end();

    it = find_if( states.begin(), states.end(),
        std::bind2nd(std::ptr_fun(IsSameBucketState), newState) );

    return (it != states.end());
}
```

find_if 算法需要一个仿函数，我不想再写一个函数对象，因此利用两个函数适配器复用了一个已经存在的普通函数 IsSameBucketState()。如果有 C++ 11 的编译器，可以利用 lamda 表达式改写这个算法。

5.4 算法实现

对状态树的搜索是一个递归实现的过程：从初始状态开始，由第一个合法的倒水动作得到一个新的状态，记录这个状态并从它开始递归搜索。在一个分支搜索完成后（无论是否得到结果），取消这个状态，然后由下一个合法的倒水动作再得到一个新状态，然后从这个状态开始继续搜索，直到遍历完所有合法的倒水动作。

这是一个递归算法，状态树搜索必须有一个终止条件，否则算法无法收敛。那么该问题的状态搜索的终止条件是什么？这要从两方面看：一方面是倒水动作的遍历，这是一个排列组合问题，排列完所有组合就是结束条件；另一方面是状态判断，如果出现了等分水的最终状态，则可以结束对状态树上当前分支的搜索。

SearchState() 函数就是状态搜索算法的核心，这个函数首先检查当前状态列表的最后一个状态是否是结果需要的最终状态([4, 4, 0])，如果是就表示搜索到一个结果，通过调用 PrintResult() 函数遍历状态列表，输出当前结果状态转换的整个过程（倒水动作序列）；否则通过一个两层循

环遍历 6 种可能的倒水动作, 将这些动作分别与当前状态结合形成新的状态, 然后继续搜索新的
状态。代码如下所示:

```
void SearchState(std::deque<BucketState>& states)
{
    BucketState current = states.back(); /*每次都从当前状态开始*/
    if(current.IsFinalState())
    {
        PrintResult(states);
        return;
    }

    /*使用两层循环排列组合各种倒水状态*/
    for(int j = 0; j < BUCKETS_COUNT; ++j)
    {
        for(int i = 0; i < BUCKETS_COUNT; ++i)
        {
            SearchStateOnAction(states, current, i, j);
        }
    }
}
```

搜索算法的递归关系是通过 SearchStateOnAction() 函数实现的, 首先调用 BucketState::
CanTakeDumpAction() 函数判断能否组合一个从 from 到 to 的倒水动作, 然后调用 BucketState::
DumpWater() 函数实现倒水动作并得到一个新状态, 接着调用 IsProcessedState() 函数判断这个状
态是否是被处理过的状态, 如果是没有被处理过的, 则将这个新状态加入已搜索状态记录表, 并
调用 SearchState() 函数继续搜索。代码如下所示:

```
void SearchStateOnAction(std::deque<BucketState>& states, BucketState& current, int from, int to)
{
    if(current.CanTakeDumpAction(from, to))
    {
        BucketState next;
         /*从 from 到 to 倒水, 如果成功, 返回倒水后的状态*/
        bool bDump = current.DumpWater(from, to, next);
        if(bDump && !IsProcessedState(states, next))
        {
            states.push_back(next);
            SearchState(states);
            states.pop_back();
        }
    }
}
```

BucketState::DumpWater() 也是一个很有意思的函数。前面介绍的 BucketState::CanTake DumpAction()
函数只是判断从 from 到 to 能否组合出倒水动作, 而这个函数则是完成实际倒水动作的具体算法
实现。首先计算 to 水桶的剩余容积, 然后根据 from 水桶中的水量决定本次能倒多少水, 如果 from
水桶中剩余水量比 to 水桶中的剩余容积小, 则 from 水桶被倒空。真正的倒水动作其实就从 from
桶中减去倒水量, 在 to 水桶加上对应的倒水量。如果倒水成功, 最后调用 BucketState::SetAction()

函数将倒水动作三元组与新状态绑定，得到一个动态的倒水动作状态，新状态通过 next 参数返回。代码如下所示：

```
bool BucketState::DumpWater(int from, int to, BucketState& next)
{
    next.SetBuckets(bucket_s);
    int dump_water = bucket_capicity[to] - next.bucket_s[to];
    if(next.bucket_s[from] >= dump_water)
    {
        next.bucket_s[to] += dump_water;
        next.bucket_s[from] -= dump_water;
    }
    else
    {
        next.bucket_s[to] += next.bucket_s[from];
        dump_water = next.bucket_s[from];
        next.bucket_s[from] = 0;
    }
    if(dump_water > 0) /*是一个有效的倒水动作吗？ */
    {
        next.SetAction(dump_water, from, to);
        return true;
    }

    return false;
}
```

5.5　总结

本章开始给出了 3 个水桶等分 8 升水问题的两个答案，实际答案不止两个。我用图 5-1 所示的画状态图的方法手推答案，推算到第 6 种方法的时候就放弃了。需要搜索的状态很多，需要逐个判断状态的处理情况，所以还是让计算机做吧。用本章的算法穷举一共找到 16 种倒水的方法，最快的方法需要 7 个步骤，也就是本章给出的第一种方法。如果不用算法，你能给出几种倒水方法呢？试试看吧。

5.6　参考资料

[1] Levitin A. 算法设计与分析基础. 潘彦，译. 北京：清华大学出版社，2007.

[2] Cormen T H, et al. *Introduction to Algorithms* (*Second Edition*). The MIT Press, 2001.

[3] Knuth D E. *The Art of Computer Programming* (*Third Edition*), Vol 2. Addison-Wesley, 1997.

第6章
妖怪与和尚过河问题

这是一个从 Plastelina 网站下载的 Flash 小游戏，如图 6-1 所示。有 3 个和尚和 3 个妖怪（也可翻译为传教士和食人妖）要利用唯一一条小船过河。这条小船一次只能载两个人，同时，无论是在河的两岸还是在船上，只要妖怪的数量大于和尚的数量，妖怪们就会将和尚吃掉。现在需要选择一种过河的安排，保证和尚和妖怪都能过河且和尚不能被妖怪吃掉。

图 6-1　妖怪与和尚过河游戏

这其实是一个很简单的游戏，过河的策略就是无论何时都要保证在河的任意一侧和尚的数量多于妖怪。先来看一种过河的方法。

(1) 两个妖怪先过河，一个妖怪返回；

(2) 再两个妖怪过河，一个妖怪返回；

(3) 两个和尚过河，一个妖怪和一个和尚返回；

(4) 两个和尚过河，一个妖怪返回；

(5) 两个妖怪过河，一个妖怪返回；

(6) 两个妖怪过河。

这个游戏的答案不止一个，到底有几个呢？写个算法来找找吧。

6.1 问题与求解思路

题目的初始条件是 3 个和尚和 3 个妖怪在河的一边，此外还有一条小船。过河后的情况应该是 3 个和尚和 3 个妖怪安全地到达对岸，虽然没有明确提到船的状态，但是船也应该跟着到了对岸，否则岂不闹鬼了？这个问题里有 3 个关键因素：和尚、妖怪和小船，当然，还有它们的位置。假如我们要让计算机理解这个问题，除了对这 3 个对象进行描述，还要定义它们的位置信息。如果把任意时刻妖怪、和尚和小船的位置信息合在一起看作一个"状态"，则要解决这个问题，只需找到一条从初始状态变换到终止状态的路径即可。这就有点类似于第 5 章介绍的用 3 个水桶等分 8 升水的问题，我们可以尝试使用第 5 章介绍的穷举方法，遍历所有由妖怪、和尚和小船的位置构成的状态空间，寻找一条或多条从初始状态到最终状态的转换路径。

从初始状态开始，通过构造特定的搜索算法，对状态空间中的所有状态进行穷举，就得到一棵以初始状态为根的状态树。如果状态树上某个叶子节点是题目要求的最终状态，则从根节点到此叶子节点之间的所有状态节点就是过河问题的一个解决过程。从初始状态开始，每选择一批妖怪或和尚过河，就会从原状态产生一个新状态。如果以人类思维解决这个问题，每次都会选择最佳的妖怪与和尚组合过河，使得它们过河后生成的新状态更接近最终状态，不断重复上述过程，直到得到最终状态。在这个过程中，人的选择是推动状态转换的驱动力。用计算机解决妖怪与和尚过河问题的思路也是通过状态转换，找到一条从初始状态到结束状态的转换路径。计算机不会进行理性分析，不知道每次如何选择最佳的过河方式，但是擅长快速计算且不知疲劳。既然计算机不知道如何选择过河方式，那就干脆把所有的过河方式都尝试一遍，找出所有可能的结果，当然也就包括成功过河的结果。也就是说，用计算机求解这个问题，穷举各种动作尝试就是推动状态变化的驱动力。

6.2 建立数学模型

本章介绍的算法和第 5 章的算法类似，都是从一个根状态开始对状态空间进行搜索，其结果也是一棵状态树。解决该问题的算法关键是建立状态和动作的数学模型，并找到一种持续驱动动作产生的搜索方法。本问题并不复杂，因此建立数学模型的工作就"退化"成建立描述问题的数据结构。本问题的状态模型不仅要能够描述静止状态，还要能够描述并记录状态转换动作，尤其是对状态转换的描述，因为这会影响到状态树搜索算法的设计。除此之外，当搜索算法找到一个最终状态时，需要输出从开始状态到该最终状态的动作序列，这也需要状态模型能够和动作模型结合在一起。下面一起来看看本问题的状态模型以及状态树的设计。

6.2.1　状态的数学模型与状态树

观察一下本问题的状态，看起来好像是 3 个和尚、3 个妖怪加上 1 只船，一共 7 个属性，但是仔细研究就会发现，3 个和尚之间和 3 个妖怪之间没有差异，也没有顺序关系，因此在考虑数学模型时不需要赋予它们太多的属性，只要用数量表示它们就可以了。对于和尚和妖怪的状态，分别用两个值表示它们在河两岸的数量，这样只需 4 个属性就可以表示，分别是本地和尚数量、本地妖怪数量、对岸和尚数量和对岸妖怪数量。每当有妖怪或和尚的数量随船的移动发生变化时，只需要修改和尚和妖怪在河两岸的数量即可完成状态转换。除了和尚和妖怪的数量，还有一个关键因素也会影响状态的变化，那就是小船的位置。这是个非常重要的状态属性，不仅决定了状态的差异，还会影响后序动作的选择。

最后的状态模型中，和尚与妖怪的状态就是数值，船有两个枚举状态，在本地（LOCAL）和在对岸（REMOTE）。我们用一个五元组来表示某个时刻的过河状态：[本地和尚数, 本地妖怪数, 对岸和尚数, 对岸妖怪数, 船的位置]。用五元组表示的初始状态就是[3, 3, 0, 0, LOCAL]，问题解决的过河状态是[0, 0, 3, 3, REMOTE]。和尚、妖怪和小船的状态模型定义的数据结构如下所示：

```
struct ItemState
{
    ...
    int local_monster;
    int local_monk;
    int remote_monster;
    int remote_monk;
    BOAT_LOCATION boat; /*LOCAL or REMOTE*/
    ...
};
```

状态模型确定以后，整个状态空间的树状模型也就确定了，读者可以参考第 5 章的图 5-1 理解本问题的状态树。接下来就要确定和尚与妖怪过河动作的数学模型，过河动作是驱动状态变化的关键。

6.2.2　过河动作的数学模型

河两岸的和尚与妖怪的数量发生变化的直接原因是小船的位置发生变化，因为船上至少要有一个和尚或妖怪，所以只要船的位置发生变化，必然会引起状态变化。过河动作是促使船的位置发生变化的原因，也是连接两个状态的转换关系。这个转换关系包含两部分内容，一部分是船的位置变化，另一部分是船上的妖怪或和尚的数量，这个数量变化会引起两岸的和尚和妖怪的数量发生变化。

过河动作的数学模型需要明确定义两个内容，即动作引起船的位置变化情况和此动作移动的和尚或妖怪的数量。过河动作的具体数据结构定义如下：

```
typedef struct tagActionEffection
{
    ACTION_NAME act;
    BOAT_LOCATION boat_to; //船移动的方向
    int move_monster; //此次移动的妖怪数量
    int move_monk; //此次移动的和尚数量
}ACTION_EFFECTION;
```

ACTION_NAME 是一个比较有意思的属性，其实是对动作的一个命名。"3 个水桶等分 8 升水问题"中的动作是通过排列组合 3 个水桶的关系产生的，但是过河问题没有这个条件，这也是同一类问题处理细节上的差异。虽然不能通过排列组合产生动作，但是通过对问题的观察，我们发现过河问题的所有过河动作其实是一个有限的动作集合。看一下 ACTION_EFFECTION 的定义，根据题目的要求，无论船是从本地到对岸，还是从对岸返回本地，船上载的妖怪和和尚的情况只能是以下 5 种：一个妖怪、一个和尚、两个妖怪、两个和尚以及一个妖怪加一个和尚。结合船移动的方向，一共有 10 种过河动作可供选择，分别是：

- ❑ 一个妖怪过河
- ❑ 两个妖怪过河
- ❑ 一个和尚过河
- ❑ 两个和尚过河
- ❑ 一个妖怪和一个和尚过河
- ❑ 一个妖怪返回
- ❑ 两个妖怪返回
- ❑ 一个和尚返回
- ❑ 两个和尚返回
- ❑ 一个妖怪和一个和尚返回

于是，ACTION_NAME 的定义如下：

```
typedef enum tagActionName
{
    ONE_MONSTER_GO = 0,
    TWO_MONSTER_GO,
    ONE_MONK_GO,
    TWO_MONK_GO,
    ONE_MONSTER_ONE_MONK_GO,
    ONE_MONSTER_BACK,
    TWO_MONSTER_BACK,
    ONE_MONK_BACK,
    TWO_MONK_BACK,
    ONE_MONSTER_ONE_MONK_BACK,
    INVALID_ACTION_NAME,
}ACTION_NAME;
```

请注意，如果 ACTION_NAME 不同，其对应的 boat_to、move_monster 和 move_monk 三个属性也不相同。这个问题有 10 种动作，如果不能用一个抽象的记录对这 10 种动作进行一致性处理，那么我们的算法代码就不可避免地出现长长的 if…else 语句或 switch…case 语句。代码中长的 if…else 或 switch…case 语句正是各种问题的根源，我们要尽量避免出现这种情况。怎么做一致性处理？这是算法设计中常用的技巧之一，总结起来就是两点：首先对要处理的数据进行归纳处理，确定共性的部分和差异的部分；然后对差异的部分进行量化处理，将逻辑的差异转化成计算机能做一致性处理的差异，比如数字的大小变化、字符串的长短变化，等等。在本例中，动作名称和小船位置是共性的部分，计算机不用区分动作的实际类型就可以进行一致性处理。和尚和妖怪的移动方法随动作类型不同而变化，无法统一处理，但是可以转化成数字的加减法来处理。举个例子，一个和尚和一个妖怪过河的动作，实际效果就是本地的和尚数量和妖怪数量各减 1，对岸的和尚数量和妖怪数量各加 1。整理起来，所有的动作可归纳为以下动作列表：

```
ACTION_EFFECTION actEffect[] =
{
    { ONE_MONSTER_GO ,              REMOTE, -1,  0 },
    { TWO_MONSTER_GO ,              REMOTE, -2,  0 },
    { ONE_MONK_GO ,                 REMOTE,  0, -1 },
    { TWO_MONK_GO ,                 REMOTE,  0, -2 },
    { ONE_MONSTER_ONE_MONK_GO ,     REMOTE, -1, -1 },
    { ONE_MONSTER_BACK ,            LOCAL ,  1,  0 },
    { TWO_MONSTER_BACK ,            LOCAL ,  2,  0 },
    { ONE_MONK_BACK ,               LOCAL ,  0,  1 },
    { TWO_MONK_BACK ,               LOCAL ,  0,  2 },
    { ONE_MONSTER_ONE_MONK_BACK ,   LOCAL ,  1,  1 }
};
```

列表中的 move_monster 属性和 move_monk 属性如果是负数，则表示从本地移动到对岸。这个动作列表是我们进行状态转换一致性处理的基础，直接使用这张表就不需要对每种动作都进行特殊处理，可以避免使用长长的 if…else 或 switch…case 语句。

6.3　搜索算法

本章仍然采用深度优先搜索算法，每次遍历只暂时保存当前搜索的分支的所有状态，之前搜索过的分支上的状态不保存，只在必要的时候输出结果。因此，算法不需要完整的树状数据结构保存整棵状态树（也没有必要这么做），只需要一个队列能暂时存储当前搜索分支上的所有状态即可。这个队列初始时只有一个初始状态，随着搜索的动作逐步增加，当搜索算法完成执行后，队列中应该仍然只有一个初始状态。状态树的搜索过程就是状态树的生成过程，因此状态树一开始并不完整，只有一个初始状态的根节点，当搜索（遍历）操作完成时，状态树才完整。

一个静止状态结合不同的过河动作会迁移到不同的状态。上一节已经分析过了，每个状态所能采用的过河动作只能是 ActionName 标识的 10 种动作中的一种（当然，并不是每种动作都适用于此状态）。有了这个动作范围，搜索状态树的穷举算法就非常简单了，只需将当前状态分别与这 10 种动作进行组合，就可以得到状态树上这个状态所有可能的新状态。对新状态继续应用各种过河动作，再得到新状态，直到出现最终状态，得到一个过河过程。图 6-2 就是一个过河结果的状态转换过程。

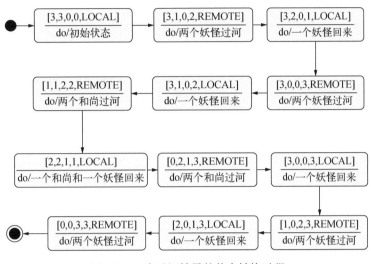

图 6-2 一个过河结果的状态转换过程

6.3.1 状态树的遍历

状态树的遍历暗含了一个状态生成的过程，就是驱动状态树上的一个状态向下一个状态转换的过程。这是一个很重要的部分，如果不能正确地驱动状态变化，就不能实现状态树的遍历（搜索）。之前提到的动作模型，就是驱动状态变化的关键因子。算法的动作模型一共定义了 10 种动作，每种动作结合当前状态就可以产生一个新的状态，就可以推动状态产生变化。当然，并不是所有动作都能适用于当前状态。比如，假设当前状态是只有两个妖怪在本地，则"一个和尚过河""两个和尚过河"和"一个和尚和一个妖怪过河"这 3 种动作不适用于当前状态。

状态树遍历的关键就是处理过河动作列表 actEffect，依次处理一遍这个列表中的每个动作就实现了状态树的搜索。因为使用了表结构，代码变得非常简单：

```
/*尝试用 10 种动作分别与当前状态组合*/
for(int i = 0; i < sizeof(actEffect) / sizeof(actEffect[0]); i++)
{
    ProcessStateOnNewAction(states, current, actEffect[i]);
}
```

6.3.2 剪枝和重复状态判断

前面提到，并不是所有动作都适用于当前状态，那么，如何判断一个动作是否适用于当前状态？首先，当前状态中船的位置很关键，如果船的位置在对岸，那么所有的过河动作就都不适用。其次，移动的妖怪或和尚的数量是否与当前状态相适应。比如 6.3.1 节给出的例子，如果本地没有和尚，那么所有需要移动和尚的动作就都不适用。根据以上分析，我们可以给出判断动作合法性的算法：

```
bool ItemState::CanTakeAction(ACTION_EFFECTION& ae) const
{
    if(boat == ae.boat_to)
        return false;
    if((local_monster + ae.move_monster) < 0
        || (local_monster + ae.move_monster) > monster_count)
        return false;
    if((local_monk + ae.move_monk) < 0
        || (local_monk + ae.move_monk) > monk_count)
        return false;

    return true;
}
```

应用这个判断，可以省去很多不必要的状态变化，避免出现一些不符合题目要求的错误状态，比如本地有–1 个和尚，对岸有 4 个和尚这种情况。

本算法按照深度优先原则搜索状态树，就会遇到和"3 个水桶等分 8 升水问题"算法一样的问题，就是重复出现的状态会导致状态环路。比如某一时刻采用的动作是"一个和尚和一个妖怪过河"，到了对岸形成新的状态，如果新状态采用的动作是"一个和尚和一个妖怪返回"，则最后的状态就变成了过河之前的状态，这两个状态加上这两个动作就会形成状态环路。搜索路径上存在状态环路的后果就是搜索算法可能会陷入死循环。除此之外，如果对一个状态树分支上的某个状态经过搜索，已经知道其结果，则在另一个状态树分支上搜索时再遇到这个状态，可以直接给出结果或跳过搜索，以便提高搜索算法的效率。在这个过程中因重复出现被放弃或跳过的状态，可以理解为另一种形式的"剪枝"，可以使一次深度优先搜索很快收敛到初始状态。

本算法依然采用双端队列来组织搜索过程中的已处理状态，相关的判断算法和"3 个水桶等分 8 升水问题"的算法完全一样。

6.4 算法实现

算法的核心依然是递归搜索，从初始状态开始调用 SearchState()函数。函数每次从状态队列尾部取出当前要处理的状态，首先判断是否是最终的过河状态，如果是则输出一套过河方案，否则尝试用动作列表中的动作与当前状态结合，看看是否能生成合法的新状态。代码如下所示：

```
void SearchState(std::deque<ItemState>& states)
{
    ItemState current = states.back(); /*每次都从当前状态开始*/
    if(current.IsFinalState())
    {
        PrintResult(states);
        return;
    }

    /*尝试用10种动作分别与当前状态组合*/
    for(int i = 0; i < sizeof(actEffect) / sizeof(actEffect[0]); i++)
    {
        SearchStateOnNewAction(states, current, actEffect[i]);
    }
}
```

搜索的递归关系是通过 SearchStateOnNewAction()函数体现的,这个函数首先判断当前状态和制定的过河动作是否能生成一个新状态,如果能得到一个合法的新状态,则继续处理这个新状态。代码如下所示:

```
void SearchStateOnNewAction(std::deque<ItemState>& states,
    ItemState& current, ACTION_EFFECTION& ae)
{
    ItemState next;
    if(MakeActionNewState(current, ae, next))
    {
        if(next.IsValidState() && !IsProcessedState(states, next))
        {
            states.push_back(next);
            SearchState(states);
            states.pop_back();
        }
    }
}
```

MakeActionNewState()函数很有意思,它就是这个算法设计的通过过河动作属性列表对所有动作进行一致性处理的体现,通过对属性的直接加或减计算,避免了长 if…else 语句或 switch…case 代码。代码如下所示:

```
bool MakeActionNewState(const ItemState& curState, ACTION_EFFECTION& ae, ItemState& newState)
{
    if(curState.CanTakeAction(ae))
    {
        newState = curState;
        newState.local_monster  += ae.move_monster;
        newState.local_monk     += ae.move_monk;
        newState.remote_monster -= ae.move_monster;
        newState.remote_monk    -= ae.move_monk;
        newState.boat    = ae.boat_to;
        newState.curAct  = ae.act;

        return true;
```

```
    }

    return false;
}
```

6.5　总结

最后，这个算法告诉我们一共有 4 种过河方案。大多数人能很容易地给出本章开始时给出的方案，这个应该是最容易想到的。事实上，我见过有人给出其他方案，所以知道这个问题不止一种解决方案。现在，我们知道了，这个问题有且只有 4 种解决方案。

6.6　参考资料

[1] Levitin A. 算法设计与分析基础. 潘彦，译. 北京：清华大学出版社，2007.

[2] Cormen T H, et al. *Introduction to Algorithms* (*Second Edition*). The MIT Press, 2001.

[3] Knuth D E. *The Art of Computer Programming* (*Third Edition*), Vol 2. Addison-Wesley, 1997.

第 *7* 章
稳定匹配与舞伴问题

每年凤凰花开、蝉鸣绿叶的季节，也是同学们毕业和找工作的季节。很显然，学生和雇主之间是双向选择的关系，然而学霸们往往先人一步，早早就拿到一把 offer。但无奈，即便是学霸也分身无术，最终只能选择一个 offer。毫无疑问，学霸们会根据自己的偏好对 offer 排队，选择其中最好的一个。有时候我会想，其他也给了学霸 offer 的公司岂不是少了一个名额？显然我是多虑了，其实这些雇主公司也有一个偏好列表作为备用，如果空出了名额，他们会从这个备用的偏好列表中再选一个。但这总归不是最高效的资源配置方式，大量的撤销和重新选择会浪费很多社会资源。有没有一种方法，在双向选择、公开透明的基础上，按照资源配置的最优原则给学生和雇主配对，直接得到一个学生和雇主之间的完备匹配或稳定匹配？

幸运的是，确实有人在研究稳定匹配问题（stable matching problem）。戴维·盖尔（David Gale）和劳埃德·沙普利（Lloyd Shapley）两位专家从 20 世纪 60 年代就开始研究这个问题。他们最早研究的是稳定婚姻问题（stable marriage problem），其实这适用于所有带偏好或优先选择的双向选择问题。本章我们就以稳定婚姻问题为例，介绍盖尔和沙普利研究的稳定匹配算法的原理，并给出一个解决舞伴匹配问题的 Gale-Shapley 算法实现。

7.1 稳定匹配问题

1962 年，盖尔和沙普利发表了一篇名为"大学招生与婚姻的稳定性"的论文，首次提出了稳定婚姻问题，该问题后来成为研究稳定匹配的典型例子。在介绍稳定匹配问题之前，我们先来了解几个概念。

7.1.1 什么是稳定匹配

假设有 n 个未婚男人的集合 $M=\{m_1, m_2, \cdots, m_n\}$ 和 n 个未婚女人的集合 $W=\{w_1, w_2, \cdots, w_n\}$，令 $M \times W$ 为所有可能的形如 (m_i, w_i) 的有序对的集合，其中 $m_i \in M$，$w_i \in W$。根据上述定义，我们

7

给出匹配的概念，匹配 S 是来自 $M×W$ 的有序对的集合，并且具有以下性质：M 的每个成员和 W 的每个成员至多出现在 S 的一个有序对中。接下来是完美匹配的概念，完美匹配 S' 是一个具有以下性质的匹配：M 的每个成员和 W 的每个成员恰好出现在 S' 的一个对里。S 和 S' 这两个定义的差别就在于"至多"和"恰好"两个词。对很多人来说，区分这两个概念就像区分落基山大角羊和沙漠大角羊一样困难。我来解释一下，可以将 S 理解为 M 和 W 的成员配对结婚，但是 M 和 W 中不一定所有成员都能配对成功，还有男人和女人落单。而完美匹配 S' 则是 S 的一种特殊情况，即所有人都配对成功，不存在落单的男人和女人。

很显然，盖尔和沙普利研究的稳定婚姻问题是在一夫一妻制度下男人和女人的配对关系，每个男人最终都要和一个女人结婚。现在在完美匹配的背景下引入优先或偏好的概念，每个男人都按照个人喜好对所有女人排名，如果某个男人 m 给某个女人 w 的排名高于给 w' 的排名，就可以理解为 m 喜欢 w 胜过 w'。反过来也一样，每个女人也按照自己的喜好对所有男人排名。以上排名必须区分先后顺序，不能有排名并列的情况出现。那么什么是稳定匹配呢？**稳定匹配**就是在引入优先排名的情况下，一个完美匹配 S 如果不存在不稳定因素，则称它为稳定匹配。什么是不稳定因素呢？假设在完美匹配 S 中存在两个配对 (m, w) 和 (m', w')，但是从优先排名上看，m 更喜欢 w' 而不喜欢 w，同时 w' 也更喜欢 m 而不喜欢 m'，如图 7-1 所示。在这种情况下，我们称这个完美匹配 S 是不稳定的，像 (m, w') 这样有"私奔"倾向的不稳定对（unstable pair）就是 S 的一个不稳定因素。

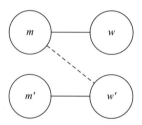

图 7-1　不稳定因素示意图

稳定匹配满足两个条件：首先，它是一个完美匹配；其次，它不含任何不稳定因素。在给定的众多复杂关系中，如何求得一个稳定匹配呢？盖尔和沙普利在 1962 年提出的 Gale-Shapley 算法就是一种著名的稳定匹配算法，接下来我们就来简单介绍 Gale-Shapley 算法的原理。

7.1.2　Gale-Shapley 算法原理

盖尔和沙普利的策略是一种寻找稳定婚姻的策略，不管男女之间有何种偏好，利用这种策略总可以得到一个稳定的婚姻匹配。先来看一下 Gale-Shapley 算法实现的伪代码：

```
初始化所有的 m ∈ M, w ∈ W, 所有的 m 和 w 都是自由状态;
while (存在男人是单身，并且他还没有对任何女人求过婚)
{
```

```
选择一个这样的男人 m；
w = m 的优先选择表中还没有被求过婚的排名最高的女人；
if (w 是单身状态)
{
    将(m, w)的状态设置为约会状态；
}
else /*w 已经和其他男人约会了*/
{
    m' = w 当前约会的男人；
    if (w 更喜欢 m'而不是 m)
    {
        m 保持单身状态（w 不更换约会对象）；
    }
    else /*w 更喜爱 m 而不是 m'*/
    {
        将(m, w)的状态设置为约会状态；
        将 m' 设置为单身状态；
    }
}
}
输出已经匹配的集合 S；
```

看起来总是男人主动选择，女人被动接受，事实上这个算法并没有做这个假设。基于男女平等的原则，也可以是女人主动选择，男人被动接受，这就是这个算法常被提到的两个策略，即"男士优先"还是"女士优先"。

从 Gale-Shapley 算法的策略来看，男人们一轮一轮地选择自己中意的女人，女人则可以选择接受或拒绝追求者。只要女人是单身状态，男人的追求就不会被拒绝，但这并不表示男人总是能选到自己最中意的女人，因为女人可以毁约。男人被拒绝的情况有两种，一种是男人追求的女人已经有约会对象，并且女人喜欢自己的约会对象胜过当前追求她的男人；另一种是女人面对另一个男人的追求时，如果她喜欢这个追求她的男人胜过自己当前的约会对象，女人可以利用毁约拒绝当前约会对象。男人每被拒绝一次，就只能从自己的优先选择表中选择下一个女人。男人不能重复尝试约会那些已经拒绝过他的女人，因此这种选择总是无奈地向越来越不中意的方向发展。每一轮选择之后，都会有一些男人或女人脱离单身状态。当某一轮过后没有任何一个男人或女人是单身状态时，这个算法就结束了。在 Gale-Shapley 算法中，n 个男人共需要进行 n 轮选择，每一个男人需要向 n 个中意的对象求婚，因此，算法最多需要 $n \times n$ 轮循环就可以结束。

这个算法的流程非常简单，但是否有效呢？也就是说 Gale-Shapley 算法结束后得到的匹配一定是稳定匹配吗？还记得上一节介绍的稳定匹配的两个条件吗？稳定匹配首先是完美匹配，其次是没有不稳定因素。下面我们就从这两方面证明这个算法的结果是否是稳定匹配。

首先，我们要证明 Gale-Shapley 算法结束得到的是完美匹配。直接证明这个问题比较困难，所以我们采用反证法。假设算法结束后有一个男人 m 还是单身，因为规则是一个男人只能和一个女人约会，这就意味着必定有一个女人 w 也是单身。根据算法规则，女人只要是单身，一定会接受男人的求婚，现在 w 是单身，说明 w 没有收到任何求婚请求。这时就出现矛盾了，因为根据算法流程，m 肯定向包括 w 在内的所有女人都求过婚，所以假设应该不成立，也就是说，能够证明 Gale-Shapley 算法得到的是一个完美匹配。

接下来证明 Gale-Shapley 算法的结果没有任何不稳定因素，仍然采用反证法。假设匹配结果中存在不稳定因素，也就是说，存在 m 和 w，他们各自都已经有了伴侣，但是 m 喜欢 w 胜过喜欢自己现在的伴侣，同样，w 也喜欢 m 胜过喜欢自己现在的伴侣。但是根据算法规则，m 肯定向 w 求过婚，如果 w 更喜欢 m，w 应该选择 m 而不是当前的伴侣，因此这个假设也不成立。

由以上证明可知，Gale-Shapley 算法的结果是一个稳定匹配，也就证明了该算法的正确性。

7.2 Gale-Shapley 算法的应用实例

本节利用舞伴问题介绍 Gale-Shapley 算法的一个应用实例。舞伴问题是这样的：有 n 个男孩与 n 个女孩参加舞会，每个男孩和女孩均交给主持一个名单，上面写着他（她）中意的舞伴名字。无论男孩还是女孩，提交给主持人的名单都是按照偏爱程度排序的，排在前面的都是他们最中意的舞伴。试问主持人在收到名单后，是否可以将他们分成 n 对，使每个人都能和他们中意的舞伴结对跳舞？为了避免舞会上出现不和谐的情况，要求这些舞伴的关系是稳定的。

假如有两对分好的舞伴：(男孩 A，女孩 B)和(男孩 B，女孩 A)，但是男孩 A 更偏爱女孩 A，女孩 A 也更偏爱男孩 A，同样，女孩 B 更偏爱男孩 B，而男孩 B 也更偏爱女爱 B。在这种情况下，这两对舞伴就倾向于分开，然后重新组合，这就是不稳定因素。很显然，这个问题需要的是一个稳定匹配的结果，适合使用 Gale-Shapley 算法。

7.2.1 算法实现

首先定义舞伴的数据结构。根据题意，一个舞伴至少要包含两个属性，就是每个人的偏爱列表和他（她）们当前选择的舞伴。根据 Gale-Shapley 算法的规则，还需要有一个属性表示下一次要向哪个偏爱舞伴发出跳舞邀请。当然，这个属性并不是男生和女生同时需要的，当使用"男士优先"策略时，男生需要这个属性；当使用"女士优先"策略时，女生需要这个属性。为了使程序输出更有趣味，需要为每个角色提供一个名字。综上所述，舞伴的数据结构定义如下：

```
typedef struct tagPartner
{
    char *name;    //名字
    int next;      //下一个邀请对象
    int current;   //当前舞伴，-1 表示还没有舞伴
    int pCount;    //偏爱列表中的舞伴个数
    int perfect[UNIT_COUNT]; //偏爱列表
}PARTNER;
```

UNIT_COUNT 是男孩或女孩的数量（稳定匹配问题总是假设男孩和女孩的数量相等），pCount 是偏爱列表中的舞伴个数。根据标准的"稳定婚姻问题"的要求，pCount 的值应该和 UNIT_COUNT 一致，但在某些情况下（比如一些算法比赛题目的特殊要求）也会要求提供的偏爱列表可长可短，因此我们增加了这个属性。但是有一点需要注意，如果允许舞伴的 pCount 小于 UNIT_COUNT，则7.1.2 节的证明就不适用了，需要设置相应的条件并使用更复杂的证明方法。关键是，最后不一定能得到稳定匹配的结果。这里给出的实现算法使用数组来存储参加舞会的男孩和女孩列表，因此这个数据结构中的 next、current 和 perfect 列表中存放的都是数组索引，了解这一点有助于理解算法的实现代码。

Gale-Shapley 算法的实现非常简单，将 7.1.2 节给出算法伪代码翻译成编程语言即可。完整的算法代码如下：

```
bool Gale_Shapley(PARTNER *boys, PARTNER *girls, int count)
{
    int bid = FindFreePartner(boys, count);
    while(bid >= 0)
    {
        int gid = boys[bid].perfect[boys[bid].next];
        if(girls[gid].current == -1)
        {
            boys[bid].current = gid;
            girls[gid].current = bid;
        }
        else
        {
            int bpid = girls[gid].current;
            //女孩喜欢 bid 胜过其当前舞伴 bpid
            if(GetPerfectPosition(&girls[gid], bpid) > GetPerfectPosition(&girls[gid], bid))
            {
                boys[bpid].current = -1; //当前舞伴恢复自由身
                boys[bid].current = gid; //结交新舞伴
                girls[gid].current = bid;
            }
        }
        boys[bid].next++; //无论是否配对成功，对同一个女孩只邀请一次
        bid = FindFreePartner(boys, count);
    }

    return IsAllPartnerMatch(boys, count);
}
```

FindFreePartner() 函数负责从男孩列表中找一个没有舞伴并且偏好列表中还有没有邀请过的女孩的男孩，返回男孩在列表（数组）中的索引。如果返回值等于-1，表示没有符合条件的男孩了，于是主循环停止，算法结束。GetPerfectPosition() 函数用于判断女孩喜欢一个舞伴的程度，通过返回舞伴在自己的偏爱列表中的位置来判断，位置越靠前，也就是 GetPerfectPosition() 函数的返回值越小，说明女孩越喜欢这个舞伴。GetPerfectPosition() 函数的实现代码如下：

```
int GetPerfectPosition(PARTNER *partner, int id)
{
    for(int i = 0; i < partner->pCount; i++)
    {
        if(partner->perfect[i] == id)
        {
            return i;
        }
    }

    //返回一个非常大的值，意味着根本排不上队
    return 0x7FFFFFFF;
}
```

　　按照“稳定婚姻问题”的要求，这个函数应该总是能够得到 id 指定的异性舞伴在 partner 的偏爱列表中的位置，因为每个 partner 的偏爱列表包含所有异性舞伴。但是当题目有特殊要求时，partner 的偏爱列表可能只有部分异性舞伴。比如 partner 非常讨厌一个人，他们绝对不能成为舞伴，那么 partner 的偏爱列表肯定不会包含这个人。考虑到算法的通用性，GetPerfectPosition() 函数默认返回一个非常大的数，就意味着 ID 指定的异性舞伴在 partner 的偏爱列表中根本没有位置（非常讨厌），根据算法的规则，partner 最不喜欢的异性舞伴的位置都比 id 指定的异性舞伴位置靠前。这也是算法一致性处理的一个技巧，GetPerfectPosition() 函数当然可以设计成返回-1 表示 ID 指定的异性舞伴不在 partner 的偏爱列表中，但是大家想一想，算法中是不是要对这个返回值做特殊处理？原来代码中判断位置关系的一行代码处理：

```
if(GetPerfectPosition(&girls[gid], bpid) > GetPerfectPosition(&girls[gid], bid))
```

就会变得非常烦琐，我们看看会是什么情况：

```
if((GetPerfectPosition(&girls[gid], bpid) == -1)
    && (GetPerfectPosition(&girls[gid], bid) == -1))
{
    //当前舞伴 bpid 和 bid 都不在女孩的偏爱列表中，太糟糕了
    ...
}
else if(GetPerfectPosition(&girls[gid], bpid) == -1)
{
    //当前舞伴 bpid 不在女孩偏爱列表中，bid 有机会
    ...
}
else if(GetPerfectPosition(&girls[gid], bid) == -1)
{
    //bid 不在女孩的偏爱列表中，当前舞伴 bpid 维持原状
    ...
}
else if(GetPerfectPosition(&girls[gid], bpid) > GetPerfectPosition(&girls[gid], bid))
{
    //女孩喜欢 bid 胜过其当前舞伴 bpid
    ...
}
```

```
else
{
    //女孩喜欢当前舞伴 bpid 胜过 bid
    ...
}
```

这是我最不喜欢的代码逻辑，真的太糟糕了。可见，这个小小的技巧为代码的逻辑处理带来了极大的好处。类似的技巧广泛应用，在排序算法中经常使用"哨兵"位，避免每次都要判断是否比较完全部元素。面向对象技术中常用的"Dummy Object"技术也是类似的思想。

Gale-Shapley 算法原来如此简单，你是不是为沙普利能获得诺贝尔奖愤愤不平？其实不然，算法原理的简单并不等于其解决的问题也简单，本书介绍的很多算法都是如此，小算法解决大问题。

7.2.2　改进优化：空间换时间

Gale_Shapley()函数给出的算法还有点问题，主要是 GetPerfectPosition()函数的策略，这个函数每次都要遍历 partner 的偏爱列表才能确定 bid 的位置，很可能导致理论上时间复杂度为 $O(n^2)$ 的算法在实现时的时间复杂度变成 $O(n^3)$。为了避免算法在多轮选择过程中频繁遍历每个 partner 的偏爱列表，需要对 partner 到底更偏爱哪个舞伴的判断策略进行改进。

改进的原则就是"以空间换时间"。简单来讲，就是用一张事先初始化好的表存储这些位置关系，在使用过程中，以 $O(1)$ 的时间复杂度的方式直接查表确定偏爱舞伴的关系。这样的表可以是线性表，也可以是哈希表这样的映射表。对于这个问题，我们选择使用二维表来存储这些位置关系。假设存在二维表 priority[n][n]，我们用 priority[w][m] 表示 m 在 w 的偏爱列表中的位置，这个值越小，表示 m 在 w 的偏爱列表中的位置越靠前。在算法开始之前，首先初始化这个关系表：

```
for(int w = 0; w < UNIT_COUNT; w++)
{
    //初始化成最大值，原理同上
    for(int j = 0; j < UNIT_COUNT; j++)
    {
        priority[w][j] = 0x7FFFFFFF;
    }
    //给偏爱舞伴指定位置关系
    int pos = 0;
    for(int m = 0; m < girls[w].pCount; m++)
    {
        priority[w][girls[w].perfect[m]] = pos++;
    }
}
```

最后，将对 GetPerfectPosition()函数的调用替换成查表：

```
if(priority[gid][bpid] > priority[gid][bid])
```

对于一些在算法执行过程中不会发生变化的静态数据，如果算法执行过程中需要反复读取这些数据，并且读取操作存在一定时间开销，比较适合使用这种"以空间换时间"的策略。用合理的方式组织这些数据，使得数据能够在 $O(1)$ 的时间复杂度内实现是这种策略的关键。对本问题应用"以空间换时间"的策略，需要在算法开始的准备阶段初始化好 priority 二维表，这需要一些额外的开销，但是相对于 n^2 次查询节省的时间来说，这点开销是能够容忍的。

"以空间换时间"也是算法设计常用的技巧，在很多算法中有应用。比如本书第 15 章介绍的快速傅里叶变换算法，经过蝶形变换后每个点的数据位置都发生了变化，需要将这些点的位置还原。可以利用一个二重循环将这些错位的数据还原，也可以利用蝶形变换的位置变换关系表，采用查表的方式将两个错位的数据交换位置，后者采用的就是"以空间换时间"的策略。

7.3 有多少稳定匹配

当参加舞会的男孩和女孩按照一定的顺序排好队，位置固定之后，使用 Gale-Shapley 算法能够得到一个确定的稳定匹配结果。但是对这群男孩和女孩来说，稳定匹配的结果肯定不是唯一的。其实只要将计算策略从"男士优先"转换成"女士优先"，就可以得到一个完全不同的稳定匹配结果。同样，调整一下男孩们的位置顺序，比如让最后一个男孩排在第一的位置，让他第一个邀请女孩，则 Gale-Shapley 算法也可以得到一个完全不同的稳定匹配结果。

很显然，对于任意情况下的 n 个男孩和 n 个女孩来说，肯定有多个稳定匹配，那么，到底有多少个稳定匹配？稳定匹配首先必须是完美匹配，而且稳定匹配的个数小于或等于完美匹配。所以，我们可以先从理论上计算一下完美匹配的数量，估算问题的规模，然后再决定是否能用算法找出全部的稳定匹配。从理论上分析，只要每个人的偏爱列表都包含全部异性舞伴，那么完美匹配的个数就可以通过公式计算出来。首先，假设男孩们已经排好了队，准备按照顺序邀请女孩跳舞，在不考虑稳定匹配的情况下，每个男孩选择一个女孩之后，还没有舞伴的女孩的总数就减 1，剩下的男生的可选范围就变小了。第一个男孩选择的可能情况是 C_n^1，第二个男孩可能的选择就只有 C_{n-1}^1 种。以此类推，可以计算出完美匹配的可能情况是 $M = C_n^1 C_{n-1}^1 C_{n-2}^1 \ldots C_1^1 = n!$ 种。如果仅仅从排列组合问题的角度考虑舞伴问题，随着男孩们的顺序变化，这个数字会成倍增加。那么男孩们有多少种顺序变化呢？n 个男孩全排列，结果也是 $n!(P_n^n)$ 种变化，因此最终的结果应该是 $(n!)^2$。但是舞伴问题并不是单纯的排列组合问题，因为这些男孩和女孩之间通过各自的偏爱列表建立了某种联系，这使得一些组合结果实际上是没有意义的重复。举个例子说明一下，假如 m 在第一轮选择，他选择 w 作为舞伴，m' 在第二轮选择，他选择 w' 作为舞伴。现在转换一下选择顺序，改为 m' 在第一轮选择，但在他的偏爱列表中，w' 排在前面，于是 m' 仍然选择 w' 作为舞伴，m 只能选择 w 作为舞伴，虽然选择的顺序变了，但是结果和前一次一样。

由此看来，虽然对男孩的选择顺序进行全排列有 $n!$ 种可能，但是这 $n!$ 种选择顺序最终得到的

匹配结果都只是 $n!$ 种结果的重复出现，实际的完美匹配只有 $n!$ 种。接下来我们要给出的穷举算法也验证了这一点，对于 3 个男孩和 3 个女孩的情况，穷举算法得到了 36（3!×3!=36）个完美匹配结果，排除重复结果后得到 6（3×2×1=6）个结果。对于 4 个男孩和 4 个女孩的情况，穷举算法得到了 576（4!×4!=576）个完美匹配结果，排除重复结果后得到 24（4×3×2×1=24）个结果。

7.3.1　穷举所有的完美匹配

如果想知道到底有多少个稳定匹配，首先要知道有多少个完美匹配。具体方法就是通过穷举找到全部的完美匹配，然后根据条件将包含不稳定因素的完美匹配过滤掉，剩下的就是稳定匹配。遵循这个原则，我们先来研究一下穷举所有完美匹配的算法。

穷举算法的数据结构定义仍然沿用 7.2.1 节算法实现中使用的 PARTNER 定义，只是 next 属性用不上。穷举的方法就是每次为一个男孩选择一个舞伴，选择的方法就是从男孩的偏爱列表中找一个还没有舞伴的女孩，确定为这个男孩的舞伴，同时将男孩和女孩对应的 PARTNER 定义中的 current 属性指向对方。判断一个女孩是否已经有舞伴的方法就是判断她的 current 属性是否是 –1，如果不是 –1，就说明这个女孩已经有舞伴了。按照男孩的顺序逐个为他们选择舞伴，当最后一个男孩也确定了舞伴之后，就得到了一个完美匹配，可以打印这个结果，用于检查是否正确。

SearchStableMatch()函数是搜索算法的核心，采用递归方式实现，每次为一个男孩选择舞伴。index 参数是男孩按照顺序的编号，从 0 开始编号，刚好对应 boys 数组的下标，简化了代码实现。当 index 等于 UNIT_COUNT（男孩的个数）时，表示已经为所有男孩找到了舞伴，如果算法没有错误，这应该就是一个完美匹配。算法的主体就是遍历 index 对应的男孩的偏爱列表，从中找到一个还没有舞伴并且也喜欢自己的女孩作为舞伴，互相设置 current 属性。需要注意的是，算法主体包含一个回溯处理，当某一级搜索结束后，要重置相关男孩和女孩的舞伴关系，以便后序的递归搜索能够正常进行。具体代码可看 SearchStableMatch()函数的 for 循环主体部分：

```
void SearchStableMatch(int index, PARTNER *boys, PARTNER *girls)
{
    if(index == UNIT_COUNT)
    {
        if(IsStableMatch(boys, girls))
        {
            PrintResult(boys, girls, UNIT_COUNT);
        }
        return;
    }

    for(int i = 0; i < boys[index].pCount; i++)
    {
        int gid = boys[index].perfect[i];

        if(!IsPartnerAssigned(&girls[gid]) && IsFavoritePartner(&girls[gid], index))
        {
```

```
                boys[index].current = gid;
                girls[gid].current = index;
                SearchStableMatch(index + 1, boys, girls);
                boys[index].current = -1;
                girls[gid].current = -1;
            }
        }
    }
```

7.3.2 不稳定因素的判断算法

7.1.1 节给出了完美匹配中不稳定因素的定义,当一个男孩和一个女孩同时有更"强烈的"意愿彼此结为舞伴的时候,他们就倾向于与各自当前的舞伴分开,然后结为舞伴。不稳定因素的判断算法就是在一个完美匹配中找出图 7-1 所示的情况,这种情况有两个特征:首先,男孩的当前舞伴不是他的偏爱列表中排在第一位的女孩,也就是说,男孩更偏爱其他女孩胜过自己当前的舞伴;其次,男孩更偏爱的那个(或那几个女孩中的一个)女孩刚好也喜欢这个男孩胜过自己当前的舞伴。

于是,不稳定因素的判断算法就呼之欲出了,重点就是上述两个特征的识别。判断一个完美匹配是否是稳定匹配的算法流程如下。

(1) 找出这个男孩的当前舞伴在男孩的偏爱列表中的位置,如果当前舞伴排在偏爱列表的第一位,则表示这个男孩不存在不稳定因素,转到步骤(4),否则转到步骤(2)。

(2) 男孩的偏爱列表中如果还有排在当前舞伴之前但还没有进行判断处理的女孩,则转到步骤(3),否则转到步骤(4)。

(3) 找到女孩的当前舞伴在女孩的偏爱列表中的位置和当前处理的男孩在女孩的偏爱列表中的位置,如果女孩当前舞伴的位置比当前处理的男孩的位置靠前,则表示对该女孩不存在不稳定因素,转到步骤(2)。如果当前处理的男孩的位置比女孩当前舞伴的位置靠前,则表示存在不稳定因素,直接转到步骤(6)。

(4) 如果对全部男孩判断完毕,转到步骤(5);否则继续对下一个男孩进行不稳定因素判断,转至步骤(1)。

(5) 结束,没有找到不稳定因素。

(6) 结束,找到不稳定因素,此完美匹配不是稳定匹配。

根据以上算法流程,我们给出判断稳定匹配的算法实现。如 IsStableMatch() 函数所示,非常简单,相关注释和以上算法流程的表述都能对上,此处就不再过多解释:

```
bool IsStableMatch(PARTNER *boys, PARTNER *girls)
{
    for(int i = 0; i < UNIT_COUNT; i++)
    {
        //找到男孩当前舞伴在自己的偏好列表中的位置
```

```
    int gpos = GetPerfectPosition(&boys[i], boys[i].current);
    //在 position 位置之前的舞伴，男孩喜欢她们胜过 current
    for(int k = 0; k < gpos; k++)
    {
        int gid = boys[i].perfect[k];
        //找到男孩在这个女孩的偏好列表中的位置
        int bpos = GetPerfectPosition(&girls[gid], i);
        //找到女孩的当前舞伴在这个女孩的偏好列表中的位置
        int cpos = GetPerfectPosition(&girls[gid], girls[gid].current);
        if(bpos < cpos)
        {
            //女孩也是喜欢这个男孩胜过自己当前的舞伴，这是不稳定因素
            return false;
        }
    }
}

return true;
}
```

7.3.3 穷举的结果

至此，我们有了利用穷举法搜索全部稳定匹配结果的算法，来看看结果吧。假设有以下男孩和女孩的数据，冒号后是对应男孩和女孩的偏爱列表。

男孩

```
Albert：Laura, Nancy, Marcy
Brad：Marcy, Nancy, Laura
Chuck：Laura, Marcy, Nancy
```

女孩

```
Laura：Chuck, Albert, Brad
Marcy：Albert, Chuck, Brad
Nancy：Brad, Albert, Chuck
```

应用算法搜索后得到以下结果：

```
Albert[1] <---> Nancy[1]
Brad[0] <---> Marcy[2]
Chuck[0] <---> Laura[0]

Albert[2] <---> Marcy[0]
Brad[1] <---> Nancy[0]
Chuck[0] <---> Laura[0]

Total Matchs : 6, Stable Matchs : 2
```

看来，有两个稳定匹配的结果，用 7.2.1 节给出的 Gale-Shapley 算法得到的只是前一个稳定匹配的结果。参考资料给出了一个有意思的结论，就是稳定匹配的个数总是 2 的整数幂，有兴趣

的读者可以阅读一下该资料，看看这个结论的来龙去脉。另外，这个资料还给出了只有一种稳定匹配结果的情况，即所有女孩的偏爱列表都完全一样时，无论男孩们的偏爱列表如何，最终都只有一种稳定匹配结果，有兴趣的读者也可以自己研究研究。

7.4 二部图与二分匹配

之前讨论稳定匹配问题的时候，我们把完美匹配定义为每个男人和女人都属于匹配中的某个对，并不是很直观，现在我们用图的术语更一般地表达这一概念。首先介绍一下二部图，二部图 $G=(V,E)$ 是这样的一个图，它的顶点集合 V 可以划分为 X 和 Y 两个集合，它的边集合 E 中的每条边都有一个端点在 X 集合，另一个端点在 Y 集合。图 7-2 就是一个二部图。

现在给出针对二部图的匹配的定义。给定一个二部图 $G=(V,E)$ 的子图 M，如果 M 的边集合中任意两条边都不依附于同一个顶点，则称 M 是一个匹配。简单地说，图 7-2 中 x_2、x_3、x_4 等点都有多条边与之连接，也就是说有多条边依附于这些点，因此图 7-2 所示的二部图不是一个匹配。现在考虑删除一些边，最终得到如图 7-3 所示的一个 G 的子图。该子图中没有任何边同时连接 X 或 Y 中的同一个顶点，因此这是一个匹配。

如果 G 的一系列子图 $M_0, M_1, \cdots, M_n$ 都是匹配，那么包含边数最多的那个匹配就是图 G 的最大匹配。如果一个最大匹配中所有的点都有边与之相连，没有未覆盖点，则这个最大匹配就是完美匹配。未覆盖点的定义是：图 G 的一个顶点 V_i，如果 V_i 不与任何一条属于匹配 M 的边相连，则 V_i 是一个未覆盖点。图 7-3 就是一个完美匹配。

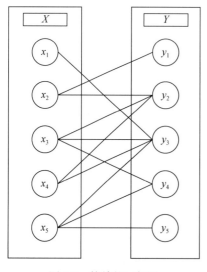

图 7-2　简单的二部图

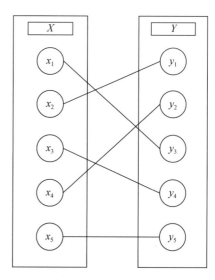

图 7-3　一个完美匹配的二部图

根据以上定义，如果 G 的一个匹配 M 是最大匹配，并且没有未覆盖点，则这个匹配就是完美匹配。可见，图 G 的匹配和完美匹配正好就是之前介绍的"稳定婚姻问题"中的匹配和完美匹配。用图论的方法寻找完美匹配，需要首先找到最大匹配，当二部图中两个顶点集合中的顶点个数相等时，这个最大匹配同时也是完美匹配。求二部图的最大匹配可以使用最大流（maximal flow）或匈牙利算法（Hungarian algorithm），接下来我们就来介绍匈牙利算法。

7.4.1 最大匹配与匈牙利算法

寻找二部图最大匹配的匈牙利数学家埃德蒙德斯（Edmonds）在 1965 年提出了一个简化的最大流算法。该算法根据二部图匹配这个问题的特点将最大流算法进行了简化，提高了效率。普通的最大流算法一般基于带权网络模型，二部图匹配问题不需要区分图中的源点和汇点，也不关心边的方向，因此不需要复杂的网络图模型，这就是匈牙利算法简化的原因。正是因为这个原因，匈牙利算法成为一种很简单的二分匹配算法，其基本流程是：

```
将图 G 最大匹配初始化为空
while(从 Xᵢ 点开始在图 G 中找到新的增广路径)
{
    将增广路径加入最大匹配中；
}
输出图 G 的最大匹配；
```

根据匈牙利算法的流程，寻找图 G 中的**增广路径**（augment path）是该算法的关键。先来看看什么是增广路径，二部图中的增广路径具有以下性质：

❏ 路径中边的条数是奇数；
❏ 路径的起点在二部图的左半边，终点在二部图的右半边；
❏ 路径上的点一个在左半边，一个在右半边，交替出现，整条路径上没有重复的点；
❏ 只有路径的起点和终点都是未覆盖的点，路径上其他的点都已经配对；
❏ 对路径上的边按照顺序编号，所有奇数编号的边都不在已知的匹配中，所有偶数编号的边都在已知的匹配中；
❏ 对增广路径进行"取反"操作，新的匹配数比已知匹配数多一个，也就是说，可以得到一个更大的匹配。

所谓的增广路径"取反"操作，就是把增广路径上奇数编号的边加入已知匹配中，并把增广路径上偶数编号的边从已知匹配中删除。每做一次"取反"操作，得到的匹配就比原匹配多一个。匈牙利算法的思路就是不停地寻找增广路径，增加匹配的个数，当不能再找到增广路径时，算法结束，得到的匹配就是最大匹配。

增广路径的起点总是在二部图的左边，因此寻找增广路径的算法总是从一侧的顶点开始，逐个顶点搜索。从 X_i 顶点开始搜索增广路径的流程如下：

```
while(从 Xᵢ 的邻接表中找到下一个关联顶点 Yⱼ)
{
    if(顶点 Yⱼ 不在增广路径上)
    {
        将 Yⱼ 加入增广路径;
        if(Yⱼ 是未覆盖点或者从与 Yⱼ 相关联的顶点（Xₖ）能找到增广路径)
        {
            将 Yⱼ 的关联顶点修改为 Xᵢ;
            从顶点 Xᵢ 开始有增广路径, 返回 true;
        }
    }
    从顶点 Xᵢ 开始没有增广路径, 返回 false;
}
```

在这个算法流程中，"从与 Y_j 相关联的顶点（X_k）能找到增广路径"这一步体现的是一个递归过程。因为如果之前的搜索已经将 Y_j 加入增广路径中，说明 Y_j 在 X 集合中一定有一个关联点，我们假设 Y_j 在 X 集合中的关联点是 X_k，所以要从 X_k 开始继续寻找增广路径。当从 X_k 开始的递归搜索完成后，通过"将 Y_j 的关联顶点修改为 X_i"这一步操作，将其与 X_i 连在一起，形成一条更长的增广路径。

至此，匈牙利算法的流程已经很清楚了，下面我们给出实现代码。首先定义求最大匹配的数据结构，这个数据结构要能表示二部图的边的关系，还要能体现最终的增广路径结果，我们给出如下定义：

```
typedef struct tagMaxMatch
{
    int edge[UNIT_COUNT][UNIT_COUNT];
    bool on_path[UNIT_COUNT];
    int path[UNIT_COUNT];
    int max_match;
}GRAPH_MATCH;
```

edge 是顶点与边的关系表，用来表示二部图，on_path 用来表示顶点 Y_j 是否已经在当前搜索过程中形成的增广路径上了，path 是当前找到的增广路径，max_match 是当前增广路径中边的条数。当算法结束时，如果 max_match 不等于顶点个数，说明有顶点不在最大增广路径上，也就是说，找不到能覆盖所有点的增广路径，此二部图没有最大匹配。从 X_i 寻找增广路径的算法实现如下：

```
bool FindAugmentPath(GRAPH_MATCH *match, int xi)
{
    for(int yj = 0; yj < UNIT_COUNT; yj++)
    {
        if((match->edge[xi][yj] == 1) && !match->on_path[yj])
        {
            match->on_path[yj] = true;
            if( (match->path[yj] == -1)
                || FindAugmentPath(match, match->path[yj]) )
            {
                match->path[yj] = xi;
                return true;
```

```
                }
            }
        }

        return false;
    }
```

算法基本上是按照之前的算法流程实现的，不需要做特别说明，唯一需要注意的是 path 中存放增广路径的方式。读者可能已经注意到了，这里是以 Y 集合中的顶点为索引进行存放，其值是对应的关联顶点在 X 集合中的索引。搜索是按照 X 集合中的顶点索引进行的，增广路径以 Y 集合中的顶点为索引进行存放，关系是反的。输出结果的时候，需要结合 Y 集合中的顶点索引输出。如果需要以 X 集合的顺序输出结果，需要反向转换，转换的方法非常简单：

```
int path[UNIT_COUNT] = { 0 };

for(int i = 0; i < match->max_match; i++)
{
    path[match->path[i]] = i;
}
```

转换后 path 中就是以 X 集合的顺序存放的结果。

结合之前给出的匈牙利算法基本流程，给出匈牙利算法的入口函数实现：

```
bool Hungary_Match(GRAPH_MATCH *match)
{
    for(int xi = 0; xi < UNIT_COUNT; xi++)
    {
        if(FindAugmentPath(match, xi))
        {
            match->max_match++;
        }

        ClearOnPathSign(match);
    }
    return (match->max_match == UNIT_COUNT);
}
```

每完成一个顶点的搜索，需要重置 Y 集合中相关顶点的 on_path 标志，ClearOnPathSign()函数就负责此事。

我们用图 7-2 中的二部图数据初始化 GRAPH_MATCH 中的顶点关系表 edge，然后调用 Hungary_Match()函数得到一组匹配：

```
X1<--->Y3
X2<--->Y1
X3<--->Y4
X4<--->Y2
X5<--->Y5
```

结果与图 7-3 一致，因为这个最大匹配没有未覆盖点，所以是完美匹配。

匈牙利算法的实现以顶点集合 V 为基础，每次从 X 集合中选一个顶点 X_i 做增广路径的起点搜索增广路径。搜索增广路径需要遍历边集合 E 内的所有边，可以采用深度优先搜索（DFS），也可以采用广度优先搜索（BFS），无论用什么方法，其时间复杂度都是 $O(E)$。匈牙利算法对每个顶点 V_i 只能选择一次，因此算法的整体时间复杂度是 $O(VE)$，总的来说相当高效。除了匈牙利算法，求二部图的最大匹配还可以使用 Hopcroft-Karp 算法。该算法是由 Hopcroft 和 Karp 在 1972 年提出的，也是最大流算法的一种改进算法。其基本思想是在每次搜索增广路径时不是只找一条增广路径，而是同时找几条互不相交的增广路径，形成最大增广路径集合，然后沿着集合中的几条增广路径同时扩大增广路径长度。通过进一步的分析，Hopcroft-Karp 算法的时间复杂度可以达到 $O(\mathrm{sqrt}(V)E)$，也非常高效。

7.4.2　带权匹配与 Kuhn-Munkres 算法

上一节介绍了二部图的最大匹配算法，用匈牙利算法寻找最大匹配，不要求每个个体给出的偏爱列表包含全部异性成员。比如在舞伴问题中，如果 Albert 非常讨厌 Marcy，那么 Albert 的偏爱列表无论如何也不会包含 Marcy。在这一节，我们让舞伴问题再复杂一点——引入带权优先表的概念，为每一个配对指定一个权重，表明我们更希望哪一对成为舞伴。通过控制每一对舞伴关系的权重，使得最后的完美匹配结果中有尽量多的舞伴是我们所期望的配对关系。

这个问题变得有点像最优解问题了。一提到与图有关的最优解问题，我们会想到穷举法。穷举所有的完美匹配，然后计算每个完美匹配中各边的权重之和，取权重之和最大的一个作为最后的结果。这是一种解决方案，但是穷举法虽然是万能方法，但是不到万不得已最好不要使用。仔细思考一下，其实这个问题已经演化成了求解二部图的带权匹配问题，所谓二部图的**带权匹配**，其实就是求出一个匹配集合，使得集合中各边的权重之和最大或最小。对于本问题，给每一个配对（图中的边）指定一个权重之后，就变成了求二部图的带权最大匹配问题。

通过之前对 Gale-Shapley 算法和匈牙利算法的介绍，我们已经了解了完美匹配、稳定匹配和最大匹配这些概念，那么带权匹配和之前的这些概念是什么关系呢？答案是没有任何关系，至少它与完美匹配及最大匹配之间不存在包含或等于关系。二部图的最大权或最小权匹配，只是要求得到的一个匹配中各边的权重之和最大或最小，并不要求这个匹配是完美匹配或最大匹配。如果这个权重最大（或最小）的匹配同时又是完美匹配，则这样的结果就称为**最佳匹配**。本节要介绍的 Kuhn-Munkres 算法是求最大权或最小权匹配的算法，如果期望该算法得到的结果同时是一个完美匹配（最佳匹配），那么要求算法运行的数据必须存在完美匹配（比如两个顶点集合的顶点个数必须相等之类的条件）。很多人会忽略这一点，以为 Kuhn-Munkres 算法可以在任何情况下得到带权的最大匹配，这种理解是错误的。

Kuhn-Munkres 算法也称 KM 算法，是 Kuhn 和 Munkres 二人在 1955 ~ 1957 年各自独立提出的一种算法，是一种求解最大/最小权匹配问题的经典算法。最初的 Kuhn-Munkres 算法以矩阵为基础结构，但是埃德蒙德斯在 1965 年发布了匈牙利算法之后，Kuhn-Munkres 算法也基于匈牙利算法进行了改进。在给定的二部图存在完美匹配的情况下，Kuhn-Munkres 算法通过给每个顶点设置一个标号（叫作顶标）的方式把求最大权匹配的问题转化为求完美匹配的问题，最终得到一个最大权完美匹配。那么这个转换是如何实现的呢？这就需要分析一下 Kuhn-Munkres 算法的原理了。

我们假设二部图中 X 顶点集合中每个顶点 X_i 的顶标是 $A[i]$，Y 顶点集合中每个顶点 Y_i 的顶标是 $B[i]$，顶点 X_i 和 Y_i 之间的边的权重是 weight$[i][j]$，则 Kuhn-Munkres 算法的原理就是基于以下定理：

> 若由二部图中所有满足 $A[i]+B[j]=$ weight$[i, j]$ 的边 (X_i, Y_j) 构成的子图（称作相等子图）有完美匹配，那么这个完美匹配就是二部图的最大权匹配。

现在明白转换原理了吧，首先找出问题对应的相等子图，然后求相等子图的完美匹配即可。现在的问题是，这个定义成立吗？答案是，只要在算法过程中始终满足"$A[i]+B[j] \geq$ weight$[i,j]$"这个条件，这个定理就成立。因为对于二部图的任意一个匹配，如果这个匹配是相等子图的匹配，那么它的边的权重之和等于所有顶点的顶标之和（显然这是最大的）；如果这个匹配不是相等子图的匹配（它的某些边不属于相等子图），那么它的边的权重之和小于所有顶点的顶标之和。所以只要始终满足"$A[i]+B[j] \geq$ weight$[i, j]$"条件的相等子图的完备匹配一定是二部图的最大权匹配。

根据以上分析可知，Kuhn-Munkres 算法的实现流程大致如下所示：

(1) 初始化各个顶点的顶标值；

(2) 找出符合"$A[i]+B[j]=$ weight$[i, j]$"条件的边构成相等子图，使用匈牙利算法寻找相等子图的完美匹配；

(3) 如果找到相等子图的完美匹配，则算法结束，否则调整相关顶点的顶标值；

(4) 重复步骤(2)和(3)，直到找到完美匹配为止。

第 (1) 步初始化顶点顶标值可采用式(7-1)计算：

$$\begin{cases} A[x_i] = \max\{\text{weight}[x_i][y_0], \text{weight}[x_i][y_1], \cdots, \text{weight}[x_i][y_n]\}, x_i \in X \\ B[y_i] = 0, y_i \in Y \end{cases} \tag{7-1}$$

因为 $A[i]$ 总是取与之相邻的边中最大的权重作为初始值，所以初始阶段能保证满足"$A[i]+B[j] \geq$ weight$[i,j]$"条件。如果在第 (2) 步的相等子图中没有找到完美匹配，说明相等子图中从某个顶点发出的增广路径不能覆盖所有顶点。此时需要调整各个顶点的顶标值，然后重新在相等子图中寻找完美匹配。调整顶标的目的是扩大相等子图，将更多的边纳入，最终能够找到一个完美匹配。设当前增广路径上所有属于 X 集合的顶点构成一个子集 S，所有属于 Y 集合的顶点构成一个子集 T，dx 为顶标调整的变化量，则 dx 可采用式(7-2)给出的方法计算：

$$\mathrm{d}x = \min\{A[x_i] + B[y_j] - \mathrm{weight}[x_i][y_j], x_i \in S, y_j \notin T\} \tag{7-2}$$

由 $\mathrm{d}x$ 的计算公式可知，如果把 S 集合中所有顶点的顶标值都减少 $\mathrm{d}x$，一定会有一条一端在 S 中、另一端不在 T 中的边因满足 "$A[i]+B[j]=\mathrm{weight}[i,j]$" 的条件而进入相等子图，这就扩大了相等子图。$S$ 集合中所有顶点的顶标值都减少 $\mathrm{d}x$ 之后，为了使原来已经在相等子图中的边继续留在相等子图中，需要将 T 集合中所有顶点的顶标值增加 $\mathrm{d}x$，使 $A[i]+B[j]$ 之和不变。

总结一下顶标调整的方法。首先采用式(7-2)计算出调整变化量 $\mathrm{d}x$，然后将 S 集合中所有顶点的顶标值减少 $\mathrm{d}x$，同时将 T 集合中所有顶点的顶标值增加 $\mathrm{d}x$，这样的调整对整个图上的所有顶点会产生如下 4 种结果。

❑ 对于两端点都在当前相等子图的增广路径上的边（x_i, y_j），其顶标值 $A[i]+B[j]$ 的和没有变化。也就是说，原来属于相等子图的边，调整后仍然属于相等子图。

❑ 对于两端点都不在当前相等子图的增广路径上的边（x_i, y_j），其顶标值 $A[i]$ 和 $B[j]$ 的值没有变化。也就是说，此边与相等子图的隶属关系没有变化，原来属于相等子图的边现在仍然属于相等子图，原来不属于相等子图的边现在仍然不属于相等子图。

❑ 对于 x_i 在当前相等子图的增广路径上、y_j 不在当前相等子图的增广路径上的边（x_i, y_j），其顶标值 $A[i]+B[j]$ 的和略有减小，原来不属于相等子图，现在有可能属于相等子图，使得相等子图有机会扩大。

❑ 对于 x_i 不在当前相等子图的增广路径上，y_j 在当前相等子图的增广路径上的边（x_i, y_j），其顶标值 $A[i]+B[j]$ 的和略有增加，原来不属于相等子图，现在仍不属于相等子图。

由此可见，每次调整顶标，都能在图的基本状态保持不变的情况下扩大相等子图，使得相等子图有机会找到一个完美匹配，这就是顶标调整在算法中的意义所在。

下面我们结合一个带权最大匹配问题的实例，给出这个算法在实际应用中的一个实现。问题是这样的，某公司有 5 名技术工人，他们都可以完成公司流程中的 5 种工作，但是每个工人的技术侧重点不同，熟练程度也不同，因此他们完成同样的工作所产生的经济效益也不相同。如果用 0 ~ 5 范围内的值对每个工人完成每种工作所产生的经济效益进行评价，可得到如表 7-1 所示的经济效益矩阵。假如你是这家公司的负责人，你需要找到一种工人和工作之间的匹配关系，使之产生的经济效益最大。根据之前对 Kuhn-Munkres 算法的分析，我们针对这个问题设计了 KM_MATCH 匹配数据结构，如下所示：

```
typedef struct tagKmMatch
{
    int edge[UNIT_COUNT][UNIT_COUNT]; //Xi 与 Yj 对应的边的权重
    bool sub_map[UNIT_COUNT][UNIT_COUNT];// 二部图的相等子图, sub_map[i][j] = 1 代表 Xi 与 Yj 有边
    bool x_on_path[UNIT_COUNT]; // 标记在一次寻找增广路径的过程中, Xi 是否在增广路径上
    bool y_on_path[UNIT_COUNT]; // 标记在一次寻找增广路径的过程中, Yi 是否在增广路径上
    int path[UNIT_COUNT]; // 匹配信息, 其中 i 为 Y 中的顶点标号, path[i]为 X 中的顶点标号
}KM_MATCH;
```

相对于匈牙利算法中的 GRAPH_MATCH 定义，KM_MATCH 的主要变化是增加了 sub_map 作为相等子图定义和标识 y_i 是否在增广路径上的 y_on_path 标识。相对于前面我们对 Kuhn-Munkres 算法的分析，edge 对应边的权重表 weight，sub_map 对应算法执行过程中的相等子图，x_on_path 和 y_on_path 分别用于标识 X 集合和 Y 集合中的顶点是否属于增广路径上的 S 集合和 T 集合，path 就是最后匹配的结果。

表7-1 不同工人完成不同工作的经济效益

	工作1	工作2	工作3	工作4	工作5
工人1	3	5	5	4	1
工人2	2	2	0	2	2
工人3	2	4	4	1	0
工人4	0	1	1	0	0
工人5	1	2	1	3	3

下面给出 Kuhn-Munkres 算法的具体实现代码。Kuhn_Munkres_Match()函数虽然很长，但是并不难理解，因为这段代码是严格按照之前给出的 Kuhn-Munkres 算法的流程实现的。包括顶标的初始化、使用匈牙利算法求完美匹配和顶标调整在内的三个主要算法步骤在 Kuhn_Munkres_Match()函数中都得到体现，并且界定非常清晰。其中寻找增广路径的 FindAugmentPath()函数与之前介绍匈牙利算法时给出的 FindAugmentPath()函数实现非常类似，区别就是使用 sub_map 而不是直接使用 edge，并且额外记录了 x_on_path 标识。ResetMatchPath()函数负责在每次开始寻找相等子图之前清除上一次搜寻产生的临时增广路径，ClearOnPathSign()函数负责在每次搜寻增广路径之前清除顶点是否属于 S 集合或 T 集合的标识，大家可以从本书的配套代码中找到此函数的代码。

```
bool Kuhn_Munkres_Match(KM_MATCH *km)
{
    int i, j;
    int A[UNIT_COUNT], B[UNIT_COUNT];
    // 初始化 Xi 与 Yi 的顶标
    for(i = 0; i < UNIT_COUNT; i++)
    {
        B[i] = 0;
        A[i] = -INFINITE;
        for(j = 0; j < UNIT_COUNT; j++)
        {
            A[i] = std::max(A[i], km->edge[i][j]);
        }
    }
    while(true)
    {
        // 初始化带权二部图的相等子图
        for(i = 0; i < UNIT_COUNT; i++)
        {
            for(j = 0; j < UNIT_COUNT; j++)
            {
                km->sub_map[i][j] = ((A[i]+B[j]) == km->edge[i][j]);
```

```
            }
        }
        //使用匈牙利算法寻找相等子图的完备匹配
        int match = 0;
        ResetMatchPath(km);
        for(int xi = 0; xi < UNIT_COUNT; xi++)
        {
            ClearOnPathSign(km);
            if(FindAugmentPath(km, xi))
                match++;
            else
            {
                km->x_on_path[xi] = true;
                break;
            }
        }
        //如果找到完备匹配，就返回结果
        if(match == UNIT_COUNT)
        {
            return true;
        }
        //调整顶标，继续执行算法
        int dx = INFINITE;
        for(i = 0; i < UNIT_COUNT; i++)
        {
            if(km->x_on_path[i])
            {
                for(j = 0; j < UNIT_COUNT; j++)
                {
                    if(!km->y_on_path[j])
                        dx = std::min(dx, A[i] + B[j] - km->edge[i][j]);
                }
            }
        }
        for(i = 0; i < UNIT_COUNT; i++)
        {
            if(km->x_on_path[i])
                A[i] -= dx;
            if(km->y_on_path[i])
                B[i] += dx;
        }
    }

    return false;
}
```

根据表 7-1 提供的数据初始化 KM_MATCH 数据结构，然后调用 Kuhn_Munkres_Match() 函数，得到一个最大权匹配的结果，因为原数据存在完美匹配，所以这个结果就是最佳匹配结果：

工人 1 分配 工作 3（经济效益评价是 5）

工人 2 分配 工作 1（经济效益评价是 2）

工人 3 分配 工作 2（经济效益评价是 4）

工人 4 分配 工作 5（经济效益评价是 0）

工人 5 分配 工作 4（经济效益评价是 3）

最后获得最大经济效益评价是 14。需要说明的是，对于同一个问题，其最大权匹配的结果可能不唯一，也就是说，存在多个匹配的权重之和同为最大值的情况。Kuhn-Munkres 算法可以找出其中的一个，但是无法找到全部匹配结果。

7.5 总结

各种匹配问题不是仅仅用来娱乐的算法竞赛题目，它们在现实生活中有着广泛应用。比如稳定匹配原理作为一种资源分配方法，在美国的医疗体系中得到了广泛应用。20 世纪 40 年代，在先进医疗技术的引领下，美国的医疗体系得到了巨大的发展，但是稀缺的医学院毕业生成了这个体系的"心病"。为了争抢稀缺资源，医院不得不在医学生毕业前好几年就向他们提供实习机会。学生们则在还没有被证明有资格从事医疗工作的情况下就已经完成了工作配对。同时，如果医院提供的实习机会没有被学生接受，那么再向别的候选人提供机会就太晚了。很显然，这个市场没有实现稳定匹配。于是在 20 世纪 50 年代，美国启动了一个名为 NRMP（The National Resident Matching Program，国家住院医生匹配项目）的计划，旨在解决这个问题。从 1984 年开始，阿尔文·罗思（Alvin Roth）研究了这个项目使用的算法并发现了它与 Gale-Shapley 算法原理类似。他随之猜测 NRMP 成功的根本原因就是它使用了稳定匹配算法。后来，随着女医生越来越多，情侣们在一个地区寻找实习机会的现象越来越普遍，他们可不喜欢 NRMP 的这套匹配机制，这使得情侣们很容易被安排在两个地方，这就引入了不稳定因素，那就是会导致情侣分居两地。于是在 1995 年，罗思为这个项目设计了一个新算法，这个新算法在 1997 年被 NRMP 所采纳。时至今日，该算法每年为超过 2 万名医生找到了合适的工作岗位。

2012 年诺贝尔经济学奖授予了两位美国学者：阿尔文·罗思和劳埃德·沙普利，以表彰他们在"如何让不同人为了互惠互利而联系在一起"这个课题上的出色研究。没错，这就是本章介绍 Gale-Shapley 算法时提到的罗思和沙普利，他们被称为"数理经济学家"。

Gale-Shapley 算法又称"求婚–拒绝算法"（propose-and-reject algorithm）。以舞伴问题的整个求解过程来看，女孩从接受第一个邀请开始就有了舞伴，并且舞伴会越来越合适，因为女孩可以根据自己的排序表确定是否选择更好的舞伴。与此同时，男孩如果被拒绝，他的选择对象会越来越差（因为男孩是根据自己的排序表从好到差开始选择的）。然而实际情况却并不是这样的，Gale-Shapley 算法中"求婚"的一方总是以最佳可能的稳定岗匹配结束，被"求婚"的一方总是以最差可能的稳定匹配结束，因为选择的主动权掌握在"求婚"者手中。现实生活中的道理也是如此，男人如果不主动争取，条件好的女士就会投入别人的怀抱，留给自己的机会就越来越差。

7.6 参考资料

[1] Gale D, Shapley L S. *College Admissions and the Stability of Marriage*. American Mathematical Monthly, 1962, 69: 9-15.

[2] Levitin A. 算法设计与分析基础. 潘彦，译. 北京：清华大学出版社，2007.

[3] Cormen T H, et al. *Introduction to Algorithms* (*Second Edition*). The MIT Press, 2001.

[4] Knuth D E. *The Art of Computer Programming* (*Third Edition*), Vol 2. Addison-Wesley, 1997.

[5] Kleigberg J, Tardos E. *Algorithm Design*. Addison-Wesley, 2005.

[6] 稳定配对问题（主讲：刘俊宏）。

第 *8* 章
爱因斯坦的思考题

这是一个很有趣的逻辑推理题，传说是爱因斯坦提出来的，他宣称世界上只有 2% 的人能解出这个题目。传说不一定属实，但是这个推理题还是很有意思的。题目是这样的，据说有 5 个不同颜色的房间排成一排，每个房间里分别住着一个不同国籍的人，每个人都喝一种特定品牌的饮料，抽一种特定品牌的香烟，养一种宠物，没有任意两个人抽相同品牌的香烟，或喝相同品牌的饮料，或养相同的宠物。问题是谁在养鱼作为宠物？为了寻找答案，爱因斯坦给出了以下 15 条线索：

1. 英国人住在红房子里；
2. 瑞典人养狗作为宠物；
3. 丹麦人喝茶；
4. 绿房子紧挨着白房子，在白房子的左边；
5. 绿房子的主人喝咖啡；
6. 抽 Pall Mall 牌香烟的人养鸟；
7. 黄房子里的人抽 Dunhill 牌香烟；
8. 住在中间那个房子里的人喝牛奶；
9. 挪威人住在第一个房子里；
10. 抽 Blends 牌香烟的人和养猫的人相邻；
11. 养马的人和抽 Dunhill 牌香烟的人相邻；
12. 抽 Blue Master 牌香烟的人喝啤酒；
13. 德国人抽 Prince 牌香烟；
14. 挪威人和住在蓝房子里的人相邻；
15. 抽 Blends 牌香烟的人和喝矿泉水的人相邻。

8.1 问题的答案

一般人很难同时记住这么多线索，所以解决这个问题需要用纸和笔画一些表格，一步一步慢慢推理，必要时需要一些假设进行尝试，如果假设错误就推倒重来。我缺乏耐心去做这个事情，所以一直解不出这个问题。直到有一天，我的一个聪明的朋友告诉我一个答案。我对比了一下前面提到的 15 条线索，发现这是一个正确答案：住在绿房子里的德国人养鱼作为宠物，完整的推理结果如表 8-1 所示。

表8-1　爱因斯坦思考题推理结果

房子颜色	国　籍	饮　料	宠　物	香　烟
黄色	挪威	水	猫	Dunhill
蓝色	丹麦	茶	马	Blends
红色	英国	牛奶	鸟	Pall Mall
绿色	德国	咖啡	鱼	Prince
白色	瑞典	啤酒	狗	Blue Master

我是个懒人，知道了这个问题的答案也就算了，但是我的朋友追问我一个问题，让我不得不正视这个问题。他想知道这个问题的答案是否唯一，会不会有另外的人推导出另一个完全不同的答案。我想来想去也没有好的办法证明这个问题是否还有其他答案，又懒得自己推理这个问题，只好劳驾任劳任怨的计算机来做这个事情。

8.2 分析问题的数学模型

整个问题的描述分成两部分：一部分是对问题基本结构的描述，比如每个人住一种颜色的房子，抽一种牌子的香烟，喝一种饮料，等等；另一部分是对线索的描述，比如英国人住在红房子中。如果说基本结构只是定义了推理结果的一个框架，则线索可以理解为不同属性之间的绑定关系，用来填充基本结构。因此，对本问题的建模也分成两个部分，一部分是基本模型定义，另一部分是线索模型定义。

8.2.1 基本模型定义

这个问题的描述比较复杂，总结起来共有 5 种颜色的房子、5 种国籍、5 种饮料、5 种宠物和 5 种牌子的香烟，如何用一个数学模型同时表达这 25 个属性呢？这 25 个属性分成 5 种类别，仔细观察会发现每个属性都可以用"类型+值"二元组来描述。举个例子，房子颜色是个类型，黄色就是值，组合成"黄色房子"就是一个属性。我们首先将属性的数据结构定义为：

```
typedef struct tagItem
{
```

```
    ITEM_TYPE type;
    int value;
}ITEM;
```

ITEM_TYPE 是个枚举类型的量，可以是房子颜色、国籍、饮料类型、宠物类型和香烟牌子这 5 种类型之一。value 是 type 对应的值，取值范围是 0 ~ 4，根据 type 的不同，0 ~ 4 代表的意义也不相同。如果 type 对应的是房子颜色，则 value 取值 0 ~ 4 分别代表蓝色、红色、绿色、黄色和白色，如果 type 对应的是饮料类型，则 value 取值 0 ~ 4 分别代表茶、水、咖啡、啤酒和牛奶。

如果任由这 25 个属性离散存在，会给算法设计带来困难，一般算法建模会用各种数据结构将这些属性组织起来。观察一下表 8-1 给出的推理结果，我们发现这 25 个属性在两个维度上都存在关系，可以按照类型组织，也可以按照同一推理之间的关系组织，是一个矩阵式关系。根据题目描述，每个人住在一种颜色的房子中，喝一种饮料，养一种宠物，抽一种牌子的香烟，这些关系是固定的，一个人不会同时养两种宠物或喝两种饮料。我们将这种固定的关系称为组（group），一个组中包含一种颜色的房子、一个国籍的人、一种饮料、一种宠物和一种牌子的香烟，它们之间的关系是固定的。既然是这样，可以将 group 数据结构设计为：

```
typedef struct tagGroup
{
    ITEM items[GROUPS_ITEMS];
}GROUP;
```

这样的设计中规中矩，但是会给算法实现带来麻烦：访问每种属性都要遍历 items，通过每个 items 的 type 属性确定要访问的类型。比如要查询或设置房子的颜色，需要遍历 items，找到 items[i].type== type_house 的那个属性进行操作。

本书多次提到在设计数据结构和算法时利用数组下标的技巧，这里又是一个例子。考虑到上面的麻烦，需要修改 GROUP 的设计，不妨将每种类型在 GROUP 中的位置固定，然后直接利用数据下标进行访问。比如将房子颜色类型固定为数组第一个元素，将国籍固定为数组第二个元素，以此类推。这样 GROUP 定义中可以不需要属性的类型信息（类型信息已经由数组下标表达），只需要一个值信息即可：

```
typedef struct tagGroup
{
    int itemValue[GROUPS_ITEMS];
}GROUP;
```

与此同时，需要给 ITEM_TYPE 枚举类型绑定值，以便和数组下标对应，绑定值如下：

```
typedef enum tagItemType
{
    type_house = 0,
    type_nation = 1,
    type_drink = 2,
    type_pet = 3,
```

```
    type_cigaret = 4
}ITEM_TYPE;
```

使用这种方式定义数据结构,不仅可以减少设计算法实现的麻烦,还可以提高算法执行效率。比如现在要查看一个 GROUP 绑定组中房子的颜色是否是蓝色,就可以这样编写代码:

```
if(group.itemValue[type_house] == COLOR_BLUE)
```

8.2.2 线索模型定义

接下来考虑如何对线索建立数学模型。线索模型的意义在于判断一个枚举结果是否正确,如果某个枚举结果符合全部(15 条)线索,那它就是最终的正确结果。因此,线索数据结构的定义非常关键,如果定义不好,不仅算法实现会遇到很大的麻烦,而且影响算法的执行效率。即使最后设计出了算法实现,也到处都是长长的 if…else 分支,而这意味着出现了不良设计。

先分析一下这 15 条线索,大致可以分成 3 类:第一类是描述某些属性之间具有固定绑定关系的线索,比如,"丹麦人喝茶"和"住绿房子的人喝咖啡",等等,线索 1、2、3、5、6、7、12、13 可归为此类;第二类是描述某些属性类型所在的"组"所具有的相邻关系的线索,比如,"养马的人和抽 Dunhill 牌香烟的人相邻"和"抽 Blends 牌香烟的人和养猫的人相邻",等等,线索 10、11、14、15 可归为此类;第三类是不能描述属性之间固定关系或关系比较弱的线索,比如,"绿房子紧挨着白房子,在白房子的左边"和"住在中间那个房子里的人喝牛奶",等等。

对于第一类具有绑定关系的线索,其数学模型可以这样定义:

```
typedef struct tagBind
{
    ITEM_TYPE first_type;
    int first_val;
    ITEM_TYPE second_type;
    int second_val;
}BIND;
```

first_type 和 first_val 是一个绑定关系中前一个属性的类型和值,second_type 和 second_val 是绑定关系中后一个属性的类型和值。以线索 6"绿房子的主人喝咖啡"为例,first_type 就是 type_house,first_val 就是 COLOR_GREEN(COLOR_GREEN 是个整数型常量),second_type 就是 type_drink,second_val 就是 DRINK_COFFEE(DRINK_COFFEE 是个整数型常量)。线索 1、2、3、5、6、7、12、13 就可以存储在 binds 数组中:

```
const BIND binds[] =
{
    { type_house, COLOR_RED, type_nation, NATION_ENGLAND },
    { type_nation, NATION_SWEDEND, type_pet, PET_DOG },
    { type_nation, NATION_DANMARK, type_drink, DRINK_TEA },
    { type_house, COLOR_GREEN, type_drink, DRINK_COFFEE },
    { type_cigaret, CIGARET_PALLMALL, type_pet, PET_BIRD },
    { type_house, COLOR_YELLOW, type_cigaret, CIGARET_DUNHILL },
```

```
    { type_cigaret, CIGARET_BLUEMASTER, type_drink, DRINK_BEER },
    { type_nation, NATION_GERMANY, type_cigaret, CIGARET_PRINCE }
};
```

对于第二类描述元素所在的"组"具有相邻关系的线索，其数学模型可以这样定义：

```
typedef struct tagRelation
{
    ITEM_TYPE type;
    int val;
    ITEM_TYPE relation_type;
    int relation_val;
}RELATION;
```

type 和 val 是某个"组"内某个属性的类型和值，relation_type 和 relation_val 是与该属性所在的"组"相邻的"组"中与之有关系的属性的类型和值。以线索 10 "抽 Blends 牌香烟的人和养猫的人相邻"为例，type 就是 type_cigaret，val 就是 CIGARET_BLENDS（CIGARET_BLENDS 是个整数型常量），relation_type 是 type_pet，relation_val 是 PET_CAT（PET_CAT 是个整数型常量）。线索 10、11、14、15 就可以存储在 relations 数组中：

```
const RELATION relations[] =
{
    { type_cigaret, CIGARET_BLENDS, type_pet, PET_CAT },
    { type_pet, PET_HORSE, type_cigaret, CIGARET_DUNHILL },
    { type_nation, NATION_NORWAY, type_house, COLOR_BLUE },
    { type_cigaret, CIGARET_BLENDS, type_drink, DRINK_WATER }
};
```

对于第三类线索，无法建立统一的数学模型，只能在枚举算法执行过程中直接使用它们过滤掉一些不符合条件的组合结果。比如线索 8 "住在中间那个房子里的人喝牛奶"，就是对每个饮料类型组合结果直接判断 groups[2].itemValue[type_drink]的值是否等于 DRINK_MILK，如果不满足这个线索，就不再继续下一个元素类型的枚举。再比如线索 4 "绿房子紧挨着白房子，在白房子的左边"，就是在对房子类型进行组合排列时，将绿房子和白房子看成一个整体进行排列组合的枚举，得到的结果直接符合线索 4 的要求。

8.3 算法设计

和其他穷举类算法一样，本问题的穷举算法也包含两个典型过程，一个是对所有结果的穷举过程，另一个是对结果正确性的判定过程。这两个过程的算法设计与之前的数据结构设计息息相关，本节就分别介绍这两个过程的算法设计方法。

8.3.1 穷举所有的组合结果

前面几章多次介绍用穷举法解决问题，但都是一维线性组合的枚举。本题则有些特殊，需要对不同类型的元素分别用穷举法进行枚举，因此不是简单的线性组合。这个算法采用的穷举方法是对不同类型的元素分别进行枚举，然后按照组的关系组合在一起，这个组合不是线性关系的组合，而是类似于阶乘的几何关系的组合。具体思路就是按 group 中的元素顺序，首先对房子根据颜色组合进行穷举，每得到一组房子颜色组合后，就在此基础上对住在房子里的人的国籍进行穷举，在房子颜色和国籍的组合结果的基础上，再对饮料类型进行穷举，以此类推，直到穷举完最后一种类型得到完整的穷举组合。

这个算法和普通的组合穷举算法不同，需要对 5 种类型的属性分别枚举，但是每种类型的枚举都有一些特殊情况，比如 8.2.2 节描述的第三类线索。这类情况无法统一处理，需要在枚举算法中进行处理。以枚举房子颜色的算法为例，这里需要处理线索 4 "绿房子紧挨着白房子，在白房子的左边"这种特殊情况，请看算法实现：

```
void EnumHouseColors(GROUP *groups, int groupIdx)
{
    if(groupIdx == GROUPS_COUNT) /*递归终止条件*/
    {
        ArrangeHouseNations(groups);
        return;
    }

    for(int i = COLOR_BLUE; i <= COLOR_YELLOW; i++)
    {
        if(!IsGroupItemValueUsed(groups, groupIdx, type_house, i))
        {
            groups[groupIdx].itemValue[type_house] = i;
            if(i == COLOR_GREEN) //应用线索 4：绿房子紧挨着白房子，在白房子的左边
            {
                groups[++groupIdx].itemValue[type_house] = COLOR_WHITE;
            }

            EnumHouseColors(groups, groupIdx + 1);
            if(i == COLOR_GREEN)
            {
                groupIdx--;
            }
        }
    }
}
```

这是一个典型的线性枚举，只是在枚举结束时调用 ArrangeHouseNations() 函数继续对房间内住的人的国籍进行枚举。既然绿房子在白房子左边，那么每次枚举中只要有绿房子，就直接将其右边（表现在数据结构中就是下一个组索引）的组中的房子颜色设置成白色。当然，枚举的范围就变成从 COLOR_BLUE 到 COLOR_YELLOW 这 4 种颜色，没有 COLOR_WHITE，因为 COLOR_WHITE 和 COLOR_GREEN 两种颜色直接做了绑定。

对线索 9 "挪威人住在第一个房子里面"的特殊处理体现在 ArrangeHouseNations() 函数中。该函数的实现非常简单，这就是数据结构设计带来的便利：

```
void ArrangeHouseNations(GROUP *groups)
{
    /*应用规则(9)：挪威人住在第一个房子里；*/
    groups[0].itemValue[type_nation] = NATION_NORWAY;
    EnumHouseNations(groups, 1); /*从第二个房子开始*/
}
```

依次完成 5 种属性的枚举，就得到一个类似于表 8-1 的完整组合结果，一共有多少种这样的组合结果呢？我们来简单计算一下。首先是对房子颜色进行穷举。因为是 5 种颜色的不重复组合，所以应该有 5! = 120 个颜色组合结果，但是根据线索 4 "绿房子紧挨着白房子，在白房子的左边"，相当于绿房子和白房子有稳定的绑定关系，实际上只有 4! = 24 个颜色组合结果。接下来对 24 个房子颜色组合结果中的每一个结果再进行住户国籍的穷举，理论上国籍也有 5! = 120 个组合结果，但是根据线索 9 "挪威人住在第一个房子里面"，相当于固定第一个房子住的人始终是挪威人，因此只有 4! = 24 个国籍组合结果。穷举完房子颜色和国籍后就已经有 24 × 24 = 576 个组合结果了。接下来需要对这 576 个组合结果中的每一个结果再进行饮料类型的穷举。理论上饮料类型也有 5! = 120 个组合结果，但是根据线索 8 "住在中间那个房子里的人喝牛奶"，相当于固定了一个饮料类型，因此也只有 4! = 24 个饮料类型组合。穷举完饮料类型后就得到了 576 × 24 = 13 824 个组合结果。接下来对 13 824 个组合结果中的每一个结果再进行宠物种类的穷举，这一步没有线索可用，共有 5! = 120 个结果。穷举完宠物种类后就得到了 13 824 × 20 = 1 658 880 个组合结果。最后对 1 658 880 个组合结果中的每一个结果再进行香烟品牌的穷举，这一步依然没有线索可用，共有 5! = 120 个结果。穷举完香烟品牌后就得到了共 1 658 880 × 120 = 199 065 600 个组合结果，将近 2 亿，看来出现多个正确答案的可能性很大哟。

8.3.2　利用线索判定结果的正确性

根据 8.2.2 节的分析，一共有三类线索，其中第三类线索已经融入枚举过程中了，因此判断结果的正确性只需要用第一类线索和第二类线索进行过滤即可。第一类线索是同一 GROUP 内的属性之间的绑定关系，用来描述一个"组"内两种属性之间的固定关系。对这类线索的判断方法就是遍历全部的"组"，找到 BIND 数据中的 first_type 和 first_val 标识的属性所在的组 group，然后检查其中类型为 second_type 的属性的值是否等于 second_val，如果不一致就直接返回检查失败，否则就说明当前的组合结果满足此 BIND 数据对应的线索。然后对下一个 BIND 数据重复上述检查过程，直到检查完 binds 数组中所有线索对应的 BIND 数据。图 8-1 是用绑定关系线索检查结果的流程图。

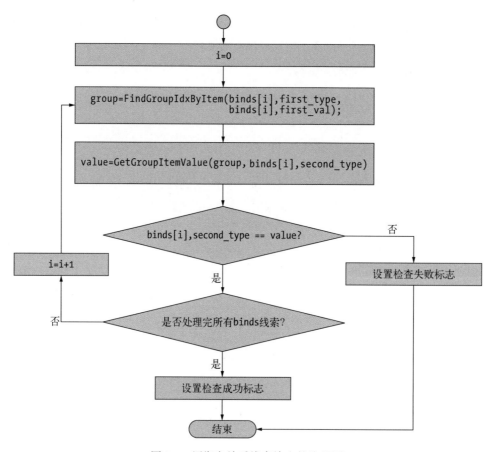

图 8-1 用绑定关系线索检查的流程图

第二类线索是"组"之间的相邻关系线索，描述的是相邻的两个组之间属性的固定关系，判断方法就是遍历全部的"组"，找到 RELATION 数据中的 type 和 val 标识的元素所在的组 group，然后分别检查与 group 相邻的两个组（第一个组和最后一个组只有一个相邻的组）中类型为 relation_type 的元素对应的值是否等于 relation_val，如果相邻的组中没有一个能满足 RELATION 数据描述的关系，就表示当前组合结果不满足线索，直接返回检查失败。相邻的组中只要一个组中的元素满足 RELATION 数据描述的关系，就表示当前组合结果符合 RELATION 数据对应的线索，需要对下一个 RELATION 数据重复上述检查过程，直到检查完 relations 数组中的全部线索对应的 RELATION 数据。图 8-2 是用"组"相邻关系线索检查结果的流程图。

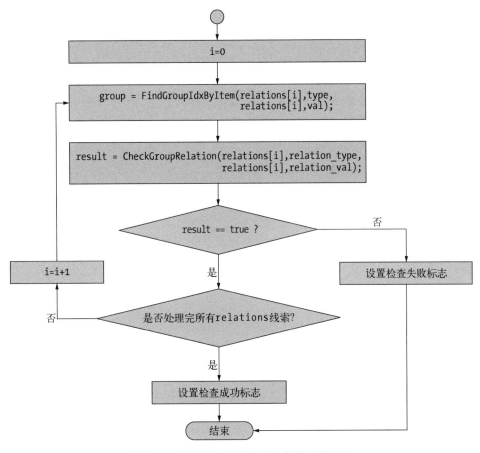

图 8-2 用"组"相邻关系线索检查流程图

从图 8-1 和图 8-2 可以看出，对这两类线索进行检查的算法实现非常简单。得益于我们的数据结构设计，检查算法只需要遍历 binds 数组和 relations 数组即可，避免了写很多 if…else 分支。这两个检查的具体算法实现代码在本书的配套代码中，此处就不再列出。

8.4 总结

虽然有将近 2 亿个组合结果，但是令人惊讶的是，竟然只有一组结果能通过所有的线索检查，就是 8.1 节给出的答案。结果有了，答案真的是唯一的，有点出乎预料，但是也从侧面说明了这个问题的难度。

本问题的穷举算法比较另类，可能因为其结果是二维关系的原因吧，与之前介绍的线性穷举算法稍有不同。通过本算法，大家可以了解一下多个维度穷举的一般方法，就是对每个维度分别穷举，然后再按照关系组合穷举结果。

8.5 参考资料

[1] Levitin A. 算法设计与分析基础. 潘彦，译. 北京：清华大学出版社，2007.

[2] Cormen T H, et al. *Introduction to Algorithms* (*Second Edition*). The MIT Press, 2001.

[3] Kleigberg J, Tardos E. *Algorithm Design*. Addison-Wesley, 2005.

项目管理与图的拓扑排序

作为一个晚睡晚起的典范，我每天早上从睁开眼开始就要在 20 分钟内完成以下活动：起床、收听早间新闻、穿衣、洗脸、刷牙、吃早饭、穿鞋、出门赶班车。这些活动一般按照一个合理的顺序依次进行，有些活动也可以同时进行，比如洗脸刷牙的同时可以听新闻，但是我不会一边刷牙一边吃早饭。再比如，穿衣洗漱这些活动一般在出门赶班车之前完成，当然，我也可以拿着衣服到班车上穿，但是稍微理智一点的人都不会这么做。假如我是一个机器人，谁能告诉我如何在规定的时间内按照合理的顺序完成这些活动？假如每个活动完成都需要一定的时间，比如刷牙需要 3 分钟，洗脸需要 4 分钟，那么如何让我知道能否在 20 分钟内完成这些活动？

起床上班这件事情当然是一件微不足道的小事，说管理未免夸大其词了，但是对于一个由众多活动组成的项目来说，如何对各种关系复杂的活动进行有效的组织，使这些活动能按照合理的顺序逐个完成，就不得不提项目管理。

大家对项目管理都不陌生，无论是大项目还是小项目，最终都可以通过工作分解结构（work breakdown structure，WBS）的方式分解成一系列的任务，然后再细分为具体的活动（activity），每个活动对应一项工作，当这些活动都结束的时候，项目也就完成了。项目中的这些活动不是孤立的，它们之间存在前后依赖的关系。有的活动没有先决条件，可以安排在任意时间开始，有的活动则依赖其他活动，需要在其依赖的活动都完成后才能开始。面对一堆关系错综复杂的活动，如何安排和组织，让它们在合适的时间开始，最终能在最短的时间内结束，往往是令项目管理者最头疼的事情。幸运的是，有很多项目管理软件可以帮助人们做这些事情，这些软件可以根据开始时间对所有的活动排序，根据这个排序结果就可以知道应该在什么时间开始什么活动。项目的执行周期也是管理者最关注的事情之一，管理者需要知道哪些活动最影响项目的时间进度。项目管理软件同样可以找出项目中所有活动的关键路径，盯住关键路径上的活动，项目周期也就有了保证。

举个例子，假如某工程分解后得到 $P_1 \sim P_9$ 共 9 个活动，这些活动之间的关系如表 9-1 所示。

表9-1 工程活动关系表

活动名称	时间（天）	依 赖
P_1	8	
P_2	5	
P_3	6	P_1, P_2
P_4	4	P_3
P_5	7	P_2
P_6	7	P_4, P_5
P_7	4	P_1
P_8	3	P_7
P_9	4	P_4, P_8

将以上活动输入 Microsoft Office 套件中的 Project 软件中，选择"按照开始时间排序"功能对它们进行排序，就可以得到各个活动开始的顺序：P_1、P_2、P_5、P_3、P_7、P_8、P_4、P_6、P_9。如果选择"关键路径"功能，软件会提示这个工程的关键路径是：$P_1 \rightarrow P_3 \rightarrow P_4 \rightarrow P_6$，如图 9-1 所示。

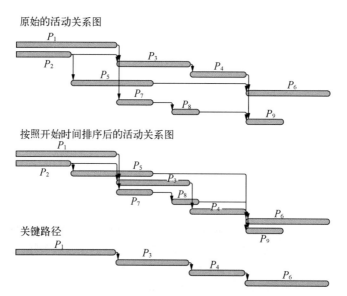

图 9-1 Project 软件的"按照开始时间排序"和"关键路径"功能

对于整个工程项目，人们最担心的是两个问题：一个是工程能否顺利进行，另一个是估算整个工程完成所需要的最短时间。如果对整个功能的所有活动排序，能得到一个没有环路的活动序列，就说明工程能够顺利进行。同样，只要找到了活动序列中的关键路径，就可以估算出工程完工的最短时间。你有没有想过各种项目管理软件提供的这些功能是如何实现的？其背后又是什么样的算法提供支撑？其实很简单，这些算法用到了图论中的一些理论，对于用图表示的活动序列来说，其对应的操作就是有向图的拓扑排序和关键路径查找，本章就来介绍这些有趣的算法。

9.1　AOV 网和 AOE 网

在图论中，如果某个有向图无法从某个顶点出发经过若干条边回到该点，则称其为**有向无环图**（directed acyclic graph，DAG）。有向无环图是描述工程或项目进行过程的有效工具，项目分解得到的具体活动之间的关系，可以用有向无环图表示。很显然，这些活动如果存在构成环的顺序依赖关系，会造成环中的活动都无法进行。

图的主要元素是顶点和边，用有向无环图表示工程活动之间的关系时，根据顶点和边所代表的意义不同，有两种常见的表示方法，分别是 AOV 网和 AOE 网。如果图中顶点代表的是活动，有向边代表的是与其相连的两个活动的前后关系，则这样的有向无环图称为**顶点表示活动网**（activity on vertex network），简称 AOV 网，常用于通过拓扑排序决定活动开始关系。图 9-2 就是将表 9-1 中的例子用 AOV 网表示的有向无环图。

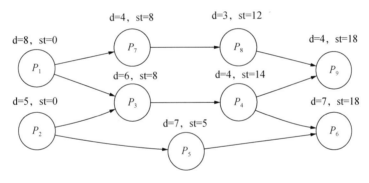

图 9-2　由活动顶点组成的 AOV 网

如果图中边代表的是活动，边的权表示完成活动所需要的时间，与边相连的两个顶点分别表示活动的开始事件和结束事件，则这样的有向无环图称为**边表示活动网**（activity on edge network），简称 AOE 网。AOE 网是一种带权的有向无环图，常用于估算工程完工时间。图 9-3 就是将表 9-1 中的例子用 AOE 网表示的有向无环图。

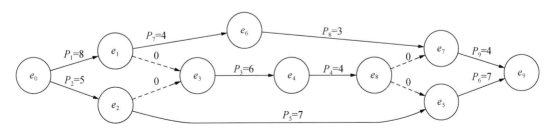

图 9-3　由事件顶点和活动边组成的 AOE 网

9.2 拓扑排序

在图论中，一个有向无环图的所有顶点可以排成一个线性序列，当这个线性序列满足以下条件时，称该序列为一个满足图的**拓扑次序**（topological order）的序列。

- ❑ 图中的每个顶点在序列中只出现一次。
- ❑ 对于图中任意一条有向边 (u, v)，在该序列中顶点 u 一定位于顶点 v 之前。

这样的序列也称**拓扑序列**。对有向图的所有顶点排序，获得拓扑序列的过程就是有向图的**拓扑排序**（topological sorting）。拓扑排序并不仅仅用于有向图，它是一种利用数据元素中某个属性的偏序关系得到数据元素全排序序列的方法，本章内容只关注基于有向图的拓扑排序方法。

9.2.1 拓扑排序的基本过程

对有向图进行拓扑排序可以得到顶点的拓扑序列，拓扑排序的基本过程如下：

(1) 从有向图中选择一个没有前驱（入度为 0）的顶点，输出这个顶点；
(2) 从有向图中删除该顶点，同时删除由该顶点发出的所有有向边。

重复上述步骤 (1) 和 (2)，直到图中不再有入度为 0 的顶点为止。此时，如果所有的顶点都已经输出，则顺序输出的顶点序列就是一个拓扑序列，如果图中还有未输出的顶点，但是入度都不为 0，则说明有向图中存在环路，不能进行拓扑排序。

拓扑排序的现实意义在于，如果按照拓扑序列中的顶点次序安排活动，则在每一项活动开始的时候，能够保证它所依赖的前驱活动都已经完成，从而使得整个工程可以顺序进行，不会出现冲突。需要注意的是，对于一个有向无环图来说，有时候不止一个有序的拓扑序列。以表 9-1 所示的工程活动为例，以下三个序列都是合法的拓扑序列：

(1) P_1、P_2、P_5、P_3、P_7、P_8、P_4、P_6、P_9
(2) P_1、P_2、P_7、P_5、P_3、P_8、P_4、P_6、P_9
(3) P_1、P_2、P_5、P_7、P_3、P_8、P_4、P_6、P_9

拓扑排序是根据活动节点进行的，采用 AOV 网的方式展示有向图，可以更直观地看出拓扑序列中各个活动之间的关系。从图 9-2 中可以看出，上述三个拓扑序列的区别仅仅是 P_3、P_5 和 P_7 三个活动的开始次序。

9.2.2 按照活动开始时间排序

工程实施过程中，人们总是希望每个活动尽早开始。对一个工程的所有活动进行拓扑排序时，如果能将活动的最早开始时间考虑进来，让拓扑序列中的每个活动都尽早开始，这样的排序序列对工程实施具有非常大的实用性。Project 软件中的"按照开始时间排序"就是满足这种需求的一个功能。这一节我们也仿照 Project 软件实现一个按照开始时间对活动进行拓扑排序的算法。当然，这背后其实就是拓扑排序，大家可以体会一下该算法在实际生活中的应用。

在一个工程中，每个活动的开始时间受前置活动的约束，不可能随时开始。但是活动的开始时间可以根据前置活动之间的关系推算出来，具体推算的方法如下：

□ 如果一个活动没有前驱活动，则这个活动的开始时间是 0；
□ 如果一个活动有前驱活动，则这个活动的开始时间是前驱活动的开始时间和前驱活动持续时间之和，如果一个活动有多个前驱活动，则这个活动的开始时间是这些和中最大的一个。

以表 9-1 中的活动为例，P_1 和 P_2 没有前驱活动，其开始时间 st=0；P_7 的开始时间是 P_1 的开始时间和 P_1 的持续时间之和，即 P_7 的开始时间 st=8。P_3 的开始受制于 P_1 和 P_2，其开始时间是 max(8+0, 5+0)，即 P_3 的开始时间 st=8。最终每个活动的开始时间如图 9-2 所示，下面我们就基于这个开始时间的对表 9-1 中的活动进行拓扑排序。

对于 AOV 网，用邻接表方式定义有向图的数据是最常用的方式。对于图 9-2 所示的有向图，用邻接表方式定义的数据结构应该如图 9-4 所示。首先定义图的顶点，其数据结构描述如下所示。

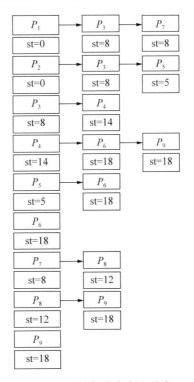

图 9-4　图的邻接表表达形式

```
typedef struct tagVertexNode
{
    char *name;    //活动名称
    int days;      //完成活动所需时间
    int sTime;     //活动最早开始时间
    int inCount;   //活动的前驱节点个数
    int adjacent;  //相邻活动的个数
    int adjacentNode[MAX_VERTEXNODE]; //相邻活动列表(节点索引)
}VERTEX_NODE;
```

对于adjacentNode属性需要特别说明一下。这个列表中存储的是邻接顶点在图中的节点索引，如果图采用数组方式组织所有的顶点，则这个表中存储的就是邻接顶点在数组中的位置（数组下标）。图的定义如下：

```
typedef struct tagGraph
{
    int count; //图的顶点个数
    VERTEX_NODE
vertexs[MAX_VERTEXNODE]; //图的顶点列表
}GRAPH;
```

根据 9.2.1 节介绍的基本拓扑排序过程，有两个细节需要算法特殊处理，其一是同一时刻有多个入度为 0 的顶点如何处理，其二是删除一个顶点发出的所有有向边后，对新产生的入度为 0 的顶点如何处理。基本排序过程对这些情况不做任何特殊处理，也就是说对于同时出现的入度为 0 的顶点，以任何次序输出都是合法的。但是如果考虑开始时间属性，就需要对这些入度为 0 的顶点按照开始时间排序，才能保证最后输出是按照开始时间拓扑排序的结果。

按照基本拓扑排序要求，同时出现的入度为 0 的顶点要按照"先进先出"的原则进行处理，同时，还要能够根据开始时间排序。针对这种情况，使用"优先级队列"管理算法处理过程中同时出现的入度为 0 的顶点就是一个最好的选择。这些顶点首先按照出现的先后次序入队，同时根据开始时间调整在队列中的位置，保证开始时间较早的顶点能先于开始时间较晚的顶点输出。

正如 TopologicalSorting()函数代码所展示的那样，整个排序算法的核心就是对这个"优先级队列"的处理。算法的第一步是遍历有向图的所有顶点，将所有入度为 0（inCount 值为 0）的顶点入队，这一步完成以后，优先级队列中的两个元素是 P_1 和 P_2 两个顶点。算法的第二部分就是围绕这个优先级队列进行处理，首先出队的是 P_1，同时删除 P_1 发出的两条有向边，删除有向边的操作是通过减少与之相邻的顶点的 inCount 值来实现的，删除 P_1 的有向边会导致 P_7 顶点的入度为 0，因此 P_7 加入队列。因为 P_7 的开始时间是 8，因此 P_7 排在 P_2 之后，此时队列中剩下的两个元素分别是 P_2 和 P_7。第二轮队列处理时，P_2 出队，同时删除 P_2 发出的两条有向边，这会导致 P_3 和 P_5 两个顶点的入度为 0，P_3 和 P_5 分别入队，但是 P_5 的开始时间是 5，小于 P_3 和 P_7 的 8，因此 P_5 排在队列最前面，此时队列中的元素分别是 P_5、P_3 和 P_7。重复以上过程，直到队列为空时算法结束，此时判断输出的排序列表 sortedNode，如果 sortedNode 中的节点个数与图的顶点个数相同，则说明所有顶点都已经输出，拓扑排序完成，否则就说明图中存在环路，无法进行拓扑排序。拓扑排序的代码实现如下所示：

```
bool TopologicalSorting(GRAPH *g, std::vector<int>& sortedNode)
{
    std::priority_queue<QUEUE_ITEM> nodeQueue;

    for(int i = 0; i < g->count; i++)
    {
        if(g->vertexs[i].inCount == 0)
        {
            EnQueue(nodeQueue, i, g->vertexs[i].sTime);
        }
    }

    while(nodeQueue.size() != 0)
    {
        int node = DeQueue(nodeQueue); //按照开始时间优先级出队
        sortedNode.push_back(node);//输出当前节点
        //遍历节点 node 的所有邻接点，将表示有向边的 inCount 值减 1
        for(int j = 0; j < g->vertexs[node].adjacent; j++)
        {
            int adjNode = g->vertexs[node].adjacentNode[j];
            g->vertexs[adjNode].inCount--;
            //如果 inCount 值为 0，则该节点入队
            if(g->vertexs[adjNode].inCount == 0)
            {
                EnQueue(nodeQueue, adjNode, g->vertexs[adjNode].sTime);
            }
        }
    }

    return (sortedNode.size() == g->count);
}
```

根据表 9-1 的活动数据构造有向图，然后调用 TopologicalSorting() 函数得到按照时间排序的活动拓扑序列，与 Project 软件输出的排序结果一致。这里需要说明一点，使用 TopologicalSorting() 函数之前，需要手工计算好每个节点的最早开始时间。最早开始时间的自动计算算法将在 9.3 节介绍。

9.3 关键路径算法

前面提到，对于工程管理，人们最关注的两个问题分别是工程能否顺利进行，以及估算整个工程完成所需要的最短时间和影响工程时间的关键活动。前一个问题可用拓扑排序解决，后一个问题则需要找出工程进行的关键路径，关键路径上的活动完成所需要的时间就是工程完成所需要的最短时间。关键路径通常是所有工程活动中最长的路径，关键路径上的活动如果延期，将直接导致工程延期。

利用 AOV 网表示有向图，可以对活动进行拓扑排序，根据排序结果对工程中活动的先后顺序做出安排。但是寻找关键路径，估算工程活动的结束时间，则需要使用 AOE 网表示有向图。AOE 网中用顶点表示事件，有向边表示活动，边上的权重表示活动持续的时间。只有在某顶点所代表的事件发生后，从该顶点出发的各有向边所代表的活动才能开始，反之亦然，只有在指向某一顶点的各有向边所代表的活动都结束后，该顶点所代表的事件才能发生。AOE 网只有一个入度为 0 的顶点（源点）和一个出度为 0 的顶点（汇点），分别代表开始事件和结束事件，其他的顶点则表示两个意义，其一是此点之前的所有活动都已经结束，其二是此点之后的活动可以开始了。对于表 9-1 所列举的活动，用 AOE 网表示的结果如图 9-3 所示，其中虚线连接的顶点表示两个事件是同质事件，边的权重是 0 表示这两个顶点之间没有活动。

计算关键路径的算法需要根据 AOE 网的特征调整图的数据结构定义，本节介绍的算法仍然使用邻接表来表示图，但是需要重新定义顶点和边的数据结构。因为 AOE 网的边代表具体的活动，所以需要在数据结构中明确体现"边"的定义。调整后的边和顶点的定义如下所示：

```
typedef struct tagEdgeNode
{
    int vertexIndex;    //活动边终点顶点索引
    std::string name;   //活动边的名称
    int duty;           //活动边的时间（权重）
}EDGE_NODE;

typedef struct tagVertexNode
{
    int sTime;    //事件的最早开始时间
    int eTime;    //事件的最晚开始时间
    int inCount;  //活动的前驱节点个数
    std::vector<EDGE_NODE> edges; //相邻边表
}VERTEX_NODE;
```

算法开始之前，每个顶点的 sTime 初始化为 0，eTime 初始化为一个有效范围之外的最大值（0x7FFFFFFF），算法结束之后，sTime 和 eTime 会被计算为实际的时间值。

9.3.1　什么是关键路径

开始讨论关键路径之前，先来介绍一下活动的最早开始时间和最晚开始时间。工程中一个活动何时开始依赖于其前驱活动何时结束，只有所有的前驱活动都结束后这个活动才可以开始，前驱活动都结束的时间就是这个活动的最早开始时间。与此同时，在不影响工程完工时间的前提下，有些活动的开始时间存在一些余量，在时间余量允许的范围之内推迟一段时间开始活动也不会影响工程的最终完成时间，活动的最早开始时间加上这个时间余量就是活动的最晚开始时间。活动不能在最早开始时间之前开始，当然，也不能在最晚开始时间之后开始，否则会导致工期延误。

如果一个活动的时间余量为 0，即该活动的最早开始时间和最晚开始时间相同，则这个活动就是关键活动，由这些关键活动串起来的一条工程活动路径就是关键路径。根据关键路径的定义，一个工程中的关键路径可能不止一条，我们常说的关键路径指的是工程时间最长的那条路径，也就是从源点到汇点之间最长的那条活动路径。

9.3.2 计算关键路径的算法

根据 9.3.1 节的介绍，要计算关键路径，得先找出工程中的所有关键活动，确定一个活动是否是关键活动的依据是活动的最早开始时间和最晚开始时间，因此需要了解如何计算活动的最早开始时间和最晚开始时间。在 AOE 网中，事件 e_i 必须在指向它的所有活动都结束后才能发生，只有 e_i 发生之后，从它发出的活动才能开始，因此 e_i 的最早发生时间就是 e_i 发出的所有活动的最早开始时间。如果用 est[i] 表示事件 e_i 的最早开始时间，用 duty[i,j] 表示连接事件 e_i 和事件 e_j 的活动需要持续的时间，则事件 e_i 的最早开始时间可以用以下关系推算：

(1) est[0] = 0

(2) est[n] = max{est[i]+duty[i, n], est[j]+duty[j, n], $\cdots$, est[k]+duty[k, n]}

（其中 $i, j, \cdots, k$ 是事件 n 的前驱事件）

根据以上推算关系，可以将图 9-3 中的 $e_0 \sim e_3$ 几个事件的最早开始时间推算出来：

est[0] = 0

est[1] = est[0]+duty[0,1] = 0+8 = 8

est[2] = est[0]+duty[0,2] = 0+5 = 5

est[3] = max{est[1]+duty[1,3], est[2]+duty[2,3]} = max{8+0, 5+0} = 8

很显然，这个推算关系建立在合法的拓扑序列的基础上，因此，推算事件的最早开始时间需要对图中的事件节点进行拓扑排序。拓扑排序的算法已经在 9.2 节介绍过了，现在我们只关注最早开始时间的计算方法。假设 sortedNode 参数中存放的图的拓扑排序结果，CalcESTime()函数从拓扑序列的第一个顶点（变量 u 代表的顶点）开始，遍历这个顶点发出的有向边指向的相邻顶点（变量 v 代表的顶点），如果该顶点的最早开始时间与有向边代表的活动持续时间之和（这个结果存放在临时变量 uvst 中）大于有向边指向的相邻顶点的最早开始时间，则更新这个相邻顶点的最早开始时间。需要注意的是，算法并没有直接利用推算关系中的 max 选择处理，而是按照 sortedNode 序列中的顶点先后关系，只在处理到相邻顶点时才更新最早开始时间（这正是所有顶点的 sTime 初始化成 0 的原因），当 sortedNode 序列中的所有顶点都处理完之后，就相当于变相地实现了 max 选择的处理。代码如下所示：

```
void CalcESTime(GRAPH *g, const std::vector<int>& sortedNode)
{
    g->vertexs[0].sTime = 0; //est[0] = 0
```

```
        std::vector<int>::const_iterator nit = sortedNode.begin();
        for(; nit != sortedNode.end(); ++nit)
        {
            int u = *nit;
            //遍历 u 出发的所有有向边
            std::vector<EDGE_NODE>::iterator eit = g->vertexs[u].edges.begin();
            for(; eit != g->vertexs[u].edges.end(); ++eit)
            {
                int v = eit->vertexIndex;
                int uvst = g->vertexs[u].sTime + eit->duty;
                if(uvst > g->vertexs[v].sTime)
                {
                    g->vertexs[v].sTime = uvst;
                }
            }
        }
    }
```

事件 e_i 的最晚开始时间定义为：e_i 的后继事件 e_j 的最晚开始时间减去 e_i 和 e_j 之间的活动持续时间的差，当 e_i 有多个后继事件时，则取这些差值中最小的一个作为 e_i 的最晚开始时间。如果用 lst[j] 表示事件 e_j 的最晚开始时间，用 duty[i,j] 表示事件 e_i 和后继事件 e_j 之间的活动需要持续的时间，则事件 e_i 的最晚开始时间可以用以下关系推算：

(1) lst[n] = est[n]

(2) est[i] = min{lst[j]−duty[i,j], est[k]−duty[i,k], ⋯, est[m]−duty[i,m]}

（其中 $j, k, ⋯, m$ 是事件 i 的后继事件）

仍然以图 9-3 为例，我们推算一下 e_5、e_7、e_8 和 e_9 几个事件的最晚开始时间：

lst[9] = est[9] = 25

lst[5] = lst[9]−duty[5,9] = 25−7 = 18

lst[7] = lst[9]−duty[7,9] = 25−4 = 21

lst[8] = min{lst[7]−duty[8,7], lst[5]−duty[8,5]} = min{21−0, 18−0} = 18

这个最晚开始时间的推算关系建立在合法的拓扑序列的逆序基础上。CalcLSTime() 函数对 sortedNode 序列的处理顺序和 CalcESTime() 函数刚好相反，从拓扑序列的最后一个顶点（变量 u 代表的顶点）开始向前遍历。如果该顶点的后继顶点（变量 v 代表的顶点）的最晚开始时间与连接这两个顶点的活动持续时间的差小于该顶点（u 顶点）的最晚开始时间，则更新该顶点的最晚开始时间。和 CalcESTime() 函数一样，CalcLSTime() 函数也没有直接利用 min 选择处理，但是通过逆序遍历 sortedNode 序列中的所有顶点，变相地实现了 min 选择的处理。代码如下所示：

```
void CalcLSTime(GRAPH *g, const std::vector<int>& sortedNode)
{
    //最后一个节点的最晚开始时间等于最早开始时间
```

```
g->vertexs[g->count - 1].eTime = g->vertexs[g->count - 1].sTime;

std::vector<int>::const_reverse_iterator cit = sortedNode.rbegin();
for(; cit != sortedNode.rend(); ++cit)
{
    int u = *cit;
    //遍历从 u 发出的所有有向边
    std::vector<EDGE_NODE>::iterator eit = g->vertexs[u].edges.begin();
    for(; eit != g->vertexs[u].edges.end(); ++eit)
    {
        int v = eit->vertexIndex;
        int uvet = g->vertexs[v].eTime - eit->duty;
        if(uvet < g->vertexs[u].eTime)
        {
            g->vertexs[u].eTime = uvet;
        }
    }
}
}
```

在 AOE 网中计算好每个顶点代表的事件的最早开始时间和最晚开始时间之后，就很容易计算出每条边代表的活动的最早开始时间和最晚开始时间。假如某个活动两端的事件分别是 e_i 和 e_j，则该活动的最早开始时间就是事件 e_i 的最早开始时间，该活动的最晚开始时间就是事件 e_j 的最晚开始时间减去该活动的持续时间。用这个关系计算出所有活动的最早开始时间和最晚开始时间，只要最早开始时间和最晚开始时间相同的活动就都是关键活动，按照事件顶点的拓扑序列的先后关系，顺序输出这些事件顶点相关的关键活动，得到的关键活动序列就是关键路径。

综合前面的分析，计算关键路径需要以下 4 个步骤：

(1) 对事件顶点进行拓扑排序，得到事件的拓扑序列；

(2) 计算事件顶点的最早开始时间；

(3) 计算事件顶点的最晚开始时间；

(4) 计算活动的最早开始时间和最晚开始时间，并按照事件的拓扑顺序依次输出关键活动，得到关键路径。

这 4 个步骤非常清晰地体现在 CriticalPath() 函数中，重点是第 (4) 个步骤输出关键路径。判断活动是否是关键活动是通过下面这行 if 语句实现的：

```
if(g->vertexs[u].sTime == g->vertexs[v].eTime - eit->duty)
```

但是要实现按照活动顺序输出关键活动路径的功能，还需要按照事件顶点拓扑排序的结果逐个判断每个事件发出的活动（就是事件顶点发出的有向边），按照活动的开始次序逐个输出关键活动。CriticalPath() 函数中的第一个 for 循环按照拓扑排序的结果逐个处理事件顶点，第二个 for 循环搜索一个顶点的所有有向边，查找关键活动。需要注意的是，图 9-3 中虚线画出的边是实际不存在的虚拟活动，虽然不影响结果，但是也会被当成关键活动输出，因此需要判断一下，如果是虚拟活动则需要过滤。CriticalPath()函数在输出关键路径时没有做过滤处理，过滤的方法其实也很简单，name 是否为空或活动时间是否是 0 都可以作为判断过滤的依据，有兴趣的读者可自行完成。

```cpp
bool CriticalPath(GRAPH *g)
{
    std::vector<int> sortedNode;
    if(!TopologicalSorting(g, sortedNode)) //步骤(1)
    {
        return false;
    }
    CalcESTime(g, sortedNode); //步骤(2)
    CalcLSTime(g, sortedNode); //步骤(3)
    //步骤(4): 输出关键路径上的活动名称
    std::vector<int>::iterator nit = sortedNode.begin();
    for(; nit != sortedNode.end(); ++nit)
    {
        int u = *nit;
        std::vector<EDGE_NODE>::iterator eit = g->vertexs[u].edges.begin();
        for(; eit != g->vertexs[u].edges.end(); ++eit)
        {
            int v = eit->vertexIndex;
            if(g->vertexs[u].sTime == g->vertexs[v].eTime - eit->duty)
            {
                std::cout << eit->name << std::endl;
            }
        }
    }

    return true;
}
```

对于表 9-1 的活动关系数据，转化成 AOE 网形式的有向图之后，用 CriticalPath()函数计算出的关键路径是 $P_1 \rightarrow P_3 \rightarrow P_4 \rightarrow P_6$，与 Project 软件计算出的关键路径结果一样。我们用自己写的算法实现了同样的功能，可见这些软件也是使用相同的算法，并无太多神秘之处可言。

9.4 总结

回到章首的那个例子，一组没有任何关系的活动，在一定的规则或常识的约束下，在活动的某个属性（开始时间）上形成了或弱或强的顺序关系，这就是一个偏序，在这个偏序上排序得到的一个全序就是这组活动的拓扑排序。这种偏序关系的强弱取决于规则和约束力的大小。正常情况下穿衣服应该在坐班车之前发生，但是我也可以选择在班车上穿衣服。当然，这取决于我失去理智的程度。

生活中有很多看似神奇但是原理很简单的东西，本章介绍的两个算法就是这样，工程管理软件中最实用的两个功能，原来是两个简单的算法在背后支撑。很多软件，无论是动辄几百兆字节的大型软件，还是几十千字节的小程序，背后都是不同的算法在支撑其各种功能，没有任何神秘之处可言，本章给出的例子只是这类软件功能的冰山之一角罢了。

这两个算法用到了图、数组和带优先级标记的队列等数据结构，灵活运用这些数据结构给算法实现带来了极大便利。比如，普通的拓扑排序和本章给出的按照开始时间排序在算法结构上完全一样，唯一的区别就是使用带优先级标记的队列代替普通队列。

9.5　参考资料

[1]　维基百科词条"拓扑排序"。

[2]　Cormen T H, et al. *Introduction to Algorithms* (*Second Edition*). The MIT Press, 2001.

[3]　维基百科词条"关键路径"。

9

第 *10* 章
限流算法与两个桶

家里装宽带，大家最关心的就是网速。不过，大家有没有想过，网络运营商是如何限制用户上传和下载的最大速度的？这背后其实就是各种限流算法。不仅是网络，限流算法在各个领域都有广泛应用。比如网络服务器，假设服务器的负载是每秒提供 1000 个访问接入，如果接入速率超过这个门限值，会导致服务器性能下降，使所有用户的体验变差。为了防止出现这种情况，网络运营商一般会在前端设置限流器，必要时让一些客户端等待一段时间，防止出现所有用户都体验不佳的情况，这个限流器其实就是限流算法。

限流算法有很多种，最常见也最简单的是漏桶算法和令牌桶算法。本章就来介绍这两种算法。

10.1 漏桶算法

漏桶算法的原理非常简单，网上也有很多图示进行说明，其实不用图，一句话就可以说清楚。顾名思义，被限速的东西像水一样从一个漏桶中匀速流出。这个算法只要维护好两个量即可，一个是桶内物品的量，一个是桶的容积。漏桶算法的特点是严格控制流出速度，不允许超速。所以该算法对突发流量不是很友好，它适用于出口速率严格限制、没有任何弹性要求的场合。

漏桶算法的特点决定了所有被限流的东西都要先放在桶中等待。如果在某一瞬间流入桶中的"东西"的量超过了桶的容积，将会被"无情"地丢弃（是丢弃还是延时重试，由使用"漏桶"的系统决定）。既然如此，是不是桶的容积越大越好呢？当然不是，只要流入桶的速度超过从桶漏出去的速度，再大的桶最终也会发生溢出。另外，东西进入桶中，实际上就是排队等着流出，如果流出速度慢，就意味着桶越大，排队时间越长，对于一些实时性要求很高的网络数据来说，延时太久是不能接受的。比如语音通话，延时超过 0.5 秒，通话的双方就会感觉很难受。所以，桶的容积会根据系统的实际情况设定一个合理的值，不是越大越好。

漏桶算法属于本书里经常提到的没有固定的算法形态、只是一种实现思想的算法类型。这一节我们就结合一个简单的网络数据发送的例子介绍该算法。假设系统中有两个"producer"希望通过一个带宽受限制的接口向外发送数据，该接口只能以 1000 字节/秒的速度发送数据，超过这一速率会导致无法察觉的通讯异常，所以需要设置一个"漏桶"，确保发送给接口的数据速率不超过 1000 字节/秒。"sender"每隔 200 毫秒从桶中取一次数据，每次取 200 字节，以此保证 1 秒取 1000 字节数据。为了更好地展示算法原理，这个例子简化了 Bucket 的实现，其内部处理数据的代码没有实现：

```cpp
using sys_clock = std::chrono::system_clock;

std::atomic<bool> quit_mark(false);
std::default_random_engine re(std::time(nullptr));

class Bucket
{
public:
    Bucket() = delete;
    Bucket(int capacity)
    {
        m_capacity = capacity;
        m_qty = 0;
    }
    bool Put(void *data, int size)  //忽略 data 参数的数据处理
    {
        std::lock_guard<std::mutex> lock(m_mtp);
        if ((m_qty + size) > m_capacity)
            return false;

        m_qty += size;
        return true;
    }
    int Take(void *data_buf, int size)   //忽略 data 参数的数据处理
    {
        std::lock_guard<std::mutex> lock(m_mtp);
        if (m_qty > size)
        {
            m_qty -= size;
            return size;
        }
        else
        {
            int rms = m_qty;
            m_qty = 0;
            return rms;
        }
    }

protected:
    std::mutex m_mtp;
    int m_qty;
    int m_capacity;
};
```

```cpp
void producer(Bucket& bkt)
{
    while (!quit_mark)
    {
        std::this_thread::sleep_for(std::chrono::milliseconds(500));
        std::uniform_int_distribution<unsigned int> ud(300, 650);
        char* data = nullptr; //数据, 为了演示算法简单, Bucket 不处理数据, 这里就简单设为 nullptr
        int psize = ud(re);
        if (!bkt.Put(data, psize))
        {
            std::cout << "thread: " << std::this_thread::get_id() << " fail to put " << psize << " data
to bucket" << std::endl;
        }
    }
}

void sender(Bucket & bkt)
{
    char data[200];
    while (!quit_mark)
    {
        std::this_thread::sleep_for(std::chrono::milliseconds(200));//200毫秒发送一次, 每次 200 字节
        std::time_t curTime = sys_clock::to_time_t(sys_clock::now());
        int tsize = bkt.Take(data, 200); //从桶中漏出数据, 存在 data 中
        std::cout << "thread: " << std::this_thread::get_id() << " send out " << tsize
                  << " data at: " << std::put_time(std::localtime(&curTime), "%F, %T") << std::endl;

        //向外部接口发送数据
        if(tsize > 0)
        {
            SendInterface(data, tsize);
        }
    }
}

int main()
{
    Bucket bucket(50000);
    std::thread st(sender, std::ref(bucket));
    std::thread pt1(producer, std::ref(bucket));
    std::thread pt2(producer, std::ref(bucket));

    st.join();
    pt1.join();
    pt2.join();

    std::cout << "Hello World!\n";
}
```

可以看出, 漏桶算法的原理简单, 实现也简单, 就是确保漏桶 "漏水" 的速度不超过限制即可。
至于入桶部分, 只要超过桶的容积就返回错误或者直接丢弃。

10.2 令牌桶算法

根据漏桶算法的原理，当突发流量超过 1000 字节/秒的时候，如果桶内还有空间，则可以接受，否则会丢弃数据。这一节要介绍的令牌桶算法，除了能满足均匀限速的要求之外，还在一定程度上允许突发流量，多数情况下它是限流算法的优先选择。

10.2.1 原理

与漏桶算法的处理方式不同，令牌桶不缓存数据，只是管理令牌（token）。任何受限制的操作在进行之前，都要先从令牌桶中获取相应数量的令牌，只有取得令牌的操作才允许继续，没有取得令牌的操作则会被阻塞（也可以选择只是返回错误，不阻塞）。系统会按照设定的限制速度均匀地向桶内发放令牌。当然，令牌桶也有容积，在桶内令牌已满的情况下，多余的令牌会被丢弃。

既然令牌桶也是获取多少令牌才能进行多少操作，那么它如何允许突发流量的操作呢？这个问题可以通过一个例子来说明。假设有一个容量是 5000 的令牌桶，系统以每秒 5000 个的速度发放令牌。某一时刻桶中的令牌是满的，此时有一个操作请求 2000 个令牌，则桶中还剩 3000 个令牌，如果又有操作请求 8000 个令牌，则令牌桶会等下一秒的 5000 个令牌到来的时候，加上上一秒剩余的 3000 个令牌，授予这次请求 8000 个令牌。其代价是需要推迟下一次 5000 个新令牌的产生时间，好处是这 8000 的突发流量不会被丢弃。

既然可以累加之前没用完的令牌，是不是就可以无限累加，把前一天甚至去年的剩余都累加起来呢？当然不行，这样就限制不了速度了。前面讲的"在一定程度上允许突发流量"，就是指的这个意思，令牌桶算法在设计时，总是设定令牌总数不能超过令牌桶的容积。

10.2.2 算法细节

虽然令牌桶算法的原理非常简单，但是实现时还是有很多细节需要考虑。比如令牌怎么发放？怎么允许突发流量？当一个请求到来时，即使剩余令牌加上新令牌也不够用时怎么计算延时等待时间？这一节，我们通过分析 Guava 库中 Java 版 RateLimiter 的实现代码，理解该算法的实现细节，并为下一节模仿实现一个简易版的 RateLimiter 类做准备。

RateLimiter 将令牌解释为 "permits"，可以理解为对令牌请求的一种许可。来看看请求令牌的 acquire()方法的处理：

```java
public double acquire(int permits) {
    long microsToWait = reserve(permits);
    stopwatch.sleepMicrosUninterruptibly(microsToWait);
    return 1.0 * microsToWait / SECONDS.toMicros(1L); //返回等待的秒数
}
```

10

```
final long reserve(int permits) {
    checkPermits(permits);
    synchronized (mutex()) {      //因为会触发令牌同步，所以需要同步保护
      return reserveAndGetWaitLength(permits, stopwatch.readMicros());
    }
}
final long reserveAndGetWaitLength(int permits, long nowMicros) {
    long momentAvailable = reserveEarliestAvailable(permits, nowMicros);
    return max(momentAvailable - nowMicros, 0);
}
```

Guava 库中的 RateLimiter 类是一个抽象类，reserveEarliestAvailable()和 resync()是抽象方法。Guava 库中支持多种限速模式的派生类，我们以 SmoothBursty 类为例，看看它是怎么实现这个方法的：

```
final long reserveEarliestAvailable(int requiredPermits, long nowMicros) {
    resync(nowMicros);  //同步令牌，也就是补充新令牌
    long returnValue = nextFreeTicketMicros;
    //这次请求需要消耗的令牌数目
    double storedPermitsToSpend = min(requiredPermits, this.storedPermits);
    double freshPermits = requiredPermits - storedPermitsToSpend;

    long waitMicros = storedPermitsToWaitTime(this.storedPermits, storedPermitsToSpend)
        + (long) (freshPermits * stableIntervalMicros);

    this.nextFreeTicketMicros = nextFreeTicketMicros + waitMicros; //下次发放令牌的时间向后延
    this.storedPermits -= storedPermitsToSpend;
    return returnValue;
}
private void resync(long nowMicros) {
    //上次发放令牌的时间是过去的时间，则需要重新发放令牌
    if (nowMicros > nextFreeTicketMicros) {
        storedPermits = min(maxPermits,
        storedPermits + (nowMicros - nextFreeTicketMicros) / stableIntervalMicros);
        nextFreeTicketMicros = nowMicros; //更新上一次发放令牌的时间
    }
}
```

maxPermits 可以理解为令牌桶的容积，storedPermits 是当前积累的可用令牌，时间跨度是从上一次发放令牌到现在。nextFreeTicketMicros 是上次发放令牌的时间，stableIntervalMicros 是发放一个令牌需要的时间，单位是微秒，这个值是从每秒发放令牌数这个变量换算过来的。从 resync()方法的实现看，当前积累的可用令牌并不是随着时间跨度无限增加的，它的最大值就是桶的容积。reserveEarliestAvailable()方法首先调用 resync()方法更新令牌，然后计算当前的请求令牌数和当前积累的可用令牌的关系。如果当前积累的可用令牌比请求的多，则计算出需要的新令牌数 freshPermits 就是 0，这次请求就不需要等待；如果当前积累的可用令牌比请求的少，则计算出来的 freshPermits 大于 0，这意味着虽然本次请求不需要等待，但是会根据 freshPermits 透支令牌。freshPermits * stableIntervalMicros 计算出来的结果就是新产生 freshPermits 个令牌

需要的时间，这个时间将累加到 this.nextFreeTicketMicros 上，这意味着下次发放令牌的时间将被延迟，从而导致后续的请求被阻塞。

这部分代码解释了前面提到的几个问题。首先是如何发放令牌？答案是不需要一个专门的流程来定期发放令牌，只需要在请求令牌的时候，根据时间跨度计算需要补充的令牌数即可。其次是怎么允许突发流量？答案是当请求令牌数超过可用令牌数时，计算透支令牌数量，并计算透支令牌需要多少时间才能补齐，在这之前保持可用令牌数为 0，阻止后续的令牌请求。最后是阻塞时间怎么计算？答案是通过积累最近一次令牌发放时间来控制，当最近一次发放时间是过去某个时间的时候，就根据当前时间和这个时间的差计算需要发放的令牌数量。只要根据令牌发放速度将这个时间调整为将来的某个时间，就可以阻止从现在到将来的这段时间的令牌请求，这个时间差就是需要阻塞等待的时间。

10.2.3 CRateLimiter 类

这一节我们仿照 Guava 库的 RateLimiter 实现一个简易版本的 CRateLimiter。为了降低代码复杂度，突出算法原理，将注意力集中在算法的几个控制点上、CRateLimiter 没有完全模仿 RateLimiter 的继承体系设计，其效果只是相当于 RateLimiter 中的 SmoothBursty 限速模式。

根据上一节的分析，CRateLimiter 类也有 4 个关键的控制属性：

```
double m_stableIntervalMicros;
double m_maxPermits;
double m_storedPermits;
unsigned long long m_nextFreeTicketMicros;
```

其中 m_nextFreeTicketMicros 的单位是微秒，所以 m_stableIntervalMicros 的计算方法就是：

```
m_stableIntervalMicros = 1000000.0 / permitsPerSecond; //permitsPerSecond 是允许的流量速度
```

其中 resync() 函数翻译过来就是这样，和 Java 版的一模一样。new_permits 是根据时间差算出来的本次应该补充的新令牌数量。如果当前时间 nowMicros 小于 m_nextFreeTicketMicros，意味着之前的某次请求透支了令牌，m_nextFreeTicketMicros 被调整为将来的某个时间。也就是说，要等到当前时间超过 m_nextFreeTicketMicros 了才允许向令牌桶中补充新令牌。代码如下所示：

```
void CRateLimiter::resync(unsigned long long nowMicros)
{
    if (nowMicros > m_nextFreeTicketMicros)
    {
        double new_permits = (nowMicros - m_nextFreeTicketMicros) / m_stableIntervalMicros; //本次
新发放令牌数
        m_storedPermits = std::min(m_maxPermits, m_storedPermits + new_permits);
        m_nextFreeTicketMicros = nowMicros;
    }
}
```

10

reserve()函数则把 RateLimiter 类和 SmoothBursty 类的代码整合了一下，缺少了类的体系关系，削弱了使用上的灵活性，但是代码简单，可以把整个算法控制集中在一起展示。对突发流量的允许体现在对 freshPermits 这个透支量的处理上，结合原理很容易理解代码实现：

```
unsigned long long CRateLimiter::reserve(double permits)
{
    std::lock_guard<std::mutex> lock(m_mutex);

    //取当前时间，转换成以微秒为单位
    auto nowMicros = duration_cast<microseconds>(system_clock::now().time_since_epoch()).count();
    resync(nowMicros);

    //如果令牌发放后积累的令牌数够用，本次 wait 就是 0，否则本次就要 wait
    auto waitMicros = m_nextFreeTicketMicros - nowMicros;

    double storedPermitsToSpend = std::min(permits, m_storedPermits); //本次消费的令牌数
    double freshPermits = permits - storedPermitsToSpend;  //是否需要透支消费

    //根据透支消费的令牌数反算需要的时间
    auto freshPermitsMicros = (unsigned long long)(freshPermits * m_stableIntervalMicros);

    m_nextFreeTicketMicros += freshPermitsMicros; //如果这次有透支消费，则需要将下次发放令牌的时间
向后延到将来的某个时间
    m_storedPermits -= storedPermitsToSpend; //消费指定数量的令牌

    return std::max(waitMicros, 0ULL);
}
```

m_mutex 是保护关键数据的互斥体，lock_guard 是互斥体的守护类，借助 C++ 的 RAII 机制确保互斥体的 lock()和 unlock()方法成对调用，这一行代码的作用类似于 Java 版本中的这一行代码：

```
synchronized (mutex()) { ... }
```

需要注意的是，system_clock::now()得到的是当前的系统时间，不是时区换算后的本地时间。不过算法使用这个值也只是为了求两个时间点之间的相对差值，不关心是哪个时区的时间。duration_cast 的作用是将时间间隔转换成以微秒为单位（默认的时间间隔是 100 纳秒）。

计算本地等待时间就是下面这一行代码：

```
auto waitMicros = m_nextFreeTicketMicros - nowMicros;
```

用上一次补充令牌的时间这个量，同时解决了允许突发流量和阻塞等待时间两个问题，简直是个天才想法。

10.2.4 测试 CRateLimiter 类

这一节我们用几个例子测试一下 CRateLimiter 类。首先假设有个操作被限制为每秒执行一次，可以这样构造和使用限速对象：

```
CRateLimiter limiter(1);

double wait = limiter.Aquire(1);
std::cout << "0: Aquire 1: need_sleep: " << wait << std::endl;
wait = limiter.Aquire(1);
std::cout << "1: Aquire 1: need_sleep: " << wait << std::endl;
wait = limiter.Aquire(1);
std::cout << "2: Aquire 1: need_sleep: " << wait << std::endl;
wait = limiter.Aquire(1);
std::cout << "3: Aquire 1: need_sleep: " << wait << std::endl;
```

从执行情况看，第一次因为是突发流量，没有任何延迟，但是从第二次开始，都延迟等待了
1秒：

```
0: Aquire 1: need_sleep: 0
1: Aquire 1: need_sleep: 0.998376
2: Aquire 1: need_sleep: 0.997526
3: Aquire 1: need_sleep: 0.997577
```

再看一个例子，假设网络限速 1000 字节/秒，并且允许突发流量，可以这样构造令牌桶，容
积和速率都是 1000：

```
CRateLimiter limiter(1000, 1000);

double wait = limiter.Aquire(700);
std::cout << "0: Aquire 700: need_sleep: " << wait << std::endl;
wait = limiter.Aquire(500);
std::cout << "1: Aquire 500: need_sleep: " << wait << std::endl;
//std::this_thread::sleep_for(std::chrono::seconds(1));
wait = limiter.Aquire(700);
std::cout << "2: Aquire 700: need_sleep: " << wait << std::endl;
wait = limiter.Aquire(1000);
std::cout << "3: Aquire 1000: need_sleep: " << wait << std::endl;
```

第一次请求 700 字节，因为令牌桶中有 1000 个令牌，所以等待时间是 0。第二次请求 500 字
节，令牌桶中只有 300 个令牌，为了允许突发流量，需要透支 200 个令牌，并且等待时间也是 0。
第三次请求 700 字节，因为之前透支 200 个令牌导致新令牌延时发放，所以需要等待 0.2 秒，获
得 1000 个令牌后用掉 700 个，还剩 300 个。第四次请求 1000 字节，需要额外的 700 个令牌，所
以需要延时 0.7 秒。从运行时打印的结果看，与上面的分析结果一致：

```
0: Aquire 700: need_sleep: 0
1: Aquire 500: need_sleep: 0
2: Aquire 700: need_sleep: 0.199493
3: Aquire 1000: need_sleep: 0.697212
```

至此，证明我们模仿的算法实现了令牌桶算法的原理，能够满足需求，可以作为一个简单的
限速器使用。

10.3 总结

漏桶算法的限速设在桶的出口，即严格限制从桶内流出的速度（取数据的速度），而令牌桶的限速则设在操作请求的入口，要先获得令牌才能操作。令牌桶算法具有非常强的适用性，并非一无是处。在一些严格限制出口速率、不允许突发流量超标的场合，漏桶算法反而是最合适的。

10.4 参考资料

[1] 郭欣. 构建高性能 Web 站点. 电子工业出版社, 2012.

[2] RateLimiter，Guava 库，Google.

第 **11** 章
算法与历法

日历在我们的生活中扮演着十分重要的角色，上班、上学、约会都离不开日历。每当新的一年开始时，人们都要更换新的日历。你知道未来一年的这么多天是怎么确定下来的吗？为什么2014 年的国庆节是星期三而 2015 年的国庆节是星期四？为什么每年的春节都相差那么多天？闰五月真的能过两次端午节吗？那就来研究一下日历算法吧。本章将介绍日历的编排规则与算法。这里面既有简单的算法，比如确定某日是星期几的计算方法，以及打印公历年历的算法；也有复杂的算法，比如利用天文算法精确计算二十四节气和日月合朔时间的算法，这些是推算中国农历的基础算法。最后我们实现一个可以显示公历和农历的日历控件，通过这个演示程序介绍将公历和农历合成双历的对照算法。

11.1　格里历（公历）生成算法

从上小学开始，我就喜欢数学课胜过语文课，我到现在还记得最有意思的一节数学课是数学老师带着我们做日历。在知道了新的一年第一天是星期几之后，我们就开始利用简单的历法规则推算之后的每一天是星期几，每个月有几天，并最终画出一张新年年历，很多同学甚至根据闰年规律推算出了今后几十年的日历。这是一个非常有意思的问题，其实就是关于日历的生成算法。

要研究日历算法，首先要知道日历的编排规则，也就是历法。所谓历法，就是推算年、月、日的时间长度和它们之间的关系，指定时间序列的法则。我国的官方历法是目前全球各国通用的公历，也就是公元纪年。公历实际上是从 1582 年 10 月 15 日开始实行的格里历（Gregorian calendar）。这是一个比较简单的历法，有人称之为"规范历"。所谓的"规范"，言外之意就是简单。生成格里历的日历算法也相对简单，需要特殊处理的仅仅是星期的问题。

11.1.1　格里历的历法规则

格里历的历法规则非常简单，它首先将年份分成平常年（或平年，common year）和闰年

（leap year）两种。格里历的一年分为十二个月，其中一月、三月、五月、七月、八月、十月和十二月是大月，大月的一个月有 31 天；四月、六月、九月和十一月是小月，小月的一个月有 30 天。二月天数要根据是否闰年来定，如果是闰年，二月是 29 天；如果是平常年，二月是 28 天。平常年一年是 365 天，闰年一年是 366 天，判定一年是平常年还是闰年的规则如下：

(1) 如果年份是 4 的倍数，且不是 100 的倍数，则是闰年；

(2) 如果年份是 400 的倍数，则是闰年；

(3) 不满足(1)、(2)条件的就是平常年。

格里历的置闰规则简单总结就是一句话：四年一闰，百年不闰，四百年再闰。为什么格里历会有这么奇怪的规则？看了 11.4.1 节的介绍你就明白了，这里只需要记住这句话就行了。判断给定的年份是否是闰年的算法也很经典，结合了与、非等逻辑判断和组合，是面试常见的问题之一。

```
bool IsLeapYear(int year)
{
    return ((year % 4 == 0) && (year % 100 != 0)) || (year % 400 == 0);
}
```

这就是格里历的历法规则，如果不考虑星期的问题，这个历法真是一点乐趣都没有。决定今天是星期几虽然不是格里历历法的内容，但是是人们生活必需的内容，下面我们就来讨论今天到底是星期几的问题。

11.1.2　今天星期几

除了年、月、日，日常生活中人们还对日期定义了另一个属性，就是星期。星期并不是格里历范畴内的东西，但是人们已经习惯用星期来管理和规划时间，比如一个星期工作五天，休息两天，等等。星期的规则彻底改变了人们的生活习惯，因此星期已经成为历法的一部分了。星期的命名最早起源于古巴比伦。公元前 7~6 世纪，巴比伦人就使用了星期制，他们认为一个星期中的每一天都有一个天神掌管。这一制度后来传到古罗马，并逐渐演变成现在的星期制度。

如何知道某一天到底是星期几？除了查日历之外，是否有办法推算出来呢？答案是肯定的，星期不像年和月那样有固定的历法规则，但是也有自己的规律。星期是固定的 7 天周期，其排列顺序固定，不受闰年、平常年以及大小月的天数变化影响。因此，只要知道某一天是星期几，就可以推算出其他日期是星期几。推算的方法很简单，就是计算两个日期之间相差多少天，用相差的天数对 7 取余数，这个余数就是两个日期的星期数的差值。举个例子，假设已知 1977 年 3 月 27 日是星期日，如何得知 1978 年 3 月 27 日是星期几？按照前面的方法，计算出 1977 年 3 月 27 日到 1978 年 3 月 27 日之间相差 365 天，365 除以 7 余数是 1，所以 1978 年 3 月 27 日就是星期一。

上述方法计算星期几的关键是求出两个日期之间相隔的天数。有两种常用的方法计算两个日期之间相隔的天数，一种是利用公历的月和年的规则直接计算，另一种是利用儒略日计算。除此之外，还可以利用蔡勒（Zeller）公式计算某一天是星期几。下面就分别介绍这三种方法。

1. 直接根据日期的差值

利用公历规则直接计算两个日期之间相差的天数，最简单的方法就是将两个日期之间相隔的天数分成三个部分：前一个日期所在年份还剩下的天数、两个日期之间相隔的整数年所包含的天数以及后一个日期所在年份过去的天数。分别计算这三个部分的天数然后求和，得到两个日期最终相差的天数。如果两个日期是相邻两个年份的日期，则第二部分整年的天数就是 0。以 1977年 3月 27日到 2005年 5月 31日为例，1977年还剩下 279天，中间整数年是从 1978年到 2005年（不包括 2005年），共 27年，包括 7个闰年和 20个平常年，总计 9862天，最后是 2005年从 1月 1日到 5月 31日经过的 151天。三者总和是 10 292天。10 292除以 7的余数是 2，已知 1977年 3月 27日是星期日，因此 2005年 5月 31日是星期二。这个计算的算法实现并不难，只要细心处理好闰年以及大小月的关系，一般不会出错。

2. 利用儒略日计算日期的差值

另一种计算两个日期相差天数的方法是利用**儒略日**（Julian day，JD）。首先介绍一下儒略日，这是一种不记年、不记月、只记日的历法，是由法国学者 Joseph Justus Scaliger（1540—1609）在 1583年提出来的一种以天数为计量单位的流水日历。儒略日和儒略历（Julian calendar）没有任何关系，命名为儒略日仅仅是因为他本人为了纪念他的父亲——意大利学者 Julius Caesar Scaliger（1484—1558）。简单来讲，儒略日就是指从公元前 4713年 1月 1日 UTC 12:00开始所经过的天数，JD0被指定为公元前 4713年 1月 1日 12:00到公元前 4713年 1月 2日 12:00之间的 24小时，以此顺推，每一天都被赋予唯一的数字。例如从 1996年 1月 1日 12:00开始的一天就是儒略日 JD2450084。使用儒略日可以把不同历法的年表统一起来，很方便地在各种历法中追溯日期。需要注意的是，儒略日并不是只关注天数，它是一个浮点数，可以精确到秒，一秒钟对应的儒略日差值是 0.000 011 574 0个儒略日。另外需要注意的是，儒略日并不是从 0:00开始的，它是从中午 12:00开始的 24个小时，因此在计算日期时如果需要考虑 0:00开始的关系，需要增加或减少 0.5个儒略日进行修正。

如果想得到两个日期之间的天数，利用儒略日计算也很方便，先计算出两个日期的儒略日数，然后直接相减就可以得到两个日期相隔的天数。由格里历的日期计算出儒略日数很简单，有多个公式可用，本书选择如下公式：

$$JD = \left\lfloor \frac{153m+2}{5} \right\rfloor + 365y + \left\lfloor \frac{y}{4} \right\rfloor - \left\lfloor \frac{y}{100} \right\rfloor + \left\lfloor \frac{y}{400} \right\rfloor + day - 32\,045 \tag{11-1}$$

$$JD = \left\lfloor \frac{153m+2}{5} \right\rfloor + 365y + \left\lfloor \frac{y}{4} \right\rfloor + day - 32\,083 \tag{11-2}$$

式(11-1)适用于格里历，式(11-2)适用于正式启用格里历之前所使用的儒略历。关于儒略历和格里历的历史，请参见 11.1.4 节的介绍。上式中的 y 和 m 可用以下公式计算：

$$a = \left\lfloor \frac{14 - month}{12} \right\rfloor$$

$$y = year + 4800 - a$$

$$m = month + 12a - 3$$

以上各式中，$year$、$month$ 和 day 分别是对应日历日期中的年份、月份和日期。需要注意的是，这个公式求出的结果是某日正午 12:00（标准时间）对应的儒略日。如果只求解整数精度的儒略日，直接使用这个公式即可；如果要求解精确到时分秒的儒略日，需要对其做 -0.5 个儒略日的修正。具体实现请看以下计算儒略日的算法实现：

```
double CalculateJulianDay(int year, int month, int day, int hour, int minute, double second)
{
    int a = (14 - month) / 12;
    int y = year + 4800 - a;
    int m = month + 12 * a - 3;

    double jdn = day + (153 * m + 2) / 5 + 365 * y + y / 4;
    if(IsGregorianDays(year, month, day))
    {
        jdn = jdn - y / 100 + y / 400 - 32045.5;
    }
    else
    {
        jdn -= 32083.5;
    }

    return jdn + hour / 24.0 + minute / 1440.0 + second / 86400.0;
}
```

1977 年 3 月 27 日 12:00 的儒略日是 JD2443230.0，2005 年 5 月 31 日 12:00 的儒略日是 JD2453522.0，差值是 10 292，与直接利用公历规则计算的差值一致。实际上，既然儒略日是相对于公元前 4713 年 1 月 1 日开始的流水日历，而公元前 4713 年 1 月 1 日又被指定为星期一，所以直接对儒略日整数部分取余，也可以推算出这一天是星期几。比如 2005 年 5 月 31 日 12:00 的儒略日是 JD2453522.0，对 7 取余的结果是 1，也就是说 2005 年 5 月 31 日与公元前 4713 年 1 月 1 日星期数差 1，那 2005 年 5 月 31 日自然就是星期二了。

3. 利用蔡勒公式计算星期数

上述计算星期的方法虽然步骤简单，但是每次都要计算两个日期的时间差，不是非常方便。如果能有一个公式可以直接根据日期计算出对应的星期岂不是更好？幸运的是，存在这样的公式。此类公式的推导原理仍然是通过两个日期的时间差来计算星期，只是通过选择一个特殊的日期来简化公式的推导。这个特殊日期指的是某一年的 12 月 31 日刚好是星期日这种情况。选择这样的日子有两个好处，一是计算上可以省去计算标准日期这一年的剩余天数，二是计算出来的日期差余数是几就是星期几，不需要再计算星期的差值。现在我们就来推导一个这样的求星期几的公式。

我们知道公元元年的 1 月 1 日是星期一，那么公元前 1 年的 12 月 31 日就是星期日，用这一天作为标准日期，就可以只计算整数年的时间和日期所在的年积累的天数。这个星期公式如下：

$$w = (L \times 366 + N \times 365 + D)\%7 \tag{11-3}$$

式(11-3)中的 L 是从公元元年到 $year$ 年 $month$ 月 day 日所在的年之间闰年的数量，N 是平常年的数量，D 是 $year$ 年内的积累天数。将整年数 $year - 1 = L + N$ 代入式(11-3)，可得：

$$w = ((year - 1) \times 365 + L + D)\%7 \tag{11-4}$$

根据闰年规律，从公元元年到 y 年之间的闰年数量是可以计算出来的，即：

$$L = \left\lfloor \frac{year - 1}{4} \right\rfloor - \left\lfloor \frac{year - 1}{100} \right\rfloor + \left\lfloor \frac{year - 1}{400} \right\rfloor \tag{11-5}$$

将式(11-5)代入式(11-4)，得到最终的计算公式：

$$w = ((year - 1) \times 365 + \left\lfloor \frac{year - 1}{4} \right\rfloor - \left\lfloor \frac{year - 1}{100} \right\rfloor + \left\lfloor \frac{year - 1}{400} \right\rfloor + D)\%7 \tag{11-6}$$

仍然以 2005 年 5 月 31 日为例，利用式(11-6)计算 w 的值为：

$$w = ((2005 - 1) \times 365 + \lfloor (2005-1)/4 \rfloor - \lfloor (2005-1)/100 \rfloor + \lfloor (2005-1)/400 \rfloor + 151)\%7$$
$$= (731\,460 + 501 - 20 + 5 + 151)\%7 = 732\,097\%7 = 2$$

得到 2005 年 5 月 31 日是星期二，和前面的计算方法得到的结果一致。式(11-6)的问题在于计算量大，不利于口算星期结果。于是人们在式(11-6)的基础上继续推导更简单的公式。德国数学家克里斯蒂安·蔡勒（Christian Zeller，1822—1899）在 1886 年推导出了著名的蔡勒公式：

$$w = (y + \left\lfloor \frac{y}{4} \right\rfloor + \left\lfloor \frac{c}{4} \right\rfloor - 2c + \left\lfloor \frac{13(m+1)}{5} \right\rfloor + d - 1)\%7 \tag{11-7}$$

最后计算出的余数 w 是几，结果就是星期几，如果余数是 0，则为星期日。蔡勒公式中各符号的含义如下。

c：世纪数–1 的值，如 21 世纪，则 $c = 20$。

m：月数，m 的取值大于等于 3，小于等于 14。在蔡勒公式中，某年的 1 月和 2 月看作上一年的 13 月和 14 月，比如 2001 年 2 月 1 日要当成 2000 年的 14 月 1 日计算。

11

y：年份，取公元纪年的后两位，如 1998 年，*y* = 98，2001 年，*y* = 1。

d：某月内的日数。

为了方便口算，人们通常将公式中的 $\lfloor 13(m+1)/5 \rfloor$ 一项改成 $\lfloor 26(m+1)/10 \rfloor$。目前人们普遍认为蔡勒公式是计算某一天是星期几的最佳公式。但是蔡勒公式有时候计算出的结果可能是负数，需要对结果+7 进行修正。比如 2006 年 7 月 1 日，用蔡勒公式计算出的结果是 −1，实际上这天是星期六。

记得有一次看到电视上介绍一位牛人，号称记忆力惊人，可以记得任何一天是星期几。只要记住蔡勒公式，心算快一点，你就也是牛人了。ZellerWeek() 函数就是蔡勒公式的算法实现，注意对月份的修正以及最后结果为负数的修正，其他内容就是将蔡勒公式翻译成代码：

```
int ZellerWeek(int year, int month, int day)
{
    int m = month;
    int d = day;

    if(month <= 2) /*对小于 2 的月份进行修正*/
    {
        year--;
        m = month + 12;
    }

    int y = year % 100;
    int c = year / 100;

    int w = (y + y / 4 + c / 4 - 2 * c + (13 * (m + 1) / 5) + d - 1) % 7;
    if(w < 0) /*修正计算结果是负数的情况*/
        w += 7;

    return w;
}
```

蔡勒公式和前面提到的式(11-6)都只适用于格里历法。罗马教皇在 1582 年修改历法，将 10 月 5 日指定为 10 月 15 日，从而正式废止儒略历法，启用格里历法。因此，上述求星期几的公式只适用于 1582 年 10 月 15 日之后的日期，对于 1582 年 10 月 4 日之前的日期，蔡勒也推导出了适用于儒略历法的星期计算公式，如式(11-8)所示，有兴趣的读者可自行完成算法实现。

$$w = (5 - c + y + \left\lfloor \frac{y}{4} \right\rfloor + \left\lfloor \frac{13(m+1)}{5} \right\rfloor + d - 1) \% 7 \qquad (11\text{-}8)$$

式(11-8)适用于对 1582 年 10 月 4 日之前的日期计算星期，1582 年 10 月 5 日与 1582 年 10 月 15 日之间的日期是不存在的，因为它们都是同一天。

11.1.3 生成日历的算法

日历一般以月为单位进行组织，生成日历需要知道每个月有多少天。格里历历法简单，除二月外每月天数固定，二月则根据是否是闰年确定是 29 天还是 28 天，比较适合使用查表法实现。首先定义一个 daysOfMonth 表，再次利用数组下标的技巧，直接用其表示月份：

```
int daysOfMonth[MONTHES_YEAR] = { 31, 28, 31, 30, 31, 30, 31, 31, 30, 31, 30, 31};
```

然后轻松给出算法实现：

```
int GetDaysOfMonth(int year, int month)
{
    if((month < 1) || (month > MONTHES_YEAR))
        return 0;

    int days = daysOfMonth[month - 1];
    if((month == 2) && IsLeapYear(year))
    {
        days++;
    }

    return days;
}
```

确定每个月的天数之后，就可以依次输出这个月的所有日期。星期的位置是固定的，每个月的第一天是星期几，就从星期几对应的位置开始排列数字，遇到星期六（星期的位置是从星期日到星期六排列）就折返下一行继续输出。每个月第一天的星期数可以用蔡勒公式计算，之后的每一天不必重复使用蔡勒公式，用 week = (week + 1) % 7 直接推算就可以了。代码如下所示：

```
void PrintMonthCalendar(int year, int month)
{
    int days = GetDaysOfMonth(year, month); /*确定这个月的天数*/
    int firstDayWeek = ZellerWeek(year, month, 1);
    InsertRowSpace(firstDayWeek);
    int week = firstDayWeek;
    int i = 1;
    while(i <= days)
    {
        printf("%-10d", i);
        if(week == 6) /*到一周结束，切换到下一行输出*/
        {
            printf("\n");
        }
        i++;
        week = (week + 1) % 7;
    }
}
```

PrintMonthCalendar()函数打印指定年和月的月历，如上所述，都是非常简单的算法。InsertRowSpace()函数负责根据每个月第一天的星期数插入合适的空位，使每个月的第一天与实际的星期位置能对上。对每个月依次调用 PrintMonthCalendar() 函数即可打印出一年的日历。想想那一节数学课做的事情，当初要是有这个算法就省事多了。

11.1.4 日历变更那点事儿

中国古代历朝历代都要修订历法。根据资料记载，我国农历的观测规则和方法在汉唐时期已经基本固定，后续每个朝代都会做一些微调，但基本方法一样。现行农历历法是明清时期流行的规则，新中国成立后没有颁布过农历历法，但是一些重要的时间点（比如新月、节气）的确定方法用天文计算替代了天文现象观测，被称为历理历法，与民间历法开始出现一些偏差。

西方人也经常干这种事情，最近的一次变更就是在 1582 年启用格里历。格里历是罗马教皇格里十三世颁布实施的，但是欧洲教会不是铁板一块，各国皇室并不买账。德国和荷兰直到 1698 年才使用格里历，距离格里历的颁布已经过去 100 多年了；而英国则在 1752 年才由议会批准使用格里历；至于俄国，直到 1918 年才开始使用格里历，比中国还晚。研究这个时期欧洲各国的历史是一件十分头疼的事情，同一个事件在不同国家的文献记载中发生的时间不同，研究者必须时时留意各国历法变更的情况。

本节我们讨论从儒略历到格里历变更的事情，同时解释格里历为什么会有这么奇怪的置闰规则。

1. 儒略历和格里历

在公元 1582 年 10 月 15 日之前，欧洲使用的是源自古罗马的儒略历。儒略历的置闰规则非常简单，就是四年一闰。这种置闰规则使得历法时间比天文时间每年多出 0.0078 天，这样从公元前 46 年到公元 1582 年一共累计多出 10 天。再这样下去历法和天气时节就要脱节了，为此，当时的教皇格里十三世将 1582 年 10 月 5 日人为指定为 10 月 15 日，并启用新的置闰规则，这就是后来沿用至今的格里历。

2. 1752 年 9 月到底是怎么回事儿

如果你用的操作系统是 Unix 或 Linux，在控制台输入以下命令：

```
#cal 9 1752
```

就会看到这样一个奇怪的月历输出：

```
September 1752
Su Mo Tu We Th Fr Sa
       1  2 14 15 16
17 18 19 20 21 22 23
24 25 26 27 28 29 30
```

1752 年的 9 月缺了 11 天，到底怎么回事儿？这其实还是因为从儒略历到格里历的转换造成的。1582 年 10 月 5 日，罗马教皇格里十三世宣布启用更为精确的格里历，但是整个欧洲并不是所有国家都立即采用格里历，比如英国直到 1752 年 9 月议会才批准采用格里历，所以英国及其所有殖民地的历法一直到 1752 年 9 月才发生跳变，"跟上"了格里历。Linux 的 cal 指令起源于最初 AT&T 的 Unix，当然采用的是美国历法，但是美国历史太短，再往前就只能采用英国历法，所以 cal 指令的结果就成了这样。对于采用格里历的国家来说，只要知道 1582 年 10 月发生了日期跳变就行了，可以不用关心 1752 年 9 月到底是怎么回事儿。但是对于研究历史的人来说，就必须了解这段历史，搞清楚每个欧洲国家改用格里历的年份，否则就可能在一些问题上出错。在欧洲研究历史时，你会发现很多事件有多个时间版本，比如大科学家牛顿的生日就有两个时间版本，一个是儒略历的 1642 年 12 月 25 日，另一个是格里历的 1643 年 1 月 4 日。对于英国人来说，1752 年之前都是按照儒略历计算的，所以英国的史书可能会记载牛顿出生在圣诞节，这也没什么可奇怪的。

3. 公历的闰年

格里历的置闰规则是"四年一闰、百年不闰、四百年再闰"，为什么会有这么奇怪的置闰规则呢？这实际上与天体运行周期与人类定义的历法周期之间的误差有关。地球绕太阳运转的周期是 365.2422 天，即一个回归年（tropical year），而公历的一年是 365 天，这样一年就比回归年少了 0.2422 日，四年积累下来就少了 0.9688 天（约 1 天），于是设置一个闰年，让这一年多一天。这样一来，四个公历年又比四个回归年多了 0.0312 天，这样经过四百年就会多出 3.12 天，也就是说每四百年要减少 3 个闰年才行，于是设置了"百年不闰、四百年再闰"的置闰规则。

实际上，公历的置闰还有一条规则，就是对于数值很大的年份，如果能整除 3200，还必须同时能整除 86 400 才是闰年。这是因为即使四百年一闰，仍然多了 0.12 天，平均每年多出 0.0003 天，于是每 3200 年就多出 0.96 天，于是能被 3200 整除的年就不是闰年了。然而误差并没有终结，每 3200 年减少一个闰年（减少一天）实际上多减了 0.04 天，这个误差还要继续累计计算，只要凑 24 个 3200 年周期，发现又凑出了 0.96 天，于是可以设置闰年了，这就是每 3200 年不闰，86 400 年再闰的原因。但是你注意到没有，误差还是存在，还需要继续凑，有兴趣的读者可以自己计算。最后的置闰规则是这样的：能被 4 整除且不能被 100 整除；或者能被 400 整除且不能被 3200 整除；或者能被 86 400 整除的年份是闰年。

是谁说公历是精确的历法？看到这个置闰规则后就不会有人再这么说了吧？只要人们采用"天"作为历法单位，就不会有精确的历法。天体的运行规律怎么可能刚好合乎人类的要求？假如有一天，人类给地球加装一个推进装置，能精确控制地球公转的周期刚好是 365 天，这样人类就有精确的历法了。要不，不要用天计时了，全都用秒，比如"500 048 003 321 宇宙秒时，我在电影院门口等你，不见不散"。你想过这样的生活吗？还是老老实实用格里历吧。

11

11.2　二十四节气的天文学计算

　　中国古代历法是以月亮的运行规律为主，严格按照朔望月长度定义月，但是由于朔望月长度和地球回归年长度无法协调，会导致农历季节和天气的实际冷暖无法对应，因此古人将月亮运行规律和太阳运行规律相结合，制定了中国农历的历法规则。在这种特殊的阴阳结合的历法规则中，二十四节气发挥着非常重要的作用，它是联系月亮运行规律和太阳运行规律的纽带。正是由于二十四节气结合置闰规则，使得农历的春夏秋冬四季和地球绕太阳运动引起的天气冷暖变化相一致，成为中国几千年来生产和生活的行动依据。

　　二十四节气在中国古代历法中扮演着非常重要的角色，本节将介绍二十四节气的基本知识，以及如何使用 VSOP82/87 行星运行理论计算二十四节气的准确时间。

11.2.1　二十四节气的起源

　　二十四节气起源于中国黄河流域。远在春秋时代，古人就开始使用仲春、仲夏、仲秋和仲冬四个节气指导农事。后来经过不断地改进与完善，到秦汉年间，二十四节气已经基本确立。公元前 104 年（汉武帝太初元年），汉武帝颁布由邓平等人制定的《太初历》，正式把二十四节气订于历法，明确了二十四节气的天文位置。二十四节气天文位置的定义，就是从太阳黄经零度开始，沿黄经每运行 15 度所经历的时日称为一个节气。太阳一个回归年运行 360 度，共经历二十四个节气，每个公历月对应两个节气。其中，每月第一个节气为"节令"，即立春、惊蛰、清明、立夏、芒种、小暑、立秋、白露、寒露、立冬、大雪和小寒十二个节令；每月的第二个节气为"中气"，即雨水、春分、谷雨、小满、夏至、大暑、处暑、秋分、霜降、小雪、冬至和大寒十二个中气。"节令"和"中气"交替出现，各历时 15 天，人们习惯上把"节令"和"中气"统称为"节气"。

11.2.2　二十四节气的天文学定义

　　为了更好地理解二十四节气的天文位置，首先要解释几个天文学概念。"天球"是人们为了研究天体的位置和运动规律而引入的一个假象的球体，根据观察点（也就是球心）的位置不同，可分为"日心天球""地心天球"等。图 11-1 就是天球概念的一幅简单示意图。

　　天文学中常用的一个坐标体系就是"地心天球"，它与地球同心且有相同的自转轴，理论上具有无限大的半径。地球的赤道和南北极点延伸到天球上，对应天赤道和南北天极点。和地球上用经纬度定位一样，天球也划分了经纬度，分别命名为"赤经"和"赤纬"，地球上的经度以度（分秒）为单位，赤经以时（分秒）为单位。天空中的所有天体都可以投射到天球上，用赤经和赤纬定位天体在天球上的位置。地球沿着一个近似椭圆的轨道绕太阳公转，这个公转轨道所在的平面就是"黄道面"。"黄道"（ecliptic）是地球绕太阳公转轨道所在的"黄道面"向外延伸与天球（地心天球）相交的大圆，由于地球公转受月球和其他行星的摄动，公转轨道并不是严格的平面，因此黄道的严格定义是：地月系质心绕太阳公转的瞬时平均轨道平面与天球相交的大圆。黄道和天赤道所在的两个平面并不是重叠的，它们之间存在一个 23 度 26 分的交角，称为"黄赤交角"。由于黄赤交角的存在，黄道和天赤道在天球上有两个交点，这两个交点就是春分点和秋分点。在天球上以黄道为基圈可以形成黄道坐标系，在该坐标系中也使用了经纬度的概念，分别称为"黄经"和"黄纬"。天体的黄经从春分点起沿黄道向东计量，春分点是黄经 0 度，沿黄道一周是 360 度，使用的单位是度、分和秒。黄纬以黄道测量平面为准，向北记为 0 度到 90 度，向南记为 0 度到 –90 度。

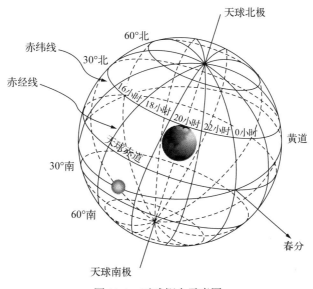

图 11-1　天球概念示意图

黄道平面可以近似地理解为地球绕太阳公转的平面，以黄道为基圈的黄道坐标系根据观测中心是太阳还是地球，还可以区分为日心坐标系和地心坐标系，对应天体的黄道坐标分别称为"日心黄经、日心黄纬"和"地心黄经、地心黄纬"。日心黄经和日心黄纬比较容易理解，因为太阳系的行星都是绕太阳公转的，以太阳为中心将这些行星向天球上投影是最简单的确定行星位置关系的做法。但是人类自古观察太阳的周年运动，都是以地球为参照，以太阳的周年视运动位置来计算太阳的运行轨迹，使用的其实都是地心黄经和地心黄纬。要了解古代历法，理解这一点非常重要。图 11-2 解释了造成这种视错觉的原因。古人由于观测条件限制，只能凭视觉认为太阳沿着黄道绕地球运转，因此设定太阳从黄经（黄道经度）0 度起（以春分点为起点自西向东度量），将太阳沿黄经每运行 15 度所经历的时日称为一个节气。太阳每年运行 360 度，共经历二十四个节气，春季的节气有立春（315 度）、雨水（330 度）、惊蛰（345 度）、春分（0 度、360 度）、清明（15 度）和谷雨（30 度），夏季的节气有立夏（45 度）、小满（60 度）、芒种（75 度）、夏至（90 度）、小暑（105 度）和大暑（120 度），秋季的节气有立秋（135 度）、处暑（150 度）、白露

11

（165 度）、秋分（180 度）、寒露（195 度）和霜降（210 度）。冬季的节气有立冬（225 度）、小雪（240 度）、大雪（255 度）、冬至（270 度）、小寒（285 度）和大寒（300 度）。二十四个节气平分在公历的 12 个月中，每月一节气一中气。二十四节气反映了太阳的周年运动（以地球为参照物的视运动），所以节气在现行的公历中日期基本固定，上半年在 6 日、21 日，下半年在 8 日、23 日，前后不差 1～2 天。中国民间流传的《二十四节气歌》就是为了方便记忆这些节气。

> 春雨惊春清谷天，
> 夏满芒夏暑相连，
> 秋处露秋寒霜降，
> 冬雪雪冬小大寒，
> 每月两节不变更，
> 最多相差一两天。

古人定义二十四节气的位置，是太阳沿着黄道运行时的视觉位置，每个节气对应的黄道经度其实是地心黄经。从图 11-2 可以看出，日心黄经和地心黄经存在 180 度的转换关系，同样可以理解，日心黄纬和地心黄纬在方向上是相反的，因此可以很方便地将两类坐标相互转换，转换公式是：

$$太阳地心黄经 = 地球日心黄经 + 180° \tag{11-9}$$

$$太阳地心黄纬 = -地球日心黄纬 \tag{11-10}$$

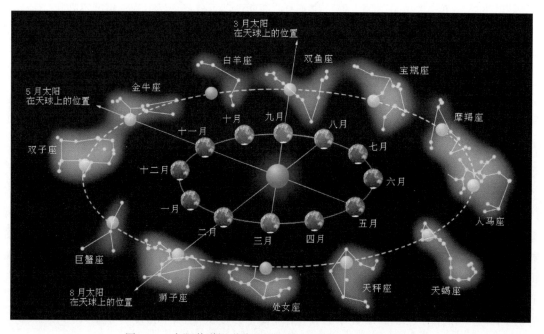

图 11-2　太阳黄道视觉位置原理图（图片来自百度百科）

了解了以上天文学基础之后，就可以着手对二十四节气的时间进行计算了。我们常说的节气时间，其实就是在太阳沿着黄道做视觉运动的过程中，当太阳地心黄经等于某个节气黄经度数时的瞬间时间。所谓的用天算法计算二十四节气时间，就是根据牛顿力学原理或开普勒三大行星定律，计算出与历法密切相关的地球、太阳和月亮三个天体的运行轨道和时间参数，以此得出当这些天体位于某个位置时的时间。这样的天文计算需要计算者有扎实的微积分学、几何学和球面三角学知识，令广大天文爱好者望而却步。但是随着 VSOP-82/87 行星理论以及 ELP-2000/82 月球理论的出现，天文计算变得简单易行。

11.2.3 VSOP-82/87 行星理论

古代天文学家在对包括地球和月亮在内的天体运行轨道精确计算后发现，天体的运行因为受相近天体的影响，并不严格遵循理论方法计算出来的轨道，而是在理论轨道附近波动。这种影响在天文学上称为摄动，摄动很难精确计算，只能根据经验估算。但是经过长期的观测和计算，天文学家发现行星轨道因为摄动影响而产生的波动其实也是有规律的，即在相当长的时间内呈现周期变化的趋势。于是天文学家开始研究这种周期变化，希望通过一种类似曲线拟合的方法，对一些周期计算项按照某种计算式迭代求和代替积分计算，来模拟行星运行轨迹。这种计算式可以描述为：$a + bt + ct2 + \cdots + x\cos(p + qt + rt2 + \cdots)$，其中 t 是时间参数。这样的理论通常称为**半解析**（semi-analytic）理论。其实早在 18 世纪，欧洲学者 Joseph Louis Lagrange 就开始尝试用这种周期项计算的方法修正行星轨道估测，但是他采用的周期项计算式是线性方程，精度不高。

1982 年，P. Bretagnon 公开发表了 VSOP 行星理论[①]，这是一个描述太阳系行星轨道在相当长时间范围内周期变化的半解析理论。VSOP82 理论是 VSOP 理论的第一个版本，提供了对太阳系几大行星位置计算的周期序列，通过对周期序列进行正弦或余弦项累加求和，就可以得到这个行星在给定时间的轨道参数。不过 VSOP82 每次都会计算全部超高精度的轨道参数，而这些轨道参数对于历法计算这样的民用场合很不适用。1987 年，Bretagnon 和 Francou 提出了 VSOP87 行星理论，该理论不仅能计算各种精密的轨道参数，还可以直接计算出行星的位置，行星位置可以是各种坐标系，包括黄道坐标系。VSOP87 行星理论由 6 张周期项系数表组成，分别是 VSOP87、VSOP87A、VSOP87B、VSOP87C、VSOP87D 和 VSOP87E，其中 VSOP87D 表可以直接计算行星日心黄经（L）、日心黄纬（B）和到太阳的距离（R），此表计算出的结果适用于节气位置判断。

VSOP87D 表包含了三部分数据，分别是八大行星的日心黄经周期项系数表（L 表）、日心黄纬周期项系数表（B 表）和行星与太阳距离周期项系数表（R 表）。以地球的数据为例，L 表由 L0 ~ L5 六部分组成，每一部分都包含若干个周期项系数条目，每个周期项系数条目又包含若干

个参数，用于计算各种轨道参数和位置参数。计算地球的日心黄经只需要用到其中三个系数。计算所有的周期项系数并不是必需的，有时候减少一些系数比较小的周期项可以减少计算所花费的时间，当然，这会牺牲一点精度。假设计算地球日心黄经的三个系数是 A、B 和 C，则每个周期项的计算表达式是：

$$A * \cos(B + C\tau) \tag{11-11}$$

式(11-11)中的 τ 是儒略千年数，τ 的计算公式如下：

$$\tau = (JDE - 2\,451\,545.0) / 365\,250$$

JDE 是计算轨道参数的时间，单位是儒略日，2 451 545.0 是公元 2000 年 1 月 1 日 12 时的儒略日数。

以 L0 表的第二个周期项为例，这个周期项数据中与日心黄经计算有关的三个系数分别是 A=3 341 656.456、B=4.669 256 804 17、C=6283.075 849 991 40，则第二个周期项的计算方法是：3 341 656.456 * cos(4.669 256 804 17 + 6283.075 849 991 4 * τ)。对 L0 表的各项分别计算后求和可得到 L0 表周期项总和 L0，对 L 表的其他几个部分使用相同的方法计算周期项和，可以得到 L1、L2、L3、L4 和 L5，然后用式(11-12)计算出最终的地球日心黄经，单位是弧度：

$$L = (L0 + L1 * \tau + L2 * \tau^2 + L3 * \tau^3 + L4 * \tau^4 + L5 * \tau^5) / 10^8 \tag{11-12}$$

式(11-12)需要多次计算 τ 的乘方。对于这样的多项式求和，可以利用"霍纳法则"进行优化，转化成式(11-13)的形式，虽然形式上烦琐了一点，但是避免了重复计算 τ 的乘方，非常高效。

用同样的方法对地球日心黄纬的周期项系数表及行星和太阳距离的周期项系数表计算求和，可以得到地球日心黄纬 B 和日地距离 R，B 的单位也是弧度，R 的单位则是天文单位（AU）[①]。

VSOP82/87 行星理论中的周期项系数对不同的行星具有不同的精度，对地球来说，在 1900 ～ 2100 年的 200 年跨度期间，计算精度是 0.005″。前面曾说过，对于不需要这么高精度的计算应用时，可以适当减少一些系数比较小的周期项，减少计算量，提高计算速度。Jean Meeus 在他的《天文算法》一书中就给出了一套精简后的 VSOP87D 表的周期项，将计算地球黄经的 L0 表由原来的 559 项精简到 64 项，计算地球黄纬的 B0 表甚至精简到只有 5 项。从实际效果看，计算精度下降并不多，但是极大地减少了计算量。

使用 VSOP87D 周期项系数表计算得到的是 J2000.0 平黄道和平春分点(mean dynamic ecliptic

---

① 天文单位（astronomical unit）是一个长度单位，约等于地球与太阳的平均距离。天文单位是天文常数之一，是天文学中测量距离，特别是测量太阳系内天体之间距离的基本单位。地球与太阳的平均距离大约为一个天文单位，约等于 1.496 亿千米。1976 年，国际天文学联合会把一天文单位定义为一颗质量可忽略、公转轨道不受干扰而且公转周期为 365.256 898 3 日（即一高斯年）的粒子与一个质量约为一个太阳的物体的距离。当前普遍被接受并使用的天文单位的值是 149 597 870 691 ± 30 米（约 1 亿 5000 万千米）。

and equinox）为基准的日心黄经和日心黄纬，其值与标准 FK5 系统[①]略有差别。如果对精度要求很高，可以采用下面的方法将计算得到的日心黄经和日心黄纬转换到 FK5 系统。

首先计算 L′（L′的单位是度）：

$$L = (((((L5 * \tau + L4) * \tau + L3) * \tau + L2) * \tau + L1) * \tau + L0) / 10^8 \tag{11-13}$$

$$L' = L - 1.397 * T - 0.000\,31 * T^2 \tag{11-14}$$

式(11-14)中 T 是儒略世纪数，它与儒略千年数 τ 的计算关系是：T = 10 * τ。计算出 L′之后，就可以利用式(11-15)和式(11-16)，分别计算 L 和 B 的修正值 ΔL 和 ΔB：

$$\Delta L = -0.090\,33 + 0.039\,16 * (\cos L' + \sin L') * \tan B \tag{11-15}$$

$$\Delta B = +0.039\,16 * (\cos L' - \sin L') \tag{11-16}$$

这里需要注意一点，ΔL 和 ΔB 的单位都是″，属角度单位，需要将其转换成弧度单位后再对 L 和 B 进行修正。

CalcSunEclipticLongitudeEC()函数就是使用 VSOP87 行星理论计算行星日心黄经的代码实现。整个计算过程和前文描述一样，首先根据 VSOP87D 表的数据计算出 L0~L5，然后用式(11-13)计算出地球的日心黄经，最后用式(11-9)将结果转换成太阳的地心黄经。代码如下所示：

```
double CalcSunEclipticLongitudeEC(double dt)
{
    double L0 = CalcPeriodicTerm(Earth_L0, COUNT_OF(Earth_L0), dt);
    double L1 = CalcPeriodicTerm(Earth_L1, COUNT_OF(Earth_L1), dt);
    double L2 = CalcPeriodicTerm(Earth_L2, COUNT_OF(Earth_L2), dt);
    double L3 = CalcPeriodicTerm(Earth_L3, COUNT_OF(Earth_L3), dt);
    double L4 = CalcPeriodicTerm(Earth_L4, COUNT_OF(Earth_L4), dt);
    double L5 = CalcPeriodicTerm(Earth_L5, COUNT_OF(Earth_L5), dt);

    double L = (((((L5 * dt + L4) * dt + L3) * dt + L2) * dt + L1) * dt + L0) / 100000000.0;

    /*地心黄经= 日心黄经+ 180 度*/
    return L + PI;
}
```

CalcPeriodicTerm()函数使用式(11-11)对 coff 参数指定的周期项系数表进行求和计算。采用同样的方法可以计算出太阳的地心黄纬，CalcSunEclipticLatitudeEC()函数首先计算出太阳的日心黄纬，然后用式(11-10)将其转换为地心黄纬。

11

[①] FK5 是常用的目视星表系统，又称第五基本星表，是在 FK4（第四基本星表）的基础上发展而来的，对 FK4 星表进行了修正，于 1984 年正式启用。它定义了一个以太阳质心为中心、J2000.0 平赤道和春分点为基准的天球平赤道坐标系。近年来国际上又编制了 FK6 星表（第六基本星表），但是还没有正式启用。

```
double CalcSunEclipticLatitudeEC(double dt)
{
    double B0 = CalcPeriodicTerm(Earth_B0, COUNT_OF(Earth_B0), dt);
    double B1 = CalcPeriodicTerm(Earth_B1, COUNT_OF(Earth_B1), dt);
    double B2 = CalcPeriodicTerm(Earth_B2, COUNT_OF(Earth_B2), dt);
    double B3 = CalcPeriodicTerm(Earth_B3, COUNT_OF(Earth_B3), dt);
    double B4 = CalcPeriodicTerm(Earth_B4, COUNT_OF(Earth_B4), dt);

    double B = (((((B4 * dt) + B3) * dt + B2) * dt + B1) * dt + B0) / 100000000.0;

    /*地心黄纬= -日心黄纬*/
    return -B;
}
```

计算出地心黄经和地心黄纬之后，就可以使用式(11-15)和式(11-16)的修正计算将其转换到 FK5 目视系统。以计算黄经修正量 ΔL 为例，其算法实现如下：

```
double AdjustSunEclipticLongitudeEC(double dt, double longitude, double latitude)
{
    double T = dt * 10; //T是儒略世纪数

    longitude = RadianToDegree(longitude);
    double dbLdash = longitude - 1.397 * T - 0.00031 * T * T;

    // 转换为弧度
    dbLdash *= dbUnitRadian;

    return (-0.09033 + 0.03916 * (cos(dbLdash) + sin(dbLdash)) * tan(latitude)) / ARC_SEC_PER_RADIAN;
}
```

longitude 参数和 latitude 参数分别是前面计算得到的地心黄经和地心黄纬，返回的结果是地心黄经修正量 ΔL。需要注意一点，longitude 参数的单位是弧度，需要转换成度、分、秒单位后才能代入式(11-14)进行计算。

11.2.4 误差修正——章动

经过上述计算转换得到的坐标值是理论值，或者说是天体的几何位置，但是 FK5 系统是一个目视系统，也就是说体现的是人眼的观察效果（光学位置），这就需要根据地球的物理环境、大气环境等信息做进一步修正，使其和人类从地球上观察星体的观测结果一致。

首先需要进行章动修正。**章动**是指地球沿自转轴的指向绕黄道极缓慢旋转过程中，由于地球上物质分布不均匀性和月球及其他行星的摄动力造成的轻微抖动。英国天文学家詹姆斯·布拉德利（1693—1762）最早发现了章动。章动可以沿着黄道分解为水平分量和垂直分量，黄道上的水平分量记为 $\Delta\psi$，称为**黄经章动**，它影响了天球上所有天体的经度。黄道上的垂直分量记为 $\Delta\varepsilon$，称为**交角章动**，它影响了黄赤交角。目前编制天文年历所依据的章动理论是伍拉德在 1953 年建立的，它以刚体地球模型为基础。1977 年，国际天文学联合会的一个专家小组建议采用非刚体地球模型——莫洛坚斯基 II 模型代替刚体地球模型计算章动，1979 年的国际天文学联合会第十七届大会正式通过这一建议，并决定于 1984 年正式实施。

　　地球章动主要是月球运动引起的，也具有一定的周期性，可以描述为一些周期项的和，主要项的周期是 6798.4 日（18.6 年），而其他项是一些短周期项（小于 10 天）。本文采用的计算方法取自国际天文学联合会的 IAU1980 章动理论，周期项系数数据来源于《天文算法》一书第 21 章的表 21-A，该表忽略了 IAU1980 章动理论中系数小于 0.0003″ 的周期项，因此只有 63 项。每个周期项包括计算黄经章动（$\Delta\psi$）的正弦系数（相位内项系数），计算交角章动（$\Delta\varepsilon$）的余弦系数（相位外项系数）以及计算辐角的 5 个基本角距（M、M'、D、F、Ω）的线性组合系数。5 个基本角距的计算公式如下所示。

　　平距角（日月对地心的角距离）计算公式：

$$D = 297.850\ 36 + 455\ 267.111\ 480 * T - 0.001\ 914\ 2 * T^2 + T^3 / 189\ 474 \tag{11-17}$$

　　太阳（地球）平近点角计算公式：

$$M = 357.527\ 72 + 35\ 999.050\ 340 * T - 0.000\ 160\ 3 * T^2 - T^3 / 300\ 000 \tag{11-18}$$

　　月球平近点角计算公式：

$$M' = 134.962\ 98 + 477\ 198.867\ 398 * T + 0.008\ 697\ 2 * T^2 + T^3 / 562\ 50 \tag{11-19}$$

　　月球纬度参数计算公式：

$$F = 93.271\ 91 + 483\ 202.017\ 538 * T - 0.003\ 682\ 5 * T^2 + T^3 / 327\ 270 \tag{11-20}$$

　　黄道与月球平轨道升交点黄经：

$$\Omega = 125.044\ 52 - 1934.136\ 261 * T + 0.002\ 070\ 8 * T^2 + T^3 / 450\ 000 \tag{11-21}$$

　　以上各式中的 T 是儒略世纪数，计算出来的 5 个基本角距的单位都是度，在计算正弦或余弦时要转换为弧度单位。计算每一个周期项的黄经章动过程是这样的，首先用式(11-17)至式(11-20)计算出 5 个基本角距，然后将结果与对应的 5 个基本角距系数组合，计算出辐角 θ。以本节使用的章动周期项系数表中的第 7 项为例，5 个基本角距对应的系数分别是 1、0、−2、2 和 2，则辐角 θ 的值就是：

$$\theta = -2D + M + 2F + 2\Omega$$

　　计算出辐角后，就可以使用式(11-22)计算周期项的值：

$$S = (S1 + S2 * T) * \sin\theta \tag{11-22}$$

　　使用式(11-22)计算出各周期项的值后累加求和就可得到黄经章动。注意，黄经章动的单位是 0.0001″，对地心黄经进行修正时需要转换成弧度单位。交角章动的计算方法与黄经章动的计算类似，辐角 θ 的值一样，只是计算章动使用的是余弦系数：

$$C = (C1 + C2 * T) * \cos\theta \tag{11-23}$$

CalcEarthLongitudeNutation() 函数计算黄经章动，计算交角章动的算法实现与之类似。GetEarthNutationParameter() 辅助函数用于计算 5 个基本角距，就是式(11-17)至式(11-20)的具体实现。最终计算的结果已经转换成弧度单位，可以直接对之前已经转换到 FK5 系统的地心黄经进行章动修正。

```
double CalcEarthLongitudeNutation(double dt)
{
    double T = dt * 10;
    double D,M,Mp,F,Omega;

GetEarthNutationParameter(dt, &D, &M, &Mp, &F, &Omega);

    double resulte = 0.0 ;
    for(int i = 0; i < COUNT_OF(nutation); i++)
    {
        double sita = nutation[i].D * D + nutation[i].M * M + nutation[i].Mp * Mp + nutation[i].F *
            F + nutation[i].omega * Omega;
        sita = DegreeToRadian(sita);

        resulte += (nutation[i].sine1 + nutation[i].sine2 * T ) * sin(sita);
    }

    /*先乘以章动表的系数 0.0001"，然后转换成弧度单位*/
    return resulte * 0.0001 / ARC_SEC_PER_RADIAN;
}
```

11.2.5 误差修正——光行差

除了章动修正，对于目测系统来说，还要进行光行差修正。光行差是指在同一瞬间，运动中的观察者所观测到的天体视方向与静止的观测者所观测到天体的真方向之差。造成光行差的原因有两个，一个是光的有限速度，另一个是观察者的运动。在地球上的天文观测者因和地球一起运动（自转＋公转），他所看到的星光方向与假设地球不动时看到的方向不一样。以太阳为例，光线从太阳传到地球需要约 8 分钟的时间，在这段时间中，地球沿着公转轨道移动了一段距离，人们根据现在的观察认定太阳在那个视位置，事实上那是 8 分钟前太阳的位置。在精确的天文计算中，需要考虑这种光行差引起的视位置差异，在计算太阳的地心视黄经时，要对其进行光行差修正。地球上的观测者可能会遇到几种光行差，分别是因地球公转引起的周年光行差，因地球自转引起的周日光行差，还有因太阳系或银河系运动形成的长期光行差等。对于从地球上观察太阳这种情况，只需要考虑周年光行差和周日光行差。因太阳公转速度比较快，周年光行差最大可达到20.5 角秒，在计算太阳视黄经时需要考虑修正。地球自转速度比较慢，周日光行差最大约为零点几角秒，因此计算太阳视黄经时可忽略周日光行差。

下面是一个粗略计算太阳地心黄经光行差修正量的公式，其中 R 是地球和太阳的距离：

$$AC = -20''.4898 / R \qquad (11\text{-}24)$$

分子 20.4898 并不是一个常数，但是其值的变化非常缓慢，在 0 年是 $20''.4893$，在 4000 年是 $20''.4904$。前面提到过，太阳到地球的距离 R 可以用 VSOP87D 表的 $R0 \sim R5$ 周期项计算出来，R 的单位是"天文单位"（AU），和计算太阳地心黄经和地心黄纬类似，太阳到地球的距离可以这样算出来：

```
double CalcSunEarthRadius(double dt)
{
    double R0 = CalcPeriodicTerm(Earth_R0, COUNT_OF(Earth_R0), dt);
    double R1 = CalcPeriodicTerm(Earth_R1, COUNT_OF(Earth_R1), dt);
    double R2 = CalcPeriodicTerm(Earth_R2, COUNT_OF(Earth_R2), dt);
    double R3 = CalcPeriodicTerm(Earth_R3, COUNT_OF(Earth_R3), dt);
    double R4 = CalcPeriodicTerm(Earth_R4, COUNT_OF(Earth_R4), dt);

    double R = (((((R4 * dt) + R3) * dt + R2) * dt + R1) * dt + R0) / 100000000.0;

    return R;
}
```

计算出太阳到地球的距离之后，就可以使用式(11-24)计算光行差修正量。式(11-24)计算出的结果是角度单位（角秒），需要转换成弧度单位，这个转换在 AdjustSunEclipticLongitude Aberration()函数中体现：

```
double AdjustSunEclipticLongitudeAberration(double dt)
{
    double dtmp = -20.4898 / CalcSunEarthRadius(dt);
    return dtmp / ARC_SEC_PER_RADIAN;
}
```

11.2.6 用牛顿迭代法计算二十四节气

由 VSOP87 理论计算出来的几何位置黄经，经过坐标转换、章动修正和光行差修正后，就可以得到比较准确的太阳地心视黄经，GetSunEclipticLongitudeEC()函数就是整个过程的体现，参数 dt 是儒略千年数，它与儒略日的计算关系在 11.2.3 节已经给出。

```
double GetSunEclipticLongitudeEC(double dt)
{
    // 计算太阳的地心黄经
    double longitude = CalcSunEclipticLongitudeEC(dt);

    // 计算太阳的地心黄纬
    double latitude = CalcSunEclipticLatitudeEC(dt);

    //校正经度
    longitude += AdjustSunEclipticLongitudeEC(dt, longitude, latitude);
```

```
        //天体章动修正
        longitude += CalcEarthLongitudeNutation(dt);

        /*太阳地心黄经光行差修正*/
        longitude += AdjustSunEclipticLongitudeAberration(dt);

        return longitude;
}
```

　　至此，我们已经知道如何使用 VSOP82/87 理论计算以儒略日为单位的任意时刻的太阳地心视黄经，但是这和实际历法计算需求还不一致，历法计算需要根据太阳地心视黄经反求出此时的时间。VSOP82/87 理论没有提供反向计算的方法，但是我们可以采用根据时间正向计算太阳视黄经，配合误差修正进行迭代计算的方法，使正向计算出来的结果向已知结果收敛，当达到一定的迭代次数或计算结果与已知结果误差满足精度要求时，停止迭代，此时的正向输入时间就是所求的时间。地球公转轨道近似椭圆，轨道方程不具备单调性，但是在某个节气附近的一小段时间区间中，轨道方程具有单调性，这个是本节迭代算法的基础。

　　实际上，我们要做的就是求解方程的根，但是我们面临的这个方程没有解析表达式，更不用说求根公式了。本书第 13 章介绍了几种用迭代法求解非线性方程的方法，都适用于我们现在面临的问题。牛顿迭代法具有收敛速度快、稳定的特点，所以我们选用它求解这个问题。使用牛顿迭代法首先要定义函数 $f(x)$。我们观察 GetSunEclipticLongitudeEC() 函数，参数 dt 是一个与时间有关的变量，返回值是一个角度值（太阳的地心视黄经），如果将 dt 视为自变量，返回值 angle 视为结果，则 $f(x)$ 可定义为：

```
f(x) = GetSunEclipticLongitudeEC(x) - angle
```

angle 是节气对应的地心黄经角度，对每个节气来说，angle 是个常量。定义了 $f(x)$，就可以写出牛顿迭代关系：

$$x_{n+1} = x_n - f(x_n)/f'(x_n)$$

　　确定了方程 $f(x)$，剩下的问题就是对函数 $f'(x)$ 求导。严格的求解，应该根据 GetSunEcliptic-LongitudeEC() 函数，以儒略千年数 dt 为自变量，按照函数求导的规则求出导函数。因为 GetSunEclipticLongitudeEC() 函数内部是调用其他函数，因此可以理解为一个由多个函数组合的复合函数，类似于 $f(x) = g(x) + h(x, k(x)) + p(x)$ 这样的形式，可以按照求导规则逐步对其求导得到导函数。但是我不打算这么做，因为有更简单的方法。第 13 章介绍了求一阶导数的近似公式，其实求导函数的目的是得到某一点的导数，如果有近似公式可以直接得到这一点的导数，就不用费劲求导函数了。有关近似公式的说明，可参考第 13 章对近似公式的描述，这里就直接用了：

$$f'(x_0) = (f(x_0 + 0.000\ 005) - f(x_0 - 0.000\ 005)) / 0.000\ 01 \tag{11-25}$$

　　牛顿迭代法在进行迭代求解时，需要指定一个迭代初始值，初始值的选择越接近问题的解，迭代收敛的速度就越快。当求一个节气的准确时间时，我们希望从一个比较接近准确时间的时间开始迭代。根据节气日期的规律，每个月的节气时间比较固定，最多相差一两天，考虑到几千年后岁差的影响，这个估算范围还可以再放宽一点。比如，对于月内的第一个节气，可以将时间范围估算为 4 日到 9 日，对于月内的第二个节气，可以将时间范围估算为 16 日到 24 日，保证迭代范围内有解。为此，我们取第一个节气时间为每月的 6 日，第二个节气时间为每月的 20 日。根据节气的规律，我们知道节气和月份存在对应关系，因此根据节气对应的太阳地心黄经角度，可以反推出月份。结合指定的年份、根据节气反推出来的月份和估计的日期，就可以计算出儒略日，这个就是迭代的初始值。估算迭代初始值的算法就体现在 GetInitialEstimateSolarTerms() 函数内，angle 参数就是节气对应的太阳地心视黄经，这个角度值和节气是固定的对应关系。

```
double GetInitialEstimateSolarTerms(int year, int angle)
{
    int STMonth = int(ceil(double((angle + 90.0) / 30.0)));
    STMonth = STMonth > 12 ? STMonth - 12 : STMonth;

    /* 每月第一个节气的时间基本都在 4~9 日之间，第二个节气的时间基本都在 16~24 日之间*/
    if((angle % 15 == 0) && (angle % 30 != 0))
    {
        return CalculateJulianDay(year, STMonth, 6, 12, 0, 0.00);
    }
    else
    {
        return CalculateJulianDay(year, STMonth, 20, 12, 0, 0.00);
    }
}
```

　　有了求导数的近似公式，有了迭代初始值，就可以根据牛顿迭代关系写出迭代求解的算法，正如 CalculateSolarTerms() 函数所示的那样，非常简单。唯一需要说明的是，由于角度的 360 度圆周性，当在太阳黄经 0 度附近逼近时，迭代可能是从(345, 360)和[0, 15]两个方向上向 0 逼近，此时需要将(345, 360]区间修正为(−15, 0]，使得逼近区间边界的选取能够正常进行。经过验证，牛顿迭代法具有非常好的收敛效果，一般只需 3 次迭代就可以得到满足精度的结果。

```
double CalculateSolarTerms(int year, int angle)
{
    double JD0, JD1,stDegree,stDegreep;

    JD1 = GetInitialEstimateSolarTerms(year, angle);
    do
    {
        JD0 = JD1;
        stDegree = GetSunEclipticLongitudeEC(JD0);
        /*
            对黄经 0 度迭代逼近时，由于角度的圆周性，估算黄经值可能在(345,360]和[0,15)两个区间，如果
    值落入前一个区间，需要进行修正
        */
        stDegree = ((angle == 0) && (stDegree > 345.0)) ? stDegree - 360.0 : stDegree;
        stDegreep = (GetSunEclipticLongitudeEC(JD0 + 0.000005)
```

```
                        - GetSunEclipticLongitudeEC(JD0 - 0.000005)) / 0.00001;
        JD1 = JD0 - (stDegree - angle) / stDegreep;
    }while((fabs(JD1 - JD0) > 0.0000001));

    return JD1;
}
```

至此，我们就有了完整的计算节气时间的方法，输入年份和节气对应的太阳黄经度数，即可求得该节气的精确时间。最后说明一下，以上算法中讨论的时间都是力学时（dynamical time，TD）[①]，与国际协调时[②]（UTC）以及各个时区的本地时间都不同，需要将计算结果转换成国际协调时，然后再调整到适当的时区，比如中国的中原地区就是东八区标准时（UTC＋8）。应用本节的算法计算出 2012 年各个节气的时间如下（已经转换为东八区标准时），与紫金山天文台发布的《2012 中国天文年历》中的时间在分钟级别上完全吻合（此年历只精确到分钟）：

```
2012-01-06, 06:43:54.28   小寒
2012-01-21, 00:09:49.08   大寒
2012-02-04, 18:22:22.53   立春
……
```

11.3　农历朔日（新月）的天文学计算

除了公历的一些算法，本章还要介绍中国农历的天文计算。农历是一种极具中国特色的日月结合的历法。中国农历的朔望月是农历历法的基础，而朔望月又严格以日月合朔的那一天作为月首，因此日月合朔时间的计算是制定农历历法的关键。本节将介绍 ELP-2000/82 月球运行理论，以及如何用该理论计算日月合朔时间。

11.3.1　日月合朔的天文学定义

要计算日月合朔时间，首先要对日月合朔这一天文现象进行数学定义。朔望月是在地球上观察到的月相周期，平均长度约为 29.530 59 日；而恒星月（天文月）是月亮绕地球公转一周的时间，长度约为 27.321 66 日。月相周期长度比恒星月长约两天，这是因为在月球绕地球旋转一周的同时，地月还绕太阳旋转了一定的角度，所以月相周期不仅与月球运行有关，还和太阳运行有

[①] 力学时的全称是"牛顿力学时"，也称"历书时"。它描述天体运动的动力学方程中作为时间自变量所体现的时间，或天体历表中应用的时间，是由天体力学的定律确定的均匀时间。力学时的初始历元取为 1900 年初附近，太阳几何平黄经为 279°41′48″.04 的瞬间，秒长定义为 1900.0 年回归年长度的 1/31 556 925.9747。1958 年国际天文学联合会决议决定：自 1960 年开始用力学时代替世界时作为基本的时间计量系统，规定天文年历中太阳系天体的位置都按力学时推算。力学时与世界时之差由观测太阳系天体（主要是月球）定出，因此力学时的测定精度较低，1967 年起被原子时代替作为基本时间计量系统。

[②] 国际协调时又称世界时，是以本初子午线的平子夜起算的平太阳时，又称格林尼治时间。世界各地地方时与世界时之差等于该地的地理经度。世界时 1960 年以前曾作为基本时间计量系统被广泛应用。由于地球自转速度变化的影响，它不是一种均匀的时间系统。后来世界时先后被历书时和原子时所取代。

关。日月合朔的时候，太阳、月亮和地球三者接近在一条直线上，月亮未被照亮的一面对着地球，因此地球上看不到月亮，此时又称新月。图 11-3a 就是日月合朔天文现象的示意图。

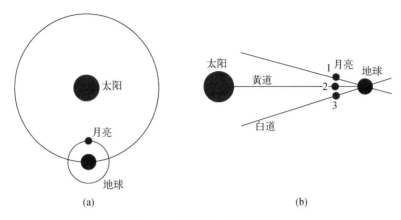

图 11-3　日月天文现象示意图

月亮绕太阳公转的白道面和地球绕太阳公转的黄道面存在一个最大约 5 度的夹角，因此在大多数情况下，日月合朔时不是严格在同一条直线上，不过也会发生在同一直线上的情况，此时就会发生日食。图 11-3b 显示了日月合朔时侧切面上月亮的三种可能的位置情况，当月亮处在位置 2 时就会发生日食。由图 11-3 可知，日月合朔的数学定义就是太阳和月亮的地心视黄经差为 0 的时刻。

11.3.2　ELP-2000/82 月球理论

要计算日月合朔，需要知道太阳地心视黄经和月亮地心视黄经的计算方法。11.2 节已经介绍了如何用 VSOP82/87 行星理论计算太阳的地心视黄经，本节将介绍如何用 ELP-2000/82 月球理论计算月亮的地心视黄经。有了太阳地心视黄经和月亮地心视黄经的计算方法，就可以反向推算它们相等的时间，这个时间就是日月合朔的时间。

ELP-2000/82 月球理论是 M. Chapront-Touze 和 J. Chapront 在 1983 年提出的一个关于月球位置的半解析理论。和其他半解析理论一样，ELP-2000/82 理论也包含一套计算方法和相应的迭代周期项。这套理论共包含 378 62 个周期项，其中 205 60 个用于计算月球经度，7684 个用于计算月球纬度，9618 个用于计算地月距离。但是这些周期项中有很多值非常小，例如一些计算经纬度的项对结果的增益只有 0.000 01 角秒，还有一些地月距离周期项对距离结果的增益只有 0.02 米，对于精度不高的历法计算，完全可以忽略。

有很多基于 ELP-2000/82 月球理论的改进或简化理论，《天文算法》一书的第 45 章就介绍了一种改进算法，其周期项参数都是从 ELP-2000/82 理论的周期项参数转换过来的，忽略了小的周期项。使用该方法计算出的月球黄经精度只有 10″，月亮黄纬精度只有 4″，但是只用计算 60 个周期项，速度很快。本节就采用这种修改过的 ELP-2000/82 理论计算月亮的地心视黄经。这种计算方法的周期项分三部分，分别用来计算月球黄经、月球黄纬和地月距离，三部分的周期项的内容一样，由四个计算辐角的系数和一个正弦（或余弦）振幅组成。计算月球黄经和月球黄纬使用正弦表达式求和：

$$A * \sin\theta \tag{11-26}$$

计算地月距离用余弦表达式求和：

$$A * \cos\theta \tag{11-27}$$

其中辐角 θ 的计算公式是：

$$\theta = a * D + b * M + c * M' + d * F \tag{11-28}$$

式(11-28)中的四个辐角系数 a、b、c 和 d 由每个迭代周期项给出，日月距角 D、太阳平近地角 M、月亮平近地角 M' 以及月球生交点平角距 F 则分别由式(11-29)至式(11-32)进行计算：

$$\begin{aligned} D = 297.850\,204\,2 + 445\,267.111\,516\,8 * T - 0.001\,630\,0 * T^2 + \\ T^3 / 545\,868 - T^4 / 113\,065\,000 \end{aligned} \tag{11-29}$$

$$\begin{aligned} M = 357.529\,109\,2 + 35\,999.050\,290\,9 * T - 0.000\,153\,6 * T^2 + \\ T^3 / 244\,900\,00 \end{aligned} \tag{11-30}$$

$$\begin{aligned} M' = 134.963\,411\,4 + 477\,198.867\,631\,3 * T + 0.008\,997\,0 * T^2 + \\ T^3 / 69\,699 - T^4 / 147\,120\,00 \end{aligned} \tag{11-31}$$

$$\begin{aligned} F = 93.272\,099\,3 + 483\,202.017\,527\,3 * T - 0.003\,402\,9 * T^2 - \\ T^3 / 352\,600\,0 + T^4 / 863\,310\,000 \end{aligned} \tag{11-32}$$

以上各式计算结果的单位是度，其中 T 是儒略世纪数，它与儒略千年数的关系及计算方法已经在 11.2.3 节给出。以计算月球黄经的周期项第二项为例，第二项数据分别是：辐角系数 $a = 2$，$b = 0$，$c = -1$，$d = 0$，振幅 $A = 127\,402\,7$，黄经计算用正弦表达式，则 I_2 的计算如下所示：

$$I_2 = 127\,402\,7 * \sin(2D - M')$$

11.3.3　误差修正——地球轨道离心率修正

在套用式(11-26)和式(11-27)计算月球黄经周期项和月球黄纬周期项时，需要注意对包含太阳平近地角 M 的项进行修正，因为 M 的值与地球公转轨道的离心率有关。离心率是个与时间有关的变量，导致振幅 A 实际上是个变量，需要根据时间进行修正。月球黄经周期项的修正方法是：如果辐角中包含 M 或 $-M$，需要乘以系数 E 进行修正；如果辐角中包含 $2M$ 或 $-2M$，则需要乘以系数 E 的平方进行修正。系数 E 的计算表达式如下：

$$E = 1 - 0.002\ 516 * T - 0.000\ 007\ 4 * T^2 \tag{11-33}$$

这个修正可以在计算周期项的时候直接进行。以计算月球黄经周期项的算法实现函数为例，CalcMoonECLongitudePeriodic()函数在计算每一项周期项时，直接乘以 pow(E,fabs(Moon_longitude[i].M))进行修正。使用 pow()函数并不是一个高效的方法，此处使用 pow()函数仅仅是为了利用了 E 的 0 次幂结果是 1 的数学特性，省去几行代码，大家可自行体会。使用式(11-28)计算出的辐角 sita 是角度单位，需要转换成弧度单位才能调用 sin()函数，这个在代码中都有体现。

```
double CalcMoonECLongitudePeriodic(double D, double M, double Mp, double F, double E)
{
    double EI = 0.0 ;

    for(int i = 0; i < COUNT_OF(Moon_longitude); i++)
    {
        double sita = Moon_longitude[i].D * D + Moon_longitude[i].M * M + Moon_longitude[i].Mp * Mp
            + Moon_longitude[i].F * F;
        sita = DegreeToRadian(sita);
        EI += (Moon_longitude[i].eiA * sin(sita) * pow(E, fabs(Moon_longitude[i].M)));
    }

    return EI;
}
```

调用 CalcMoonECLongitudePeriodic()函数得到地球轨道离心率修正后的月球黄经周期项之和 ΣI，计算月球黄纬同样需要根据 M 对周期项结果进行修正，方法和对月球黄经的修正方法相同，因此可以得到修正地球轨道离心率之后的月球黄纬周期项之和 Σb。一般来说，计算地月距离的目的是计算月亮光行差，但是因为地月距离较小，从地球观察月亮产生的光行差也很小，相对于本章介绍的历法的算法精度（月球黄经精度 10″，月亮黄纬精度 4″）来说，可以忽略光行差修正，因此就不用计算地月距离了。

11.3.4 误差修正——黄经摄动

金星轨道距离地月系轨道比较近，因此金星的运行会对月球的运行产生摄动影响。木星的轨道虽然距离地月系轨道远一点，但是由于质量大，因此木星的运行同样会对月球的运行产生摄动影响。与此同时，因为地球不是一个规则的刚性球体，所以这种不规则性也会对月球的运行产生影响。这些影响会导致月球运行时产生黄经摄动，因此需要对计算出的月球黄经周期项和 ΣI 与月球黄纬周期项和 Σb 进行摄动修正，方法如下：

$$\Sigma I += +3958 * \sin A_1 + 1962 * \sin(L' - F) + 318 * \sin A_2 \tag{11-34}$$

$$\begin{aligned}\Sigma b += &-2235 * \sin L' + 382 * \sin A_3 + 175 * \sin(A_1 - F) + 175 * \sin(A_1 + F) \\ &+ 127 * \sin(L' - M') - 115 * \sin(L' + M')\end{aligned} \tag{11-35}$$

其中 M' 和 F 分别由式(11–31)和式(11–32)计算得到，L' 是月球平黄经，计算方法是：

$$L' = 218.316\ 459\ 1 + 481\ 267.881\ 342\ 36 * T - 0.001\ 326\ 8 * T^2 +$$
$$T^3 / 538\ 841 - T^4 / 651\ 940\ 00 \tag{11-36}$$

A_1 是与金星相关的摄动角修正量，A_2 是与木星相关的摄动角修正量，L' 和 A_3 是与地球扁率摄动相关的摄动角修正量，这三个修正量的计算方法如下：

$$A_1 = 119.75 + 131.849 * T \tag{11-37}$$

$$A_2 = 53.09 + 479\ 264.290 * T \tag{11-38}$$

$$A_3 = 313.45 + 481\ 266.484 * T \tag{11-39}$$

月球地心黄经摄动的修正量使用式(11-34)给出的方法计算，实现算法如下：

```
double CalcMoonLongitudePerturbation(double dt, double Lp, double F)
{
    double T = dt; /*T是从J2000起算的儒略世纪数*/
    double A1 = 119.75 + 131.849 * T;
    double A2 = 53.09 + 479264.290 * T;

    double result = 3958.0 * sin(DegreeToRadian(A1));
    result += (1962.0 * sin(DegreeToRadian(Lp - F)));
    result += (318.0 * sin(DegreeToRadian(A2)));

    return result;
}
```

CalcMoonLongitudePerturbation()函数计算出的结果是摄动修正量，最后需要将这个结果与前面计算出来的月球黄经周期项和 Σl 进行叠加，得到修正后的结果。再次提醒一下，根据式(11-37)和式(11-38)计算出来的 A_1 和 A_2 的单位是度，需要转换为弧度才能调用 sin() 函数进行计算。

11.3.5 月球地心视黄经和最后的修正——地球章动

完成所有的修正之后，需要对 Σl 和 Σb 进行最后的计算，得到月球地心视黄经 λ 和月球地心视黄纬 β，最后的计算公式如下所示：

$$\lambda = L' + \Sigma l / 1\ 000\ 000.0 \tag{11-40}$$

$$\beta = \Sigma b / 1\ 000\ 000.0 \tag{11-41}$$

L' 是用式(11-36)计算出来的月球平黄经。对 Σl 和 Σb 除以 1 000 000.0 的原因是周期项系数中振幅 A 的单位是 0.000 001 度。最终得到的月球地心视黄经 λ 和月球地心视黄纬 β 的单位是度。

到此并没有结束，还有一项修正需要考虑。前面已经提到，地球不是圆球刚体，其不规则形状会对在地球上的目视观察系统产生影响，那就是地球的章动。11.2.4 节介绍过地球章动对太阳地心视黄经的影响和修正算法，该算法对月球的地心视黄经同样适用。11.2.4 节已经给出了地球章动对黄经的修正的实现函数 CalcEarthLongitudeNutation()，将这个结果叠加到之前计算出的月

球地心视黄经 λ 上，即可完成章动修正。对于月球地心黄纬，同样要使用交角章动进行修正，但是计算日月合朔只需要计算月球地心黄经即可，对月球地心黄纬的修正算法此处就不列出了，读者可在本书的配套代码中找到它们。

完整的周期项计算、修正并最后转换出月球地心视黄经结果的算法实现就是函数 GetMoonEclipticLongitudeEC()。参数 dbJD 是指定时间的儒略日，返回结果是月球地心视黄经，单位是度。

```
double GetMoonEclipticLongitudeEC(double dbJD)
{
    double Lp,D,M,Mp,F,E;
    double dt = (dbJD - JD2000) / 36525.0; /*儒略世纪数*/

    GetMoonEclipticParameter(dt, &Lp, &D, &M, &Mp, &F, &E);

    /*计算月球地心黄经周期项*/
    double EI = CalcMoonECLongitudePeriodic(D, M, Mp, F, E);

    /*修正金星、木星以及地球扁率引起的摄动*/
    EI += CalcMoonLongitudePerturbation(dt, Lp, F);

    /*计算月球地心视黄经*/
    double longitude = Lp + EI / 1000000.0;

    /*计算天体章动干扰*/
    longitude += RadianToDegree(CalcEarthLongitudeNutation(dt / 10.0));

    return longitude;
}
```

11.3.6　用牛顿迭代法计算日月合朔

至此，我们有了用半解析理论计算月球地心视黄经的算法，但是和节气时间的计算一样，历法的计算需要根据月球的地心视黄经反推对应的时间，这就像解方程一样，我们仍然需要一个反向计算的结果。为此，我们再次选择牛顿迭代法。使用牛顿迭代法，需要指定函数 $f(x)$。日月合朔的天文定义是太阳地心视黄经和月球地心视黄经相等的那一刻，也就是它们的差值是 0 的那一刻，于是我们这样确定 $f(x)$：

```
f(x) = GetSunEclipticLongitudeEC(x) - GetMoonEclipticLongitudeEC(x)
```

我们需要求解 $f(x) = 0$ 时的解 x，这个 x 其实就是对应的儒略日时间。

牛顿迭代关系和一阶导数近似公式请参见 11.2.6 节的方法，这里不再赘述。这个算法需要注意的地方是角度的 360 度周期性，在 0 度（360 度）附近要特殊处理，方法就是按照 360 圆整，避免从角度理解应该是很接近的两个值，相减的结果却是一个很大的值。具体的算法实现请参考 CalculateMoonShuoJD() 函数。入参 tdJD 是迭代初始值，这个初始值可以根据朔望月的平均长度 29.530 59 进行适当的估算。

11

```
double CalculateMoonShuoJD(double tdJD)
{
    double JD0, JD1,stDegree,stDegreep;

    JD1 = tdJD;
    do
    {
        JD0 = JD1;
        double moonLongitude = GetMoonEclipticLongitudeEC(JD0);
        double sunLongitude = GetSunEclipticLongitudeEC(JD0);
        if((moonLongitude > 330.0) && (sunLongitude < 30.0))
        {
            sunLongitude = 360.0 + sunLongitude;
        }
        if((sunLongitude > 330.0) && (moonLongitude < 30.0))
        {
            moonLongitude = 60.0 + moonLongitude;
        }

        stDegree = moonLongitude - sunLongitude;
        stDegree = Mod360Degree(stDegree);
        stDegreep = (GetMoonEclipticLongitudeEC (JD0 + 0.000005) - GetSunEclipticLongitudeEC (JD0 +
            0.000005) - GetMoonEclipticLongitudeEC (JD0 - 0.000005) + GetSunEclipticLongitudeEC
            (JD0 - 0.000005)) / 0.00001;
        JD1 = JD0 - stDegree / stDegreep;
    }while((fabs(JD1 - JD0) > 0.00000001));

    return JD1;
}
```

检验一下我们的算法吧，我们用 CalculateMoonShuoJD()函数计算了农历 2015 年的前三个朔日，分别是：

2015-02-19, 07:47:17.38	春节
2015-03-20, 17:36:12.32	二月初一
2015-04-19, 02:56:57.98	三月初一

大家可以和 2015 年的日历对一下，看看准不准。

11.4 农历的生成算法

世界各国的日历都是以天为最小单位，但是关于年和月的算法却各不相同，大致可以分为以下三类。

❑ 阳历，以天文年作为日历的主要周期，例如中国公历（格里历）。
❑ 阴历，以天文月作为日历的主要周期，例如伊斯兰历。
❑ 阴阳历，以天文年和天文月作为日历的主要周期，例如中国农历。

我国古人很早就开始关注天象，定昼夜交替为"日"，月轮盈亏为"月"，寒暑交替为"年"，在总结日月变化规律的基础上制定了兼有阴历月和阳历年性质的历法，称为中国农历。本节将介绍中国农历的历法规则、天干地支的计算方法、二十四节气与中国农历的关系，以及在知道节气和日月合朔的精确时间的情况下，推算中国农历年历的方法。

11.4.1　中国农历的起源与历法规则

在介绍中国农历的历法之前，必须先介绍一下中国古代的纪年方法。中国古代用天干地支纪年，严格来讲，天干地支纪年以及十二属相并不是中国农历历法的一部分，但是直到今天，天干地支以及十二属相都与中国农历纪年关系密切，因此这里先介绍天干地支纪年法以及十二属相。

1. 天干地支与十二生肖

中国古代纪年不用数字，而是采用天干地支组合。天干有十个，分别是：甲、乙、丙、丁、戊、己、庚、辛、壬、癸；地支有十二个，分别是：子、丑、寅、卯、辰、巳、午、未、申、酉、戌、亥。使用时天干地支各取一字，天干在前，地支在后，组合成干支，例如甲子、乙丑、丙寅等，依次轮回可形成六十种组合，以这些天干地支组合纪年，每六十年一个轮回，称为一个甲子。实际上中国古代纪月、纪日以及纪时辰都采用干支方法，这些干支组合起来就是我们熟悉的生辰八字。

十二属相又称"十二生肖"，由十一种源自自然界的动物：鼠、牛、虎、兔、蛇、马、羊、猴、鸡、狗、猪以及传说中的龙组成，用于纪年时，按顺序和十二地支组合成子鼠、丑牛、寅虎、卯兔、辰龙、巳蛇、午马、未羊、申猴、酉鸡、戌狗和亥猪。天干地支以及十二生肖常组合起来描述农历年，比如公历 2011 年就是农历辛卯兔年，2012 年是壬辰龙年等。

计算某一年的天干地支，有很多经验公式，如果知道某一年的天干地支，可以直接推算其他年份的天干地支。举个例子，如果知道 2000 年是庚辰龙年，则 2012 年的干支可以这样推算：(2012 − 2000) % 10=2，2012 年的天干就是从庚开始向后推 2 个天干，即壬。2012 年的地支可以这样推算：(2012 − 2000) % 12 = 0，2012 年的地支仍然是辰，因此 2012 年的天干地支就是壬辰，龙年。对于 2000 年以前的年份，计算出年份差后只要将天干和地支向前推算即可。例如 1995 年的干支可以这样计算：(2000 − 1995) %10 = 5，(2000 − 1995) %12 = 5，庚向前推算 5 即是乙，辰向前推算 5 即是亥，因此 1995 年的干支就是乙亥，猪年。这个干支推算算法的实现如下：

```
void CalculateStemsBranches(int year, int *stems, int *branches)
{
    int sc = year - 2000;
    *stems = (7 + sc) % 10;
    *branches = (5 + sc) % 12;

    if(*stems < 0)
        *stems += 10;
    if(*branches < 0)
        *branches += 12;
}
```

定义好干支和十二生肖的名称数组，就可以实现简单的干支纪年查询功能：

```
TCHAR *nameOfStems[HEAVENLY_STEMS] = { _T("甲"),_T("乙"),_T("丙"),_T("丁"),_T("戊"),_T("己"),
_T("庚"),_T("辛"),_T("壬"),_T("癸") };
TCHAR *nameOfBranches[EARTHLY_BRANCHES] = { _T("子"),_T("丑"),_T("寅"),_T("卯"),_T("辰"),
_T("巳"),_T("午"),_T("未"),_T("申"),_T("酉"),_T("戌"),_T("亥") };
TCHAR *nameOfShengXiao[CHINESE_SHENGXIAO] = { _T("鼠"),_T("牛"),_T("虎"),_T("兔"),_T("龙"),
_T("蛇"),_T("马"),_T("羊"),_T("猴"),_T("鸡"),_T("狗"),_T("猪") };

int stems,branchs;
CalculateStemsBranches(2008, &stems, &branchs);
text.Format(_T("农历【%s%s】%s 年"), m_curMonth, nameOfStems[stems - 1], nameOfBranches[branchs - 1],
nameOfShengXiao[branchs - 1]);
2008 年是农历【戊子】鼠年
```

2. 农历闰月与二十四节气的关系

中国农历是以月亮运行周期为基础，结合太阳运行规律（二十四节气）制定的历法，农历月的定义规则就是中国农历历法的关键，因此要了解中国农历的历法规则，就必须知道如何定义月，如何设置闰月。中国农历的一年有十二个月或十三个月，但是正统的叫法只有十二个月，分别是正月、二月、三月、四月、五月、六月、七月、八月、九月、十月、冬月和腊月（注意，正统的中国农历没有十一月和十二月，如果你用的历法软件显示农历十一月和农历十二月，就说明它非常不专业）。中国民间常用"十冬腊月天"来形容寒冷的天气，其实指的就是十月、十一月和十二月这三个最冷的月份。一年有十三个月的情况是因为有闰月，多出来的这个闰月没有月名，只是跟在某个月后面，称为闰某月。比如公历 2009 年对应的农历乙丑年，就是闰五月，于是这一年可以过两个端午节。

中国农历为什么会有闰月？其实中国农历置闰月是为了协调回归年和农历年的矛盾。前面提到过，中国农历是一种阴阳历，农历的月分大月和小月，大月一个月是 30 天，小月一个月是 29 天。中国农历把日月合朔（太阳和月亮的黄经相同，但是月亮不可见）的日期定为月首，也就是"初一"，把月圆的时候定为望日，也就是"十五"，月亮绕地球公转一周称为一个朔望月。天文学的朔望月长度是 29.5306 日，中国农历以朔望月为基础，严格保证每个月的头一天是朔日，这就使得每个月是大月还是小月的安排不能固定，通常需要通过天文学观测和计算来确定。一个农历年由 12 个朔望月组成，这样一个农历年的长度就是 29.5306 × 12 = 354.3672 日，而阳历的一个天文学回归年是 365.2422 日，这样一个农历年就比一个回归年少 10.88 天，这个误差如果累计起来，过 16 年就会出现"六月飞雪"的奇观了。为了协调农历年和回归年之间的矛盾，聪明的先人在天文观测的基础上，想出了"闰月"的方法，通过在适当的月份插入闰月来保证每个农历年的正月到三月是春季，四月到六月是夏季，七月到九月是秋季，十月到十二月是冬季，也就是说，让历法和天文气象能够基本对上，不至于出现"六月飞雪"。

那么多长时间增加一个闰月比较合适呢？最早人们推算是"三年一闰"，后来是"五年两闰"，随着历法计算的精确，最终定型为"十九年七闰"。这个"十九年七闰"又是怎么算出来的呢？

其实就是求出回归年日数和朔望月日数的最小公倍数,也就是 m 个回归年的天数和 n 个朔望月的天数相等,即:

$$m \times 365.2422 = n \times 29.5306$$

这样 m 和 n 的比例就是 $29.5306 : 365.2422 \approx 9 : 235$,按照这个最接近的整数倍数关系,每 19 个回归年需要添加的闰月就是:

$$235 - 12 \times 19 = 7$$

也就是"十九年七闰"的由来。但是需要注意的是,"十九年七闰"也并不是精确的结果,每 19 年就会有 0.0892 天的误差:

$$19 \times 365.2422 - 235 \times 29.5306 \approx 0.0892$$

这样每 213 年就会积累约 1 天的误差,因此,即使按照"十九年七闰"计算,中国农历每两百年就需要修正一次。正因为这样,现行农历从唐代以后就已经不再遵守"十九年七闰"法,而是采用更准确的"中气置闰"法。"中气置闰"法更准确的名称应该是"定冬至"法,就是定两个冬至节气之间的时间为一个农历年,这样农历年的长度就和太阳回归年长度对应,不会产生误差。

现在,我们知道农历通过置闰月的方式协调农历年和回归年长度不相等的问题,也知道了置闰的方法是"中气置闰",那么到底什么是"中气",又如何定中气置闰月呢?要回答这个问题,就需要再来回顾 11.2.1 节介绍的一种天文现象——节气。由于节气在回归年中是均匀分布的,因此公历中的节气日期基本上是固定的,比如立春是在公历的 2 月 3 日到 5 日,不会超出这个日期范围,这也就是《二十四节气歌》所说的:每月两节不变更,最多相差一两天。但是在中国农历中,哪个中气属于哪个月是有规定的,雨水是正月的中气,春分是二月的中气,谷雨是三月的中气,小满是四月的中气,夏至是五月的中气,大暑是六月的中气,处暑是七月的中气,秋分是八月的中气,霜降是九月的中气,小雪是十月的中气,冬至是十一月的中气,大寒是十二月的中气。

传统上一个农历年起始于冬至,结束于冬至,因此要确定在哪一年置闰,主要看那一年两个冬至之间有几个朔望月。如果两个冬至之间有 12 个朔望月,则不置闰,如果有 13 个朔望月,则置闰,至于闰几月,则要视节气而定。对于有 13 个朔望月的农历年,置闰的规则就是从农历二月开始到十月,第一个没有中气的月就是闰月,这个没有中气的朔望月跟在哪个月后面就是闰几月。为什么会有没有中气的朔望月呢?黄道上两个中气之间相隔 30 度,一个回归年的长度是 365.2422 日,则两个中气之间的平均间隔是 $365.2422 \div 12 \approx 30.4368$ 日,但是因为地球轨道是椭圆,因此相邻的两个中气的时间间隔是不均匀的,比如在远地点附近的中气间隔就会长一点,最长可能是 31.45 天。而农历的朔望月平均长度是 29.5306 日,这样就会出现某个朔望月刚好落在两个中气之间的情况。比如,某个月的上一个月月末是一个中气,但是下一个中气落在下一个月的头几天里，这样这个月就没有中气了。举个例子，2001 年农历辛巳年的四月廿九（公历 5 月 21 日）是小满，农历四月之后的这个朔望月从公历 5 月 23 日持续到公历 6 月 20 日，而小满后的下一个中气夏至在公历的 6 月 21 日，也就是农历四月的下下个月的初一，这样农历四月后的这个月就没有中气，跟在四月之后，称为闰四月。

3. "月建"问题

在了解了农历与节气的关系以及农历如何置闰月的方法之后，还需要解决一个问题才能着手农历年历的推算，那就是如何确定农历年的开始，或者说哪个月的初一是农历新年的开始？要回答这个问题，就需要了解中国农历特有的"月建"问题。

中国农历是阴阳合历，需要同时考虑太阳和月亮的位置。所以在确定岁首（元旦）时，需要先确定它在某个季节，然后再选定与这个季节相近的朔望月作为岁首。由于一岁（一个回归年）和 12 个阴历月并不相等，相差约 10.88 天，因此每隔三年需要设置一个闰月调整季节。中国上古的天文学家想出了一个简便的方法判断月序与季节的关系，就是以傍晚时北斗七星斗柄的指向确定月序，称为"十二月建"。从北方起向东转，将地面划分为十二个方位，傍晚时北斗所指的方位就是该月的月建，其子月为冬至所在之月，对应十一月，丑月是冬至所在之月的次月，对应十二月，寅月在丑月之后，对应正月。中国历史上多次修改过岁首（元旦）的起始月份，上古时代就有"三正"之说，所谓"三正"，就是"夏正建寅、殷正建丑、周正建子"，意思是夏历以寅月（正月）为岁首，殷历以丑月（十二月）为岁首，周历以子月（十一月）为岁首。从秦代到西汉前期又采用秦历，秦历建亥，也就是以亥月作为岁首之月，汉武帝太初元年（公元前 104 年）改用太初历，重新使用建寅的夏历，以寅月（正月）为岁首。在这之后的两千多年时间里，除王莽和魏明帝一度改用建丑的殷历，唐武后和肃宗时改用建子的周历外，各个朝代均使用建寅的夏历直到清朝末年。辛亥革命胜利以后，南京国民政府将公历 1 月 1 日改为元旦，但是人们仍习惯称农历的正月初一为元旦。新中国成立之初召开的第一届政治协商会议，正式将公历的 1 月 1 日定为元旦，将农历的正月初一定为"春节"，也就是说，农历的岁首仍然采用夏历从寅月（正月）开始。

4. 农历基本历法规则

了解了"月建"问题，就清楚了农历朔望月与公历月的对应关系，那就是冬至所在的朔望月就是农历的子月，对于目前适用的夏历建寅的月建体系，就意味着冬至所在的朔望月是农历的十一月，只要找到这个朔望月的起始日（日月合朔发生的时刻所在的那一日），就找到了公历日期与农历日期的对应关系。下面总结一下中国农历历法的基本法则。

(1) 严格以日月合朔发生时刻为月首，这一天定为初一，通过计算两次日月合朔的时间间隔确定每月是 29 天还是 30 天，29 天的月份为小月，30 天的月份为大月；

(2) 月以中气得名，冬至总是出现在农历十一月，包含雨水的月为正月（即寅月），月无中气者为闰月，与前一个月同名；

(3) 从某一年的冬至后第一天开始，到下一个冬至这段时间内，如果有十三个朔望月出现，则此期间要增加一个闰月。从二月到十月，第一个没有中气的月就是闰月，如果在此期间有超过两个朔望月没有中气，则只有第一个没有中气的朔望月是闰月；

(4) 农历年以正月初一为岁首（关于农历岁首的说法，可参见下文），以腊月（十二月）廿九或三十为除夕；

(5) 如果节气和日月合朔在同一天，则该节气是这个新朔望月的节气（民间历法）。

规则(5)对节气和朔日在同一天的情况，采用了民间历法的处理原则。关于民间历法和历理历法的区别，我们马上就会讲到。

5. 农历年和农历生肖年（正月初一和立春节气）

立春是二十四节气之首，所以古代民间在"立春"这一天过节，相当于现代的春节（中国古代既是节气也是节日的情况很多，比如清明、冬至等）。1911 年，孙中山领导的辛亥革命建立了中华民国，从历法上正式把农历正月初一定为"春节"，把公历 1 月 1 日定为"元旦"，也就是"新年"。农历年从正月初一开始没有争议，但是农历生肖年从何时开始却一直有争议，目前多数人认为"立春"节气是农历生肖年的开始。因为在中国古代历法中，十二生肖的计算与天干地支有很大关系，所以在"论天干地支、计算廿四节气"的情况下，"立春"节气应该是生肖年的开始。对于普通百姓来说，习惯于认为正月初一是生肖年的开始。因此，在正月初一和"立春"节气之间出生的小孩，在确定属相的时候就有点麻烦了。属马还是属羊？这是个问题。

6. 民间历法和历理历法

新中国成立以后没有颁布新的"官方农历历法"，将历法和政治分离体现了时代的进步，但这也引起了一些问题。比如我国现行的农历历法是《时宪历》，它源于清朝顺治年间（公元 1645 年）颁布的《顺治历》，它有两个不足之处：一个是日月合朔和节气的时间以北京当地时间为准，也就是东经 116 度 25 分的当地时间，其节气和新月的观察只适用于中原地区，其他经度的地方因为时间的关系，导致日月合朔和节气时间的差异，使得置闰和月顺序各不相同；另一个是日月合朔时间和节气时间判断不精确，如果二者在同一天，不管具体的时间是否有先后，一律将此节气算作新月中的节气，这样一来，如果这个节气是中气，就会影响到闰月的设置。历理历法针对这两点进行了改进，对节气时间和日月合朔时间统一采用东经 120 度（即东八区标准时），这样在任何时区的节气和置闰结果都一样，以东八区标准时为准。对于节气时间和日月合朔时间在同一天的情况，精确计算到时、分、秒，只有日月合朔时间在节气时间之前，这个节气才包含在次月内。历理历法从理论上讲更符合现代天文学的精确计算，但是需要注意的是，历理历法仍然只是理论上的历法，我国现行的农历历法依然是民间历法《时宪历》或《顺治历》。

11.4.2 中国农历的推算

了解了农历历法的基本法则后，就可以根据历法进行农历年历的推算。这是一件很复杂的事情，需要知道每年二十四个节气和本年内每次日月合朔的精确时间，这些时间的获取比较困难。现在有很多日历软件可以显示农历，其实我们并不计算这些时间，而是事先从权威机构（如紫金山天文台）获取这些经过推算的时间，然后用各种方法将这些信息存储在设计好的数据结构中。当计算农历时，采用查表的方法获取每年的二十四节气日期、大小月情况以及闰月情况，这样的软件受数据量的限制，往往只能显示近一两百年的年历。

本章要介绍的方法建立在之前介绍的天文算法的基础上，不同于查表法，这种方法不需要任何事先预设的数据，可以计算任何年份的历法。当然，受很多条件的限制，这种方法不是万能的。首先，已经确定的过往事件，仍然要以历史为主。比如通过现代计算发现古人观测存在误差，比如某个月不是闰月，或者某个节气不是这一天，但仍然要按照历史记载的历法使用。其次，我们目前所使用的星历表和各种半解析理论，都只能在近两三千年的时间里将误差控制在一定范围内，对于更远的时间，肯定需要新的理论进行修正或替换。因此，万年历是个伪命题，不存在一统万年的万年历，即便用天文计算的方法，也不能保证万年以后的准确性。地球自转的速度正在变慢，月亮正在以每年约 1 厘米的速度远离地球，这些非周期性变化的因素都会导致万年以后的计算毫无意义。

忘掉万年历吧，本章的重点是介绍如何推算农历历法，即便使用的是先进理论指导下的天文算法，也不能保证任意时刻都是有意义的。

1. 利用经验值推算农历

在各种天文算法的理论出现之前，人们一般采用一些经验公式近似地计算农历。有一些经验公式可以用来计算节气的日期，也有一些经验公式用来计算朔日。通式寿星公式是前人整理出来的一个用于计算每年立春日期的经验公式，可以计算出某一年的某个节气时间，但是只能精确到日。其定义如下：

$$\text{Date} = \lfloor Y \times D + C \rfloor - L$$

其中，Y 是年份，D 的值是 0.2422，C 是经验值，取决于节气和年份，对于 21 世纪，立春节气的 C 值是 4.475，春分节气的 C 值是 20.646。L 是闰年数，其计算公式为：

$$L = \lfloor Y/4 \rfloor - \lfloor Y/100 \rfloor + \lfloor Y/400 \rfloor$$

用通式寿星公式确定 2011 年立春日期的过程如下：

$$L = \text{int}(2011/4) - \text{int}(2011/100) + \text{int}(2011/400) = 502 - 20 + 5 = 487$$
$$\text{Date} = \text{int}(2011 \times 0.2422 + 4.475) - 487 = 491 - 487 = 4$$

所以，2011 年的立春日期是 2 月 4 日。

历史上还有人给出了计算节气和朔日的积日公式，以 1900 年 1 月 0 日（星期日）为基准日，之后的每一天与基准日的差值称为**积日**，1900 年 1 月 1 日的积日是 1，以后的时间以此类推。则计算 1900 年之后第 y 年第 x 个节气的积日公式是：

$$F = 365.242 * (y - 1900) + 6.2 + 15.22 * x - 1.9 * \sin(0.262 * x)$$

其中 x 是节气的索引，0 代表小寒，1 代表大寒，其他节气按照顺序类推。计算从 1900 年开始第 m 个朔日的公式是：

$$M = 1.6 + 29.5306 * m + 0.4 * \sin(1 - 0.450\,58 * m)$$

以上两个公式计算的结果是从 1900 年 1 月 0 日开始的积日，需要根据这些年的闰年情况转化为具体年份的具体日期。毫无疑问，这两个公式也只能精确到日，并且随着时间距离 1900 年越远，误差越大，时至今日已经很少使用了。

还有一种确定节气时间和朔日时间的方法，就是在已知某个节气或朔日的精确时间后，通过某些规律向前或向后推算其他节气或朔日的时间。二十四个节气就是黄道上的 24 个点，由于地球运动受其他天体的影响，导致这些节气在每年的时间是不固定的，但是这些节气之间的间隔时间基本上是固定的。表 11-1 就是二十四节气的时间间隔表。

表11-1　二十四节气时间间隔表（单位：秒）

节气名	与上一节气之间的时间差	与小寒节气的累积时间差
小寒	1 271 448.00	0.00
大寒	1 272 494.40	1 272 494.40
立春	1 275 526.20	2 548 020.60
雨水	1 282 123.20	3 830 143.80
惊蛰	1 290 082.80	5 120 226.60
春分	1 300 639.20	6 420 865.80
清明	1 311 153.00	7 732 018.80
谷雨	1 323 253.80	9 055 272.60
立夏	1 333 685.40	10 388 958.00
小满	1 344 107.40	11 733 065.40
芒种	1 351 227.00	13 084 292.40
夏至	1 357 299.60	14 441 592.00
小暑	1 358 968.80	15 800 560.80
大暑	1 358 786.40	17 159 347.20
立秋	1 354 419.00	18 513 766.20
处暑	1 348 236.00	19 862 002.20
白露	1 339 003.20	21 201 005.40
秋分	1 328 654.40	22 529 659.80

（续）

节气名	与上一节气之间的时间差	与小寒节气的累积时间差
寒露	1 317 185.40	23 846 845.20
霜降	1 305 760.80	25 152 606.00
立冬	1 295 081.40	26 447 687.40
小雪	1 285 764.00	27 733 451.40
大雪	1 278 469.80	29 011 921.20
冬至	1 273 556.40	30 285 477.60

已知 1900 年小寒时间为 1 月 6 日 2:05:00，以这个节气时间为基准，推算其他年份节气的算法实现如下：

```
static double s_stAccInfo[] =
{
    0.00, 1272494.40, 2548020.60, 3830143.80, 5120226.60, 6420865.80,7732018.80, 9055272.60,
10388958.00, 11733065.40, 13084292.40, 14441592.00,15800560.80, 17159347.20, 18513766.20, 19862002.20,
21201005.40, 22529659.80, 23846845.20, 25152606.00, 26447687.40, 27733451.40, 29011921.20, 30285477.60
};

//已知1900年小寒时间为1月6日02:05:00,
const double base1900_SlightColdJD = 2415025.5868055555;

double CalculateSolarTermsByExp(int year, int st)
{
    if((st < 0) || (st > 24))
        return 0.0;

    double stJd = 365.24219878 * (year - 1900) + s_stAccInfo[st] / 86400.0;

    return base1900_SlightColdJD + stJd;
}
```

base1900_SlightColdJD 是北京时间 1900 年 1 月 6 日凌晨 2:05:00 的儒略日数，CalculateSolarTermsByExp()函数返回指定年份的节气的儒略日数。已知某个朔日的精确时间推算其他朔日时间的方法也类似，以朔望月的长度为单位向前或向后累加即可。

这种推算的方法建立在地球回归年的长度是固定 365.2422 天、节气的间隔绝对固定、朔望月长度是平均的 29.5305 天等假设之上。由于天体运动的互相影响，这种假设不是绝对成立的，因此这种推算方法的误差很大。以 CalculateSolarTermsByExp()函数为例，计算 1900 年前后 30 年内的节气时间的误差还可以控制在 30 分钟以内，但是到 2000 年的时候误差已经超过 130 分钟了。

2. 根据天文算法精确推算农历

要想精确地获得几百年乃至更长时间范围内任意一年的节气时间和日月合朔时间，就只能采用"天文算法"。本章介绍了 VSOP82/87 太阳系行星运行理论和 ELP-2000/82 月球运行理论，这是两种半解析理论，也是本章所给出的算法的基础。如果要求更高的精度，可以考虑使用各天文台或研究机构发布的有针对性的星历表。比较著名的星历表有美国国家航空航天局下属的喷气推进实验室发布的 DE 系列星历表，还有瑞士天文台在 DE406 基础上拓展的瑞士星历表等。根据行星运行轨道直接计算行星位置通常不是很方便，更何况大多数民用天文计算用不上那么多精确的轨道参数，所以使用本章介绍的两个理论对于日历的推算已经够用了。

3. 农历与公历的对应关系

中国的官方纪时采用的是中国公历（格里历），因此农历年历的推导应以公历年的周期为主导，附以农历年的信息。也就是说，年历以公历的 1 月 1 日为起始，至 12 月 31 日结束，根据农历历法推导出的农历日期信息，附加在公历日期信息上形成双历。通常情况下，一个公历年周期不能完整地对应到一个农历年周期上，二者的偏差也不固定，因此不存在稳定的对应关系。也就是说，不存在从公历日期到农历日期的转换公式，只能根据农历历法规则推导出农历日期与公历日期的对应关系。由农历历法规则可知，上一个公历年的冬至所在的朔望月是上一个农历年的十一月（冬月），所以在进行节气计算时，需要计算包括上一年冬至在内的 25 个节气，才能对应上上一个农历年的十一月和当前农历年的十一月。在计算与之对应的朔日时，考虑到有闰月的情况，需要从上一年冬至前的第一个朔日，连续计算 15 个朔日才能保证覆盖两个冬至之间的一整年时间。图 11-4 显示了 2011 年没有闰月的情况下朔日和冬至的关系。

图 11-4 中上排数字是公历月的编号，黑色圆点代表朔日，黑色三角形代表冬至。图 11-5 显示了 2012 年有闰月的情况下朔日和冬至的关系。

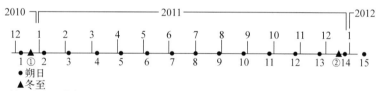

●朔日
▲冬至
第一个冬至节气是2010年12月22日，在它之前最近的一个朔日是2010年12月6日
第二个冬至节气是2011年12月22日，在它之后最近的一个朔日是2011年12月25日

图 11-4 没有闰月的情况下朔日与冬至的关系图

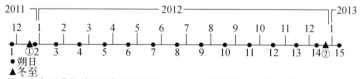

●朔日
▲冬至
第一个冬至节气是2011年12月22日，在它之后最近的一个朔日是2011年12月25日
第二个冬至节气是2012年12月21日，在它之后最近的一个朔日是2013年1月12日
两个冬至之间有13个朔日，2012年需要置闰月

图 11-5 有闰月的情况下朔日与冬至的关系图

通过计算得到能够覆盖两个冬至的所有朔日时间后，就可以着手建立公历日期与农历日期的对应关系了。以图 11-4 所示的 2011 年为例，首先根据计算得到的 15 个朔日（2011 年只会用到其中的前 14 个）时间，建立与 2011 年（公历年）有关的朔望月关系表（如表 11-2 所示）。

表11-2　2011年朔望月与公历日期关系表

朔日编号	合朔时间	对应公历日期	月　长	月　名
1	01:35:39.90	2010-12-06	29	冬月
2	17:02:34.26	2011-01-04	30	腊月
3	10:30:42.67	2011-02-03	30	正月
4	04:45:59.44	2011-03-05	29	二月
5	22:32:15.13	2011-04-03	30	三月
6	14:50:31.79	2011-05-03	30	四月
7	05:02:32.51	2011-06-02	29	五月
8	16:53:54.10	2011-07-01	30	六月
9	02:39:45.06	2011-07-31	29	七月
10	11:04:06.43	2011-08-29	29	八月
11	19:08:50.09	2011-09-27	30	九月
12	03:55:54.64	2011-10-27	29	十月
13	14:09:40.97	2011-11-25	30	冬月
14	02:06:27.05	2011-12-25	29	腊月
15	15:39:23.99	2012-01-23	30	正月

两个朔望月之间有多少天，这个农历月就有多少天，29 天是小月，30 天是大月，分别冠以某月小或某月大的月名。在图 11-4 和图 11-5 中，编号为 1 和 2 的两个朔日之间的朔望月是冬月（十一月），因为冬至落在这个朔望月，其他月的月名以此类推，正月的朔日就是春节。输出公历和农历双历时，以月（公历）为单位，从每月第一天开始，依次判断每一天属于哪个朔望月，确定这一天的农历月名，然后比较这一天和这个朔望月的朔日之间相差几天，记为农历日期。以 2011 年 1 月 1 日为例，这一天在 2010 年 12 月 6 日（2010 年农历冬月的朔日）和 2011 年 1 月 4 日之间（2010 年农历腊月的朔日），查表 11-2 可知对应的农历冬月，这一天和 2010 年 12 月 6 日相差 26 天，因此这一天的农历日期就是“廿七”。再以 2011 年 2 月 3 日（春节）这一天为例，查表 11-2 得知 2 月 3 日属于从 2 月 3 日开始的朔望月，这个朔望月的月名是正月，而 2 月 3 日就是月首，农历日期是初一，正月初一就是春节。

11.2 节和 11.3 节分别介绍了计算节气的 CalculateSolarTerms() 函数和计算日月合朔时间的 CalculateMoonShuoJD() 函数，现在就是用它们的时候了。生成指定公历年份的公历和农历双历年历的算法流程如图 11-6 所示。

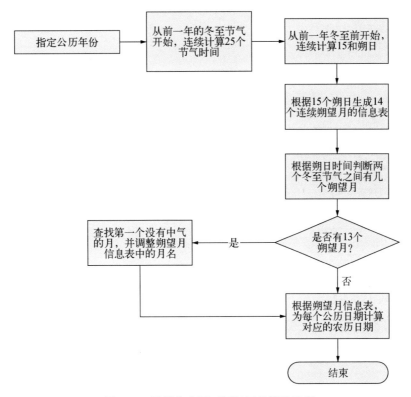

图 11-6　计算公农历双历年历的算法流程

　　GetAllSolarTermsJD()函数从指定年份的指定节气开始，连续计算 25 个节气时间，时间可以跨年，内部判断过冬至后自动转到下一年的节气继续计算：

```
void CChineseCalendar::GetAllSolarTermsJD(int year, int start, double *SolarTerms)
{
    int i = 0;
    int st = start;
    while(i < 25)
    {
        SolarTerms[i++] = CalculateSolarTerms(year, st * 15);
        if(st == WINTER_SOLSTICE)
        {
            year++;
        }
        st = (st + 1) % SOLAR_TERMS_COUNT;
    }
}
```

其中 start 参数是节气的索引，定义二十四节气的索引如下：

```
const int VERNAL_EQUINOX     = 0;    // 春分
const int CLEAR_AND_BRIGHT   = 1;    // 清明
```

11

```
const int GRAIN_RAIN          = 2;     // 谷雨
const int SUMMER_BEGINS       = 3;     // 立夏
const int GRAIN_BUDS          = 4;     // 小满
const int GRAIN_IN_EAR        = 5;     // 芒种
const int SUMMER_SOLSTICE     = 6;     // 夏至
const int SLIGHT_HEAT         = 7;     // 小暑
const int GREAT_HEAT          = 8;     // 大暑
const int AUTUMN_BEGINS       = 9;     // 立秋
const int STOPPING_THE_HEAT   = 10;    // 处暑
const int WHITE_DEWS          = 11;    // 白露
const int AUTUMN_EQUINOX      = 12;    // 秋分
const int COLD_DEWS           = 13;    // 寒露
const int HOAR_FROST_FALLS    = 14;    // 霜降
const int WINTER_BEGINS       = 15;    // 立冬
const int LIGHT_SNOW          = 16;    // 小雪
const int HEAVY_SNOW          = 17;    // 大雪
const int WINTER_SOLSTICE     = 18;    // 冬至
const int SLIGHT_COLD         = 19;    // 小寒
const int GREAT_COLD          = 20;    // 大寒
const int SPRING_BEGINS       = 21;    // 立春
const int THE_RAINS           = 22;    // 雨水
const int INSECTS_AWAKEN      = 23;    // 惊蛰
```

节气索引乘以 15 就是节气在黄道上对应的度数。GetNewMoonJDs()函数从指定时间开始连续计算 15 个朔日时间,从第一个冬至前的第一个朔日开始。15 个朔日可以形成 14 个完整的朔望月,保证在有闰月的情况下也能包含两个冬至:

```
void CChineseCalendar::GetNewMoonJDs(double jd, double *NewMoon)
{
    double tdjd = JDLocalTimetoTD(jd);

    for(int i = 0; i < NEW_MOON_CALC_COUNT; i++)
    {
        NewMoon[i] = CalculateMoonShuoJD(tdjd);

        tdjd += 29.5; /*转到下一个最接近朔日的时间, 牛顿迭代法的初始值*/
    }
}
```

BuildAllChnMonthInfo()函数根据 15 个朔日时间组成 14 个朔望月,根据相邻朔日的间隔计算出农历月天数用来判定大小月,并且从"十一月"开始依次为每个朔望月命名(月建名称):

```
bool CChineseCalendar::BuildAllChnMonthInfo()
{
    CHN_MONTH_INFO info; //一年最多 13 个农历月
    int i;
    int yuejian = 11;    //采用夏历建寅, 冬至所在月份为农历月
    for(i = 0; i < (NEW_MOON_CALC_COUNT - 1); i++)
    {
        info.mmonth = i;
        info.mname = (yuejian <= 12) ? yuejian : yuejian - 12;
        info.shuoJD = m_NewMoonJD[i];
```

```
        info.nextJD = m_NewMoonJD[i + 1];
        info.mdays = int(info.nextJD + 0.5) - int(info.shuoJD + 0.5);
        info.leap = 0;

        CChnMonthInfo cm(&info);
        m_ChnMonthInfo.push_back(cm);

        yuejian++;
    }

    return (m_ChnMonthInfo.size() == (NEW_MOON_CALC_COUNT - 1));
}
```

CalcLeapChnMonth()函数根据节气和朔日时间判断在两个冬至之间的农历年是否有闰月，判断的依据就是看第 14 个朔日是否在第二个冬至之前，如果是就说明在两个冬至之间有 13 次朔日，需要置闰月。因为农历中 12 个中气属于哪个农历月是固定的，所以置闰月的过程就是依次判断 12 个中气是否在对应的农历月中，如果本该属于某个农历月的中气没有落在这个农历月中，则这个农历月就是闰月，需要设置闰月标志，同时调整这个月之后的月名。调整农历月名的方法就是月名减一，比如原来是八月就要调整为七月，这样就将 13 个月对应为 12 个月名（其中多出来的一个农历月命名为闰某月）。如果节气和朔日发生在同一天，CalcLeapChnMonth()函数采用的是民间历法的规则，与现行历法一致：

```
/*根据节气计算是否有闰月，如果有闰月，根据农历月命名规则调整月名*/
void CChineseCalendar::CalcLeapChnMonth()
{
    assert(m_ChnMonthInfo.size() > 0); /*阴历月的初始化必须在这个之前*/

    int i;
    //第 12 个·月的月末没有超过冬至，说明今年需要置闰月
    if(int(m_NewMoonJD[13] + 0.5) <= int(m_SolarTermsJD[24] + 0.5))
    {
        //找到第一个没有中气的月
        i = 1;
        while(i < (NEW_MOON_CALC_COUNT - 1))
        {
            /*
              m_NewMoonJD[i + 1]是第 i 个农历月的下一个月的月首，本该属于第 i 个月的
              中气如果比下一个月的月首还晚，或者与下个月的月首是同一天（民间历法），则
              说明第 i 个月没有中气
            */
            if(int(m_NewMoonJD[i + 1] + 0.5) <= int(m_SolarTermsJD[2 * i] + 0.5))
                break;
            i++;
        }
        /*找到闰月，对后面的农历月调整月名*/
        if(i < (NEW_MOON_CALC_COUNT - 1))
        {
            m_ChnMonthInfo[i].SetLeapMonth(true);
            while(i < (NEW_MOON_CALC_COUNT - 1))
            {
```

11

```
                m_ChnMonthInfo[i++].ReIndexMonthName();
            }
        }
    }
}
```

11.4.3　一个简单的"年历"

至此，我们已经计算出了一年之内所有的朔日和节气时间，也按照农历的规则准备好了农历月（包括闰月）的信息和与公历的对应关系，结合之前的天干地支和生肖信息，我们已经具备了一个日历所需的全部元素，剩下的工作就是显示这些信息，像日历一样展示给人们使用。我做了一个显示日历的小控件，如图 11-7 所示，这就是本章的算法的结果。

图 11-7　演示程序的界面

再遇到所谓的"万年历"软件的时候，你就不用感觉它太神奇了。对于查表方式的软件，你可以藐视它们了。

11.5　总结

许多中国人有一种与生俱来的感觉，认为农历比公历准，实际上这种比较没有意义。年、月、日都是人类定义的记录单位，宇宙中的天体有自己的运行规律，才不管人类的感受。人类拿着自己定义好的年、月、日往上套，自然会出现误差，各种"闰"就是这么来的。农历采用"定冬至法"确定一年的区间，很好地处理了四季的气候变化与人类的主观感受之间的关系，与之对应的公历的月实际上就没有太大的意义，划分四季也有点牵强。但是不能根据这一点就说农历比公历准确。确切地说，农历和公历都不准，除非人类放弃年、月、日这种计时方式，不管昏天黑地和四季变化，统一采用一个标准计时单位记录时间。情侣们会这样给伴侣发微信："亲爱的，我在电影院门口等你，时间是第 10 029 384 848 737 375 标准时间单位，不见不散！"至于第 10 029 384 848 737 375 标准时间单位是冬天还是夏天，是白天还是晚上，估计也不会有人关注了，你愿意过这样的生活吗？

回到原来的话题，怎么记生日才准确，是农历还是公历？都不是！你应该计算出自己出生的那个时刻地球的日心黄经，以后每当地球运行到这个位置时就庆祝生日吧。等等，我忘了什么事情了吗？对了，地球的自转，除了地球的日心黄经，还要计算地球自转偏转的角度。流汗了吧？计算其实不难，难的是地球公转多少个周期才能刚好碰上这个偏角？你看，过个准确的生日这么难，这个生日到底是过还是不过啊？

算法在生活中无处不在，有了各种行星运行理论，相关的天文计算的算法也简化了，非天文物理专业的历法爱好者也可以进行简单的历法计算，确定一些天文现象的时间。蔡勒公式让那些给个日期就能说出是星期几的神人不再神奇。当然，还有我们熟悉的牛顿迭代法，在计算二十四节气和朔日的时候两次用到了它。

11.6 参考资料

[1] Chapront-Touze M, Chapront J. *ELP 2000-85 - A Semi-Analytical Lunar Ephemeris Adequate for Historical Times*. Astronomy And Astrophysics, 1998.

[2] Meeus J. *Astronomical Algorithms*. Willmann-Bell Inc, 1991.

[3] Bretagnon P, Francou G. *Planetray Theories in Rectangular and Spherical Variables VSOP87 Solutions*. Astronomy And Astrophysics, 1998.

[4] Chapront-Touze M, Chapront J. *The Lunar Ephemeris ELP 2000*, Astronomy And Astrophysics, 1983.

[5] Simon J L, Chapront-Touze M, Chapront J, et al. *Numerical Expression for Precession formulae and Mean Elements for the Moon and the Planets*. Astronomy And Astrophysics, 1994.

[6] Chapront-Touze M, Chapront J. *Analytical Ephemerides of the Moon in the 20th Century*. Paris Observatory Lunar Analysis Center, 2002.

[7] Chapront-Touze M. *New Expressions of the Secular Terms in Lunar Table and Programs from 4000 B.C. to A.D. 8000*. Paris Observatory Lunar Analysis Center, 1999.

第 *12* 章
实验数据与曲线拟合

在科学研究和工程实践中，都有大量数据需要分析和处理。对这些数据进行图形化的展示，相对于一堆离散的数据来说，能更直观地看出数据的实际意义和变化趋势。将数据转换成图形展示有多种方法，曲线拟合就是二维图形化展示的一种，本章就介绍两种最常见的曲线拟合算法。

12.1　曲线拟合

科学和工程上遇到的很多问题，往往只能通过诸如采样、实验等方法获得若干离散的数据，根据这些数据，如果能够找到一个连续的函数（也就是曲线）或者更加密集的离散方程，使得实验数据与方程的曲线能够在最大程度上近似吻合，就可以根据曲线方程对数据进行数学计算，对实验结果进行理论分析，甚至对某些不具备测量条件的位置的结果进行估算。

12.1.1　曲线拟合的定义

曲线拟合（curve fitting）的数学定义是指用连续曲线近似地刻画或比拟平面上一组离散点所表示的坐标之间的函数关系，是一种用解析表达式逼近离散数据的方法。曲线拟合通俗的说法就是"拉曲线"，也就是将现有数据透过数学方法代入一个数学方程式的表示方法。由以上定义可知，曲线拟合不仅仅是根据离散数据画出一条曲线，更重要的是通过特定的曲线拟合算法，推算出一个（或一系列）能逼近离散数据并能维持统计误差最小的数学解析表达式，也就是拟合曲线的数学方程。

12.1.2　简单线性数据拟合的例子

回想一下中学物理课的"速度与加速度"实验：假设某物体正在做加速运动，加速度未知，某实验人员从时间 $t_0 = 3$ 秒开始，以 1 秒的时间间隔对这个物体连续进行了 12 次测速，得到一组速度和时间的离散数据（如表 12-1 所示），请根据实验结果推算该物体的加速度。

表12-1 物体速度和时间的测量关系表

时间（s）	3	4	5	6	7	8	9	10	11	12	13	14
速度（m/s）	8.41	9.94	11.58	13.02	14.33	15.92	17.54	19.22	20.49	22.01	23.53	24.47

在选择了合适的坐标刻度之后，我们就可以在坐标纸上画出这些点。如图 12-1 所示，排除偏差明显偏大的测量值后，可以看出测量结果呈现典型的线性特征。沿着该线性特征画一条直线，使尽量多的测量点位于直线上，或与直线的偏差尽量小，这条直线就是我们根据测量结果拟合的速度与时间的函数关系。最后在坐标纸上测量出直线的斜率 K，K 就是被测物体的加速度。经过测量，实验物体的加速度是 1.53m/s^2，初速度是 3.99m/s。

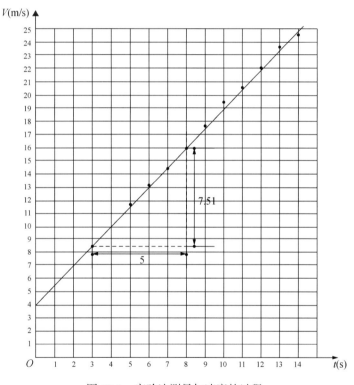

图 12-1 实验法测量加速度的过程

12.2 最小二乘法曲线拟合

使用数学分析进行曲线拟合有很多常用的方法，这一节先介绍最简单的最小二乘法，并使用该方法解决上一节给出的速度与加速度实验问题。

12.2.1 最小二乘法原理

最小二乘法又称最小平方法,是一种通过最小化误差的平方和寻找数据的最佳函数匹配的方法。利用最小二乘法,可以简便地求得未知数据,并使得这些求得的数据与实际数据之间误差的平方和最小。当然,作为一种插值方法使用时,最小二乘法也可以用于曲线拟合。使用最小二乘法进行曲线拟合是曲线拟合中早期常用的一种方法。不过,最小二乘法理论简单,计算量小。即便在使用三次样条曲线或 RBF(radial basis function)进行曲线拟合大行其道的今天,最小二乘法在多项式曲线或直线的拟合问题上,仍然得到广泛的应用。使用最小二乘法,选取的匹配函数的模式非常重要:如果离散数据呈现指数变化规律,则应该选择指数形式的匹配函数模式;如果呈现多项式变化规律,则应该选择多项式匹配模式。如果选择的模式不对,拟合的效果就会很差,这也是使用最小二乘法进行曲线拟合时需要特别注意的一个地方。

下面以为例,介绍使用最小二乘法进行曲线拟合的完整步骤。假设选择的拟合多项式模式是:

$$y = a_0 + a_1 x + a_2 x^2 + \cdots + a_m x^m \tag{12-1}$$

离散的各点到这条曲线的平方和 $F(a_0, a_1, \cdots, a_m)$ 则为:

$$F(a_0, a_1, \cdots, a_m) = \sum_{i=1}^{n} [y_i - (a_0 + a_1 x_i + a_2 x_i^2 + \cdots + a_m x_i^m)]^2 \tag{12-2}$$

最小二乘法的第一步处理就是对 $F(a_0, a_1, \cdots, a_m)$ 分别求对 a_i 的偏导数,得到 m 个等式:

$$-2\sum_{i=1}^{n} [y_i - (a_0 + a_1 x_i + a_2 x_i^2 + \cdots + a_m x_i^m)] = 0$$

$$-2\sum_{i=1}^{n} [y_i - (a_0 + a_1 x_i + a_2 x_i^2 + \cdots + a_m x_i^m)]x_i = 0$$

$$\cdots$$

$$-2\sum_{i=1}^{n} [y_i - (a_0 + a_1 x_i + a_2 x_i^2 + \cdots + a_m x_i^m)]x_i^m = 0 \tag{12-3}$$

这 m 个等式相当于 m 个方程,$a_0, a_1, \cdots, a_m$ 是 m 个未知量,因此这 m 个方程组成的方程组是可解的。最小二乘法的第二步处理就是将其整理为针对 $a_0, a_1, \cdots, a_m$ 的正规方程组。最终整理出的方程组如下:

$$a_0 n + a_1 \sum_{i=1}^{n} x_i + a_2 \sum_{i=1}^{n} x_i^2 + \cdots + a_m \sum_{i=1}^{n} x_i^m = \sum_{i=1}^{n} y_i$$

$$a_0 \sum_{i=1}^{n} x_i + a_1 \sum_{i=1}^{n} x_i^2 + a_2 \sum_{i=1}^{n} x_i^3 + \cdots + a_m \sum_{i=1}^{n} x_i^{m+1} = \sum_{i=1}^{n} x_i y_i$$

$$\cdots$$

$$a_0 \sum_{i=1}^{n} x_i^{m} + a_1 \sum_{i=1}^{n} x_i^{m+1} + a_2 \sum_{i=1}^{n} x_i^{m+2} + \cdots + a_m \sum_{i=1}^{n} x_i^{2m} = \sum_{i=1}^{n} x_i^{m} y_i \qquad (12\text{-}4)$$

最小二乘法的第三步处理就是求解这个多元一次方程组，得到多项式的系数 a_0, a_1, $\cdots$, a_m，就可以得到曲线的拟合多项式函数。求解多元一次方程组的方法很多，高斯消元法是最常用的一种，下一节就简单介绍这种方法。

12.2.2　高斯消元法求解方程组

在数学上，高斯消元法是线性代数中的一个算法，可用来求解多元一次线性方程组，也可以用来求矩阵的秩，以及求可逆方阵的逆矩阵。高斯消元法虽然以数学家高斯的名字命名，但是最早使用该方法的文献资料应该是中国的《九章算术》。

高斯消元法的主要思想是将方程组的系数矩阵由对称矩阵变为三角矩阵，从而达到消元的目的，最后通过回代逐个获得方程组的解。在消元的过程中，如果某一行的对角线元素的值太小，在计算过程中就会出现很大的数除以很小的数的情况，有除法溢出的可能。因此在消元的过程中，通常会增加一个主元选择的步骤，通过行交换操作，将当前列绝对值最大的行交换到当前行位置，避免了除法溢出的问题，增加了算法的稳定性。

高斯消元法的实现简单，主要由两个步骤组成：第一个步骤是通过选择主元，逐行消元，最终形成方程组系数矩阵的三角矩阵形式；第二个步骤是逐步回代的过程，最终矩阵的对角线上的元素就是方程组的解。下面给出高斯消元法的一个算法实现：

```
/*带列主元的高斯消元法解方程组，最后的解在matrixA的对角线上*/
bool GuassEquation::Resolve(std::vector<double>& xValue)
{
    assert(xValue.size() == m_DIM);

    /*消元，得到上三角阵*/
    for(int i = 0; i < m_DIM - 1; i++)
    {
        /*按列选主元*/
        int pivotRow = SelectPivotalElement(i);
        if(pivotRow != i)/*如果有必要，交换行*/
        {
            SwapRow(i, pivotRow);
        }
        if(IsPrecisionZero(m_matrixA[i * m_DIM + i]))/*主元是0，不存在唯一解*/
        {
            return false;
        }
        /*对系数做归一化处理，使每行的第一个系数是1.0*/
        SimplePivotalRow(i, i);
        /*逐行进行消元*/
        for(int j = i + 1; j < m_DIM; j++)
        {
```

12

```
            RowElimination(i, j, i);
        }
    }
/*回代求解*/
    m_matrixA[(m_DIM - 1) * m_DIM + m_DIM - 1] = m_bVal[m_DIM - 1] / m_matrixA[(m_DIM - 1) * m_DIM +
        m_DIM - 1];
    for(int i = m_DIM - 2; i >= 0; i--)
    {
        double totalCof = 0.0;
        for(int j = i + 1; j < m_DIM; j++)
        {
            totalCof += m_matrixA[i * m_DIM + j] * m_matrixA[j * m_DIM + j];
        }
        m_matrixA[i * m_DIM + i] = (m_bVal[i] - totalCof) / m_matrixA[i * m_DIM + i];
    }

/*将对角线元素的解逐个存入解向量*/
    for(int i = 0; i < m_DIM; i++)
    {
        xValue[i] = m_matrixA[i * m_DIM + i];
    }

    return true;
}
```

在 GuassEquation::Resolve()函数中，m_matrixA 是以一维数组形式存放的系数矩阵，m_DIM 是矩阵的维数，SelectPivotalElement()函数从系数矩阵的第 i 列中选择绝对值最大的那个值所在的行，并返回行号，SwapRow()函数负责交换系数矩阵两个行的所有值，SimplePivotalRow()函数是归一化处理函数，通过除法操作将指定行的对角线元素变换为 1.0，以便简化随后的消元操作。

12.2.3 最小二乘法解决"速度与加速度"实验

根据 12.2.1 节对最小二乘法原理的分析，用程序实现最小二乘法曲线拟合的算法主要由两个步骤组成：第一个步骤是根据给出的测量值生成关于拟合多项式系数的方程组；第二个步骤是解这个方程组，求出拟合多项式的各个系数。根据对上文最终整理的正规方程组的分析，可以看出其系数有一定的关系，就是每一个方程都比前一个方程多乘了一个 x_i。因此，只需要完整计算出第一个方程的系数，其他方程的系数只是将前一个方程的系数依次左移一位，然后单独计算出最后一个系数就可以了，此方法可以减少很多无谓的计算。求解多元一次方程组就使用 12.2.2 节介绍的高斯消元法，其算法上一节已经给出。

这里给出一个最小二乘算法的完整实现。以 12.1.2 节的数据为例，因为数据结果明显呈现线性方程的特征，所以选择拟合多项式为 $v = v_0 + at$，v_0 和 a 就是要求解的拟合多项式系数。

```
Bool LeastSquare(const std::vector<double>& x_value, const std::vector<double>& y_value, int M,
std::vector<double>& a_value)
{
```

```cpp
    assert(x_value.size() == y_value.size());
    assert(a_value.size() == M);

    double *matrix = new double[M * M];
    double *b= new double[M];

    std::vector<double> x_m(x_value.size(), 1.0);
    std::vector<double> y_i(y_value.size(), 0.0);
    for(int I = 0; I < M; i++)
    {
        matrix[ARR_INDEX(0, I, M)] = std::accumulate(x_m.begin(), x_m.end(), 0.0);
        for(int j = 0; j < static_cast<int>(y_value.size()); j++)
        {
            y_i[j] = x_m[j] * y_value[j];
        }
        b[i] = std::accumulate(y_i.begin(), y_i.end(), 0.0);
        for(int k = 0; k < static_cast<int>(x_m.size()); k++)
        {
            x_m[k] *= x_value[k];
        }
    }
    for(int row = 1; row < M; row++)
    {
        for(int I = 0; I < M - 1; i++)
        {
            matrix[ARR_INDEX(row, I, M)] = matrix[ARR_INDEX(row - 1, I + 1, M)];
        }
        matrix[ARR_INDEX(row, M - 1, M)] = std::accumulate(x_m.begin(), x_m.end(), 0.0);
        for(int k = 0; k < static_cast<int>(x_m.size()); k++)
        {
            x_m[k] *= x_value[k];
        }
    }

    GuassEquation equation(M, matrix, b);
    delete[] matrix;
    delete[] b;

    return equation.Resolve(a_value);
}
```

将表 12-1 的数据代入算法，计算得到 v_0 = 4.055 454 55，a = 1.488 181 82，比作图法得到的结果更精确。以上算法是根据最小二乘法的理论推导系数方程，并求解系数方程得到拟合多项式系数的一种实现方法。除此之外，还可以利用预先计算好的最小二乘解析理论直接求得拟合多项式的系数，读者可自行学习相关的实现算法。

12.3　三次样条曲线拟合

曲线拟合基本上就是一个插值计算的过程。除了最小二乘法，其他插值方法也可以用于曲线拟合。常用的曲线拟合方法还有基于 RBF 的曲线拟合和三次样条曲线拟合。最小二乘法方法简单，便于实现，但是如果拟合模式选择不当，会产生较大的偏差，特别是对于复杂曲线的拟合，如果选错了模式，拟合效果就会很差。基于 RBF 的曲线拟合方法需要深厚的数学基础，涉及多维空间理论，将低维的模式输入数据转换到高维空间中，使得低维空间内的线性不可分问题在高维空间内变得线性可分，这种数学分析方法非常强大，但是这种方法不易得到拟合函数，因此在需要求解拟合函数的情况下使用起来不是很方便。

样条插值是一种工业设计中常用的、用来得到平滑曲线的一种插值方法，**三次样条**又是其中使用较为广泛的一种。使用三次样条曲线进行曲线拟合可以得到非常高精度的拟合结果，并且很容易得到拟合函数，本节将重点介绍三次样条曲线拟合的原理和算法实现，并通过一个具体的例子将三次样条函数拟合的曲线与原始曲线进行对比，让大家体会三次样条曲线拟合的惊人效果。

12.3.1 插值函数

前面提到过，曲线拟合的实质就是各种插值计算，因此，插值函数的选择决定了曲线拟合的效果。那么插值函数的数学定义是什么呢？若在$[a, b]$上给出 $n + 1$ 个点 $a \leqslant x_0 < x_1 < \cdots < x_n \leqslant b$，$f(x)$ 是$[a, b]$上的实值函数，要求一个具有 $n + 1$ 个参量的函数 $s(x; a_0, \cdots, a_n)$ 使它满足

$$s(x_i; a_0, \cdots, a_n) = f(x_i) , \ i = 0, 1, \cdots, n \tag{12-5}$$

则称 $s(x)$ 为 $f(x)$ 在$[a, b]$上的插值函数。若 $s(x)$ 关于参量 $a_0, a_1, \cdots, a_n$ 是线性关系，即：

$$s(x) = a_0 s_0(x) + a_1 s_1(x) + \cdots + a_n s_n(x) \tag{12-6}$$

则 $s(x)$ 就是多项式插值函数。如果 $s_i(x)$ 是三角函数，则 $s(x)$ 就是三角插值函数。

比较常用的多项式插值函数是牛顿插值多项式和拉格朗日插值多项式，但是在多项式的次数比较高的情况下，插值点数 n 过多会导致多项式插值在收敛性和稳定性上失去保证。因此，在插值点数 n 较大的情况下，一般不使用多项式插值，而采用样条插值或次数较低的最小二乘法插值。

12.3.2 样条函数的定义

在所有能够保证收敛性和稳定性的插值函数中，最常用也最重要的插值函数就是样条函数。采用样条函数计算出的插值曲线和曲面在飞机、轮船和汽车等精密机械设计中得到了广泛应用。样条函数的数学定义如下。

在区间$[a, b]$上选取 $n - 1$ 个节点（包括区间端点 a 和 b，共 $n + 1$ 个节点），将其划分为 n 个子区间 $a = x_0 < x_1 < \cdots < x_n = b$，如果存在函数 $s(x)$ 满足以下两个条件：

(1) $s(x)$ 在整个区间$[a, b]$上具有 $m - 1$ 阶连续导数

(2) $s(x)$在每个子区间$[x_{i-1}, x_i]$，$i = 1, 2, \cdots, n$ 上是 m 次代数多项式（最高次数为 m 次）

则称 $s(x)$ 是区间$[a, b]$上的 m 次样条函数。假如区间$[a, b]$上存在实值函数 $f(x)$，使得每个节点处的

值 $f(x_i)$ 与 $s(x_i)$ 相等，即

$$s(x_i) = f(x_i),\ i = 0, 1, \cdots, n \tag{12-7}$$

则称 $s(x)$ 是实值函数 $f(x)$ 的 m 次样条函数。

当 $m = 1$ 时，样条函数是分段线性插值，此时虽然 $s(x)$ 是区间 $[a, b]$ 上的函数，但它不光滑（连一阶连续导数性质都不具备），不能满足工程设计要求。工程设计通常使用较多的是 $m = 3$ 时的三次样条函数，此时样条函数具有二阶连续导数性质。

根据三次样条函数的定义，$s(x)$ 在每个子区间上的样条函数 $s_i(x)$ 都是一个三次多项式。也就是说，三次样条函数 $s(x)$ 由 n 个区间上的 n 个三次多项式组成，每个三次多项式可描述为以下形式：

$$s_i(x) = a_i x^3 + b_i x^2 + c_i x + d_i \quad i = 1, 2, \cdots, n \tag{12-8}$$

因此，要确定完整的样条函数 $s(x)$，需要确定 a_i、b_i、c_i 和 d_i 共 $4n$ 个系数。根据样条函数的定义，$s(x)$ 在区间的 $n - 1$ 个节点处都是连续的，并且其一阶导数 $s_i'(x)$ 和二阶导数 $s_i''(x)$ 都是连续的，根据连续函数的性质（x_i 的左右导数相等），我们可以得到 $3(n-1)$ 个条件：

$$s_i(x_i - 0) = s_{i+1}(x_i + 0) \quad i = 1, 2, \cdots, n{-}1$$

$$s_i'(x_i - 0) = s_{i+1}'(x_i + 0) \quad i = 1, 2, \cdots, n{-}1$$

$$s_i''(x_i - 0) = s_{i+1}''(x_i + 0) \quad i = 1, 2, \cdots, n{-}1 \tag{12-9}$$

再加上插值函数在包括区间端点 a（就是 x_0）、b（就是 x_n）在内的 $n + 1$ 个节点处满足 $s(x_i) = f(x_i)$，又可以得到 $n + 1$ 个条件，这样就具备了 $4n - 2$ 个条件。

12.3.3　边界条件

为了解决 $4n$ 个系数组成的方程组，最终确定的 $s(x)$，需要再补充两个边界条件使之满足 $4n$ 个条件。常用的边界条件有以下几种。

第一类边界条件，即满足 $s'(x_0) = f'(x_0)$ 和 $s'(x_n) = f'(x_n)$ 两个条件，其中 $f(x)$ 是实值函数。

第二类边界条件，即满足 $s''(x_0) = f''(x_0)$ 和 $s''(x_n) = f''(x_n)$ 两个条件，其中 $f(x)$ 是实值函数。特殊情况下，当 $f''(x_0) = f''(x_n) = 0$ 时，也就是 $s''(x_0) = s''(x_n) = 0$ 时，第二类边界条件又称自然边界条件。

当样条函数的实值函数 $f(x)$ 是以 $[a, b]$ 为周期的周期函数时，三次样条函数 $s(x)$ 在两个端点处满足 $s'(x_0 - 0) = s'(x_n + 0)$ 和 $s''(x_0 - 0) = s''(x_n + 0)$，这种情况又称第三类边界条件。

工程技术中常用的是第一类边界条件和第二类边界条件，以及第二类边界条件的特殊情况自

12

然边界条件。理想情况下，也就是实值函数已知的情况下，可以通过实值函数直接计算出边界条件的值，否则只能通过测量和计算得到边界条件的值，有时候甚至只能给出经验估计值。工程技术中通常根据实际情况灵活使用各类边界条件。

12.3.4 推导三次样条函数

求三次样条函数 $s(x)$ 的方法很多，其基本原理都是首先求出由待定系数组成的 $s(x)$，以及其一阶导数 $s'(x)$ 和二阶导数 $s''(x)$，然后将其代入 12.3.2 节和 12.3.3 节列举的 $4n$ 个条件中，得到关于待定系数的方程组，最后求解方程组得到待定系数，并最终确定插值函数 $s(x)$。

求三次样条函数 $s(x)$ 常用的方法是"三转角法"和"三弯矩法"。根据三次样条函数的性质，$s(x)$ 的一阶导数 $s'(x)$ 是二次多项式，二阶导数 $s''(x)$ 是一次多项式（线性函数），"三转角法"和"三弯矩法"的主要区别是利用这两个特性推导插值函数 $s(x)$、$s'(x)$ 和 $s''(x)$ 的方式不同。"三转角法"利用 $s(x)$ 的一阶导数 $s'(x)$ 是二次多项式这个特性，对于子区间 $[x_i, x_{i+1}]$，利用抛物线插值公式获得一个通过 x_i 和 x_{i+1} 两个点的二次多项式作为 $s'(x)$，然后对 $s'(x)$ 进行积分和微分（求导）运算，分别得到 $s(x)$ 和 $s''(x)$，最后将它们代入 $4n$ 个条件中求解系数方程组。"三弯矩法"则是利用 $s(x)$ 的二阶导数 $s''(x)$ 是一次多项式（线性函数）这个特性，对于子区间 $[x_i, x_{i+1}]$，首先假设一个通过 x_i 和 x_{i+1} 两个点的线性函数作为 $s''(x)$，然后对 $s''(x)$ 进行连续两次积分运算得到 $s(x)$，再对 $s(x)$ 进行求导运算得到 $s'(x)$，最后将它们代入 $4n$ 个条件中求解系数方程组。这两种方法的本质是一样的，只是对 $s(x)$ 的推导过程不同，接下来就介绍使用"三弯矩法"求解三次样条函数的方法。

三次样条函数的求解过程就是系数方程组的推导过程，使用"三弯矩法"推导系数方程组，首先要确定插值函数的二阶导数 $s''(x)$。根据三次样条函数的性质，在每个子区间 $[x_i, x_{i+1}]$ 上，其二阶导数 $s''(x)$ 是个线性方程。现在假设在 x_i 和 x_{i+1} 两个端点的二阶导数值分别是 M_i 和 M_{i+1}，也就是 $s''(x_i) = M_i$，$s''(x_{i+1}) = M_{i+1}$，则经过 x_i 和 x_{i+1} 的两点的直线方程是：

$$\frac{y - M_i}{x - x_i} = \frac{M_{i+1} - M_i}{x_{i+1} - x_i} \tag{12-10}$$

经过变换可以得到 $s_i''(x)$

$$y = s_i''(x) = \frac{x_{i+1} - x}{h_i} M_i + \frac{x - x_i}{h_i} M_{i+1} \quad \text{其中 } h_i = x_{i+1} - x_i \tag{12-11}$$

对 $s_i''(x)$ 进行两次积分，得到 $s_i(x)$，其中 A_i 和 B_i 都是常量：

$$s_i(x) = \frac{(x_{i+1} - x)^3}{6h_i} M_i + \frac{(x - x_i)^3}{6h_i} M_{i+1} + A_i x + B_i \quad \text{其中 } h_i = x_{i+1} - x_i \tag{12-12}$$

根据式(12-7)插值条件，$s_i(x_i) = y_i$，$s_i(x_{i+1}) = y_{i+1}$，将这两个条件代入式(12-12)，得到两个等式，这

两个等式恰好是一个关于 A_i 和 B_i 的二元一次方程组：

$$\frac{(x_{i+1}-x_i)^3}{6h_i}M_i + A_ix_i + B_i = y_i$$

$$\frac{(x_{i+1}-x_i)^3}{6h_i}M_{i+1} + A_ix_{i+1} + B_i = y_{i+1} \tag{12-13}$$

因为 $h_i = x_{i+1} - x_i$，代入式(12-13)后简化等式，并求解这个方程组，得到 A_i 和 B_i 分别是：

$$A_i = \frac{y_{i+1}-y_i}{h_i} - \frac{M_{i+1}-M_i}{6}h_i$$

$$B_i = y_{i+1} - \frac{M_{i+1}}{6}h_i^2 - (\frac{y_{i+1}-y_i}{h_i} - \frac{M_{i+1}-M_i}{6}h_i)x_{i+1} \tag{12-14}$$

将 A_i 和 B_i 代入式(12-12)，得到完整的 $s_i(x)$：

$$s_i(x) = \frac{(x_{i+1}-x)^3}{6h_i}M_i + \frac{(x-x_i)^3}{6h_i}M_{i+1} + (y_i - \frac{M_i}{6}h_i^2)\frac{x_{i+1}-x}{h_i} + (y_{i+1} - \frac{M_{i+1}}{6}h_i^2)\frac{x-x_i}{h_i} \tag{12-15}$$

其中只有 M_i 和 M_{i+1} 是未知的系数量，只要求得这两个值，就能够确定完整的样条函数 $s(x)$。要求解 M_i 和 M_{i+1}，还需要利用三次样条函数的一阶导函数的一些性质增加一些计算条件，因此还要求其一阶导函数 $s_i{}'(x)$。只需对 $s_i(x)$ 求导，就可以得到 $s_i(x)$ 的一阶导数 $s_i{}'(x)$：

$$s_i{}'(x) = -\frac{(x_{i+1}-x)^2}{2h_i}M_i + \frac{(x-x_i)^2}{2h_i}M_{i+1} + \frac{y_{i+1}-y_i}{h_i} - \frac{M_{i+1}-M_i}{6}h_i \tag{12-16}$$

根据三次样条函数的特性，其一阶导数 $s_i{}'(x)$ 在节点 x_i 处是连续的，因此可以利用式(12-9)的第二个条件，即 $s_i{}'(x)$ 在节点 x_i 处左右导数相等的特性，再获得一些求解关于 M_i 的条件。根据左导数的定义：

$$s_i{}'(x_i - 0) = \frac{h_{i-1}}{6}M_{i-1} + \frac{y_i-y_{i-1}}{h_{i-1}} + \frac{h_{i-1}}{3}M_i \quad i = 1, 2, \cdots, n-1 \tag{12-17}$$

同样，根据右导数的定义：

$$s_{i+1}{}'(x_i + 0) = -\frac{h_i}{6}M_i + \frac{y_{i+1}-y_i}{h_i} - \frac{h_i}{6}M_{i+1} \quad i = 1, 2, \cdots, n-1 \tag{12-18}$$

由式(12-17)和式(12-18)可以得到一个等式，将 M_{i-1}、M_i 和 M_{i+1} 作为变量，将等式整理成关于 M_i 的方程：

12

$$\frac{h_{i-1}}{h_{i-1}+h_i}M_{i-1}+2M_i+\frac{h_i}{h_{i-1}+h_i}M_{i+1}=\frac{6}{h_{i-1}+h_i}(\frac{y_{i+1}-y_i}{h_i}-\frac{y_i-y_{i-1}}{h_{i-1}}) \qquad i=1,2,\cdots,n-1 \tag{12-19}$$

令 $u_i=\dfrac{h_{i-1}}{h_{i-1}+h_i}$ ，$v_i=1-u_i=\dfrac{h_i}{h_{i-1}+h_i}$ ，$d_j=\dfrac{6}{h_{i-1}+h_i}(\dfrac{y_{i+1}-y_i}{h_i}-\dfrac{y_i-y_{i-1}}{h_{i-1}})$ ，将其代入式(12-19)，得到简化的等式：

$$u_iM_{i-1}+2M_i+v_iM_{i+1}=d_i \qquad i=1,2,\cdots,n-1 \tag{12-20}$$

从 M_0 到 M_n 有 $n+1$ 个 M_i 的值需要求解，但是式(12-20)只有 $n-1$ 个等式，此时就需要用到两个边界条件了。

如果使用第二类边界条件，则直接可以得到以下两个条件等式：

$$s''(x_0)=M_0=f''(x_0)=y_0' \tag{12-21}$$

$$s''(x_n)=M_n=f''(x_n)=y_n' \tag{12-22}$$

令 $d_0=2y_0'$，$d_n=2y_n'$，可以得到由第二类边界条件确定的两个方程：

$$2M_0=d_0 \tag{12-23}$$

$$2M_n=d_n \tag{12-24}$$

如果使用第一类边界条件，即 $s'(x_0)=f'(x_0),s'(x_n)=f'(x_n)$，则需要将这两个条件代入式(12-16)，通过计算得到两个条件等式。将 $s'(x_0)=y_0'$ 代入式(12-16)，得到：

$$2M_0+M_1=\frac{6}{h_0}(\frac{y_1-y_0}{h_0}-y_0') \tag{12-25}$$

将 $s'(x_n)=y_n'$ 代入式(12-16)，得到：

$$M_{n-1}+2M_n=\frac{6}{h_{n-1}}(y_n'-\frac{y_n-y_{n-1}}{h_{n-1}}) \tag{12-26}$$

令 $d_0=\dfrac{6}{h_0}(\dfrac{y_1-y_0}{h_0}-y_0')$，$d_n=\dfrac{6}{h_{n-1}}(y_n'-\dfrac{y_n-y_{n-1}}{h_{n-1}})$，可将式(12-23)和式(12-24)简化为：

$$2M_0+M_1=d_0 \tag{12-27}$$

$$M_{n-1}+2M_n=d_n \tag{12-28}$$

将第二类边界条件得到的式(12-23)和式(12-24)或第一类边界条件得到的式(12-27)和式(12-28)与式(12-20)中的 $n-1$ 个等式组合在一起就得到一个关于 M_i 的方程组，求解此方程组可以得到 M_i 的值，代入式(12-15)即可得到三次样条函数方程。以第一类边界条件得到的式(12-27)和式(12-28)为例，与式(12-20)联立得到以下方程组：

$$\begin{bmatrix} 2 & v_0 & & & & \\ u_1 & 2 & v_1 & & & \\ \vdots & \vdots & \vdots & & & \\ & & u_{n-1} & 2 & v_{n-1} \\ & & & u_n & 2 \end{bmatrix} \begin{bmatrix} M_0 \\ M_1 \\ \vdots \\ M_{n-1} \\ M_n \end{bmatrix} = \begin{bmatrix} d_0 \\ d_1 \\ \vdots \\ d_{n-1} \\ d_n \end{bmatrix} \tag{12-29}$$

这就是三弯矩方程组，其中 M_i，$i=0, 1, \cdots, n$ 就是三次样条函数 $s(x)$ 的矩。根据式(12-27)和式(12-28)，$u_n = 1$，$v_0 = 1$，其余各系数可以通过式(12-19)中的系数计算出来。这个方程组的系数矩阵是一个对角矩阵，并且是一个严格对角占优的对角矩阵（u_i 和 v_i 的值均小于主对角线的值，也就是 u_i 和 v_i 的值皆小于 2 ），可以使用追赶法求解。下一节将介绍如何使用追赶法求解方程组，并给出求解的算法实现。

12.3.5 追赶法求解方程组

任意矩阵 A 都可以通过克洛脱（Crout）分解得到两个三角矩阵：

$$A = \begin{bmatrix} a_{11} & a_{12} & \cdots & a_{1n} \\ a_{21} & a_{22} & \cdots & a_{2n} \\ \vdots & \vdots & \vdots & \vdots \\ a_{n1} & a_{n2} & \cdots & a_{nn} \end{bmatrix} = \begin{bmatrix} l_{11} & & & \\ l_{21} & l_{22} & & \\ \vdots & \vdots & \vdots & \\ l_{n1} & l_{n2} & \cdots & l_{nn} \end{bmatrix} \begin{bmatrix} 1 & u_{12} & \cdots & u_{1n} \\ & 1 & \cdots & u_{2n} \\ & & \vdots & \vdots \\ & & & 1 \end{bmatrix} = LU$$，如果 A 是对角矩阵，则

克洛脱分解的结果为：

$$A = \begin{bmatrix} a_1 & c_1 & & & & \\ b_2 & a_2 & c_2 & & & \\ & b_3 & a_3 & c_3 & & \\ & & \vdots & \vdots & \vdots & \\ & & & b_{n-1} & a_{n-1} & c_{n-1} \\ & & & & b_n & a_n \end{bmatrix} = \begin{bmatrix} l_1 & & & & & \\ m_2 & l_2 & & & & \\ & m_3 & l_3 & & & \\ & & \vdots & \vdots & & \\ & & & m_{n-1} & l_{n-1} & \\ & & & & m_n & l_n \end{bmatrix} \begin{bmatrix} 1 & u_1 & & & & \\ & 1 & u_2 & & & \\ & & 1 & u_3 & & \\ & & & \vdots & \vdots & \\ & & & & 1 & u_{n-1} \\ & & & & & 1 \end{bmatrix}$$

在分解后的矩阵中，$l_1 = a_1$，$u_1 = c_1/l_1$，其余各项的计算规则如下：

$$\begin{cases} m_i = b_i, i = 2,3,\cdots,n \\ l_i = a_i - m_i u_{i-1}, i = 2,3,\cdots,n \\ u_i = c_i / l_i, i = 2,3,\cdots,n \end{cases}$$

在得到各个系数后，原方程组就可以分解为两个方程组，即 $Ax = d \Rightarrow \begin{cases} Ly = d \\ Ux = y \end{cases}$，对于第一个方程，求解向量 y_i：

$$\begin{bmatrix} l_1 & & & & & \\ m_2 & l_2 & & & & \\ & m_3 & l_3 & & & \\ & & \vdots & \vdots & & \\ & & & m_{n-1} & l_{n-1} & \\ & & & & m_n & l_n \end{bmatrix} \begin{bmatrix} y_1 \\ y_2 \\ y_3 \\ \vdots \\ y_{n-1} \\ y_n \end{bmatrix} = \begin{bmatrix} d_1 \\ d_2 \\ d_3 \\ \vdots \\ d_{n-1} \\ d_n \end{bmatrix}$$

其中 $y_1 = d_1/l_1$，其余各项的递推计算关系是：

$$y_i = (d_i - m_i y_{i-1})/l_i, i = 2, 3, \cdots, n$$

对于第二个方程，求解最终结果 x_i：

$$\begin{bmatrix} 1 & u_1 & & & & \\ & 1 & u_2 & & & \\ & & 1 & u_3 & & \\ & & & \vdots & \vdots & \\ & & & & 1 & u_{n-1} \\ & & & & & 1 \end{bmatrix} \begin{bmatrix} x_1 \\ x_2 \\ x_3 \\ \vdots \\ x_{n-1} \\ x_n \end{bmatrix} = \begin{bmatrix} y_1 \\ y_2 \\ y_3 \\ \vdots \\ y_{n-1} \\ y_n \end{bmatrix}$$

其中 $x_n = y_n$，其余各项的递推求解关系是：

$$x_i = y_i - u_i x_{i+1}, \quad i = n-1, n-2, \cdots, 1$$

递推计算 y_i 和 x_i 的过程分别被形象地描述为"追的过程"和"赶的过程"，这也是追赶法得名的原因。实际上，这种方法在国际上叫作托马斯法。这里需要强调一下，对三角矩阵的克洛脱分解需要满足几个条件，否则无法进行，这几个条件分别是：

(1) $a_i \neq 0, i = 2, 3, \cdots, n$

(2) $|a_1| > |c_1|, |a_n| > |b_n|$

(3) $|a_i| > |b_i| + |c_i|, i = 2, 3, \cdots, n-1$

下面给出一个追赶法求解方程组的通用算法实现。在使用之前，需要判断系数矩阵是否是三角矩阵，并且满足上述三个条件，相关的判断请读者自行添加：

```
/*追赶法求三角矩阵方程组的解*/
bool ThomasEquation::Resolve(std::vector<double>& xValue)
{
    assert(xValue.size() == m_DIM);

    std::vector<double> L(m_DIM);
    std::vector<double> M(m_DIM);
    std::vector<double> U(m_DIM);
    std::vector<double> Y(m_DIM);
```

```
/*消元，追的过程*/
L[O] = m_matrixA[ARR_INDEX(O, O, m_DIM)];
U[O] = m_matrixA[ARR_INDEX(O, 1, m_DIM)] / L[O];
Y[O] = m_bVal[O] / L[O];
for(int i = 1; i < m_DIM; i++)
{
    M[i] = m_matrixA[ARR_INDEX(i, i - 1, m_DIM)];
    L[i] = m_matrixA[ARR_INDEX(i, i, m_DIM)] - M[i] * U[i - 1];
    U[i] = m_matrixA[ARR_INDEX(i - 1, i, m_DIM)] / L[i];
    Y[i] = (m_bVal[i] - M[i] * Y[i - 1]) / L[i];
}
/*回代求解，赶的过程*/
xValue[m_DIM - 1] = Y[m_DIM - 1];
for(int i = m_DIM - 2; i >= O; i--)
{
    xValue[i] = Y[i] - U[i] * xValue[i + 1];
}

return true;
}
```

12.3.6　三次样条曲线拟合算法实现

根据 12.3.4 节对三次样条函数的推导分析，三次样条曲线拟合算法的核心可分为三部分：第一部分是根据推导结果计算关于三次样条函数的"矩"的方程组的系数矩阵；第二部分是用追赶法求解方程组，得到各个区间的三次样条函数；第三部分是根据每个拟合点的输入值 x_i，确定使用哪个区间的三次样条函数，并计算出三次样条插值 y_i，最后得到由一系列(x_i, y_i)组成的曲线就是三次样条拟合曲线。拟合算法也是按照上面的分析，分以下三个步骤计算插值。

第一步是计算系数矩阵，其中 u_0、v_0、d_0 和 d_n 的值需要单独计算，其余的值可以通过式(12-19)递推计算出来。

第二步是将系数矩阵代入 12.3.5 节给出的追赶法通用算法，求出 M_i 的值。求解之前，先证明第一步得到的系数矩阵是否满足追赶法的条件。首先，主对角线元素的值都是 2，满足 12.3.5 节的条件(1)。其次，由 u_i 和 v_i 的计算条件可知，$|u_i| < 1$，$|v_i| < 1$，满足 12.3.5 节的条件(2)。最后，因为 $a_i = 2$，且 u_i 和 v_i 的和是 1，所以也满足 12.3.5 节的条件(3)。由以上判断可知，求解三次样条函数的"矩"的系数矩阵满足使用追赶法求解的条件。

第三步是计算插值，需要将第二步计算得到的 M_i 代入式(12-15)，并选择合适的子区间样条函数计算出插值点的值。

下面就给出采用三弯矩法实现的三次样条曲线拟合算法，CalcSpline()函数的参数 Xi 和 Yi 是 n 个插值点（包括起点和终点）的值，boundType 是边界条件类型，b1 和 b2 分别是对应的两个边界条件，这个算法支持第一类和第二类边界条件（包括自然边界条件）。内部的矩阵 matrixA

就是按照式(12-29)构造的 M_i 方程组的系数矩阵，可用于直接用追赶法求解方程组。CalcSpline()
函数的大部分代码是在构造 M_i 方程组的系数矩阵，首先根据边界条件确定 u_n、v_0、d_0 和 d_n，其
他系数则根据式(12-19)的递推关系，在 for(int i = 1; i < (m_valN - 1); i++)循环中依次计算出
来，最后利用 12.3.5 节给出的追赶法算法求出 M_i。GetValue()函数负责计算给定区间内任意位置
的插值，首先根据 x 的值确定使用哪个子区间的样条函数，然后根据式(12-12)和式(12-14)给出的
关系计算插值。代码如下所示：

```
void SplineFitting::CalcSpline(double *Xi, double *Yi, int n, int boundType, double b1, double b2)
{
    assert((boundType == 1) || (boundType == 2));

    double *matrixA = new double[n * n];
    if(matrixA == NULL)
    {
        return;
    }
    double *d = new double[n];
    if(d == NULL)
    {
        delete[] matrixA;
        return;
    }

    m_valN = n;
    m_valXi.assign(Xi, Xi + m_valN);
    m_valYi.assign(Yi, Yi + m_valN);
    m_valMi.resize(m_valN);
    memset(matrixA, 0, sizeof(double) * n * n);

    matrixA[ARR_INDEX(0, 0, m_valN)] = 2.0;
    matrixA[ARR_INDEX(m_valN - 1, m_valN - 1, m_valN)] = 2.0;
    if(boundType == 1) /*第一类边界条件*/
    {
        matrixA[ARR_INDEX(0, 1, m_valN)] = 1.0; //v0
        matrixA[ARR_INDEX(m_valN - 1, m_valN - 2, m_valN)] = 1.0; //un
        double h0 = Xi[1] - Xi[0];
        d[0] = 6 * ((Yi[1] - Yi[0]) / h0 - b1) / h0; //d0
        double hn_1 = Xi[m_valN - 1] - Xi[m_valN - 2];
        d[m_valN - 1] = 6 * (b2 - (Yi[m_valN - 1] - Yi[m_valN - 2]) / hn_1) / hn_1; //dn
    }
    else /*第二类边界条件*/
    {
        matrixA[ARR_INDEX(0, 1, m_valN)] = 0.0; //v0
        matrixA[ARR_INDEX(m_valN - 1, m_valN - 2, m_valN)] = 0.0; //un
        d[0] = 2 * b1; //d0
        d[m_valN - 1] = 2 * b2; //dn
    }
    /*计算 ui,vi,di, i = 2,3,...,n-1*/
    for(int i = 1; i < (m_valN - 1); i++)
    {
        double hi_1 = Xi[i] - Xi[i - 1];
```

```
        double hi = Xi[i + 1] - Xi[i];
        matrixA[ARR_INDEX(i, i - 1, m_valN)] = hi_1 / (hi_1 + hi); //ui
        matrixA[ARR_INDEX(i, i, m_valN)] = 2.0;
        matrixA[ARR_INDEX(i, i + 1, m_valN)] = 1 - matrixA[ARR_INDEX(i, i - 1, m_valN)]; //vi = 1 -
            ui
        d[i] = 6 * ((Yi[i + 1] - Yi[i]) / hi - (Yi[i] - Yi[i - 1]) / hi_1) / (hi_1 + hi); //di
    }

    ThomasEquation equation(m_valN, matrixA, d);
    equation.Resolve(m_valMi);
    m_bCalcCompleted = true;

    delete[] matrixA;
    delete[] d;
}
double SplineFitting::GetValue(double x)
{
    if(!m_bCalcCompleted)
    {
        return 0.0;
    }
    if((x < m_valXi[0]) || (x > m_valXi[m_valN - 1]))
    {
        return 0.0;
    }
    int i = 0;
    for(i = 0; i < (m_valN - 1); i++)
    {
        if((x >= m_valXi[i]) && (x < m_valXi[i + 1]))
            break;
    }
    double hi = m_valXi[i + 1] - m_valXi[i];
    double xi_1 = m_valXi[i + 1] - x;
    double xi = x - m_valXi[i];

    double y = xi_1 * xi_1 * xi_1 * m_valMi[i] / (6 * hi);
    y += (xi * xi * xi * m_valMi[i + 1] / (6 * hi));

    double Ai = (m_valYi[i + 1] - m_valYi[i]) / hi - (m_valMi[i + 1] - m_valMi[i]) * hi / 6.0;
    y += Ai * x;
    double Bi = m_valYi[i + 1] - m_valMi[i + 1] * hi * hi / 6.0 - Ai * m_valXi[i + 1];
    y += Bi;
    return y;
}
```

12.3.7　三次样条曲线拟合的效果

本节将定义一个原始函数，从该函数的某个区间抽取 9 个插值点，根据这些点和该函数的边界条件，利用三次样条曲线进行曲线拟合，并将原始曲线和拟合曲线做对比，展示三次样条曲线拟合的效果。

12

首先定义原始函数:

$$f(x) = \frac{3}{1+x^2}$$

选择区间[0.0, 8.0]上的 9 个点作为插值点, 计算各点的值, 如表 12-2 所示。

表12-2 原始函数f(x)在各插值点的值

x	0.0	1.0	2.0	3.0	4.0	5.0	6.0	7.0	8.0
y	3.0	1.5	0.6	0.3	0.1765	0.1154	0.0811	0.06	0.0462

求 $f(x)$的导函数 $f'(x)$:

$$f'(x) = \frac{-6x}{(1+x^2)^2}$$

根据 $f'(x)$计算出在区间端点处的两个第一类边界条件 $f'(0.0) = 0.0$, $f'(8.0) = -0.011\,36$。利用表 12-2 中的数据和这两个边界条件, 计算出三次样条函数, 并从 0.0 开始, 以 0.01 为步长, 连续求 800 个点的插值, 将这些点连成曲线得到拟合曲线。为了做对比, 同样从 0.0 开始, 以 0.01 为步长, 用 $f(x)$函数连续计算 800 个点的原值, 将这些点连成曲线得到原始曲线。用不同的颜色画出这两条曲线, 如图 12-2 所示。

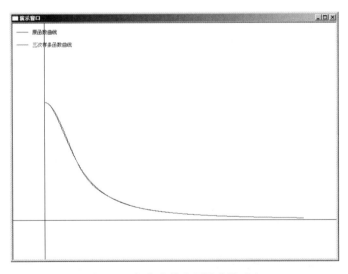

图 12-2 拟合曲线和原始曲线对比

从图 12-2 可以看到, 三次样条曲线拟合的效果非常好。同样在[0.0, 8.0]区间上, 如果增加插值点的个数, 将获得更好的拟合效果。比如以 0.5 为单位, 将插值点增加到 17 个, 则拟合的曲线与原始曲线几乎完全重合。

12.4 总结

本章介绍了两种常见的曲线拟合算法：最小二乘法和三次样条曲线拟合，并通过两个简单的例子介绍了这两种算法的应用场景。无论是这两种插值算法，还是求解方程组的高斯消元法和追赶法，都非常简单，实现也不复杂，但是在现实生活中到处都有体现。小到一个物理实验，大到工业制造，算法的应用无处不在。但是，它们都很简单，并不神秘，如果你也有这种感觉，本章的目的就达到了。

12.5 参考资料

[1] 李庆杨，关治，白峰杉. 数值计算原理. 北京：清华大学出版社，1999.

[2] 李红. 数值分析. 武汉：华中科技大学出版社，2003.

12

第 *13* 章
非线性方程与牛顿迭代法

一元非线性方程的求解是高等数学研究的重要课题之一。早在 2000 多年前，古巴比伦的数学家就能解一元二次方程了，中国的《九章算术》也有对一元二次方程求解的记载。目前人们普遍认为低阶（5 阶以下）一元非线性方程可以通过求根公式求解，但是等于或高于 5 阶的一元非线性方程不存在求根公式，要精确求解非常困难。对高阶方程，一般采用迭代法近似求解，牛顿迭代法因为方法简单、迭代收敛速度快而被广泛使用。在第 11 章介绍历法算法的时候，你会看到牛顿迭代法可用来求解节气和朔日时间。

13.1　非线性方程求解的常用方法

一元非线性方程的常用求解方法有很多，能够精确求解的方法有开平方法、配方法、因式分解法、公式法等，近似求解的方法有作图法以及各种迭代法。开平方法、配方法和因式分解法适用于一元非线性方程中的一些特殊情况，使用范围有限。公式法适用于低阶方程，对于一元二次方程，可以使用韦达公式，对于一元三次方程，可以使用卡尔丹公式或盛金公式，公式法比较适合编写计算机算法求解。作图法简单，但是精度不高，可用于使用迭代法时估计迭代初始值。

由迭代法求近似解有很多种方法，有一些迭代法受函数性质的影响，收敛性不是很好，有些情况下如果初始值选择不当，可能会导致迭代不能收敛。本章要介绍的二分逼近法和牛顿迭代法是计算机程序中常用的两种算法，都具有比较快的收敛速度。此外，公式法因为算法简单，在许多特定领域的软件中也有广泛应用。

13.1.1　公式法

一元二次方程的求解是中学数学的内容。对于一元二次方程的一般形式：$ax^2 + bx + c = 0$，可使用韦达公式求解方程的两个实数解。韦达公式可表示为：

$$x = \frac{-b \pm \sqrt{b^2 - 4ac}}{2a}$$

其中 $\Delta = b^2 - 4ac$ 是解的判别式，当 $\Delta > 0$ 时，方程有两个不相等的实数解；当 $\Delta = 0$ 时，方程有两个相等的实数解；当 $\Delta < 0$ 时，方程没有实数解。高等数学引入了复数域和虚数单位 $i^2 = -1$，当 $\Delta < 0$ 时，方程有两个不相等的复数解。

一元三次方程也有求根公式，比如卡尔丹公式和盛金公式。卡尔丹公式已经有 400 多年的历史，盛金公式则是由中国数学家范盛金在 20 世纪 80 年代发明的一种方法，比卡尔丹公式简洁实用。在卡尔丹公式出现以后，人们又致力于探寻一元四次方程的求根公式，最终卡尔丹的学生费拉里给出了答案。在此后的 300 多年时间里，人们苦等的一元五次方程的求根公式始终没有出现，很多著名数学家的尝试也没有结果。直到 1824 年，挪威数学家阿贝尔证明了五次及以上的方程不可能有求根公式（这个结论目前还有争议，因为少数特殊的 5 阶方程被证明有求解公式）。

公式法可以求得精确解，并且根据公式法的推导公式编写计算机算法非常简单，因此这样的算法在很多领域中得到了广泛使用。

13.1.2 二分逼近法

对于实数域的函数 $f(x)$，如果存在实数 k，使得 $f(k) = 0$，则 $x = k$ 就是函数 $f(x)$ 的零点。如果函数 $f(x)$ 是连续函数，且在区间 $[a, b]$ 上是单调函数，只要 $f(a)$ 和 $f(b)$ 异号，就说明在区间 $[a, b]$ 内一定有零点，此时就可以使用二分逼近法近似地找到这个零点。假设在上述区间上，$f(a) < 0$，$f(b) > 0$，则可按照以下过程实施二分逼近法：

(1) 如果 $f((a+b)/2) = 0$，则 $(a+b)/2$ 就是零点；

(2) 如果 $f((a+b)/2) < 0$，则零点在区间 $[(a+b)/2, b]$ 上，令 $a = (a+b)/2$，继续从第(1)步开始判断；

(3) 如果 $f((a+b)/2) > 0$，则零点在区间 $[a, (a+b)/2]$ 上，令 $b = (a+b)/2$，继续从第(1)步开始判断。

直接按照 $f((a+b)/2) = 0$ 判断是很难的，通常只要 $f((a+b)/2)$ 在精度允许的范围内逼近 0 时，就可以结束二分逼近过程，将 $(a+b)/2$ 作为零点，在精度和计算速度二者之间折中。除了判断 $f((a+b)/2)$ 的值，还可以根据区间 $[a, b]$ 的大小确定结束条件。在精度允许的范围内，只要区间范围小于精度阈值，也可以直接取 $(a+b)/2$ 作为零点。

从上述过程可以看到，每次运算之后，区间范围就缩小一半，呈现线性收敛。二分法的局限性就是不能计算复根和重根，需要借助其他手段确定零点所在区间。DichotomyEquation() 函数就是二分逼近法的算法实现，参数 a 和 b 是求根区间，f 是求根方程。设方程为 $f(x) = 2x^2 + 3.2x - 1.8$，求根精度是 PRECISION = 0.000 000 001，在 $[-0.8, 8.0]$ 区间上求解 $x = 0.440\ 967\ 364$，while 循环共做了 34 次循环迭代。代码如下所示：

```
double DichotomyEquation(double a, double b, FunctionPtr f)
{
    double mid = (a + b) / 2.0;
    while((b - a) > PRECISION)
    {
        if(f(a) * f(mid) < 0.0)
        {
            b = mid;
        }
        else
        {
            a = mid;
        }
        mid = (a + b) / 2.0;
    }

    return mid;
}
```

13.2 牛顿迭代法的数学原理

牛顿迭代法又称牛顿–拉弗森方法（Newton-Raphson method），它是一种在实数域和复数域近似求解方程的方法（如图 13-1 所示）。该方法使用函数 $f(x)$ 的泰勒级数的前面几项来寻找方程 $f(x)=0$ 的根。

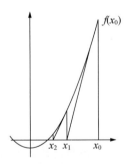

图 13-1　牛顿迭代法逼近示意图

首先，选择一个接近函数 $f(x)$ 零点的 x_0 作为迭代初始值，计算相应的 $f(x_0)$ 和切线斜率 $f'(x_0)$（这里 $f'(x)$ 是函数 $f(x)$ 的一阶导函数）。然后，经过点 $(x_0, f(x_0))$ 作一条斜率为 $f'(x_0)$ 的直线，该直线与 x 轴有一个交点，可通过以下方程求解得到这个交点的 x 坐标：

$$f(x_0) = (x_0 - x) \cdot f'(x_0)$$

求解这个方程，可以得到：

$$x = x_0 - f(x_0)/f'(x_0)$$

我们将新求得的点的 x 坐标命名为 x_1，通常 x_1 会比 x_0 更接近方程 $f(x)=0$ 的解。因此我们现在可以利用 x_1 开始下一轮迭代。根据上述方程中 x_1 和 x_0 的关系，可以得到一个求解 x 的迭代公式：

$$x_{n+1} = x_n - f(x_n)/f'(x_n)$$

这就是牛顿迭代公式。目前已经证明，如果 $f(x)$ 的一阶导函数 $f'(x)$ 是连续函数，并且待求的零点 x 是孤立的，则在零点 x 周围存在一个区间，只要初始值 x_0 位于这个区间，牛顿迭代法必定收敛。并且，只要 $f'(x) \neq 0$，牛顿迭代法将具有平方收敛的性能。这意味着每迭代一次，结果的有效数字将增加一倍，这比二分逼近法的线性收敛速度快了一个数量级。

13.3　用牛顿迭代法求解非线性方程的实例

牛顿迭代法原理简单，求根收敛速度快，编制算法简单，因此在计算机程序中获得了广泛的应用。牛顿迭代法和其他迭代法一样，使用自变量 x 作为迭代变量，使用牛顿迭代公式建立迭代关系，通过求解的精度控制迭代退出条件。

13.3.1　导函数的求解与近似公式

牛顿迭代公式中需要计算函数的导数，直接根据原函数推导出一阶导函数，计算导函数的值有点困难，一般利用导数的数学原理，使用近似公式直接求函数在某一点的导数。导数的数学定义是：当函数 $y = f(x)$ 的自变量 x 在一点 x_0 上产生一个增量 Δx 时，函数输出值的增量 Δy 与自变量增量 Δx 的比值在 Δx 趋于 0 时的极限值。如果这个极限值存在，则这个值就是 $f(x)$ 在 x_0 处的导数，记作 $f'(x_0)$。用公式定义即为：

$$f'(x_0) = \lim_{\Delta x \to 0} \frac{\Delta y}{\Delta x} = \lim_{\Delta x \to 0} \frac{f(x_0 + \Delta x) - f(x_0)}{\Delta x}$$

极限是在无穷小或无穷大的尺度上考察函数的一些特性，在计算机上无法表达无穷小和无穷大，只能在数据能表达的合法范围内，在满足计算精度要求的情况下通过最小值来近似模拟。如果无法精确计算导数 $f'(x_0)$，我们仍然采用近似计算方法得到一个满足精度的模拟值。根据导数的数学定义，如果不考虑极限，这个值就是 $\Delta y/\Delta x$ 的值，在 x_0 附近一个非常小的尺度上选择 Δ，可以得到近似的导数值。我们选择按照以下近似公式计算导数值：

$$f'(x_0) = \frac{f(x_0 + 0.000\,005) - f(x_0 - 0.000\,005)}{0.000\,01}$$

计算函数 f 在 x 附近的一阶导数值的算法可定义为：

```
double CalcDerivative(FunctionPtr f, double x)
{
    return (f(x + 0.000005) - f(x - 0.000005)) / 0.00001;
}
```

13.3.2 算法实现

根据牛顿迭代公式，很容易写出牛顿迭代法的算法实现：

```
double NewtonRaphson(FunctionPtr f, double x0)
{
    double x1 = x0 - f(x0) / CalcDerivative(f, x0);
    while(fabs(x1 - x0) > PRECISION)
    {
        x0 = x1;
        x1 = x0 - f(x0) / CalcDerivative(f, x0);
    }

    return x1;
}
```

参数 x_0 是迭代初始值。选择和 13.1.2 节相同的函数，并将迭代初始值设置为区间最大值 8.0，使用牛顿迭代法也只需要 7 次迭代，就可以得到和二分逼近法精度一样的近似解。选择初始值 -8.0 从另一个方向计算，还可以得到另一个解 $x = -2.040\,967\,365$，计算这个解也只需要 6 次迭代，可见牛顿迭代法的收敛速度是超线性的。

13.4 参考资料

[1] 同济大学数学系. 高等数学（第六版）. 北京：高等教育出版社，2007.

[2] 维基百科词条"牛顿迭代法"。

[3] 李庆扬，王超能，易大义. 数值分析（第五版）. 北京：清华大学出版社，2008.

[4] 李庆扬，关治，白峰杉. 数值计算原理. 北京：清华大学出版社，2000.

[5] 李红. 数值分析. 武汉：华中科技大学出版社，2003.

第 *14* 章
计算几何与计算机图形学

我的大学专业是计算机辅助设计（CAD），算是一半机械一半软件，《计算机图形学》是必修的，也是我最喜欢的教科书。热衷于用代码摆平一切的我，几乎将这本教科书上的每种算法都实现了一遍，这种重复劳动虽然意义不大，但是收获很多，特别是丢弃了多年的数学又重新捡起来了，算是最大的收获吧。尽管已经毕业多年了，但是每次回顾这些算法的代码，我都觉得内心澎湃。如果换成现在的我，恐怕再也不会有动力去做这些事情了。

在学习《计算机图形学》之前，我总觉得很多东西高深莫测，但在实际掌握之后，发现其中并无神秘之处可言，就如同被原始人像神一样崇拜的火却被现代人叼在嘴上玩弄一样的感觉。图形学的基础之一就是计算几何，但是它没有理论数学那么高深莫测，很有实践性，有时候甚至简单到让人匪夷所思。计算几何是随着计算机和 CAD 的应用而诞生的一门新兴学科，在国外被称为"计算机辅助几何设计"（computer aided geometric design，CAGD）。本章就来介绍图形学中常见的一些计算几何算法（顺便晒晒我的旧代码），都是图形学中的基础算法，学习它们需要一些图形学的知识和数学知识，但是都不难。不信就来看看吧。

14.1 计算几何的基本算法

本节介绍图形学常用的一些计算几何方法，涉及向量、点线关系以及点与多边形关系求解等数学知识，还有一些平面几何的基本原理。事先声明一下，文中涉及的算法实现都出于解释原理以及揭示算法实质的目的。在算法效率和可读性的考量上，更注重后者，有时候为了提高可读性，甚至会刻意采取"效率不高"的代码形式。在实际工程中使用的代码肯定更紧凑、更高效，但是算法原理都是一样的，请读者们对此有正确的认识。

14.1.1　点与矩形的关系

　　计算机图形学和数学到底有什么关系？我们先来看几个例子，增加一些感性的认识。例如判断一个点是否在矩形内的算法就很简单，但是非常重要。比如你在一个按钮上点击鼠标，系统如何知道你要触发的是这个按钮而不是另一个按钮对应的事件？这就是一个点是否在矩形内的判断处理。Windows 的 API 提供了 PtInRect()函数，实现方法其实就是判断点的 x 坐标和 y 坐标是否同时落在矩形的 x 坐标范围和 y 坐标范围内，算法实现也很简单：

```
bool IsPointInRect(const Rect& rc, const Point& p)
{
    double xr = (p.x - rc.p1.x) * (p.x - rc.p2.x);
    double yr = (p.y - rc.p1.y) * (p.y - rc.p2.y);

    return ( (xr <= 0.0) && (yr <= 0.0) );
}
```

　　看看 IsPointInRect()函数的实现是否和你想象的不一样？由于 IsPointInRect()函数并不假设矩形的两个定点是按照坐标轴升序排列的，所以在算法实现时就考虑了所有可能的坐标范围。有时候硬件实现乘法有困难或受限于 CPU 乘法指令的效率，工程上通常使用一种避免乘法运算的算法，这种算法虽然代码烦琐了一点，但是非常高效。我在博客中介绍了这种算法，读者可通过我的博客了解具体的算法实现。

　　IsPointInRect()函数使用的是平面直角坐标系，如果不做特别说明，本章所有的算法都是基于平面直角坐标系设计的。另外，IsPointInRect()函数没有指定特别的浮点数精度范围，默认系统浮点数的最大精度，只在某些必须要与 0 比较的情况下，采用 10^{-8} 次方精度。如无特别说明，本章所有的算法都这样处理。

14.1.2　点与圆的关系

　　现在考虑复杂一点的情况，如果图形界面的按钮不是矩形，而是圆形，该怎么办呢？当然是判断点是否在圆内。判断算法的原理就是计算点到圆心的距离 d，然后与圆半径 r 进行比较。若 $d < r$，则说明点在圆内；若 $d = r$，则说明点在圆上；若 $d > r$，则说明点在圆外。这就要提到计算平面上两点之间距离的算法。以图 14-1 为例，计算平面上任意两点之间的距离主要依据著名的勾股定理，代码如下：

```
double PointDistance(const Point& p1, const Point& p2)
{
    return std::sqrt( (p1.x-p2.x)*(p1.x-p2.x)+ (p1.y-p2.y)*(p1.y-p2.y) );
}
```

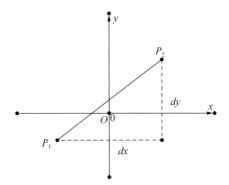

图 14-1 平面两点距离计算示意图

14.1.3 向量的基础知识

现在再考虑复杂一点的情况，如果按钮是个不规则的多边形区域呢？别以为这个考虑没有意义，很多多媒体软件和游戏用各种形状的不规则图案作为热点（hot spot），Windows 也提供了一个名为 PtInRegion() 的 API，用于判断点是否在一个不规则区域中。我们对这个问题进行简化，就是判断一个点是否在多边形内。判断点 P 是否在多边形内是计算几何中一个非常基本的算法，最常用的方法是射线法。以 P 点为端点，向左方作射线 L，然后沿着 L 从无穷远处开始向 P 点移动，当遇到多边形的某一条边时，记为与多边形的第一个交点，表示进入多边形内部；继续移动，当遇到另一个交点时，表示离开多边形内部。由此可知，当 L 与多边形的交点个数是偶数时，表示 P 点在多边形外；当 L 与多边形交点个数是奇数时，表示 P 点在多边形内。

由此可见，要实现判断点是否在多边形内的算法，需要知道直线段求交算法，而求交算法又涉及向量的一些基本概念，因此在实现这个算法之前，先讲一下向量的基本概念与算法。

1. 什么是向量

如前所述，向量就是既有大小又有方向的量，又称矢量。向量有几何表示、代数表示和坐标表示等多种表现形式，本节讨论的是几何表示。如果一条线段的端点有次序之分，我们把这种线段称为有向线段（directed segment）。比如线段 P_1P_2，如果起始端点 P_1 是坐标原点 $(0, 0)$，P_2 的坐标是 (x, y)，则线段 P_1P_2 的二维向量坐标表示就是 $\boldsymbol{P} = (x, y)$。

2. 向量的加法与减法

来看几个与向量有关的重要概念，首先是向量的加减法。假设有二维向量 $\boldsymbol{P} = (x_1, y_1)$，$\boldsymbol{Q} = (x_2, y_2)$，则向量加法定义为：

$$\boldsymbol{P} + \boldsymbol{Q} = (x_1 + x_2, y_1 + y_2) \tag{14-1}$$

同样，向量减法定义为：

$$P - Q = (x_1 - x_2, y_1 - y_2) \tag{14-2}$$

根据以上定义，向量的加减法满足以下性质：

$$P + Q = Q + P$$

$$P - Q = -(Q - P)$$

图 14-2 展示了向量加法和减法的几何意义。由于几何中直线段的两个点不可能刚好都在原点，因此线段 P_1P_2 的向量其实就是 $OP_2 - OP_1$ 的结果，如图 14-2b 所示。

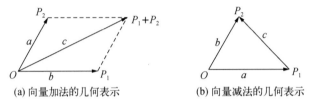

(a) 向量加法的几何表示　　　　　　(b) 向量减法的几何表示

图 14-2　向量加法和向量减法的几何意义

3. 向量的叉积

另一个比较重要的概念是向量的叉积（外积）。计算向量的叉积是判断直线和线段、线段和线段以及线段和点的位置关系的核心算法。假设有二维向量 $P = (x_1, y_1)$，$Q = (x_2, y_2)$，则向量的叉积定义为：

$$P \times Q = x_1 * y_2 - x_2 * y_1 \tag{14-3}$$

向量叉积的几何意义可以描述为由坐标原点(0,0)、P、Q 和 $P + Q$ 所组成的平行四边形的面积，而且是带符号的面积。由此可知，向量的叉积具有以下性质：

$$P \times Q = -(Q \times P)$$

叉积的结果 $P \times Q$ 是 P 和 Q 所在平面的法向量，它垂直于 P 和 Q 所在的平面，并且按照 P、Q 和 $P \times Q$ 的次序构成右手系，所以叉积的另一个非常重要性质是，可以通过它的符号判断两个向量的位置是顺时针关系还是逆时针关系，具体说明如下：

(1) 如果 $P \times Q > 0$，则 Q 在 P 的逆时针方向；

(2) 如果 $P \times Q < 0$，则 Q 在 P 的顺时针方向；

(3) 如果 $P \times Q = 0$，则 Q 与 P 共线（但可能方向相反）。

给定向量 $P = (x_1, y_1)$，$Q = (x_2, y_2)$，计算叉积的算法实现为：

```
double CrossProduct(double x1, double y1, double x2, double y2)
{
    return x1 * y2 - x2 * y1;
}
```

4. 向量的点积

最后要介绍的概念是向量的点积（内积）。假设有二维向量 $P = (x_1, y_1)$，$Q = (x_2, y_2)$，则向量的点积定义为：

$$P \cdot Q = x_1 * x_2 + y_1 * y_2 \tag{14-4}$$

向量点积的结果是一个标量，它的代数表示是：

$$P \cdot Q = |P| \, |Q| \cos(P, Q) \tag{14-5}$$

(P, Q) 表示向量 P 和 Q 的夹角，如果 P 和 Q 不共线，则根据上式可以得到向量点积的一个非常重要的性质，具体说明如下：

(1) 如果 $P \cdot Q > 0$，则 P 和 Q 的夹角是钝角（大于 90 度）；

(2) 如果 $P \cdot Q < 0$，则 P 和 Q 的夹角是锐角（小于 90 度）；

(3) 如果 $P \cdot Q = 0$，则 P 和 Q 的夹角是 90 度。

给定向量 $P = (x_1, y_1)$，$Q = (x_2, y_2)$，计算点积的算法实现为：

```
double DotProduct(double x1, double y1, double x2, double y2)
{
    return x1 * x2 + y1 * y2;
}
```

了解了向量的概念以及向量的各种运算的几何意义和代数意义后，就可以开始解决各种计算几何的简单问题了。回想本节开始提到的点与多边形的关系问题，首先要解决的就是判断点和直线段的位置关系问题。

14.1.4　点与直线的关系

根据向量叉积的几何意义，如果线段所表示的向量和点的向量的叉积是 0，就说明点在线段所在的直线上。相对于坐标原点 O 来说，线段的向量其实就是线段终点 $P_2 = [x_2, y_2]$ 的向量 OP_2 减线段起点 $P_1 = [x_1, y_1]$ 的向量 OP_1 的结果，因此线段 P_1P_2 的向量可以表示为 $P_1P_2 = (x_2 - x_1, y_2 - y_1)$。如果要判断点 P 是否在线段 P_1P_2 上，就要判断向量 P_1P_2 和向量 OP 的叉积是否是 0。需要注意的是，叉积为 0 只能说明点 P 与线段 P_1P_2 所在的直线共线，并不能说明点 P 一定会落在 P_1P_2 区间上，因此只是一个必要条件。要正确判断 P 在线段 P_1P_2 上，还需要做一个排斥试验，就是检查点 P 是否在以直线段为对角线的矩形空间内，如果以上两个条件都为真，即可判定点在线段上。有了上述原理，算法实现就比较简单了，如下所示：

```
bool IsPointOnLineSegment(const LineSeg& ls, const Point& pt)
{
    Rect rc;
```

```
GetLineSegmentRect(ls, rc);
double cp = CrossProduct(ls.pe.x - ls.ps.x, ls.pe.y - ls.ps.y,
                         pt.x - ls.ps.x, pt.y - ls.ps.y); //计算叉积

return ( (IsPointInRect(rc, pt)) //排除实验
        && IsZeroFloatValue(cp) ); //1E-8 精度
}
```

GetLineSegmentRect()函数获取直线的矩形包围盒，为排斥试验做准备。

14.1.5 直线与直线的关系

向量叉积计算在计算几何中的另一个用途是直线段求交。求交算法是计算机图形学的核心算法，也是体现速度和稳定性的重要标志，高效并且稳定的求交算法是任何一个 CAD 软件都必须重点关注的。求交包含两层概念，一个是判断是否相交，另一个是求出交点。直线（段）的求交算法相对简单，首先来看看如何判断两条直线段是否相交。

常规的代数计算通常分三步，首先还原两条线段所在直线的方程，然后联立方程组求出交点，最后判断交点是否在线段区间上。常规的代数方法非常烦琐，每次都要解方程组求交点，特别是交点不在线段区间的情况，计算交点就是做无用功。计算几何方法判断直线段是否有交点通常分两个步骤完成，分别是快速排斥试验和跨立试验。举个例子，要判断线段 P_1P_2 和线段 Q_1Q_2 是否有交点，则需要以下两个步骤。

(1) 快速排斥试验

设以线段 P_1P_2 为对角线的矩形为 R_1，设以线段 Q_1Q_2 为对角线的矩形为 R_2，如果 R_1 和 R_2 不相交，则两线段不会有交点。

(2) 跨立试验

如果两线段相交，则两线段必然相互跨立对方。所谓跨立，指的是一条线段的两个端点分别位于另一条线段所在直线的两边。判断是否跨立，还是要用到向量叉积的几何意义。以图 14-3 所示内容为例，若 P_1P_2 跨立 Q_1Q_2，则向量(P_1-Q_1)和(P_2-Q_1)位于向量(Q_2-Q_1)的两侧，即：

$$(P_1- Q_1) \times (Q_2 - Q_1) * (P_2 - Q_1) \times (Q_2 - Q_1) < 0$$

上式可改写成：

$$(P_1- Q_1) \times (Q_2 - Q_1) * (Q_2 - Q_1) \times (P_2 - Q_1) > 0$$

当$(P_1-Q_1) \times (Q_2- Q_1) = 0$ 时，说明线段 P_1P_2 和 Q_1Q_2 共线（但是不一定有交点）。同理，判断 Q_1Q_2 跨立 P_1P_2 的依据是：

$$(Q_1 - P_1) \times (P_2 - P_1) * (Q_2 - P_1) \times (P_2 - P_1) < 0$$

具体情况如图 14-3 所示。

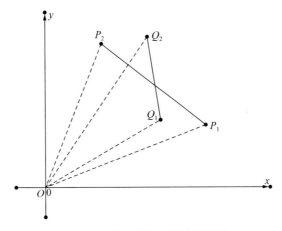

图 14-3　直线段跨立试验示意图

　　根据向量叉积的几何意义，跨立试验只能证明线段的两个端点位于另一条线段所在直线的两边，但是不能保证是在另一条直线段的两端，因此，跨立试验只是证明两条线段有交点的必要条件，必须和快速排斥试验一起才能组成直线段相交的充分必要条件。根据以上分析，两条线段有交点的完整判断依据是：以两条线段为对角线的两个矩形有交集；两条线段相互跨立。

　　判断直线段跨立用计算叉积算法的 CrossProduct() 函数即可，还需要一个判断两个矩形是否相交的算法。矩形求交也是最简单的求交算法之一，原理就是根据两个矩形的最大/最小坐标判断。所谓的最大/最小坐标判断，就是在 x 坐标方向和 y 坐标方向分别满足最大值/最小值法则。简单解释这个法则，就是每个矩形在每个方向上的坐标最大值都要大于另一个矩形在这个坐标方向上的坐标最小值，否则在这个方向上就不能保证一定有位置重叠。根据以上分析，判断两个矩形是否相交的算法实现如下：

```
bool IsRectIntersect(const Rect& rc1, const Rect& rc2)
{
    return ( (std::max(rc1.p1.x, rc1.p2.x) >= std::min(rc2.p1.x, rc2.p2.x))
        && (std::max(rc2.p1.x, rc2.p2.x) >= std::min(rc1.p1.x, rc1.p2.x))
        && (std::max(rc1.p1.y, rc1.p2.y) >= std::min(rc2.p1.y, rc2.p2.y))
        && (std::max(rc2.p1.y, rc2.p2.y) >= std::min(rc1.p1.y, rc1.p2.y)) );
}
```

完成了快速排斥试验和跨立试验的算法，最后判断直线段是否有交点的算法就水到渠成了：

```
bool IsLineSegmentIntersect(const LineSeg& ls1, const LineSeg& ls2)
{
    if(IsLineSegmentExclusive(ls1, ls2)) //快速排斥实验
    {
        return false;
    }
```

```
//( P1 - Q1 ) ×( Q2 - Q1 )
double p1xq = CrossProduct(ls1.ps.x - ls2.ps.x, ls1.ps.y - ls2.ps.y,
                           ls2.pe.x - ls2.ps.x, ls2.pe.y - ls2.ps.y);
//( P2 - Q1 ) ×( Q2 - Q1 )
double p2xq = CrossProduct(ls1.pe.x - ls2.ps.x, ls1.pe.y - ls2.ps.y,
                           ls2.pe.x - ls2.ps.x, ls2.pe.y - ls2.ps.y);

//( Q1 - P1 ) ×( P2 - P1 )
double q1xp = CrossProduct(ls2.ps.x - ls1.ps.x, ls2.ps.y - ls1.ps.y,
                           ls1.pe.x - ls1.ps.x, ls1.pe.y - ls1.ps.y);
//( Q2 - P1 ) ×( P2 - P1 )
double q2xp = CrossProduct(ls2.pe.x - ls1.ps.x, ls2.pe.y - ls1.ps.y,
                           ls1.pe.x - ls1.ps.x, ls1.pe.y - ls1.ps.y);

//跨立实验
return ( (p1xq * p2xq <= 0.0) && (q1xp * q2xp <= 0.0) );
}
```

IsLineSegmentExclusive()函数就是调用 IsRectIntersect()函数根据结果做排斥判断，此处不再列出代码。

14.1.6　点与多边形的关系

好了，我们已经了解了向量叉积的意义，以及判断直线段是否有交点的算法，现在回过头看看前面讨论的问题：如何判断一个点是否在多边形内部？根据射线法的描述，其核心是求解从 P 点发出的射线与多边形的边是否有交点。注意，这里说的是射线，而前面讨论的都是线段，好像不适用吧？没错，确实不适用，但是我要介绍一种用计算机解决问题时常用的建模思想，应用这种思想之后，前面讨论的方法就适用了。什么思想呢？就是根据问题域的规模和性质抽象和简化模型的思想，这可不是故弄玄虚，说说具体的思路吧。

计算机不能表示无穷大和无穷小，计算机处理的每一个数都有确定的值，而且必须有确定的值。我们面临的问题域是整个实数空间的坐标系，在每个维度上都是从负无穷到正无穷，比如射线，就是从坐标系中一个明确的点到无穷远处的连线。这就有点为难计算机了，为此我们需要简化问题的规模。假设问题中多边形的每个点的坐标都不会超出(–10 000.0, +10 000.0)区间（比如常见的图形输出设备都有大小限制），我们就可以将问题域简化为(–10 000.0, +10 000.0)区间内的一小块区域，对于这块区域来说，≥10 000.0 就意味着无穷远。你肯定已经明白了，数学模型经过简化后，算法中提到的射线就可以理解为从模型边界到内部点 P 之间的线段，前面讨论的关于线段的算法就可以使用了。

射线法的基本原理是判断由 P 点发出的射线与多边形的交点个数，交点个数是奇数，表示 P 点在多边形内（在多边形的边上也视为在多边形内部的特殊情况）。正常情况下，经过点 P 的射线应该如图 14-4a 所示。但是也可能碰到多种非正常情况，比如刚好经过多边形的一个定点，如

图 14-4b 所示，这会被误认为和两条边都有交点。还可能与某一条边共线，如图 14-4c 和图 14-4d 所示，共线就有无穷多的交点，导致判断规则失效。还要考虑凹多边形的情况，如图 14-4e 所示。

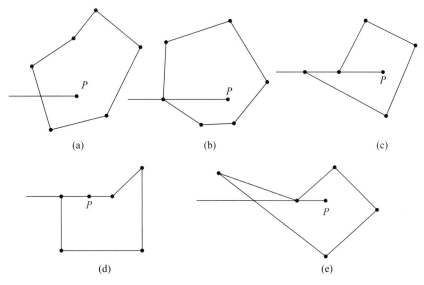

图 14-4　射线法可能遇到的各种交点情况

　　针对这些特殊情况，在对多边形的每条边进行判断时，要考虑以下这些特殊情况，假设当前处理的边是 P_1P_2，则有以下原则。

　　(1) 如果点 P 在边 P_1P_2 上，则直接判定点 P 在多边形内。

　　(2) 如果从 P 发出的射线正好穿过 P_1 或者 P_2，那么这个交点会被算作 2 次（因为在处理以 P_1 或 P_2 为端点的其他边时可能已经计算过这个点了）。对这种情况的处理原则是：如果 P 的 y 坐标与 P_1、P_2 中较小的 y 坐标相同，则忽略这个交点。

　　(3) 如果从 P 发出的射线与 P_1P_2 平行，则忽略这条边。

　　对于原则(3)，需要判断两条直线是否平行，通常的方法是计算两条直线的斜率，但是本算法因为只涉及直线段（射线也被模型简化为长线段了），就简化了很多。判断两条直线是否平行，只要比较一下线段起始点的 y 坐标是否相等就行了；而判断两条直线是否垂直，也只要比较一下线段起始点的 x 坐标是否相等就行了。

　　应用以上原则后，扫描线算法判断点是否在多边形内的流程就完整了，如图 14-5 所示。

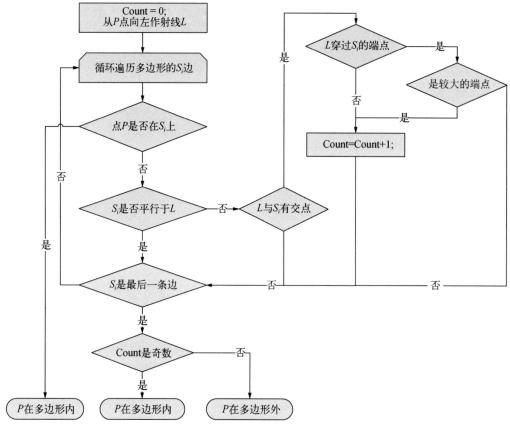

图 14-5 判断点是否在多边形内的扫描线算法流程

有了流程图做指导，算法实现就水到渠成了：

```
bool IsPointInPolygon(const Polygon& py, const Point& pt)
{
    assert(py.IsValid()); /*只考虑正常的多边形*/

    int count = 0;
    LineSeg ll = LineSeg(pt, Point(INFINITE, pt.y)); /*射线 L*/
    for(int i = 0; i < py.GetPolyCount(); i++)
    {
        /*当前点和下一个点组成线段 P1P2*/
        LineSeg pp = LineSeg(py.pts[i], py.pts[(i + 1) % py.GetPolyCount()]);
        if(IsPointOnLineSegment(pp, pt))
        {
            return true;
        }

        if(!pp.IsHorizontal())
        {
```

```
    if((IsSameFloatValue(pp.ps.y, pt.y)) && (pp.ps.y > pp.pe.y))
    {
        count++;
    }
    else if((IsSameFloatValue(pp.pe.y, pt.y)) && (pp.pe.y > pp.ps.y))
    {
        count++;
    }
    else
    {
        if(IsLineSegmentIntersect(pp, ll))
        {
            count++;
        }
    }
        }
    }

    return ((count % 2) == 1);
}
```

在图形学领域实施的真正工程代码，通常还会增加一个对多边形的外包矩形快速判断，对点根本就不在多边形周围的情况做快速排除，提高算法效率。这又涉及求多边形外包矩形的算法，这个算法也很简单，就是遍历多边形的所有节点，找出各个坐标方向上的最大/最小值。在本章的配套代码中有这个算法的实现，读者也可以自己完成这个算法。

除了扫描线算法，还可以通过多边形边的法向量方向、多边形面积以及角度和等方法判断点与多边形的关系。但是这些算法要么只支持凸多边形，要么需要复杂的三角函数运算（多边形边数小于 44 时，可采用近似公式计算夹角和，避免三角函数运算），使用范围有限，只有扫描线算法被广泛应用。

14.2　直线生成算法

在欧氏几何空间中，平面方程就是一个三元一次方程，直线就是两个非平行平面的交线，所以直线方程就是两个三元一次方程组联立。但是在平面解析几何中，直线方程就简单多了。平面几何中直线方程有多种形式，直线一般式方程可用于描述所有直线：

$$Ax+By+C=0 \quad （A、B 不同时为 0）　\tag{14-6}$$

当知道直线上一点坐标(X_0, Y_0)和直线的斜率 K 存在时，可以用点斜式方程：

$$Y - Y_0 = K(X - X_0) \quad （当 K 不存在时，直线方程简化成 X = X_0）　\tag{14-7}$$

当知道直线上的两个点(X_0, Y_0)和(X_1, Y_1)时，还可以用两点式方程描述直线：

$$\frac{Y - Y_0}{Y_1 - Y_0} = \frac{X - X_0}{X_1 - X_0}　\tag{14-8}$$

除了这三种形式外，直线方程还有截距式、斜截式等多种形式。在计算机中如何展示直线图形是计算机图形学的重要内容，这就是本节要介绍的直线生成算法。要理解直线生成算法，首先要理解光栅图形与矢量图形的区别，来看看什么是光栅扫描转换。

14.2.1　什么是光栅扫描转换

数学范畴内的直线是由没有宽度的点组成的集合，但是在计算机图形学的范畴内，所有的图形（包括直线）都是输出或显示在点阵设备上的，称为**点阵图形**或**光栅图形**。以显示器为例，现实中常见的显示器（包括 CRT 显示器和液晶显示器）都可以看成由各种颜色和灰度值的像素点组成的像素矩阵，这些点是有大小的，而且位置固定，因此只能近似地显示各种图形。图 14-6 就是对这种情况的一种夸张的放大。

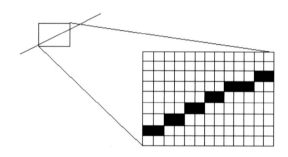

图 14-6　直线在点阵设备上的表现形式

计算机图形学中的直线生成算法，其实包含了两层意思，一层是在解析几何空间中根据坐标构造出平面直线，另一层是在光栅显示器之类的点阵设备上输出一个最逼近图形的像素直线，而这就是常说的光栅扫描转换。本节就介绍几种常见的直线生成的光栅扫描转换算法，包括数值微分法、Bresenham 算法、对称直线生成算法以及两步算法。

14.2.2　数值微分法

数值微分法（DDA 法）是直线生成算法中最简单的一种，是一种单步直线生成算法。它的算法流程是这样的：首先根据直线的斜率确定是以 X 坐标方向步进还是以 Y 坐标方向步进，然后沿着步进方向每步进一个点（像素），就沿着另一个坐标方向步进 k 个点。k 是直线的斜率，不一定是整数，需要在这个坐标方向对步进后的结果进行圆整。

具体算法的实现，除了判断是按照 X 坐标方向还是按照 Y 坐标方向步进之外，还要考虑直线的方向，也就是起点和终点的关系。下面就是一个支持任意直线方向的数值微分画线算法实例：

```
void DDA_Line(int x1, int y1, int x2, int y2)
{
    double k,dx,dy,x,y,xend,yend;
```

```
dx = x2 - x1;
dy = y2 - y1;
if(fabs(dx) >= fabs(dy))
{
    k = dy / dx;
    if(dx > 0)
    {
        x = x1;
        y = y1;
        xend = x2;
    }
    else
    {
        x = x2;
        y = y2;
        xend = x1;
    }
    while(x <= xend)
    {
        SetDevicePixel((int)x, ROUND_INT(y));
        y = y + k;
        x = x + 1;
    }

}
else
{
    k = dx / dy;
    if(dy > 0)
    {
        x = x1;
        y = y1;
        yend = y2;
    }
    else
    {
        x = x2;
        y = y2;
        yend = y1;
    }
    while(y <= yend)
    {
        SetDevicePixel(ROUND_INT(x), (int)y);
        x = x + k;
        y = y + 1;
    }
    }
}
```

数值微分法产生的直线比较精确，而且逻辑简单，易于用硬件实现，但是步进量 x、y 和 k 必须用浮点数表示，每一步都要对 x 或 y 进行四舍五入后取整，不利于光栅化或点阵输出。

14.2.3 Bresenham 算法

Bresenham 算法是由 Bresenham 在 1965 年提出的一种单步直线生成算法，是计算机图形学领域使用最广泛的直线扫描转换算法。Bresenham 算法的基本原理就是将光栅图形设备的各行各列像素中心连接起来构造一组虚拟网格线。按直线从起点到终点的顺序计算直线与各垂直方向网格线的交点，确定该列像素中与此交点最近的像素。

图 14-7 就展示了这样一组网格线，每个交点代表点阵设备上的一个像素点，现在就以图 14-7 为例介绍 Bresenham 算法。当算法从一个点(X_i, Y_i)沿着 X 坐标方向步进到 X_{i+1} 时，Y 方向的下一个位置只可能是 Y_i 和 Y_{i+1} 两种情况，到底是 Y_i 还是 Y_{i+1}，取决于它们与精确值 y 的距离 d_1 和 d_2 哪个更小。

$$d_1 = y - Y_i \tag{14-9}$$

$$d_2 = Y_{i+1} - y \tag{14-10}$$

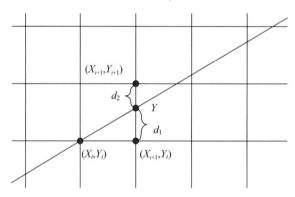

图 14-7 Bresenham 算法示意图

当 $d_1 - d_2 > 0$ 时，Y 坐标方向的下一个位置将是 Y_{i+1}，否则就是 Y_i。由此可见，Bresenham 算法其实和数值微分算法原理一样，差别在于 Bresenham 算法中确定 Y 坐标方向下一个点的位置的判断条件的计算方式不一样。下面分析一下这个判断条件的计算方法。已知直线的斜率 k 和在 y 轴的截距 b，可推导出 X_{i+1} 位置的精确值 y 如下：

$$y = k X_{i+1} + b \tag{14-11}$$

将式(14-9)、式(14-10)和式(14-11)代入 $d_1 - d_2$，可得到式(14-12)：

$$d_1 - d_2 = 2k X_{i+1} - Y_i - Y_{i+1} + 2b \tag{14-12}$$

又因为根据图 14-7 所示的条件，$k = dy / dx$，$Y_{i+1} = Y_i + 1$，$X_{i+1} = X_i + 1$，将此三个关系代入式(14-12)，同时在等式两边乘以 dx，整理后可得到式(14-13)：

$$dx(d_1 - d_2) = 2dyX_i + 2dy - 2dxY_i + dx(2b - 1) \tag{14-13}$$

设 $P_i = dx(d_1 - d_2)$，则：

$$P_i = 2dyX_i + 2dy - 2dxY_i + dx(2b - 1) \tag{14-14}$$

因为图 14-7 的示例中 dx 大于 0，因此 P_i 的符号与 $(d_1 - d_2)$ 一致。现在将初始条件代入可得到最初的第一个判断条件 P_1：

$$P_1 = 2dy - dx$$

根据 X_{i+1} 与 X_i 以及 Y_{i+1} 与 Y_i 的关系，可以推导出 P_i 的递推关系：

$$P_{i+1} = P_i + 2dy - 2dx(y_{i+1} - y_i) \tag{14-15}$$

由于 y_{i+1} 可能是 y_i，也可能是 $y_i + 1$，因此 P_{i+1} 就可能是以下两种可能，并且和 y_i 的取值是对应的：

$$P_{i+1} = P_i + 2dy \quad （Y 坐标方向保持原值） \tag{14-16}$$

或

$$P_{i+1} = P_i + 2(dy - dx) \quad （Y 坐标方向向前步进 1） \tag{14-17}$$

根据上面的推导，当 $x_2 > x_1$，$y_2 > y_1$ 时，Bresenham 算法的计算过程如下。

(1) 画点 (x_1, y_1)，计算误差初始值 $P_1 = 2dy - dx$。

(2) 求直线的下一点位置：$X_{i+1} = X_i + 1$，如果 $P_i > 0$，则 $Y_{i+1} = Y_i + 1$，否则 $Y_{i+1} = Y_i$，画点 (X_{i+1}, Y_{i+1})。

(3) 求下一个误差 P_{i+1}。如果 $P_i > 0$，则 $P_{i+1} = P_i + 2(dy - dx)$，否则 $P_{i+1} = P_i + 2dy$。

(4) 如果没有结束，则转到步骤 (2)，否则结束算法。

下面给出针对上面推导出的算法源代码（只支持 $x_2 \geqslant x_1$，$y_2 \geqslant y_1$ 的情况）：

```
void Bresenham_Line(int x1, int y1, int x2, int y2)
{
    int dx = abs(x2 - x1);
    int dy = abs(y2 - y1);
    int p = 2 * dy - dx;
    int x = x1;
    int y = y1;

    while(x <= x2)
    {
        SetDevicePixel(x, y);
        x++;
        if(p<0)
            p += 2 * dy;
```

```
        else
        {
            p += 2 * (dy - dx);
            y += 1;
        }
    }
}
```

上面的代码只支持一个方向的直线绘制，真正实用的代码要支持各个方向的直线生成，这就要考虑斜率为负值的情况以及 $x_1 > x_2$ 的情况。要支持各个方向的直线生成其实也很简单，就是通过坐标交换，使之符合上面演示算法的要求即可。我在博客中给出了一个实用的 Bresenham 算法，读者可通过从中获得相应的实现代码。

Bresenham 算法只使用整数计算，少量的乘法运算都可以通过移位来避免，因此计算量少，效率高。

14.2.4　对称直线生成算法

直线段有个特性，那就是它相对于中心点是两边对称的。因此我们可以利用这个对称性，对其他单步直线生成算法进行改进，使得每进行一次判断或相关计算，可以生成相对于直线中点的两个对称点。如此一来，直线就由两端向中间生成。从理论上讲，这个改进可以应用于任何一种单步直线生成算法，本例就只是对 Bresenham 算法进行改进。

改进主要集中在以下几点：首先是循环区间，由 $[x_1, x_2]$ 修改成 $[x_1, half]$，half 是区间 $[x_1, x_2]$ 的中点，其次是 X 轴的步进方向改成双向，最后是 Y 方向的值要对称修改。除此之外，算法整体结构不变，下面是改进后的代码：

```
void Sym_Bresenham_Line(int x1, int y1, int x2, int y2)
{
    int dx,dy,p,const1,const2,xs,ys,xe,ye,half,inc;

    int steep = (abs(y2 - y1) > abs(x2 - x1)) ? 1 : 0;
    if(steep == 1)
    {
        SwapInt(&x1, &y1);
        SwapInt(&x2, &y2);
    }
    if(x1 > x2)
    {
        SwapInt(&x1, &x2);
        SwapInt(&y1, &y2);
    }
    dx = x2 - x1;
    dy = abs(y2 - y1);
    p = 2 * dy - dx;
    const1 = 2 * dy;
```

```
const2 = 2 * (dy - dx);
xs = x1;
ys = y1;
xe = x2;
ye = y2;
half = (dx + 1) / 2;
inc = (y1 < y2) ? 1 : -1;
while(xs <= half)
{
    if(steep == 1)
    {
        SetDevicePixel(ys, xs);
        SetDevicePixel(ye, xe);
    }
    else
    {
        SetDevicePixel(xs, ys);
        SetDevicePixel(xe, ye);
    }
    xs++;
    xe--;
    if(p<0)
        p += const1;
    else
    {
        p += const2;
        ys += inc;
        ye -= inc;
    }
}
}
```

14.2.5　两步算法

两步算法在生成直线的过程中，每次判断都生成两个点。上一节介绍的对称直线生成方法也是每次生成两个点，两者的区别是，对称直线生成方法的计算和判断是从线段的两端向中点进行的，而两步算法是沿着一个方向，一次生成两个点。

当斜率 k 满足条件 $0 \leqslant k < 1$ 时，假如当前点 P 已经确定，如图 14-8 所示，则 P 之后的连续两个点只可能是 4 种情况：AB、AC、DC 和 DE，两步算法设立决策量 e 作为判断标志，e 的初始值是 $4dy - dx$，其中：

$$dy = y_2 - y_1$$

$$dx = x_2 - x_1$$

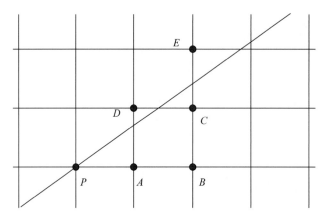

图 14-8   两步算法示意图

为简单起见，先考虑 $dy > dx > 0$ 这种情况。当 $e > 2dx$ 时，P 后的两个点将会是 DE 组合，此时 e 的增量是 $4dy - 4dx$。当 $dx < e < 2dx$ 时，P 后的两个点将会是 DC 组合，此时 e 的增量是 $4dy - 2dx$。当 $0 < e < dx$ 时，P 后的两个点将会是 AC 组合，此时 e 的增量是 $4dy - 2dx$。当 $e < 0$ 时，P 后的两个点将会是 AB 组合，此时 e 的增量是 $4dy$。综上所述，在斜率 k 满足条件 $0 \leqslant k < 1$，且 $dy > dx > 0$ 这种情况下，两步算法可以这样实现：

```
void Double_Step_Line(int x1, int y1, int x2, int y2)
{
    int dx = x2 - x1;
    int dy = y2 - y1;
    int e = dy * 4 - dx;
    int x = x1;
    int y = y1;

    SetDevicePixel(x, y);

    while(x < x2)
    {
        if (e > dx)
        {
            if (e > ( 2 * dx))
            {
                e += 4 * (dy - dx);
                x++;
                y++;
                SetDevicePixel(x, y);
                x++;
                y++;
                SetDevicePixel(x, y);
            }
            else
            {
                e += (4 *dy - 2 * dx);
                x++;
```

```
            y++;
            SetDevicePixel(x, y);
            x++;
            SetDevicePixel(x, y);
        }
    }
    else
    {
        if (e > 0)
        {
            e += (4 * dy - 2 * dx);
            x++;
            SetDevicePixel(x, y);
            x++;
            y++;
            SetDevicePixel(x, y);
        }
        else
        {
            x++;
            SetDevicePixel(x, y);
            x++;
            SetDevicePixel(x, y);
            e += 4 * dy;
        }
    }
}
```

　　以上函数除了只支持一个方向的直线生成之外，还有其他不完善的地方，比如没有判断最后一个点是否会越界，大量出现的乘法计算可以用移位处理等。仿照 14.2.3 节介绍的方法，很容易将其扩展为支持 8 个方向的直线生成，有兴趣的读者可自己研究实现算法。

14.2.6　其他直线生成算法

　　除了以上介绍的几种直线生成算法，还有很多其他直线光栅扫描转换算法，比如三步算法、四步算法、中点画线算法等。还有人将三步算法结合前面介绍的对称法提出了一种可以一次画 6 个点的直线生成算法，这里就不多介绍了，有兴趣的读者可以找计算机图形学的相关资料来了解具体的内容。

　　在本节介绍的几种直线生成算法中，DDA 算法最简单，但是因为有多次浮点数乘法和除法运算，以及浮点数圆整运算，所以效率比较低。Bresenham 算法中的整数乘法计算都可以用移位代替，主要运算都采用了整数加法和减法运算，因此效率比较高，各种各样变形的 Bresenham 算法在计算机图形软件中得到了广泛应用。从理论上讲，两步算法以及四步算法效率应该更高一些，但是这两种算法需要做比较多的准备工作，且多是乘法和除法运算，因此在生成比较短的直线时，效率反而不如 Bresenham 算法。

14.3 圆生成算法

在平面解析几何中，圆的方程可以描述为 $(x - x_0)^2 + (y - y_0)^2 = R^2$，其中 (x_0, y_0) 是圆心坐标，R 是圆的半径。特别地，当 (x_0, y_0) 就是坐标中心点时，圆的方程可以简化为 $x^2 + y^2 = R^2$。在计算机图形学中，圆和直线一样，也存在点阵输出设备上显示或输出的问题，因此也需要一套光栅扫描转换算法。为了简化，我们先考虑圆心在原点的圆的生成，对于中心不是原点的圆，可以通过坐标的平移变换获得相应位置的圆。

14.3.1 圆的八分对称性

在进行扫描转换之前，需要了解圆的一个特性：八分对称性。如图 14-9 所示，圆心位于原点的圆有四条对称轴 $x = 0$、$y = 0$、$x = y$ 和 $x = -y$，若已知圆弧上一点 $P(x, y)$，就可以得到其关于 4 条对称轴的 7 个对称点：$(x, -y)$、$(-x, y)$、$(-x, -y)$、(y, x)、$(y, -x)$、$(-y, x)$、$(-y, -x)$，这种性质称为八分对称性。因此，只要能画出八分之一的圆弧，就可以利用对称性的原理得到整个圆。

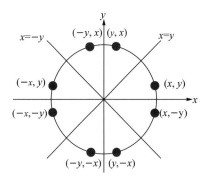

图 14-9 圆的八分对称性

有几种比较容易的方法可以得到圆的扫描转换，首先介绍一下直角坐标法。已知圆方程 $x_2 + y_2 = R_2$，若取 x 作为自变量，解出 y，得到：

$$y = \pm\sqrt{R^2 - x^2}$$

在生成圆时先扫描转换四分之一的圆周，让自变量 x 从 0 到 R 以单位步长增加，在每一步可解出 y，然后调用画点函数即可逐点画出圆。但这样做，由于有乘方和平方根运算，并且都是浮点运算，算法效率不高。而且当 x 接近 R 值时（圆心在原点），在圆周上的点 $(R, 0)$ 附近，由于圆的斜率趋于无穷大，因浮点数取整需要四舍五入的缘故，使得圆周上有较大的间隙。接下来介绍极坐标法。假设直角坐标系中圆弧上一点 $P(x, y)$ 与 x 轴的夹角是 θ，则圆的极坐标方程为：

$$x = R\cos\theta$$
$$y = R\sin\theta$$

生成圆是利用圆的八分对称性，使自变量 θ 的取值范围为(0, 45°)就可以画出整圆。这个方法涉及三角函数运算和乘法运算，计算量较大。直角坐标法和极坐标法都是效率不高的算法，因此只是作为理论方法，在计算机图形学中基本不使用这两种方法生成圆。下面介绍几种在计算机图形学中比较实用的圆的生成算法。

14.3.2　中点画圆算法

首先是中点画圆算法。考虑圆心在原点、半径为 R 的圆在第一象限内的八分之一圆弧，从点 $(0, R)$到点$(R/\sqrt{2}, R/\sqrt{2})$顺时针方向确定这段圆弧。假定某点 $P_i(x_i, y_i)$已经是该圆弧上最接近实际圆弧的点，那么 P_i 的下一个点只可能是正右方的 P_1 或右下方的 P_2 两者之一，如图 14-10 所示。

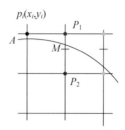

图 14-10　中点画圆算法示例

构造判别函数：

$$F(x, y) = x^2 + y^2 - R^2$$

当 $F(x, y) = 0$ 时，表示点在圆上；当 $F(x, y) > 0$ 时，表示点在圆外；当 $F(x, y) < 0$ 时，表示点在圆内。如果 M 是 P_1 和 P_2 的中点，则 M 的坐标是$(x_i + 1, y_i - 0.5)$，当 $F(x_i + 1, y_i - 0.5) < 0$ 时，M 点在圆内，说明 P_1 点离实际圆弧更近，应该取 P_1 作为圆的下一个点。同理，当 $F(x_i + 1, y_i - 0.5) > 0$ 时，P_2 离实际圆弧更近，应取 P_2 作为下一个点。当 $F(x_i + 1, y_i - 0.5) = 0$ 时，P_1 和 P_2 都可以作为圆的下一个点，算法约定取 P_2 作为下一个点。

现在将 M 点坐标$(x_i + 1, y_i - 0.5)$代入判别函数 $F(x, y)$，得到判别式 d：

$$d = F(x_i + 1, y_i - 0.5) = (x_i + 1)^2 + (y_i - 0.5)^2 - R^2$$

若 $d < 0$，则取 P_1 为下一个点，此时 P_1 的下一个点的判别式为：

$$d' = F(x_i + 2, y_i - 0.5) = (x_i + 2)^2 + (y_i - 0.5)^2 - R^2$$

展开后将 d 代入，可得到判别式的递推关系：

$$d' = d + 2x_i + 3$$

若 $d > 0$，则取 P_2 为下一个点，此时 P_2 的下一个点的判别式为：

$$d' = F(x_i + 2, y_i - 1.5) = (x_i + 2)^2 + (y_i - 1.5)^2 - R^2$$

展开后将 d 代入，可得到判别式的递推关系：

$$d' = d + 2(x_i - y_i) + 5$$

特别地，在第一象限的第一个点$(0, R)$时，可以推导出判别式 d 的初始值 d_0：

$$d_0 = F(1, R - 0.5) = 1 - (R - 0.5)^2 - R^2 = 1.25 - R$$

根据上面的分析，可以写出中点画圆算法的实现。考虑到圆心不在原点的情况，需要对计算出来的坐标进行平移，下面就是通用的中点画圆算法的源代码：

```
void MP_Circle(int xc , int yc , int r)
{
    int x, y;
    double d;

    x = 0;
    y = r;
    d = 1.25 - r;
    CirclePlot(xc , yc , x , y);
    while(x < y)
    {
        if(d < 0)
        {
            d = d + 2 * x + 3;
        }
        else
        {
            d = d + 2 * ( x - y ) + 5;
            y--;
        }
        x++;
        CirclePlot(xc , yc , x , y);
    }
}
```

参数 xc 和 yc 是圆心坐标，r 是半径，CirclePlot()函数是参照圆的八分对称性完成 8 个点的位置计算的辅助函数。

14.3.3 改进的中点画圆算法——Bresenham 算法

中点画圆算法中，计算判别式 d 使用了浮点运算，影响了圆的生成效率。如果能将判别式归约到整数运算，则可以简化计算，提高效率。于是人们针对中点画圆算法进行了多种改进，其中一种方式是将 d 的初始值由 $1.25 - R$ 改成 $1 - R$。考虑到圆的半径 R 总是大于 2，因此这个修改不会影响 d 的初始值的符号，同时可以避免浮点运算。还有一种方法，将 d 的计算放大两倍，同时将初始值改成 $3 - 2R$，这样避免了浮点运算，乘二运算也可以用移位快速代替，采用 $3 - 2R$ 为初始值的改进算法，又称 Bresenham 算法：

```
void Bresenham_Circle(int xc , int yc , int r)
{
    int x, y, d;

    x = 0;
    y = r;
    d = 3 - 2 * r;
    CirclePlot(xc , yc , x , y);
    while(x < y)
    {
        if(d < 0)
        {
            d = d + 4 * x + 6;
        }
        else
        {
            d = d + 4 * ( x - y ) + 10;
            y--;
        }
        x++;
        CirclePlot(xc , yc , x , y);
    }
}
```

14.3.4　正负判定画圆法

除了中点画圆算法，还有一种画圆算法也是利用当前点产生的圆函数进行符号判别，利用负反馈决定下一个点的产生来直接生成圆弧，这就是正负判定画圆法，简称正负法。下面介绍正负法的算法实现。

正负法根据圆函数 $F(x, y) = x^2 + y^2 - R^2$ 的值，将平面区域分成圆内和圆外，如图 14-11 所示。假设圆弧的生成方向是从 A 到 B 方向，当某个点 P_i 确定以后，P_i 的下一个点 P_{i+1} 的取值就根据 $F(x_i, y_i)$ 的值进行判定，判定的原则如下。

❑ 当 $F(x_i, y_i) \leqslant 0$ 时：取 $x_{i+1} = x_i + 1$，$y_{i+1} = y_i$。即向右走一步，从圆内走向圆外。对应图 14-11a 中的从 P_i 到 P_{i+1}。

❑ 当 $F(x_i, y_i) > 0$ 时：取 $x_{i+1} = x_i$，$y_{i+1} = y_i - 1$。即向下走一步，从圆外走向圆内。对应图 14-11b 中的从 P_i 到 P_{i+1}。

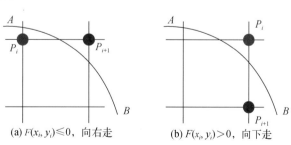

(a) $F(x_i, y_i) \leqslant 0$，向右走　　　　(b) $F(x_i, y_i) > 0$，向下走

图 14-11　正负法判定示意图

由于下一个点的取向到底是向圆内走还是向圆外走取决于 $F(x_i, y_i)$ 的正负，因此称为正负法。对于判别式 $F(x_i, y_i)$ 的递推公式，也要分以下两种情况分别推算。

□ 当 $F(x_i, y_i) \leqslant 0$ 时，P_i 的下一个点 P_{i+1} 取 $x_{i+1} = x_i + 1$，$y_{i+1} = y_i$，判别式 $F(x_{i+1}, y_{i+1})$ 的推算过程是：

$$F(x_{i+1}, y_{i+1}) = F(x_i + 1, y_i) = (x_i + 1)^2 + y_i^2 - R^2 = (x_i^2 + y_i^2 - R^2) + 2x_i + 1 = F(x_i, y_i) + 2x_i + 1$$

□ 当 $F(x_i, y_i) > 0$ 时，P_i 的下一个点 P_{i+1} 取 $x_{i+1} = x_i$，$y_{i+1} = y_i - 1$，判别式 $F(x_{i+1}, y_{i+1})$ 的推算过程是：

$$F(x_{i+1}, y_{i+1}) = F(x_i, y_i - 1) = x_i^2 + (y_i - 1)^2 - R^2 = (x_i^2 + y_i^2 - R^2) - 2y_i + 1 = F(x_i, y_i) - 2y_i + 1$$

设画圆的初始点是 $(0, R)$，判定式的初始值是 0，正负法生成圆的算法如下：

```
void Pnar_Circle(int xc, int yc, int r)
{
    int x, y, f;

    x = 0;
    y = r;
    f = 0;
    while(x <= y)
    {
        CirclePlot(xc, yc, x, y);
        if(f <= 0)
        {
            f = f + 2 * x + 1;
            x++;
        }
        else
        {
            f = f - 2 * y + 1;
            y--;
        }
    }
}
```

改进的中点画圆算法和正负法虽然都避免了浮点运算，并且计算判别式时用到的乘法都是乘二运算，可以用移位代替，但是实际效率却有很大差别。因为正负法并不是严格按照 x 方向步进的，因此就会出现在某个点和下一个点两个位置上重复画点的问题，增加了不必要的计算。此外，从生成圆的质量看，中点画圆算法和改进的中点画圆算法都比正负法效果好。

14.4 椭圆生成算法

椭圆和直线、圆一样，是图形学领域中的一种常见图元，椭圆的生成算法（光栅扫描转换算法）也是图形学软件中最常见的生成算法之一。在平面解析几何中，椭圆的方程可以描述为：

$$\frac{(x-x_0)^2}{a^2}+\frac{(y-y_0)^2}{b^2}=1$$

其中(x_0, y_0)是圆心坐标，a和b是椭圆的长短轴，特别地，当(x_0, y_0)就是坐标中心点时，椭圆方程可以简化为：

$$\frac{x^2}{a^2}+\frac{y^2}{b^2}=1$$

在计算机图形学中，椭圆图形也存在在点阵输出设备上显示或输出的问题，因此也需要一套光栅扫描转换算法。为了简化，我们先考虑圆心在原点的椭圆的生成，对于中心不是原点的椭圆，可以通过坐标的平移变换获得相应位置的椭圆。

在进行扫描转换之前，需要了解一下椭圆的对称性，如图 14-12 所示。中心在原点、焦点在坐标轴上的标准椭圆具有 x 轴对称、y 轴对称和原点对称特性。已知椭圆上第一象限的 P 点坐标是(x, y)，则椭圆在另外三个象限的对称点分别是$(x, -y)$、$(-x, y)$和$(-x, -y)$。因此，只要画出第一象限的四分之一椭圆，就可以利用这三个对称性得到整个椭圆。

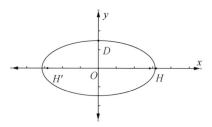

图 14-12　椭圆的对称性

在光栅图形设备上输出椭圆有很多种方法，可以根据直角平面坐标方程直接求解点的坐标，也可以利用极坐标方程求解，但是因为涉及浮点数取整，效果都不好，所以一般不使用直接求解的方式。本文介绍计算机图形学中两种比较常用的椭圆生成方法：中点画椭圆算法和 Bresenham 椭圆生成算法。

14.4.1　中点画椭圆算法

中点在坐标原点、焦点在坐标轴上（轴对齐）的椭圆的平面方程也可以转化为如下非参数化方程形式：

$$F(x, y) = b^2x^2 + a^2y^2 - a^2b^2 = 0 \tag{14-18}$$

无论是中点画线算法、中点画圆算法还是本节要介绍的中点画椭圆算法，对选择 x 方向像素 Δ 增量还是 y 方向像素 Δ 增量都很敏感。举个例子，如果某段圆弧上，x 方向上增量+1 个像素时，

y 方向上的增量如果 < 1，则比较适合用中点画椭圆算法；如果 y 方向上的增量 > 1，就会产生一些跳跃的点，最后生成的光栅位图圆弧会有一些突变的点，看起来好像不在圆弧上。因此，对于中点画椭圆算法，要区分椭圆弧上哪段 Δx 增量变化显著，哪段 Δy 增量变化显著，然后区别对待。由于椭圆的对称性，我们只考虑第一象限的椭圆弧，如图 14-13 所示。

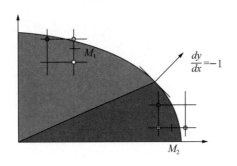

图 14-13　第一象限椭圆弧示意图

定义椭圆弧上某点的切线法向量 N 如下：

$$N(x,y) = \frac{\partial F(x,y)}{\partial x} i + \frac{\partial F(x,y)}{\partial y} j = 2b^2 x_i + 2a^2 y_j$$

对式(14-18)分别对 x、y 求偏导，最后得到椭圆弧上 (x, y) 点处的法向量是 $(2b^2 x, 2a^2 y)$。$dy/dx = -1$ 的点是椭圆弧上的分界点。此点之上的部分（浅色部分）椭圆弧法向量的 y 分量比较大，即 $2b^2(x+1) < 2a^2(y-0.5)$；此点之下的部分（深色部分）椭圆弧法向量的 x 分量比较大，即 $2b^2(x+1) > 2a^2(y-0.5)$。

对于图 14-13 中浅色标识的上部区域，y 方向每变化 1 个单位，x 方向变化大于 1 个单位，因此中点画椭圆算法需要沿着 x 方向步进画点，x 每次加 1，求 y 的值。同理，对于图 14-13 中深色标识的下部区域，中点画椭圆算法沿着 y 方向反向步进，y 每次减 1，求 x 的值。先来讨论上部区域椭圆弧的生成，如图 14-14 所示。假设当前位置是 $P(x_i, y_i)$，则下一个可能的点就是 P 点右边的 $P_1(x_i+1, y_i)$ 点或右下方的 $P_2(x_i+1, y_i-1)$ 点，取舍的方法取决于判别式 d_i，d_i 的定义如下：

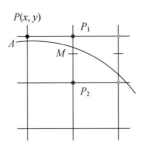

图 14-14　中点画椭圆算法对上部区域处理示意图

$$d_i = F(x_i+1, y_i - 0.5) = b^2(x_i+1)^2 + a^2(y_i - 0.5)^2 - a^2b^2$$

若 $d_i < 0$，表示像素点 P_1 和 P_2 的中点在椭圆内，这时可取 P_1 为下一个像素点。此时 $x_{i+1} = x_i + 1$，$y_{i+1} = y_i$，代入判别式 d_i 得到 d_{i+1}：

$$d_{i+1} = F(x_{i+1}+1, y_{i+1} - 0.5) = b^2(x_i+2)^2 + a^2(y_i - 0.5)^2 - a^2b^2 = d_i + b^2(2x_i + 3)$$

计算出 d_i 的增量是 $b^2(2x_i + 3)$。同理，若 $d_i \geq 0$，表示像素点 P_1 和 P_2 的中点在椭圆外，这时应当取 P_2 为下一个像素点。此时 $x_{i+1} = x_i + 1$，$y_{i+1} = y_i - 1$，代入判别式 d_i 得到 d_{i+1}：

$$d_{i+1} = F(x_{i+1}+1, y_i - 0.5) = b^2(x_i+2)^2 + a^2(y_i-1.5)^2 - a^2b^2 = d_1 + b^2(2x_i+3) + a^2(-2y_i+2)$$

计算出 d_i 的增量是 $b^2(2x_i+3)+a^2(-2y_i+2)$。计算 d_i 的增量的目的是减少计算量，提高算法效率，每次判断一个点时，不必完整地计算判别式 d_i，只需在上一次计算出的判别式上增加一个增量即可。

接下来看看下部区域椭圆弧的生成，如图 14-15 所示。假设当前位置是 $P(x_i, y_i)$，则下一个可能的点就是 P 点左下方的 $P_1(x_i-1, y_i-1)$ 点或下方的 $P_2(x_i, y_i-1)$ 点，取舍的方法同样取决于判别式 d_i，d_i 的定义如下：

$$d_i = F(x_i+0.5, y_i-1) = b^2(x_i+0.5)^2 + a^2(y_i-1)^2 - a^2b^2$$

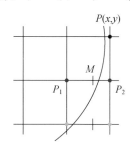

图 14-15　中点画椭圆算法对下部区域处理示意图

若 $d_i < 0$，表示像素点 P_1 和 P_2 的中点在椭圆内，这时可取 P_2 为下一个像素点。此时 $x_{i+1} = x_i + 1$，$y_{i+1} = y_i - 1$，代入判别式 d_i 得到 d_{i+1}：

$$d_{i+1} = F(x_{i+1}+0.5, y_{i+1}-1) = b^2(x_i+1.5)^2 + a^2(y_i-2)^2 - a^2b^2 = d_i + b^2(2x_i+2)+a^2(-2y_i+3)$$

计算出 d_i 的增量是 $b^2(2x_i+2)+a^2(-2y_i+3)$。同理，若 $d_i \geq 0$，表示像素点 P_1 和 P_2 的中点在椭圆外，这时应当取 P_1 为下一个像素点。此时 $x_{i+1} = x_i$，$y_{i+1} = y_i - 1$，代入判别式 d_i 得到 d_{i+1}：

$$d_{i+1} = F(x_{i+1}+0.5, y_{i+1}-1) = b^2(x_i+0.5)^2 + a^2(y_i-2)^2 - a^2b^2 = d_1 + a^2(-2y_i+3)$$

计算出 d_i 的增量是 $a^2(-2y_i+3)$。

中点画椭圆算法从 $(0, b)$ 点开始，第一个中点是 $(1, b - 0.5)$，判别式 d 的初始值是：

$$d_0 = F(1, b - 0.5) = b^2 + a^2(-b+0.25)$$

上部区域生成算法的循环终止条件是 $2b^2(x+1) \geqslant 2a^2(y-0.5)$，下部区域的循环终止条件是 $y=0$。至此，就可以给出中点画椭圆算法的完整代码实现了：

```
void MP_Ellipse(int xc , int yc , int a, int b)
{
    double sqa = a * a;
    double sqb = b * b;

    double d = sqb + sqa * (-b + 0.25);
    int x = 0;
    int y = b;
    EllipsePlot(xc, yc, x, y);
    while( sqb * (x + 1) < sqa * (y - 0.5))
    {
        if (d < 0)
        {
            d += sqb * (2 * x + 3);
        }
        else
        {
            d += (sqb * (2 * x + 3) + sqa * (-2 * y + 2));
            y--;
        }
        x++;
        EllipsePlot(xc, yc, x, y);
    }
    d = (b * (x + 0.5)) * 2 + (a * (y - 1)) * 2 - (a * b) * 2;
    while(y > 0)
    {
        if (d < 0)
        {
            d += sqb * (2 * x + 2) + sqa * (-2 * y + 3);
            x++;
        }
        else
        {
            d += sqa * (-2 * y + 3);
        }
        y--;
        EllipsePlot(xc, yc, x, y);
    }
}
```

EllipsePlot()函数利用椭圆的三个对称性，一次完成四个对称点的绘制，因为简单，此处就不再列出代码。

14.4.2 Bresenham 椭圆生成算法

中点画椭圆算法中，计算判别式 d 使用了浮点运算，影响了椭圆的生成效率。如果能将判别式归约到整数运算，则可以简化计算，提高效率。于是人们针对中点画椭圆算法进行了多种改进，提出了很多种中点生成椭圆的整数型算法，Bresenham 椭圆生成算法就是其中之一。

在生成椭圆上部区域时，以 x 轴为步进方向，如图 14-16a 所示，当 x 步进到 $x+1$ 时，需要判断 y 的值是保持不变还是步进到 $y-1$，Bresenham 算法定义判别式为：

$$D = d_1 - d_2$$

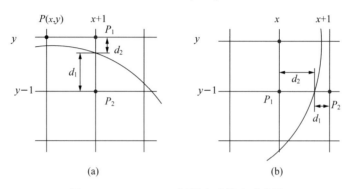

图 14-16　Bresenham 椭圆生成算法示意图

如果 $D < 0$，则取 P_1 为下一个点，否则取 P_2 为下一个点。采用判别式 D，避免了中点画椭圆算法因 $y-0.5$ 而引入的浮点运算，使得判别式归约为全整数运算，算法效率得到了很大的提升。根据椭圆方程，可以计算出 d_1 和 d_2 分别是：

$$d_1 = a^2(y_i^2 - y^2)$$
$$d_2 = a^2(y^2 - y_{i+1}^2)$$

以 $(0, b)$ 作为椭圆上部区域的起点，将其代入判别式 D 可以得到如下递推关系：

$$D_{i+1} = D_i + 2b^2(2x_i + 3)\ (D_i < 0)$$
$$D_{i+1} = D_i + 2b^2(2x_i + 3) - 4a^2(y_i - 1)\ (D_i \geq 0)$$
$$D_0 = 2b^2 - 2a^2b + a^2$$

在生成椭圆下部区域时，以 y 轴为步进方向，如图 14-16b 所示，当 y 步进到 $y-1$ 时，需要判断 x 的值是保持不变还是步进到 $x+1$，对于下部区域，计算出 d_1 和 d_2 分别是：

$$d_1 = b^2(x_{i+1}^2 - x^2)$$
$$d_2 = b^2(x^2 - x_i^2)$$

以 (x_p, y_p) 作为椭圆下部区域的起点，将其代入判别式 D 可以得到如下递推关系：

$$D_{i+1} = D_i - 4a^2(y_i - 1) + 2a^2 \qquad (D_i < 0)$$
$$D_{i+1} = D_i + 2b^2(x_i + 1) - 4a^2(y - 1) + 2a^2 + b^2 \qquad (D_i \geq 0)$$

$$D_0 = b^2(x_p + 1)^2 + b^2 x_p^2 - 2a^2 b^2 + 2a^2(y_p - 1)^2$$

根据以上分析，Bresenham 椭圆生成算法的代码实现就比较简单了：

```
void Bresenham_Ellipse(int xc , int yc , int a, int b)
{
    int sqa = a * a;
    int sqb = b * b;

    int x = 0;
    int y = b;
    int d = 2 * sqb - 2 * b * sqa + sqa;
    EllipsePlot(xc, yc, x, y);
    int P_x = ROUND_INT( (double)sqa/sqrt((double)(sqa+sqb)) );
    while(x <= P_x)
    {
        if(d < 0)
        {
            d += 2 * sqb * (2 * x + 3);
        }
        else
        {
            d += 2 * sqb * (2 * x + 3) - 4 * sqa * (y - 1);
            y--;
        }
        x++;
        EllipsePlot(xc, yc, x, y);
    }

    d = sqb * (x * x + x) + sqa * (y * y - y) - sqa * sqb;
    while(y >= 0)
    {
        EllipsePlot(xc, yc, x, y);
        y--;
        if(d < 0)
        {
            x++;
            d = d - 2 * sqa * y - sqa + 2 * sqb * x + 2 * sqb;
        }
        else
        {
            d = d - 2 * sqa * y - sqa;
        }
    }
}
```

14.5　多边形区域填充算法

平面区域填充算法是计算机图形学领域的一个很重要的算法。区域填充即给出一个区域的边界（也可以没有边界，只是给出指定颜色），要求将边界范围内的所有像素单元都修改成指定颜色（也可能是图案填充）。区域填充中最常用的是多边形填色，本节我们就讨论几种多边形区域填充算法。

14.5.1　种子填充算法

　　如果要填充的区域是以图像元数据方式给出的，通常使用**种子填充算法**进行区域填充。种子填充算法需要给出图像数据的区域，以及区域内的一个点，这种算法比较适合以人机交互方式进行的图像填充操作，不适合计算机自动处理和判断填色。根据对图像区域边界的定义方式以及对点的颜色修改方式，种子填充又可细分为几类，比如注入填充算法、边界填充算法以及为减少递归和压栈次数而改进的扫描线种子填充算法等。

　　所有种子填充算法的核心其实就是一个递归算法，都是从指定的种子点开始，向各个方向搜索，逐个像素进行处理，直到遇到边界，各种种子填充算法只是在处理颜色和边界的方式上有所不同。在开始介绍种子填充算法之前，首先介绍两个概念，就是"4-联通算法"和"8-联通算法"。既然是搜索，就涉及搜索的方向问题。从区域内任意一点出发，如果只是通过上、下、左、右四个方向搜索到达区域内的任意像素，则用这种方法填充的区域就称为**四连通域**，这种填充方法就称为 **4-联通算法**。如果从区域内任意一点出发，通过上、下、左、右、左上、左下、右上和右下八个方向到达区域内的任意像素，则用这种方法填充的区域就称为**八连通域**，这种填充方法就称为 **8-联通算法**。如图 14-17a 所示，假设中心的深灰色点是当前处理的点，如果是 4-联通算法，则只搜索和处理周围用深灰色标识的四个点；如果是 8-联通算法，则除了处理上、下、左、右四个用深灰色标识的点，还搜索和处理四个用浅灰色标识的点。假如都是从白色点开始填充，两种搜索算法的填充效果分别如图 14-17b 和图 14-17c 所示。

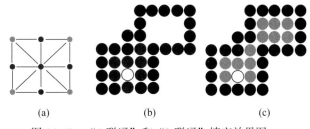

(a)　　　　　　(b)　　　　　　(c)

图 14-17　　"4-联通"和"8-联通"填充效果图

1. 注入填充算法

　　注入填充算法（flood fill algorithm）不特别强调区域的边界，它只是从指定位置开始，将所有联通区域内指定颜色的点都替换成另一种颜色，从而实现填充效果。注入填充算法能够实现颜色替换之类的功能，这在图像处理软件中得到了广泛的应用。注入填充算法的实现非常简单，核心就是递归和搜索，如下所示：

```
void FloodSeedFill(int x, int y, int old_color, int new_color)
{
    if(GetPixelColor(x, y) == old_color)
    {
        SetPixelColor(x, y, new_color);
```

```
            for(int i = 0; i < COUNT_OF(direction_8); i++)
            {
                FloodSeedFill(x + direction_8[i].x_offset,
                    y + direction_8[i].y_offset, old_color, new_color);
            }
        }
    }
```

for 循环实现了向 8 个联通方向的递归搜索，秘密就在于 direction_8 的定义：

```
typedef struct tagDIRECTION
{
    int x_offset;
    int y_offset;
}DIRECTION;

DIRECTION direction_8[] = { {-1, 0}, {-1, 1}, {0, 1}, {1, 1}, {1, 0}, {1, -1}, {0, -1}, {-1, -1} };
```

这个是搜索类算法中常用的技巧，本书第 1 章提到过类似的方法。只要将其替换成如下 direction_4 的定义，就可以将算法改成 4 个联通方向填充算法：

```
DIRECTION direction_4[] = { {-1, 0}, {0, 1}, {1, 0}, {0, -1} };
```

2. 边界填充算法

　　边界填充算法与注入填充算法的本质其实一样，都是递归和搜索，区别只在于对边界的确认，也就是递归的结束条件不一样。注入填充算法没有边界的概念，只是对联通区域内指定的颜色进行替换；而边界填充算法强调边界的存在，只要是边界内的点，无论是什么颜色，都替换成指定的颜色。边界填充算法的应用也非常广泛，画图软件中的"油漆桶"功能就是例子。以下是边界填充算法的一个实现：

```
void BoundarySeedFill(int x, int y, int new_color, int boundary_color)
{
    int curColor = GetPixelColor(x, y);
    if( (curColor != boundary_color)
        && (curColor != new_color) )
    {
        SetPixelColor(x, y, new_color);
        for(int i = 0; i < COUNT_OF(direction_8); i++)
        {
            BoundarySeedFill(x + direction_8[i].x_offset,
                y + direction_8[i].y_offset, new_color, boundary_color);
        }
    }
}
```

3. 扫描线种子填充算法

　　前面介绍的两种种子填充算法的优点是非常简单，缺点是使用了递归算法，这不但需要大量栈空间来存储相邻的点，而且效率不高。为了减少算法中的递归调用，节省栈空间的使用，人们提出了很多改进算法，其中一种就是**扫描线种子填充算法**。该算法不再采用递归的方式处理 4-联通和 8-联通的相邻点，而是通过沿水平扫描线填充像素段，一段一段地来处理 4-联通和 8-联通的相邻点。这样算法处理过程中就只需要将每个水平像素段的起始点位置压入一个特殊的栈，而不需要像递归算法那样将当前位置周围尚未处理的所有相邻点都压入栈，从而可以节省栈空间。应该说，扫描线填充算法只是一种避免递归、提高效率的思想，前面提到的注入填充算法和边界填充算法都可以改进成扫描线填充算法，下面介绍的就是结合了边界填充算法的扫描线种子填充算法。

扫描线种子填充算法的基本流程如下：当给定种子点(x, y)时，首先分别向左和向右填充种子点所在扫描线上的位于给定区域的一个区段，同时记下这个区段的范围$[x\text{Left}, x\text{Right}]$；然后确定与这一区段相连通的上、下两条扫描线上位于给定区域的区段，并依次保存下来。反复执行这个过程，直到填充结束。扫描线种子填充算法可由以下 4 个步骤实现。

(1) 初始化一个空的栈用于存放种子点，将种子点(x, y)入栈。

(2) 判断栈是否为空，如果栈为空，则结束算法，否则取出栈顶元素作为当前扫描线的种子点(x, y)，y 是当前的扫描线。

(3) 从种子点(x, y)出发，沿当前扫描线向左、右两个方向填充，直到边界。分别标记区段的左、右端点坐标为 $x\text{Left}$ 和 $x\text{Right}$。

(4) 分别检查与当前扫描线相邻的 $y - 1$ 和 $y + 1$ 两条扫描线在区间$[x\text{Left}, x\text{Right}]$中的像素，从 $x\text{Left}$ 开始向 $x\text{Right}$ 方向搜索，若存在非边界且未填充的像素点，则找出这些相邻的像素点中最右边的一个，并将其作为种子点压入栈中，然后返回第(2)步。

这个算法中最关键的是第(4)步，就是从当前扫描线的上一条扫描线和下一条扫描线中寻找新的种子点。这里比较难理解的一点是，为什么只检查新扫描线上区间$[x\text{Left}, x\text{Right}]$中的像素？如果新扫描线的实际范围比这个区间大（而且不连续）怎么处理？我查了很多计算机图形学方面的书和论文，好像都没有对此做过特殊说明，这使得很多人在学习这门课程时对此有挥之不去的疑惑。这里我就啰唆解释一下，希望能解开大家的疑惑。

如果新扫描线上实际点的区间比当前扫描线的$[x\text{Left}, x\text{Right}]$区间大，而且是连续的，算法的第(3)步就处理这种情况。如图 14-18 所示，假设当前处理的扫描线是白色点所在的第 7 行，则经过第(3)步处理后可以得到一个区间$[6, 10]$。然后执行第(4)步操作，从相邻的第 6 行和第 8 行两条扫描线的第 6 列开始向右搜索，确定浅灰色的两个点分别是第 6 行和第 8 行的种子点，于是按照顺序将$(6, 10)$和$(8, 10)$两个种子点入栈。接下来的循环会处理$(8, 10)$这个种子点。根据算法第(3)步说明，会从$(8, 10)$开始向左和向右填充，由于中间没有边界点，因此填充会直到遇到边界为止，所以尽管第 8 行实际区域比第 7 行的区间$[6, 10]$大，但是仍然得到了正确的填充。

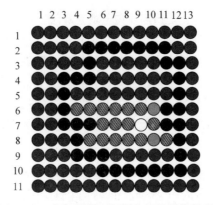

图 14-18 新扫描线区间增大且连续的情况

如果新扫描线上实际点的区间比当前扫描线的[*x*Left, *x*Right]区间大，而且中间有边界点的情况，算法又是怎么处理呢？算法描述中虽然没有明确对这种情况的处理方法，但是第(4)步确定上、下相邻扫描线的种子点的方法，以及靠右取点的原则，实际上暗含了从相邻扫描线绕过障碍点的方法。下面以图 14-19 为例说明，算法第(3)步处理完第 5 行后，确定了区间[7, 9]，相邻的第 4 行虽然实际范围比区间[7, 9]大，但是因为被(4, 6)这个边界点阻碍，使得在确定种子点(4, 9)后向左填充只能填充右边的第 7 列到第 10 列之间的区域，而左边的第 3 列到第 5 列之间的区域没有填充。虽然作为第 5 行的相邻行，第一次对第 4 行的扫描根据靠右原则只确定了(4, 9)一个种子点。但是对第 3 行处理完后，第 4 行的左边部分作为第 3 行下边的相邻行，再次得到扫描的机会。第 3 行的区间是[3, 9]，向左跨过了第 6 列这个障碍点，第 2 次扫描第 4 行的时候就从第 3 列开始，向右找，可以确定种子点(4, 5)。这样第 4 行就有了两个种子点，就可以被完整地填充了。

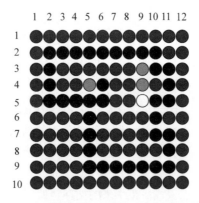

图 14-19 新扫描线区间增大且不连续的情况

由此可见，对于有障碍点的行，通过相邻边的关系，可以跨越障碍点，通过多次扫描得到完整的填充，算法已经隐含了对这种情况的处理。根据本节总结的 4 个步骤，扫描线种子填充算法的实现如下：

```
void ScanLineSeedFill(int x, int y, int new_color, int boundary_color)
{
    std::stack<POINT> stk;

    stk.push(POINT(x, y)); //第(1)步，种子点入栈
    while(!stk.empty())
    {
        POINT seed = stk.top(); //第(2)步，取当前种子点
        stk.pop();

        //第(3)步，向左右填充
        int count = FillLineRight(seed.x, seed.y, new_color, boundary_color);//向右填充
        int xRight = seed.x + count - 1;
        count = FillLineLeft(seed.x - 1, seed.y, new_color, boundary_color);//向左填充
        int xLeft = seed.x - count;

        //第(4)步，处理相邻两条扫描线
        SearchLineNewSeed(stk, xLeft, xRight, seed.y - 1, new_color, boundary_color);
        SearchLineNewSeed(stk, xLeft, xRight, seed.y + 1, new_color, boundary_color);
    }
}
```

FillLineRight()和FillLineLeft()两个函数就是从种子点分别向右和向左填充颜色，直到遇到边界点，同时返回填充的点的个数。这两个函数返回填充点个数是为了正确调整当前种子点所在的扫描线的区间[xLeft, xRight]。SearchLineNewSeed()函数完成算法第(4)步所描述的操作，就是在新扫描线上寻找种子点，并将其入栈，新扫描线的区间是由 xLeft 和 xRight 参数确定的：

```
void SearchLineNewSeed(std::stack<POINT>& stk, int xLeft, int xRight,
    int y, int new_color, int boundary_color)
{
    int xt = xLeft;
    bool findNewSeed = false;

    while(xt <= xRight)
    {
        findNewSeed = false;
        while(IsPixelValid(xt, y, new_color, boundary_color) && (xt < xRight))
        {
            findNewSeed = true;
            xt++;
        }
        if(findNewSeed)
        {
            if(IsPixelValid(xt, y, new_color, boundary_color) && (xt == xRight))
                stk.push(POINT(xt, y));
            else
                stk.push(POINT(xt - 1, y));
        }

        /*向右跳过内部的无效点（处理区间右端有障碍点的情况）*/
```

```
        int xspan = SkipInvalidInLine(xt, y, xRight, new_color, boundary_color);
        xt += (xspan == 0) ? 1 : xspan;
        /*处理特殊情况,以退出 while(x<=xright)循环*/
    }
}
```

最外层的 while 循环是为了保证区间[*xLeft*, *xRight*]右端被障碍点分隔成多段的情况能够得到正确处理。通过外层 while 循环，可以确保为每一段都找到一个种子点（对于障碍点在区间左端的情况，请参考图 14-19 所示实例的解释，处理隐含在算法中）。内层的 while 循环只是为了找到每一段最右端的一个可填充点作为种子点。SkipInvalidInLine()函数的作用就是跳过区间内的障碍点，确定下一个分隔段的开始位置。循环内的最后一行代码有点奇怪，其实只是用了一个小"诡计"，确保在遇到真正的边界点时循环能够正确退出。这不是一个值得称道的做法，实现此类软件控制有更好的方法，这里这样做只是为了使代码简短一些，让读者把注意力集中在算法处理逻辑上，而不是冗杂难懂的循环控制条件上。

算法的实现其实就在 ScanLineSeedFill()和 SearchLineNewSeed()两个函数中，神秘的扫描线种子填充算法也并不复杂，对吧？至此，种子填充算法的几种常见算法都已经介绍完毕，接下来将介绍两种适合矢量图形区域填充的填充算法，分别是扫描线填充算法和边界标志填充算法。注意，适合矢量图形的扫描线填充算法有时又称"有序边表法"，和扫描线种子填充算法是有区别的。

14.5.2 扫描线填充算法

扫描线填充算法适合对矢量图形进行区域填充，只需要知道多边形区域的几何位置，不需要指定种子点，适用于计算机自动进行图形处理的场合，比如电子游戏和三维 CAD 软件的渲染等。

对矢量多边形区域进行填充，算法核心还是求交。14.1.6 节给出了判断点与多边形关系的算法——扫描交点的奇偶数判断算法，利用此算法可以判断一个点是否在多边形内，也就是是否需要填充，但是实际工程中使用的填充算法都是只使用求交的思想，并不直接使用这种求交算法。究其原因，除了算法效率问题之外，还存在一个光栅图形设备和矢量之间的转换问题。比如某个点位于非常靠近边界的位置，用矢量算法判断这个点应该在多边形内，但是光栅化后，这个点在光栅图形设备上看就有可能在多边形外（矢量点没有大小概念，光栅图形设备的点有大小概念），因此，适用于矢量图形的填充算法必须适应光栅图形设备。

1. 扫描线填充算法的基本思想

扫描线填充算法的基本思想是：用水平扫描线从上到下（或从下到上）扫描由多条首尾相连的线段构成的多边形，每条扫描线与多边形的某些边产生一系列交点。将这些交点按照 *x* 坐标排序，将排序后的点两两组对，作为线段的两个端点，以所填的颜色画水平直线。多边形被扫描完毕后，颜色填充也就完成了。扫描线填充算法也可以归纳为以下 4 个步骤。

(1) 求交，计算扫描线与多边形的交点。

(2) 交点排序，对第(1)步得到的交点按照 x 值从小到大进行排序。

(3) 颜色填充，将排序后的交点两两组成一条水平线段，以画线段的方式进行颜色填充。

(4) 判断是否完成多边形扫描，如果是就结束算法，否则改变扫描线，然后转到第(1)步继续处理。

整个算法的关键是第(1)步，需要用尽量少的计算量求出交点，还要考虑交点是线段端点的特殊情况。最后，交点的步进计算最好使用整数结果，便于光栅图形设备输出显示。

对于每一条扫描线，如果每次都按照正常的直线段求交算法进行计算，则计算量大，而且效率低下。如图 14-20 所示，观察多边形与扫描线的交点情况，可以得到以下两个特点。

❏ 每次只有相关的几条边可能与扫描线有交点，不必对所有的边进行求交计算；

❏ 相邻的扫描线与同一直线段的交点存在步进关系，这个关系与直线段所在直线的斜率有关。

第一个特点显而易见，为了减少计算量，扫描线填充算法需要维护一张由"活动边"组成的表，称为**活动边表**（AET）。例如扫描线 4 的活动边表由 P_1P_2 和 P_3P_4 两条边组成，而扫描线 7 的活动边表由 P_1P_2、P_6P_1、P_5P_6 和 P_4P_5 四条边组成。

第二个特点可以进一步证明，假设当前扫描线与多边形的某一条边的交点已经通过直线段求交算法计算出来了，其坐标为 (x,y)，则下一条扫描线与这条边的交点不需要再进行求交计算，通过步进关系可以直接得到新交点的坐标为 $(x+\Delta x,y+1)$。前面提到过，步进关系 Δx 是个常量，与直线的斜率有关，下面就来推导这个 Δx。

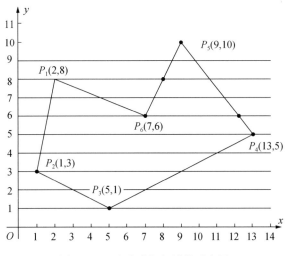

图 14-20 多边形与扫描线示意图

假设多边形某条边所在的直线方程是 $ax+by+c=0$，扫描线 y_i 和下一条扫描线 y_{i+1} 与该边的两个交点分别是(x_i, y_i)和(x_{i+1}, y_{i+1})，则可得到以下两个等式：

$$ax_i + by_i + c = 0 \qquad\qquad (14\text{-}19)$$

$$ax_{i+1} + by_{i+1} + c = 0 \qquad\qquad (14\text{-}20)$$

式(14-19)经过变换可以得到式(14-21)：

$$x_i = -(by_i + c)/a \qquad\qquad (14\text{-}21)$$

同样，式(14-20)经过变换可以得到式(14-22)：

$$x_{i+1} = -(by_{i+1} + c)/a \qquad\qquad (14\text{-}22)$$

式(14-22)与式(14-21)进行等式相减，得到式(14-23)：

$$x_{i+1} - x_i = -b(y_{i+1} - y_i)/a \qquad\qquad (14\text{-}23)$$

由于扫描线存在$y_{i+1} = y_i + 1$的关系，将其代入式(14-23)后可得式(14-24)：

$$x_{i+1} - x_i = -b/a \qquad\qquad (14\text{-}24)$$

即$\Delta x = -b/a$，是个常量（直线斜率的倒数）。

活动边表是扫描线填充算法的核心，整个算法都是围绕这张表进行处理的。要完整地定义活动边表，需要先定义边的数据结构。每条边都和扫描线有个交点，扫描线填充算法只关注交点的x坐标。每当处理下一条扫描线时，根据Δx直接计算出新扫描线与边的交点的x坐标，可以避免复杂的求交计算。一条边不会一直待在活动边表中，当扫描线与之没有交点时，要将其从活动边表中删除，判断是否有交点的依据就是看扫描线y是否大于这条边两个端点的y坐标值，为此，需要记录边的y坐标的最大值。根据以上分析，边的数据结构可以定义如下：

```
typedef struct tagEDGE
{
    double xi;
    double dx;
    int ymax;
}EDGE;
```

根据 EDGE 的定义，扫描线 4 和扫描线 7 的活动边表就如图 14-21 所示。

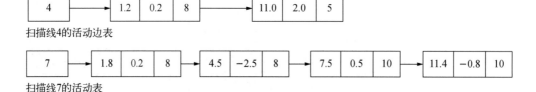

扫描线4的活动边表

扫描线7的活动表

图 14-21 扫描线的活动边表示意图

前面提到过，扫描线填充算法的核心是围绕活动边表展开的，为了方便活性边表的建立与更新，我们为每一条扫描线建立一个新边表（NET），存放该扫描线第一次出现的边。当算法处理到某条扫描线时，就将这条扫描线的新边表中的所有边逐一插入活动边表中。新边表通常在算法开始时建立，建立新边表的规则是：如果某条边的较低端点（y 坐标较小的那个点）的 y 坐标与扫描线 y 相等，则该边就是扫描线 y 的新边，应该加入扫描线 y 的新边表。上例中各扫描线的新边表如图 14-22 所示。

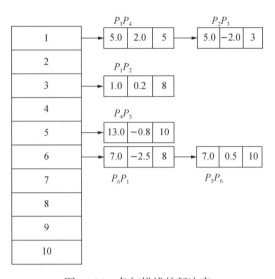

图 14-22　各扫描线的新边表

讨论完活动边表和新边表，就可以开始实现具体的算法了，但是在详细介绍实现算法之前，还有以下三个关键的细节问题需要明确。

(1) **多边形顶点处理**。在对多边形的边进行求交的过程中，在两条边相连的顶点处会出现一些特殊情况，因为此时两条边会和扫描线各求得一个交点，也就是说，在顶点位置会出现两个交点。当出现这种情况的时候，会对填充产生影响，因为填充的过程是成对选择交点的过程，错误地计算交点个数会造成填充异常。

假设多边形按照顶点 P_1、P_2 和 P_3 的顺序产生两条相邻的边，P_2 就是所说的顶点。多边形的顶点一般有四种情况，如图 14-23 所示，分别称为左顶点、右顶点、上顶点和下顶点，它们的坐标满足以下关系。

❑ 左顶点——P_1、P_2 和 P_3 的 y 坐标满足条件：$y_1 < y_2 < y_3$。
❑ 右顶点——P_1、P_2 和 P_3 的 y 坐标满足条件：$y_1 > y_2 > y_3$。
❑ 上顶点——P_1、P_2 和 P_3 的 y 坐标满足条件：$y_2 > y_1$ && $y_2 > y_3$。
❑ 下顶点——P_1、P_2 和 P_3 的 y 坐标满足条件：$y_2 < y_1$ && $y_2 < y_3$。

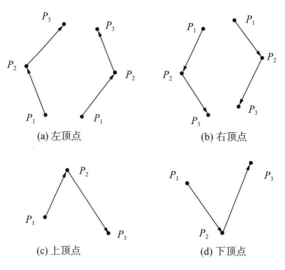

图 14-23 多边形顶点的四种类型

对于左顶点和右顶点的情况，如果不做特殊处理，会导致奇偶个数错误。常采用的修正方法是修改以顶点为终点的那条边的区间，将顶点排除在区间之外，也就是删除这条边的终点。这样就可以少计算一个交点，平衡交点奇偶个数。结合前面定义的"边"数据结构 EDGE，只要将该边的 ymax 修改为 ymax−1 就可以了。

对于上顶点和下顶点，一种处理方法是将交点计算为 0 个，也就是修正两条边的区间，将交点从两条边中排除；另一种处理方法是不做特殊处理，就计算 2 个交点，这样也能保证交点奇偶个数平衡。

(2) **水平边的处理**。水平边与扫描线重合，会产生很多交点，通常的做法是将水平边直接画出（填充），然后在后面的处理中忽略水平边，不对其进行求交计算。

(3) **如何避免填充越过边界线**。边界像素的取舍问题也需要特别注意。多边形的边界与扫描线会产生两个交点，填充时如果对两个交点以及之间的区域都填充，容易造成填充范围扩大，影响最终光栅图形化显示的填充效果。为此，人们提出了"左闭右开"的原则，简单解释就是，如果扫描线交点是 1 和 9，则实际填充的区间是[1, 9)，即不包括 x 坐标是 9 的那个点。

2. 扫描线填充算法实现

扫描线填充算法的整个过程都是围绕活动边表展开的，为了正确初始化活动边表，需要初始化每条扫描线的新边表，首先定义新边表的数据结构。定义新边表为一个数组，数组的每个元素存放对应扫描线的所有新边。因此定义新边表如下：

```
std::vector< std::list<EDGE> > slNet(ymax - ymin + 1);
```

ymax 和 ymin 是多边形所有顶点中 y 坐标的最大值和最小值，用于界定扫描线的范围。slNet 中的第一个元素对应 ymin 所在的扫描线，以此类推，最后一个元素对应 ymax 所在的扫描线。在开始对每条扫描线进行处理之前，需要先计算出多边形的 ymax 和 ymin 并初始化新边表。GetPolygonMinMax()函数遍历多边形的所有顶点，求出 ymax 和 ymin：

```cpp
void ScanLinePolygonFill(const Polygon& py, int color)
{
    assert(py.IsValid());

    int ymin = 0;
    int ymax = 0;
    GetPolygonMinMax(py, ymin, ymax);
    std::vector< std::list<EDGE> > slNet(ymax - ymin + 1);
    InitScanLineNewEdgeTable(slNet, py, ymin, ymax);
    //PrintNewEdgeTable(slNet);
    HorizonEdgeFill(py, color); //水平边，直接画线填充
    ProcessScanLineFill(slNet, ymin, ymax, color);
}
```

InitScanLineNewEdgeTable()函数根据多边形的顶点和边的情况初始化新边表，实现过程中体现了对左顶点和右顶点的区间修正原则：

```cpp
void InitScanLineNewEdgeTable(std::vector< std::list<EDGE> >& slNet,
    const Polygon& py, int ymin, int ymax)
{
    EDGE e;
    for(int i = 0; i < py.GetPolyCount(); i++)
    {
        const Point& ps = py.pts[i];
        const Point& pe = py.pts[(i + 1) % py.GetPolyCount()];
        const Point& pss = py.pts[(i - 1 + py.GetPolyCount()) % py.GetPolyCount()];
        const Point& pee = py.pts[(i + 2) % py.GetPolyCount()];

        if(pe.y != ps.y) //不处理水平边
        {
            e.dx = double(pe.x - ps.x) / double(pe.y - ps.y);
            if(pe.y > ps.y)
            {
                e.xi = ps.x;
                if(pee.y >= pe.y)
                    e.ymax = pe.y - 1;
                else
                    e.ymax = pe.y;

                slNet[ps.y - ymin].push_front(e);
            }
            else
            {
                e.xi = pe.x;
                if(pss.y >= ps.y)
                    e.ymax = ps.y - 1;
                else
```

```
                e.ymax = ps.y;
            slNet[pe.y - ymin].push_front(e);
            }
        }
    }
}
```

算法通过遍历所有的顶点获得边的信息，然后根据与此边有关的前后两个顶点的情况确定此边的 ymax 是否需要做 –1 修正。ps 和 pe 分别是当前处理边的起点和终点，pss 是起点的前一个相邻点，pee 是终点的后一个相邻点，pss 和 pee 用于辅助判断 ps 和 pe 两个点是否是左顶点或右顶点，然后根据判断结果对此边的 ymax 进行 –1 修正。算法实现非常简单，注意与扫描线平行的边不处理，因为水平边直接在 HorizonEdgeFill() 函数中填充了。

ProcessScanLineFill() 函数开始对每条扫描线进行处理，涉及四个操作，如以下代码所示，四个操作分别封装到四个函数中：

```
void ProcessScanLineFill(std::vector< std::list<EDGE> >& slNet,
    int ymin, int ymax, int color)
{
    std::list<EDGE> aet;

    for(int y = ymin; y <= ymax; y++)
    {
        InsertNetListToAet(slNet[y - ymin], aet);
        FillAetScanLine(aet, y, color);
        //删除非活动边
        RemoveNonActiveEdgeFromAet(aet, y);
        //更新活动边表中每项的 xi 值，并根据 xi 重新排序
        UpdateAndResortAet(aet);
    }
}
```

InsertNetListToAet() 函数负责将扫描线对应的所有新边插入 aet 中，插入操作保证 aet 还是有序表，应用了插入排序的思想，实现简单，此处不多解释。FillAetScanLine() 函数执行具体的填充动作，它将 aet 中的边交点成对取出组成填充区间，然后根据"左闭右开"的原则对每个区间进行填充，实现也很简单，此处不多解释。RemoveNonActiveEdgeFromAet() 函数负责将对下一条扫描线来说的"非活动边"从 aet 中删除，删除的条件就是当前扫描线 y 与边的 ymax 相等，如果有多条边满足这个条件，则一并删除：

```
bool IsEdgeOutOfActive(EDGE e, int y)
{
    return (e.ymax == y);
}

void RemoveNonActiveEdgeFromAet(std::list<EDGE>& aet, int y)
{
    aet.remove_if(std::bind2nd(std::ptr_fun(IsEdgeOutOfActive), y));
}
```

UpdateAndResortAet()函数更新边表中每项的 xi 值，就是根据扫描线的连贯性用 dx 对其进行修正，并且根据 xi 从小到大对更新后的 aet 表重新排序：

```
void UpdateAetEdgeInfo(EDGE& e)
{
    e.xi += e.dx;
}

bool EdgeXiComparator(EDGE& e1, EDGE& e2)
{
    return (e1.xi <= e2.xi);
}

void UpdateAndResortAet(std::list<EDGE>& aet)
{
    //更新 xi
    for_each(aet.begin(), aet.end(), UpdateAetEdgeInfo);
    //根据 xi 从小到大重新排序
    aet.sort(EdgeXiComparator);
}
```

其实更新完 xi 后对 aet 表的重新排序是可以避免的，只要在维护 aet 时，除了保证 xi 从小到大排序外，在 xi 相同的情况下如果能保证修正量 dx 也是从小到大排序，就可以避免每次对 aet 进行重新排序。算法实现也很简单，只需要对 InsertNetListToAet()函数稍作修改即可，有兴趣的朋友可以自行修改。

至此，扫描线填充算法就介绍完了，算法的思想看似复杂，实际上并不难，从具体算法的实现就可以看出来，整个算法实现不足百行代码。

14.5.3 改进的扫描线填充算法

扫描线填充算法的原理和实现都很简单，但是因为要同时维护活动边表和新边表，对存储空间的要求比较高。这两张表的部分内容是重复的，而且新边表在很多情况下是一张稀疏表，如果能对其进行改进，避免出现两张表，就可以节省存储空间，同时省去构造新边表以及用新边表维护活动边表的开销，基于这个原则可以对原始扫描线填充算法进行改进。

1. 重新设计活动边表

改进的算法仍然使用了活动边表的概念，但是不再构造独立的活动边表，而是直接在边表中划定一部分区间作为活动边区间。也就是说，把多边形的边分成两个子集，一个是与扫描线有交点的边的集合，另一个是与扫描线没有交点的边的集合。要达到这个目的，只需要对活动边表按照每条边的顶点 ymax 坐标排序即可。这个排序与原始扫描线填充算法中对活动边表的维护原理是一样的，因为只有边的 ymax 坐标区间内与扫描线有交点的边才可能是活动边。为了避免重复扫描整个活动边表，需要用一个 first 指针和一个 last 指针标识活动边区间。first 指针之前的边都已经处理过，同样，last 指针之后的边都还没有处理。每处理完一条扫描线，都要更新 first 和 last 指针位置：调整 last 指针的位置，将 ymax 大于当前扫描线的边纳入活动边区间，同时调整 first 指针，将处理完成的边排除在活动边区间之外。

如果调整 last 指针的依据是边的 ymax 是否大于当前扫描线，那么调整 first 指针的依据是什么？也就是如何判断一条边已经处理完了？方法是在边（EDGE）的定义中增加一个 dy（Δy）属性，这个属性被初始化成这条边在 y 方向上的长度。每处理完一条扫描线，dy 都要做减一处理，当 dy = 0 时，就说明这条边已经不与扫描线相交了，可以排除在活动边区间之外。改进的扫描线填充算法的"边"的完整定义如下：

```
typedef struct tagEDGE2
{
    double xi;
    double dx;
    int ymax;
    int dy;
}EDGE2;
```

EDGE2 定义中 xi、dx 和 ymax 的含义和原始算法中 EDGE 的定义相同，只是多了一个 dy 属性。

每当处理一条扫描线时，除了活动边区间的 first 指针和 last 指针需要调整之外，还要将 first 指针和 last 指针之间的活动边按照 xi 从小到大排序，以保证填充算法能够用正确的交点线段序列画线填充。因此，每次调整活动边区间的 first 指针和 last 指针之后，都要对活动边区间重新排序。也就是说，活动边区间内各边的位置并不固定，会随着扫描线的变化而相应地变化。

仍以图 14-20 所示的多边形为例，处理扫描线 10 时的活动边表状态如图 14-24a 所示，而处理扫描线 8 时的活动边表状态如图 14-24b 所示。可以看出，当处理扫描线 8 时，活动边区间内边的顺序有了调整，因为新加入的 P_6P_1 和 P_1P_2 两条边与扫描线的交点坐标 x_i 比 P_5P_6 与扫描线的交点坐标 x_i 小，因此排在 P_5P_6 前面。

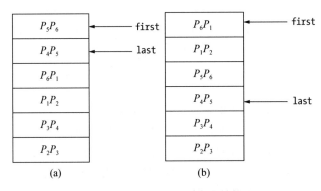

图 14-24 改进的活动边表结构

2. 新活动边表的构造与调整

改进的扫描线填充算法的重点是活动边表的构造和调整，构造方法如下。

❑ 首先剔除多边形各边的水平边，然后将剩下的边按照 ymax 的值从大到小的顺序存入一个线性表中，表中第一个元素是 ymax 值最大的边，最后一个元素是 ymax 值最小的边。对于各边中左、右顶点的情况，需要和原始算法一样做调整，以免出现交点个数异常。这里对调整的策略再强调一下，调整都是针对边的终点进行的，对于图 14-23a 所示的左顶点，需要先将 P_2 点的坐标调整为 $(x_2 - dx, y_2 - 1)$，然后再求边的 ymax、x_i 和 dy。对于图 14-23b 所示的右顶点，需要将 P_2 点的坐标调整为 $(x_2 + dx, y_2 + 1)$，然后再求边的 ymax、x_i 和 dy。

❑ 加入 first 指针和 last 指针，构成活动边区间。first 指针和 last 指针之间的边都和当前扫描线有交点或已经处理过。已经处理过的边的 dy 是 0，因此，对活动边扫描时，需要忽略其中 dy 已经是 0 的边。这些已经处理过的边会加载在正常的边中，直到调整 first 指针时被剔除活动边区间。

活动边表的调整指的是在处理完每条扫描线之后，更新活动边表中活动边区间内各边的相关属性值，比如递减 dy 的值，调整交点 x_i 坐标的值等。根据 EDGE2 的定义，每条扫描线处理完之后，需要对活动边区间内的边做两步调整。首先调整活动边区间中参与求交计算的各边的属性值，这些调整算法是：

$$dy = dy - 1;$$
$$x_i = x_i - dx;$$

然后调整活动边区间的 first 指针和 last 指针，使符合条件的新边加入活动边区间，同时将处理完的边从活动边区间剔除。这些调整算法是：

```
if(first 所指边的 Δy 为 0)
    first=first+1;
if(last 所指的下一条边的 ymax 大于下一条扫描线的 y 值)
    last=last+1
```

3. 改进的扫描线填充算法实现

首先定义活动边表。这是一个线性表，每个元素是一条边的全部属性，同时还要包含 first 指针和 last 指针，其数据结构定义如下：

```
typedef struct tagSP_EDGES_TABLE
{
    std::vector<EDGE2> slEdges;
    int first;
    int last;
}SP_EDGES_TABLE;
```

改进的扫描线填充算法的重点仍然是新活动边表的构造，算法实现如下：

```
void InitScanLineEdgesTable(SP_EDGES_TABLE& spET, const Polygon& py)
{
    EDGE2 e;
    for(int i = 0; i < py.GetPolyCount(); i++)
    {
        const Point& ps = py.pts[i];
        const Point& pe = py.pts[(i + 1) % py.GetPolyCount()];
        const Point& pee = py.pts[(i + 2) % py.GetPolyCount()];

        if(pe.y != ps.y) //不处理水平边
        {
            e.dx = double(pe.x - ps.x) / double(pe.y - ps.y);
            if(pe.y > ps.y)
            {
                if(pe.y < pee.y) //左顶点
                {
                    e.xi = pe.x - e.dx;
                    e.ymax = pe.y - 1;
                    e.dy = e.ymax - ps.y + 1;
                }
                else
                {
                    e.xi = pe.x;
                    e.ymax = pe.y;
                    e.dy = pe.y - ps.y + 1;
                }
            }
            else //(pe.y < ps.y)
            {
                if(pe.y > pee.y) //右顶点
                {
                    e.xi = ps.x;
                    e.ymax = ps.y;
                    e.dy = ps.y - (pe.y + 1) + 1;
                }
                else
                {
                    e.xi = ps.x;
                    e.ymax = ps.y;
                    e.dy = ps.y - pe.y + 1;
                }
            }

            InsertEdgeToEdgesTable(e, spET.slEdges);
        }
    }
    spET.first = spET.last = 0;
}
```

多边形 Polygon 中的 pts 数组按照顺序存放了多边形的各个顶点，InitScanLineEdgesTable()
函数从 pts 中依次取出三个顶点，前两个顶点构成当前处理的边，后一个顶点用于辅助判断是否
是左、右顶点的情况。如果是左、右顶点的情况，就要对边的终点坐标做调整（调整的方法前面

已经描述过了）。调整完线段终点坐标后构造边 e，然后由 InsertEdgeToEdgesTable() 函数将 e 插入线性表中，插入操作满足线性表按照 ymax 从大到小排序，这个是插入排序的基本算法，这里就不再列出代码。

　　算法的另一个重点就是处理每条扫描线和活动边表的关系，计算出每条扫描线需要填充的区间。这个算法体现在 ProcessScanLineFill2() 函数中：

```
void ProcessScanLineFill2(SP_EDGES_TABLE& spET,
    int ymin, int ymax, int color)
{
    for (int yScan = ymax; yScan >= ymin; yScan--)
    {
        UpdateEdgesTableActiveRange(spET, yScan);
        SortActiveRangeByX(spET);
        FillActiveRangeScanLine(spET, yScan, color);
        UpdateActiveRangeIntersection(spET);
    }
}
```

　　ProcessScanLineFill2() 函数依次处理每条扫描线。根据 14.5.3 节的算法描述，UpdateEdges TableActiveRange() 函数和 SortActiveRangeByX() 函数更新活动边区间并对区间内的边排序，FillActiveRangeScanLine 函数从活动边区间内依次取出两个交点组成填充区间，然后调用前面介绍的 DrawHorizontalLine() 函数完成画线填充，UpdateActiveRangeIntersection() 函数则根据 14.5.3 节的算法描述更新参与求交计算的各边的属性值。这四个函数的实现都很简单，结合 14.5.3 节的算法描述很容易理解。

14.5.4　边界标志填充算法

　　在光栅显示平面上，多边形是封闭的，它是用某一边界色围成的一个闭合区域，填充是逐行进行的，即用扫描线逐行对多边形求交，在交点对之间进行填充。边界标志填充算法就是在逐行处理时，利用边界或边界色作为标志来进行填充。准确地说，边界标志填充算法不是指某种具体的填充算法，而是一类利用扫描线连贯性思想的填充算法的总称。这类算法有很多种，本节介绍两种常见的边界标志填充算法。

1. 以边为中心的填充算法

　　首先介绍一种以边为中心的边界标志填充算法，这种算法的基本思想是：对于每一条扫描线和每一条多边形边的交点 (x_i, y_i)，对该扫描线上交点右方的所有像素取补，依次对多边形的每条边做此处理，直到完成填充。这里介绍一下取补的定义，假设某点的颜色是 M，则对该点的颜色取补得到 $M' = A - M$，A 是一个很大的数字，至少要比所有合法的颜色值大。根据取补的定义，如果对光栅位图某区域已经标记为 M 的颜色值做偶数次取补运算，该区域颜色不变；而做奇数次取补运算，则该区域变为值为 M' 的颜色。算法的处理过程可以简单地描述为以下两个步骤：

(1) 将绘图窗口的背景色置为 M' 颜色；

(2) 对多边形的每一条非水平边，从该边上的每个像素开始向右求余。

图 14-25 展示了这两个步骤的处理流程，左边是多边形的形状，右边分别是对每条边处理完成后填充区域的颜色情况，初始背景色是 M'，经过处理后，需要填充的区域经过奇数次取补，最终的颜色是要填充的正确值 M；非填充区域经过偶数次取补，仍然是背景色 M'。

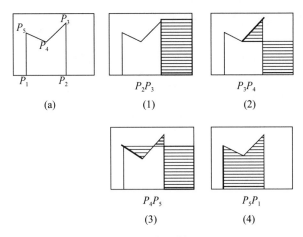

图 14-25　边界标志填充算法的处理过程

算法的实现非常简单，对于光栅位图的展示，我们仍然采用之前所用的方法，用数字矩阵表示一块光栅位图区域，矩阵的每个位置表示一个像素点，用 0 ～ 9 表示颜色值。本算法示例用 9 表示最大值 A，0 表示无效区域，合法的颜色值就是 1 ～ 8。

```
void EdgeCenterMarkFill(const Polygon& py, int color)
{
    std::vector<EDGE3> et;

    InitScanLineEdgesTable(et, py);//初始化边表

    FillBackground(A - color); //对整个填充区域背景色取补
    for_each(et.begin(), et.end(), EdgeScanMarkColor);//依次处理每一条边
}
void EdgeScanMarkColor(EDGE3& e)
{
    for(int y = e.ymax; y >= e.ymin; y--)
    {
        int x = ROUND_INT(e.xi);
        ComplementScanLineColor(x, MAX_X_CORD, y);

        e.xi -= e.dx;
    }
}
```

InitScanLineEdgesTable()函数前面已经介绍过，FillBackground()函数将填充背景初始化为要填充颜色的取补颜色，EdgeScanMarkColor()函数负责对每条非水平边进行处理，逐条对扫描线进行颜色取补，ComplementScanLineColor()函数负责对 y 扫描线上$[x_1, x_2]$区间的点进行颜色取补。

2. 栅栏填充算法

以边为中心的填充算法的优点是简单，缺点是对于复杂多边形，每一像素可能被访问多次（多次取补），效率不高。为此人们提出了**栅栏填充算法**。该算法的基本思想是：经过多边形的某个顶点，在多边形内部建立一个与扫描线垂直的"栅栏"，当扫描线与多边形边有交点时，就将交点与栅栏之间的像素取补。若交点位于栅栏左边，则将交点之右、栅栏之左的所有像素取补；若交点位于栅栏右边，则将栅栏之右、交点之左的像素取补。

仍以上一节介绍的多边形为例，假设经过 P_4 点建立一条栅栏，则栅栏填充算法的处理过程就如图 14-26 所示。该算法的实现和以边为中心的边界标志填充算法类似，只是对每条边的扫描线取补处理的范围控制有区别，这就是算法需要指定一个"栅栏"的原因。注意本算法中 FenceScanMarkColor()函数和 EdgeScanMarkColor()函数的区别，就是这点区别使得栅栏填充算法主动减少了很多像素被访问的次数，而多边形之外的像素也不会被多余处理，效率提高了不少。

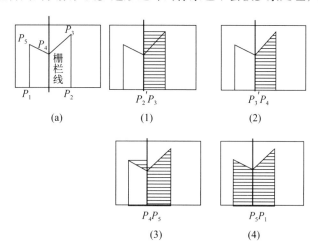

图 14-26　栅栏填充算法的处理过程

```
void EdgeFenceMarkFill(const Polygon& py, int fence, int color)
{
    std::vector<EDGE3> et;

    InitScanLineEdgesTable(et, py);//初始化边表

    FillBackground(A - color); //对整个填充区域背景色取补
    for_each(et.begin(), et.end(),
        std::bind2nd(std::ptr_fun(FenceScanMarkColor), fence));//依次处理每一条边
```

```
    }

    void FenceScanMarkColor(EDGE3 e, int fence)
    {
        for(int y = e.ymax; y >= e.ymin; y--)
        {
            int x = ROUND_INT(e.xi);
            if(x > fence)
            {
                ComplementScanLineColor(fence, x, y);
            }
            else
            {
                ComplementScanLineColor(x, fence - 1, y);
            }

            e.xi -= e.dx;
        }
    }
```

14.6 总结

　　本章介绍了计算机图形学中一些常见的算法，还有包括向量在内的一些计算几何的知识。这些都是最基础的内容，但是通过对这些内容的了解，你可以打开算法世界的一个重要分支的大门。比如点与多边形的关系、判断多边形的凸凹性以及判断多边形之间的相交关系，这都是算法比赛中比较常见的题目。

14.7 参考资料

[1] 周培德. 计算几何：算法设计与分析. 北京：清华大学出版社，2005.

[2] 德贝尔赫. 计算几何：算法与应用. 邓俊辉，译. 北京：清华大学出版社，2005.

[3] 孙家广，杨常贵. 计算机图形学. 北京：清华大学出版社，1995.

[4] Cormen T H, et al. *Introduction to Algorithms* (*Second Edition*). The MIT Press, 2001.

[5] 同济大学数学系. 高等数学（第六版）. 北京：高等教育出版社，2007.

第 *15* 章
音频频谱和均衡器与傅里叶变换算法

音频播放时的频谱实时显示和调整音效的均衡器功能是各种媒体播放程序的标准配置，小伙伴们可曾疑惑过它们的实现原理？我上学的时候也想自己编程做一个 MP3 播放器，对 Winamp 界面上那个跳动的频谱十分向往，最终因为不知道实现原理而放弃了。后来学了《数值分析》，才知道原来背后的原理就是傅里叶变换算法。本章就来介绍傅里叶变换算法如何应用到音频播放的频谱和均衡器的实现中，顺带介绍根据电话拨号音破解电话号码的小把戏，当然，这也离不开傅里叶变换算法。

15.1 实时频谱显示的原理

频谱实际上是信号分析领域里的一个专属概念，是一段音频（或图像）数据在频域内的表示。频域是相对于时域的一个概念。在时域内的信号，其坐标轴是时间轴，时域信号表示信号强度随时间变化的情况。在频域内的信号，其坐标轴是频率，频域信号表示信号在各个频率上的相对功率强度。

很多情况下，信号的某些特征在时域内表现得并不明显，但是如果转换到频域，则相应的特征就一目了然了。将时域信号转换成频域信号，是信号分析领域里一种常用的方法。下面就以 440Hz 的正弦波为例，通过其在时域和频域内的图像展示，解释这种转换的意义。图 15-1a 是 440Hz 的正弦波在时域内的形态，音频采样率是 8000Hz。图 15-1b 是其在频域内的形态，理想状态下，图 15-1b 应该在 440Hz 处显示一条直线，其他位置的值都是 0，但是受原始信号杂波和转换后的频域分辨率影响，实际显示的是一个呈金字塔状的图形，不过还是可以明显地看到在 440Hz 的时候功率（相对强度）值最大，其他位置的值都明显小于 440Hz 位置的值。

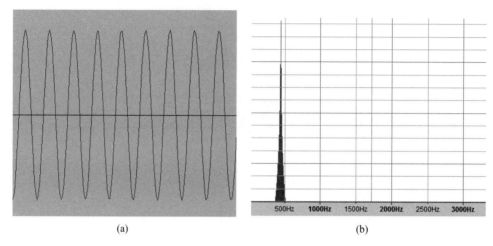

图 15-1 440Hz 正弦波在时域和频域内的形态

媒体播放程序中实时显示的频谱之所以和正在播放的音乐匹配，是因为它反映的就是当前正在播放的一小段音频在各个频段上的强度。例如 1 秒钟的音频数据分成 5 个缓冲区在回放设备上播放，每播放完一个缓冲区，将这个缓冲区的音频数据（通常是时域信号）转换成频域数据，统计出这段数据在各个频段上的强度，然后在频谱窗口中以图形化的方式表现出来，这样 1 秒钟就可以刷新 5 次，形成跳动的频谱，并与当前播放的声音形成互动，这就是实时显示频谱的原理。

原理一点都不复杂，但是怎么将音频数据从时域转换到频域呢？现在该大名鼎鼎的离散傅里叶变换（discrete Fourier transform，DFT）隆重登场了！接下来介绍离散傅里叶变换的推导原理和算法实现。

15.2　离散傅里叶变换

在数字信号分析领域里，将时域信号转换成频域信号的方法很多，傅里叶变换是其中最常用的一种。傅里叶变换算法的实现很简单，特别是 J. W. 库利和 T. W. 图基在 1965 年提出了快速傅里叶变换（FFT）算法，更是将傅里叶变换的速度提高了千万倍。快速傅里叶变换算法极大地减少了计算量，推动傅里叶变换算法在各个领域得到广泛的应用。

传统的傅里叶变换都是连续函数，用于处理无限长度的连续周期性时域信号，但是不适用于计算机实现。计算机受存储器的限制，不能处理无限长度的连续信号，只能一次一批地处理有限长度的离散信号，这就需要对信号进行离散化处理，同时建立对应的离散信号傅里叶变换。对离散信号进行傅里叶变换的方法就是离散傅里叶变换。下面介绍离散傅里叶变换的前世今生，以及快速傅里叶变换的原理和算法实现，这些是本章要介绍的各种应用的基础。

15.2.1 什么是傅里叶变换

傅里叶是一位法国数学家和物理学家，他于 1807 年在法国科学学会上展示了一篇论文，其中提出了一个观点：任何连续周期信号可以由一组适当的正弦曲线组合而成。换言之，满足一定条件的连续函数（周期函数）都可以表示成一系列三角函数（正弦或余弦函数）或者它们的积分的线性组合形式，这个转换就称为傅里叶变换。一般情况下，若"傅里叶变换"一词的前面未加任何限定语，则指的是"连续傅里叶变换"，与之对应的自然就是"离散傅里叶变换"。离散傅里叶变换其实可以看作"离散时间傅里叶变换"（discrete-time Fourier transform，DTFT）的一个特例。离散时间傅里叶变换在时域是离散的，但是在频域是连续的，而离散傅里叶变换则在时域和频域都以离散的形式呈现。因此，离散傅里叶变换更适用于所有使用计算机处理数据的场合。

离散傅里叶变换需要对原始的连续信号进行离散化，这个过程其实就是以一定的采样周期对原始信号进行采样。最典型的例子就是脉冲编码调制（pulse code modulation，PCM）技术对音频信号的处理方式，连续的声音信号（模拟信号）通过采样变成一个一个采样数据（数字信号）。如果采样周期是 8000Hz，则 1 秒钟的声音会变成 8000 个采样数据。计算机系统回放设备播放的声音数据就是以各种采样周期得到的离散化的 PCM 音频，频谱和均衡器也都基于离散化的 PCM 数据进行处理。

15.2.2 傅里叶变换原理

要了解离散傅里叶变换的原理，首先要从连续傅里叶变换开始。因为工程中用得最广泛的是非周期信号，所以我们只关注这类信号的处理方式。非周期信号傅里叶变换的基本思想是：把非周期信号当成一个周期无限大的周期信号，然后研究这个无限大周期信号的傅里叶变换的极限特征。换句话说，就是把要处理的非周期信号看作只有一个周期的周期信号，所有数据是周期性的，不过只有一个周期而已。

1. 离散傅里叶变换公式

先来看看连续非周期信号的傅里叶变换公式：

$$X(\omega) = \int_{-\infty}^{\infty} x(t) e^{-i\omega t} dt \tag{15-1}$$

式(15-1)中的 i 是虚数单位，即 $i^2 = -1$。接下来要将连续傅里叶变换离散化，连续傅里叶变换中的函数 $x(t)$ 是连续的，现在假设在 $x(t)$ 的某一个连续区间上以周期 T 进行采样，得到 N 个采样点，则每个采样点的离散傅里叶变换公式就是：

$$X(n) = \sum_{k=0}^{N-1} x(k) e^{-i\frac{2\pi}{N}kn} \qquad n = 0, 1, \cdots, N-1 \tag{15-2}$$

积分变成了级数求和，这就是离散化的结果。如果要计算这个区间上 $x(t)$ 处的傅里叶变换结果，就可以通过计算离散信号的 $x(nT)$ 获得。考察式(15-2)可知，计算 N 个采样点的傅里叶变换，需要 N^2 次复数乘法运算和 $N(N-1)$ 次复数加法运算。式(15-2)中 e 的指数项 $\mathrm{e}^{-\mathrm{i}\frac{2\pi}{N}}$ 是个与点数 N 有关的常量，令 $W_N = \mathrm{e}^{-\mathrm{i}\frac{2\pi}{N}}$，则式(15-2)可简单记为式(15-3)：

$$X(n) = \sum_{k=0}^{N-1} x(k) W_N^{nk} \qquad n = 0, 1, \cdots, N-1 \tag{15-3}$$

2. 快速傅里叶变换原理推导

由于 DFT 算法计算量巨大，限制了它的应用。长期以来，人们提出了很多改进的离散傅里叶变换算法，其中，J. W. 库利和 T. W. 图基发明的快速傅里叶变换（fast Fourier transform，FFT）算法使用得最广泛。在了解快速傅里叶变换之前，先了解一下式(15-3)中自然对数 e 的指数项 W_N 的周期性和对称性，W_N 的周期性可以表示为：

$$W_N^{nk} = W_N^{(N+n)k} = W_N^{n(N+k)} \tag{15-4}$$

W_N 的对称性可以表示为：

$$W_N^{nk} = W_N^{-nk} = W_N^{(N-n)k} = W_N^{n(N-k)} \tag{15-5}$$

快速傅里叶变换算法的基本思想就是利用以上周期性和对称性，将 N 个点的 DFT 分解成 n 个 N/n 点的 DFT，从而显著减少了运算量。事实上，这个想法并不是库利和图基两个人首创的，大数学家高斯在 1805 年就提出了这种算法的基本思想，不过基 2 的快速傅里叶变换算法仍然以这两个人的名字命名，以表彰他们对推广傅里叶变换的应用所做的贡献。有一点值得说一下，这种算法的思想是如此优秀，以至于库利和图基并不是历史上第一个重复发明它的人。也许是"英雄所见略同"的缘故，此算法在历史上不断被各个研究领域的学者们"重复发明"。

现在就以基 2 的 FFT 算法为例，介绍这种分解如何有效地减少运算量。如图 15-2 所示，将 N 个点的 DFT 分解成 2 个 $N/2$ 个点的 DFT，可以将复数乘法的运算量减少为 $N^2/2$。再进一步分解成 4 个 $N/4$ 个点的 DFT，复数乘法的运算量进一步减少为 $N^2/4$。分解过程可以迭代进行，直到不能再分解为止（2 个点的 DFT）。

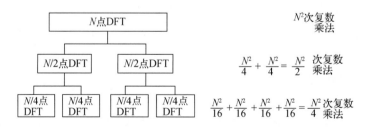

图 15-2　基 2 的 FFT 分解与计算量

每次分解，都将原始信号 $x(n)$ 按照时间顺序（也就是 n 的序号）分成奇、偶两个组 $x_1(r)$ 和 $x_2(r)$，其中 r 与 n 的关系是：

❑ 当 n 为偶数时，令 $n=2r$；

❑ 当 n 为奇数时，令 $n=2r+1$。

也就是说，原始信号与两个分组的信号存在以下关系：

$$x(2r) = x_1(r), \quad x(2r+1) = x_2(r) \qquad 其中 \ r = 0, 1, \cdots, N/2-1 \tag{15-6}$$

现在将式(15-6)中的关系代入式(15-3)中，将一个 N 点 DFT 分解为 2 个 $N/2$ 点 DFT：

$$X(n) = \sum_{k=0}^{N-1} x(k)W_N^{nk} = \sum_{r=0}^{N/2-1} x(2r)W_N^{2rn} + \sum_{r=0}^{N/2-1} x(2r+1)W_N^{(2r+1)n}$$

$$= \sum_{r=0}^{N/2-1} x_1(r)W_N^{2rn} + W_N^n \sum_{r=0}^{N/2-1} x_2(r)W_N^{2rn} \tag{15-7}$$

因为 $W_N^{2r} = \mathrm{e}^{-\mathrm{i}\frac{2\pi}{N}2r} = \mathrm{e}^{-\mathrm{i}\frac{2\pi}{N/2}r} = W_{N/2}^r$，将此递推关系代入式(15-7)，得到：

$$X(n) = \sum_{r=0}^{N/2-1} x_1(r)W_{N/2}^{rn} + W_N^n \sum_{r=0}^{N/2-1} x_2(r)W_{N/2}^{rn} = X_1(n) + W_N^n X_2(n) \tag{15-8}$$

式(15-8)中，N 点 DFT $X(n)$ 中 n 的取值范围是 $0, 1, \cdots, N-1$，周期为 N；而 2 个 $N/2$ 点 DFT $X_1(n)$ 和 $X_2(n)$ 中 n 的取值范围是 $0, 1, \cdots, N/2-1$，周期为 $N/2$。因此，式(15-8)只是给出了 $N/2$ 个点的变换关系，并没有将全部 N 个点的 $X(n)$ 求解出来。要想利用 $X_1(n)$ 和 $X_2(n)$ 表达全部的 $X(n)$ 还必须利用 W_N 的周期性和对称性，找出 $X_1(n)$、$X_2(n)$ 和 $X(n+N/2)$ 的关系，进一步推导出后 $N/2$ 个点的对应关系。由式(15-4)的周期性可知 $W_{N/2}^{r(N/2+n)} = W_{N/2}^{rn}$，因此：

$$X_1(N/2+n) = \sum_{r=0}^{N/2-1} x_1(r)W_{N/2}^{r(N/2+n)} = \sum_{r=0}^{N/2-1} x_1(r)W_{N/2}^{rn} = X_1(n)$$

同理可得：$X_2(N/2+n) = X_2(n)$。

由式(15-8)推导的分解关系可知，一个 N 点 DFT 的前 $N/2$ 个周期数据的转换关系是：

$$X(n) = X_1(n) + W_N^n X_2(n) \qquad n=0, 1, \cdots, N/2-1 \tag{15-9}$$

其后 $N/2$ 个周期数据的转换关系是：

$$X(N/2+n) = X_1(N/2+n) + W_N^{N/2+n} X_2(N/2+n) = X_1(n) + W_N^{N/2+n} X_2(n)$$

由式(15-5)中 W_N^n 的对称性可知，$W_N^{N/2+n} = W_N^{N/2} \cdot W_N^n = -W_N^n$，代入上式后得到后 $N/2$ 个周期数据的转换关系：

$$X(N/2+n) = X_1(n) - W_N^n X_2(n) \qquad n=0, 1, \cdots, N/2-1 \qquad (15\text{-}10)$$

由式(15-9)和式(15-10)可知，N 点 DFT $X(n)$ 分解的 $X_1(n)$ 和 $X_2(n)$ 表，通过如图 15-3 所示的蝶形运算关系，建立与 $X(n)$ 的每个点的映射关系。

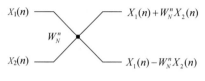

图 15-3　蝶形运算关系图

3. 蝶形运算后的码位倒序关系

由上一节的快速傅里叶变换原理的推导过程可知，FFT 算法的每一级迭代计算，都是由 N 个输入数据（复数）两两分组构成 $N/2$ 个蝶形运算，经过蝶形运算后得到 N 个输出数据（复数）。但是，经过蝶形运算之后，每个数据的位置都发生了变化。以 8 点 FFT 运算为例，图 15-4 显示了蝶形运算后 8 个点的数据的位置关系。从中可以看出，为了保证蝶形运算后输出顺序与原始序列一致，在进行蝶形运算之前，需要对原始序列重新排序。FFT 算法对这个位置关系的处理有两种方式：一种如图 15-4 所示，在开始蝶形运算之前就对原始数据按照码位关系进行排序，则计算后可直接得到与原始序列一致的输出，这种方式又称原位运算方式；另一种方式是直接进行蝶形运算，然后按照码位关系对运算后的输出结果重新排序。

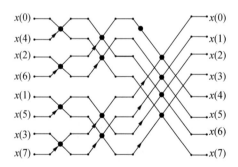

图 15-4　8 点 FFT 蝶形运算位置关系图

蝶形运算的码位关系看起来相当杂乱，然而还是有一定的规律的，这个规律就是码位倒读规律。仍以 8 点 FFT 为例，表 15-1 显示了这种倒读规律。

表15-1　码位倒序关系表

原始顺序	原始顺序二进制码	倒读后的二进制码	码位倒读顺序
0	000	000	0
1	001	100	4

（续）

原始顺序	原始顺序二进制码	倒读后的二进制码	码位倒读顺序
2	010	010	2
3	011	110	6
4	100	001	1
5	101	101	5
6	110	011	3
7	111	111	7

15

由此可知，原始数据序列中的某个数据，其经过 FFT 的蝶形运算后的位置，可以通过这个数据在原始数据序列中的序号，经过二进制反序后得到。同理，经过 FFT 的蝶形运算后的某个数据，也可以根据在转换后的数据序列中的序号，经过二进制反序后得到对应数据在原始数据序列中的位置。

15.2.3　快速傅里叶变换算法的实现

经过上一节的分析，不难发现看似神秘的快速傅里叶变换算法其实非常简单。算法的实现以分治法为策略，递归地将长度为 N 的 DFT 分解为 2 个长度为 $N/2$ 的 DFT。假如转换数据的点数 N 是 2 的整数幂，可表示为 $N=2^M$，则算法需要进行 M 阶迭代分解，每一阶都有 $N/2$ 个蝶形运算。

考察图 15-3，每次蝶形运算都要乘以因子 W_N^n，而且每次蝶形运算都会使得两个原始数据的结果像被扭转了一样变换位置，因此这个因子又称**旋转因子**。整个 FFT 算法的每一阶迭代分解中，旋转因子的个数是不一样的。第一阶分解为 2 个 $N/2$ 的 DFT，有 1 个旋转因子；第二阶再分解为 4 个 $N/4$ 的 DFT，有 2 个旋转因子；以此类推。第 L 阶迭代分解运算的旋转因子指数 n 的计算方法是：

$$n = j \cdot 2^{M-L} \quad （j \text{ 是 } L \text{ 阶的第 } j \text{ 个旋转因子}） \tag{15-11}$$

旋转因子 W_N^n 是个复指数，在算法实现时通常要分解成正弦和余弦函数的分解形式，对于 W_N^n 的分解可表示为：

$$W_N^n = \mathrm{e}^{-\mathrm{i}\frac{2n\pi}{N}} = \cos(\frac{2n\pi}{N}) - \mathrm{i}\sin(\frac{2n\pi}{N}) \tag{15-12}$$

很多 FFT 算法的实现通常事先计算好分解式中的正弦项和余弦项，存放在一张数据表中，在进行蝶形运算的过程中，通过查表可以直接获取事先计算好的值，不必每次都重复计算，提高了算法效率。本章要给出的快速傅里叶变换算法实现也采用了这种方法，在 `InitFft()` 函数中预先计算好正弦项和余弦项的值。

至此，FFT算法的原理和细节都已经介绍完毕，算法实现已经不存在任何技术问题。这里给出一个中规中矩的算法实现，完全对照本章的推导过程。工业上有很多更高效的算法实现，有需要的读者可以直接研究它们。

```
void FFT(FFT_HANDLE *hfft, COMPLEX *TD2FD)
{
    int i,j,k,butterfly,p;

    int power = NumberOfBits(hfft->count);

    /*蝶形运算*/
    for(k = 0; k < power; k++)
    {
        for(j = 0; j < 1<<k; j++)
        {
            butterfly = 1 << (power-k);
            p = j * butterfly;
            int s = p + butterfly / 2;
            for(i = 0; i < butterfly/2; i++)
            {
                COMPLEX t = TD2FD[i + p] + TD2FD[i + s];
                TD2FD[i + s] = (TD2FD[i + p] - TD2FD[i + s]) * hfft->wt[i*(1<<k)];
                TD2FD[i + p] = t;
            }
        }
    }

    /*重新排序*/
      for (k = 0; k < hfft->count; k++)
    {
        int r = BitReverse(k, power);
        if (r > k)
        {
            COMPLEX t = TD2FD[k];
            TD2FD[k] = TD2FD[r];
            TD2FD[r] = t;
        }
    }
}
```

离散傅里叶变换算法是基于复数的，参数 TD2FD 是个复数数组，COMPLEX 的定义如下：

```
struct COMPLEX
{
    float re;
    float im;
};
```

NumberOfBits()函数根据点数 N 计算出 2 的整数幂 M，BitReverse()函数实现码序翻转。重新排序的过程中，规定只有反序后的码序比当前值大才交换位置，避免了重复交换码序。FFT_HANDLE 的初始化主要是计算前面介绍的正弦和余弦表及窗口函数表。关于窗口函数表，下一节介绍频谱应用的时候再介绍，这里只是给出实现代码：

```
bool InitFft(FFT_HANDLE *hfft, int count, int window)
{
    int i;

    hfft->count = count;
    hfft->win = new float[count];
    if(hfft->win == NULL)
    {
        return false;
    }
    hfft->wt = new COMPLEX[count];
    if(hfft->wt == NULL)
    {
        delete[] hfft->win;
        return false;
    }
    for(i = 0; i < count; i++)
    {
        hfft->win[i] = float(0.50 - 0.50 * cos(2 * M_PI * i / (count - 1)));
    }
    for(i = 0; i < count; i++)
    {
        float angle = -i * M_PI * 2 / count;
        hfft->wt[i].re = cos(angle);
        hfft->wt[i].im = sin(angle);
    }

    return true;
}
```

15.3　傅里叶变换与音频播放的实时频谱显示

　　一次独立的离散傅里叶变换只能将有限个数的数据转换到频域，如果一段音频数据比较长，需要进行多次傅里叶变换，那么就需要对转换后的频域数据进行叠加，才能计算出每个频率上总的功率，也就是频谱。所以，在进行频谱计算之前，首先了解时域信号转换成频域信号后有哪些特点，以及如何利用频域数据进行分析和计算。

15.3.1　频域数值的特点分析

　　图 15-1 是对频域数据的抽象描述，本节将帮助大家更加具体地认识频域数据。前面提到过，原始信号离散化的过程其实就是以一定的周期对原始信号进行采样，这就要提到一个很重要的参数——采样率 T。还有一个很重要的参数，就是每次进行转换的时域信号的个数 N（也称离散傅里叶变换的点数），这两个参数共同决定了转换后频域数值的频域分辨率。

　　时域数据显示了音频信号强度随时间变化的趋势，横坐标轴是时间，纵坐标轴是信号强度。时间坐标轴的分辨率由采样率 T 决定，其值为 $1/T$（就是采样周期）。频域信号显示了音频信号强度随频率变化的趋势，横坐标轴是频率，纵坐标轴是信号强度（功率）。频率坐标轴的分辨率由时域采样率 T 和离散傅里叶变换点数 N 共同决定，其值为 T/N。因为离散傅里叶变换将时域信号一对一地转换为频域信号，也就是说，N 个时域信号转换后会得到 N 个频域信号，这 N 个频域信号对应的频率范围是 $0\sim T$，所以每个频域信号的对应频段宽度是 T/N。

离散傅里叶变换得到 N 个频域数据，第一个点对应频率为 0Hz 的信号强度，也就是音频数据中直流信号的强度；第二个点对应频率为 T/N Hz 的信号强度；以此类推，第 n 个点对应频率为 $(n–1)T/N$ Hz 的信号强度。此外，频域数据还有一个特点，就是对称性，其前 $N/2$ 个点的数值和后 $N/2$ 个点的数值呈现轴对称特性，所以在计算功率谱时，只考虑前 $N/2$ 个点就可以了。

15.3.2　从音频数据到功率频谱

进行傅里叶变换之前，要先对音频数据进行处理，将其转换为算法支持的数据格式。傅里叶变换是针对复数的，算法实现也使用了复数，但是音频数据是实数，因此，转化成复数时只使用实部，虚部为 0。

音频数据通常来自于文件或声音采集设备，常用的音频信号格式是 PCM 编码。WAV 文件就是最常见的音频文件格式，其数据采用的就是 PCM 编码，数据以一个一个采样点顺序存储，转换时只要逐个对采样数据进行转换即可。如果音频数据包含多个声轨，比如双声道立体声模式就包含左、右两个声轨的数据，这种情况只需要计算多个声轨的平均值作为一个采样数据。具体的转换算法如下：

```
void SampleDataToComplex(short *sampleData, int channels, COMPLEX *cd)
{
    if(channels == 1)
    {
        cd->re = float(*sampleData / 32768.0);
        cd->im = 0.0;
    }
    else
    {
        cd->re = float(*sampleData + *(sampleData + 1) / 65536.0);
        cd->im = 0.0;
    }
}
```

1. 窗函数与窗口滑动

计算机不能处理无限长度的数据，离散傅里叶变换算法只能对数据一批一批地进行变换，每次只能对限时间长度的信号片段进行分析。具体的做法就是从信号中截取一段时间的片段，然后对这个片段的信号数据进行周期延拓处理，得到虚拟的无限长度的信号，再对这个虚拟的无限长度信号进行傅里叶变换。但是信号被按照时间截取成片段后，其频谱就会发生畸变，这种情况也称**频谱能量泄漏**。

为了减少能量泄漏，人们研究了很多截断函数对信号进行截取操作，这些截断函数称为**窗函数**。窗函数 $w(t)$ 被设计成带宽无限的函数，所以即使原始信号是有限带宽信号，被窗函数截取后得到的片段也会变成无限带宽。也就是说，信号经过窗函数处理后，在频域的能量与分布都被扩展了，这就有效地减少了频谱能量泄漏。

加窗口处理，相当于对原始信号进行调制，如以下代码所示（原始数据的虚部是 0，不需要处理）：

```
for(int i = 0; i < hfft->count; i++)
{
    TF[i].re = TF[i].re * hfft->win[i];
}
```

不同的窗函数对信号频谱的影响不一样。比如最简单的矩形窗，实际上就是对信号不做任何处理，简单地按照时间片段截取一定长度的信号进行处理。本章做频谱计算时选用了汉宁窗（hanning window），其作用是分析带宽加宽，但是降低了频率分辨率。汉宁窗的数学定义如下：

$$w(t) = \left(0.5 - 0.5\cos\left(\frac{2\pi t}{N-1}\right)\right)R(t) \tag{15-13}$$

其中 $R(t)$ 是原始信号，t 的范围是 $0 \leqslant t < N-1$，对于其他范围的值，$w(t) = 0$。图 15-5 显示了汉宁窗信号截取的示意图，以及对频域转换结果的影响。深色区域是窗口覆盖的数据部分，白色区域的数据将被削弱。

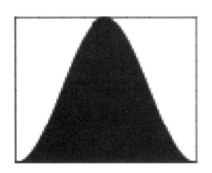

图 15-5　汉宁窗信号截取示意图

使用了窗口，就需要讨论窗口的滑动问题，也就是窗口重叠的处理。用汉宁窗截取信号片段，可以看出窗口中部分信号被削弱了（造成衰减），为了抵消部分窗口对信号造成的衰减，各种窗函数都需要对信号进行相应的重叠处理。本节采用的重叠处理方式是选取信号时每次滑动半个窗口位置，使得每个窗口的后半个窗口的衰减在下个窗口的前半个窗口中得到一定的补偿。

2. 计算功率频谱

离散傅里叶变换得到的频域数据是复数,利用一些公式可以根据实部和虚部的值推断出其在时域内的一些特征,比如相位、时延等,不过我们关心的是信号强度。根据频域数据计算相对信号强度的公式是:

$$power = 20.0 \times \log_{10}\left(\frac{\sqrt{real^2 + img^2}}{N/2}\right) \tag{15-14}$$

计算一段音频数据功率频谱的算法非常简单,就是从原始数据中取 N 个采样点的数据,转换到频域,计算出各个频率的信号强度,然后从原始信号偏移 $N/2$ 个采样点位置,再取 N 个采样点的数据进行转换并计算信号强度,与上一次计算的值累加,重复上述过程,直到原始信号处理完毕。具体的算法实现如以下代码所示:

```
bool PowerSpectrum(FFT_HANDLE *hfft, short *sampleData, int totalSamples, int channels, float *power)
{
    int i,j;

    for(i = 0; i < hfft->count; i++)
        power[i] = (float)0.0;

    COMPLEX *inData = new COMPLEX[hfft->count];
    if(inData == NULL)
        return false;

    int procSamples = 0;
    short *procData = sampleData;
    while((totalSamples - procSamples) >= hfft->count)
    {
        procData = sampleData + procSamples * channels;
        for(j = 0; j < hfft->count; j++)
        {
            SampleDataToComplex(procData, channels, &inData[j]);
            procData += channels;
        }
        procSamples += (hfft->count / 2); /*每次向后移动半个窗口*/

        FftWindowFunction(hfft, inData);
        FFT(hfft, inData);

        for(i = 0; i < hfft->count; i++)
        {
            power[i] += float(20.0 * log10(sqrt(inData[i].re * inData[i].re + inData[i].im *
                inData[i].im) / (hfft->count / 2)));
        }
    }

    delete[] inData;

    return true;
}
```

15.3.3 音频播放时实时频谱显示的例子

采样率为 T 的音频数据经过 N 点 FFT 后，得到 $N/2$ 个有效的频率和功率分布（另外 $N/2$ 个点的数据具有对称性）。FFT 算法选择的 N 通常比较大（一般大于 512），全部显示这么多点的频谱既不现实，也浪费资源。一般频谱最多显示 32 个波段（我用的 Winamp 2.91 版本只有 19 个频谱波段），这就涉及另一个问题，那就是如何从这么多频率数据中选择 32 个用作频谱的显示。

1. 频率范围选择和波段设置

假如我们有 1024 个有效的频率数据，如何选择 32 个数据组成 32 段频谱显示？选取的原则是要选择有代表性的频率，两个波段的中心频率最好不要相差太小，可以是均匀选择，也可以是不均匀选择。可采用的方法很多，最简单的方法是每隔 32 个点选择一个数据，刚好选择 32 个点的功率值，然后映射到 32 个频谱上显示。还有一个方法，将 1024 个点分成 32 段，每段 32 个点，分别计算每一段的 32 个点的功率平均值，然后将 32 段的功率平均值映射到 32 个频谱上显示。本章随后给出的实例程序的做法是将 1024 个点分成 32 段，找到每段的中间点，从中间点向左和向右各取两个点的值，共 5 个值作为采样数据计算的依据，并赋予不同的权重，中间点权重最高，向两边依次降低；然后计算 5 个点的加权平均值，将加权平均值映射到频谱上显示。代码如下所示：

```
void UpdateSpectrum(short *sampleData, int totalSamples, int channels)
{
    float power[FFT_SIZE];
    if(PowerSpectrum(&m_hFFT, sampleData, totalSamples, channels, power))
    {
        int fpFen = FFT_SIZE / 2 / BAND_COUNT;

        int level[BAND_COUNT];
        for(int i = 0; i < BAND_COUNT; i++)
        {
            int centPos = i * fpFen + fpFen / 2;
            double bandTotal = power[centPos - 2] * 0.1 + power[centPos - 1] * 0.15 + power[centPos]
                * 0.5 + power[centPos + 1] * 0.15 + power[centPos + 2] * 0.1;
            level[i] = (int)(bandTotal + 0.5);
        }
        m_SpectrumWnd.SetBandLevel(level, BAND_COUNT);
    }
}
```

2. 听觉与视觉延时

由于声音和视觉信号在人类的神经和大脑之间的传导过程存在差异，导致声音和视觉在大脑中的反应有一个时间差，再加上声和光的传播速度本身也有很大的差异，因此，为了使频谱显示能有更好的感官体验，需要对频谱显示的时机做一些调整。一般来说，应该先将声音播放出来再显示频谱，这就涉及一个问题，即声音的分段多长比较合适。这实际上是播放器音频缓冲区大小的选择问题，缓冲区不能太大，比如 0.5 秒以上的音频缓冲区，等播放完 0.5 秒后再显示频谱，视觉上就觉得对不上，鼓声都响了半天了频谱上才体现出来，这种感觉肯定不好。缓冲区太小也不好，首先离散傅里叶变换计算量大，需要一定的时间对音频数据进行处理，缓冲区太小的话就没有足够的时间进行计算。当然，现在的 CPU 都很强劲，这不是主要问题，主要问题是如果缓冲区太小，会导致频谱刷新太频繁，这使得频谱显示看起来不连贯，很机械。在这方面我没有理论的数据支撑，根据实践经验，音频缓冲区大小在 0.05 秒到 0.2 秒之间时，可以获得比较好的视觉体验。本节给出的示例程序使用了 0.1 秒的音频缓冲区，就我的感觉来说，效果还可以。

3. 设计频谱显示器

频谱显示窗口的设计没什么技术难度，只要熟悉 Windows GDI 编程，实现一个频谱窗口应该没有问题。每一个波段的显示内容包含三个部分，如图 15-6 所示，分别是背景、当前强度级别和一条缓缓落下的细线（Top_bar）。除了需要一个列表记录当前各个波段的强度级别之外，还需要一个列表记录各个波段的 Top_bar 的位置，每当一个缓冲区播放完以后，UpdateSpectrum() 函数会计算出相应波段的强度，并刷新当前各个波段的强度级别列表，根据选择的播放缓冲区大小，刷新的频率应该在每秒 5 ~ 10 次。与此同时，内部的位置更新定时器也在周期性地减小各个波段强度级别的值，并降低 Top_bar 的位置，为了使频谱显示得平滑一点，更新定时器的频率要大于强度级别的刷新频率，一般应该在每秒 15 次以上。

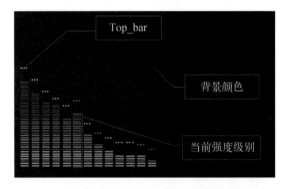

图 15-6　频谱显示的主要元素

Top_bar 位置和强度级别的刷新是一个不断降低的过程，但是降低的方式不一样。强度级别的降低可以是一个固定值。Top_bar 则需要维持一个悬停时间，在悬停时间内位置不变化，悬停时间结束后，其值的减小逐步加快，并最终在强度级别减到 0 之前追上强度级别的位置，这样使得频谱显示看起来生动有趣。

频谱显示窗口需要高速绘图，直接使用 GDI 函数画频谱窗口已经被证明是低效的方法，不推荐使用。一般采用位图缓冲区的方式处理高速刷新的窗口，具体做法是在位图数据中直接通过颜色值控制"生成"频谱显示的位图，然后用贴图的 GDI 函数直接"贴"到窗口 DC 上。

本书在撰写过程中创建的示例程序是一个 WAV 文件播放程序，播放并显示一个跳动的频谱，外观模仿 Winamp 的显示效果，图 15-7 是演示程序最终的效果。所有代码都包含在本章附带的示例工程中，读者可自行研究。

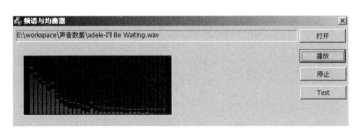

图 15-7　频谱显示示例程序

15.4　破解电话号码的小把戏

2012 年 9 月，一个南京的大学生从电视台播放的一段记者采访 360 总裁周鸿祎的视频中破解了周鸿祎的手机号码，一时被网络热炒。后来，又听说某人买车的时候使用电话银行付款，结果被人录下声音，破解了银行卡号和密码，导致存款被盗。这些故事情节就像好莱坞电影一般充满技术噱头，但是如果说穿了技术原理，恐怕真的没有什么技术含量。本节就来揭示这种小把戏的技术含量，我的目的不是教你破解别人的电话号码做坏事，不过看完本节，你应该知道，当着陌生人（他们手里可能拿着手机、录音笔等各种录音工具）的面使用电话银行，真的是非常不明智的行为。

15.4.1　拨号音的频谱分析

首先要说一下，根据拨号音破解电话号码只适用于使用"双音多频技术"（DTMF）的电话设备，老式的拨号盘电话（脉冲式电话机）不适用（估计你也没有这玩意了）。前面介绍过，一些在时域内并不明显的信号特征转换到频域以后，其相应的特征便一目了然。对拨号音的分析也遵循这个思路。首先来看看双音频电话拨号音的频域特征。

1. 双音频电话拨号音

双音多频技术是贝尔实验室的发明，就是将电话机的拨号键盘分成 4 × 4 的矩阵，每一行对应一个低频信号，每一列对应一个高频信号，如图 15-8 所示。

低频组/Hz	高频组/Hz			
	1209	1336	1447	1633
697	1	2	3	A
770	4	5	6	B
852	7	8	9	C
941	*	0	#	D

图 15-8 电话键盘双音频对照表

其中低频信号和高频信号的频率都在人耳可以识别的范围之内。打电话拨号的时候，每按下一个键，就产生一个高频和一个低频的正弦信号组合，局端的电话交换机从这个组合信号中解出两个频率，就知道是哪个按键被按下了。

2. 双音频电话拨号音频谱的规律

既然每个拨号音都是由一个高频和一个低频的正弦信号组合而成的，那么它们的频域必然含有两个能量峰值，而且这两个能量峰值分别位于这一高一低两个频率点上。这就是双音频电话拨号音的频谱规律，不同按键对应的拨号音仅仅就是高、低两个频率点不同而已。下面以按键"1"的音频为例，看看其时域和频域的特征对比，图 15-9 就是按键"1"的音频在时域和频域的形态。

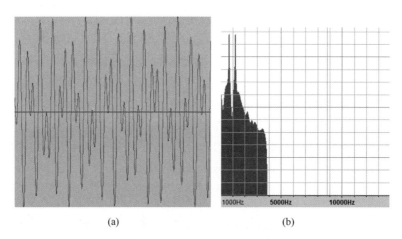

(a)   (b)

图 15-9 按键"1"对应的音频在时域和频域的形态

从图 15-9b 可以看出，虽然受录音杂波影响很大，但是在 697Hz 和 1209Hz 位置上，相对能量强度达到了最大值。

15.4.2　根据频谱数据反推电话号码

了解了电话拨号音的频谱特征，下面就来分析如何根据频谱特征反推电话号码。如果采用 N 点 FFT 算法，PowerSpectrum()函数可以计算出 $N/2$ 个有效的频谱数据（还记得对称性吗？），这是破解电话号码的第一步。对于拨号音来说，这 $N/2$ 个数据中有两个极大值，分别位于这个拨号音对应的高音频率点和低音频率点。所以，破解电话号码的第二步就是找出这两个极大值点。从 $N/2$ 个数值中找出最大的 2 个，这是典型的 top_n 算法，可以从互联网上找到很多这样的示例代码，不同之处主要就是对长度为 n 的有序组的维护方法，目前普遍认为用堆是最高效的方法。不过对于本例的需求，$n=2$ 的有序组维护起来其实很简单，交换两个值就可以保证有序组有序。这里给出一个 top_2 算法实现：

```
void ExchangeIndex(int *index, float *power)
{
    if(power[index[1]] > power[index[0]])
    {
        int t = index[0];
        index[0] = index[1];
        index[1] = t;
    }
}

void SearchMax2FreqIndex(float *power, int count, int& first, int& second)
{
    int max2Idx[2] = { 0, 1 };

    ExchangeIndex(max2Idx, power);
    for(int i = 2; i < count; i++)
    {
        if(power[i] > power[max2Idx[1]])
        {
            max2Idx[1] = i;
            ExchangeIndex(max2Idx, power);
        }
    }

    first = min(max2Idx[0], max2Idx[1]);
    second = max(max2Idx[0], max2Idx[1]);
}
```

计算结果中 first 返回低频点的位置，second 返回高频点的位置。

破解电话号码的第三步就是根据两个极大值点的位置，反算出对应的频率。根据 15.3.1 节的分析，转换后的结果和频率存在如下对应关系：

$$\text{Freq} = (n-1)T/N \qquad （n 是 \text{power} 数组的位置，T 是采样率） \qquad (15\text{-}15)$$

由于频域分辨率的关系，反算出来的频率不会刚好就是图 15-8 中的值，但是应该非常接近这些值。可以通过简单的查表定位真实的频率值，有了这两个真实的频率值，也就知道电话号码了。

现在明白了吧，只要有一套音频分析软件，就可以对拨号音进行分析，并破解电话号码。即使是编程实现，也没有太大的技术难度。看来，以后打电话的时候，还是把拨号音关掉吧。

15.5　离散傅里叶逆变换

有从时域转换到频域的方法，就必然有从频域转换到时域的方法。相对于离散傅里叶变换，这个反向转换就是离散傅里叶逆变换（IDFT）。和离散傅里叶变换一样，离散傅里叶逆变换也是连续傅里叶逆变换的离散形式。先来看看非周期信号连续傅里叶逆变换的公式：

$$x(t) = \frac{1}{2\pi} \int_{-\infty}^{\infty} X(\omega) e^{i\omega t} d\omega \tag{15-16}$$

连续傅里叶逆变换中的函数 $X(\omega)$ 是频域连续的。现在假设在 $X(\omega)$ 的某一个连续区间上按照频域抽取 N 个频率，得到 N 个采样点，则每个采样点的离散傅里叶逆变换公式就是：

$$x(n) = \frac{1}{N} \sum_{k=0}^{N-1} X(k) e^{i\frac{2\pi}{N}kn} \qquad n = 0, 1, \cdots, N-1 \tag{15-17}$$

如果引入常量 W_N，式(15-17)可以简单记为：

$$x(n) = \frac{1}{N} \sum_{k=0}^{N-1} X(k) W_N^{-nk} \qquad n = 0, 1, \cdots, N-1 \tag{15-18}$$

15.5.1　快速傅里叶逆变换的推导

对应前面介绍的快速傅里叶变换，也存在快速傅里叶逆变换（inverse fast Fourier transform，IFFT）。和快速傅里叶变换算法的推导过程一样，快速傅里叶逆变换算法的推导也是从式(15-18)开始，利用 W_N 的周期性和对称性，将离散傅里叶逆变换逐级分解，减少计算量。具体的推导过程与快速傅里叶变换类似，读者可参考 15.2.2 节所述过程自行推导，此处不再赘述。

就 IFFT 算法的实现而言，其过程和 FFT 算法的实现一样，只需对 FFT 算法稍作修改，就成了 IFFT 算法。对比式(15-18)和式(15-3)可以看出，二者的区别主要有两点：一个是蝶形变换的旋转因子不同，另一个是 IFFT 算法需要对整体结果除以 N。FFT 算法的蝶形变换旋转因子是 W_N^n，而 IFFT 算法的旋转因子是 W_N^{-n}。除此之外，二者蝶形变换的距离和位置关系都一样，也就是说，最终位序重排的方法也一样。

15.5.2 快速傅里叶逆变换的算法实现

快速傅里叶逆变换算法的蝶形变换旋转因子是 W_N^{-n}，由式(15-12)可知，其分解的复数形式中余弦项（实部）与 FFT 算法的余弦项相同，正弦项（虚部）的符号位与 FFT 算法的正弦项刚好相反，因此算法实现仍然可以用 FFT_HANDLE 中的正弦项和余弦项表。IFFT 的算法实现如下：

```
void IFFT(FFT_HANDLE *hfft, COMPLEX * FD2TD)
{
    int i,j,k,butterfly,p;

    int power = NumberOfBits(hfft->count);

    for(k = 0; k < hfft->count; k++)
        FD2TD[k] = FD2TD[k] / COMPLEX(hfft->count, 0.0);

    /*蝶形运算*/
    for(k = 0; k < power; k++)
    {
        for(j = 0; j < 1<<k; j++)
        {
            butterfly = 1 << (power-k);
            p = j * butterfly;
            int s = p + butterfly / 2;
            for(i = 0; i < butterfly/2; i++)
            {
                COMPLEX t = FD2TD[i + p] + FD2TD[i + s];
                FD2TD[i + s] = (FD2TD[i + p] - FD2TD[i + s]) * COMPLEX(hfft->wt[i*(1<<k)].re,
                    -hfft->wt[i*(1<<k)].im);
                FD2TD[i + p] = t;
            }
        }
    }
    /*----按照倒位序重新排列变换后的信号----*/
    for (k = 0; k < hfft->count; k++)
    {
        int r = BitReverse(k, power);
        if (r > k)
        {
            COMPLEX t = FD2TD[k];
            FD2TD[k] = FD2TD[r];
            FD2TD[r] = t;
        }
    }
}
```

15.6 利用傅里叶变换实现频域均衡器

调节均衡器改变声音的回放效果，就像在汤里放味精一样，掩盖了音乐原始的味道，但也能获得一些意想不到的效果。但是，你关注过它的实现原理吗？这一节我们就来研究均衡器的实现原理，同时结合前面介绍的快速傅里叶变换和快速傅里叶逆变换，实现一个可以对各种频率的声音进行精准控制的频域均衡器算法。

从应用角度理解，音乐均衡器有两种常见类型：图示均衡器（graphic equalizer）和参量均衡器（parametric equalizer）。图示均衡器是一种按照一定的规律把全音频 20 ~ 20 000 Hz 划分为若干频段，每个频段对应一个可以对电平进行增益或衰减的调节器，可以根据需要对输入的音频信号按照特定的频段进行单独的增益或衰减。参量均衡器不划分固定的频段，可对任意一个频率点（包括频率点附近指定频率带宽内的所有点）进行控制，通过调整带宽，使得调节控制可精确（小带宽），也可模糊（大带宽），非常灵活。参量均衡器的操作控制不直观，多用在对声音精确控制的专业场合。像 Winamp 和 Foobar 这样的音频播放器，多采用图示均衡器，通过一个带调节器的图形面板可以让用户很方便地对特定频段进行调节。

从信号形态角度理解，音乐均衡器又可以分为两种类型：时域均衡器和频域均衡器。时域均衡器通过对时域音频信号叠加一系列滤波器实现音色的改变。无论是传统的音响设备，还是众多音乐播放软件，绝大多数使用时域均衡器。时域均衡器通常由一系列二次 IIR 滤波器或 FIR 滤波器串联组合而成，每个波段对应一个滤波器，各个滤波器可以单独调节，串联在一起形成最终的效果。但是，传统的 IIR 滤波器具有反馈回路，会出现相位偏差，而 FIR 滤波器会造成比较大的时间延迟。另外，如果使用 IIR 滤波器或者 FIR 滤波器，均衡器波段越多，需要串联的滤波器的个数也越多，运算量也越大。频域均衡器是在频域内直接对指定频率的音频信号进行增益或衰减，从而达到改变音色的目的。频域均衡器没有相位误差和时间延迟，而且不固定波段，可以对任意频率进行调节，不仅适用于图示均衡器，也适用于参量均衡器。特别是采用快速傅里叶变换这样的算法，可以进行更快速的运算，即便是多段均衡器也不会引起运算量的增加。

15.6.1 频域均衡器的实现原理

总体上说，频域均衡器的实现原理很简单，就是将时域音频信号转换到频域，然后对特定频率进行增益或衰减计算，最后将结果转换到时域，从而实现对音频音色的修改。如果是多个音轨的音频，需要对每个音轨单独做上述转换和调节。原理简单，但是实现起来并不简单，有很多细节问题需要解决。首先，用户在图示均衡器上拉动拉杆，调节了某个波段之后，这个调节的相对变化如何转化为对频域信号的处理呢？

15.6.2 频域信号的增益与衰减

图示均衡器允许用户调节每个波段的增益和衰减，调节的单位通常是 dB（分贝）。dB 是一个相对比值，用于表示两个值之间的比例关系。20 dB 的信号的实际强度是 0 dB 信号的 10 倍，而 – 20 dB 的信号的实际强度是 0 dB 信号的 1/10。当用户调节了某个波段的增益值后，如何将这个相对增量转换成能在频域内直接对频域数据进行计算处理的增益强度，是频域均衡器需要解决的重点问题。

1. 频域的增益和衰减

首先，增益或衰减是基于频率（频段）进行计算，所以这个问题需要在频域内处理，利用的就是式(15-14)所描述的功率相对强度与频域信号值的计算关系。与处理频谱的方式不同，这里要通过该式反推需要在频域信号叠加什么值才能使得功率达到指定的增益或衰减。在本书的第 1 版中，我们采用的方法是直接将频率功率增益分解成实部增益和虚部增益，然后利用式(15-14)将增益累加到频域数据上。但是这种方法涉及复数的加法运算，计算量比较大，并且虚部分量对频域信号的相位影响比较大，经过傅里叶逆变换后时域数据会产生比较明显的噪声，所以在第 2 版中我们采用另一种方法对信号进行功率增益计算。

首先我们使用式(15-19)逆向计算出指定的信号增益（或衰减）对应的信号实际强度变化倍数：

$$\text{multiple} = 10^{\frac{db}{20}} \tag{15-19}$$

然后对时域信号进行离散傅里叶变换，得到 N 个复数（实部是 real，虚部是 imag），分别对应频域的 N 个频率点。接下来使用式(15-20)和式(15-21)分别计算出每个频域点的频域信号振幅和相位：

$$A = \frac{2\sqrt{\text{real}^2 + \text{imag}^2}}{N} \tag{15-20}$$

$$\alpha = \arctan\left(\frac{\text{imag}}{\text{real}}\right) \tag{15-21}$$

这里得到的振幅就是我们需要控制增益（或衰减）的对象，将信号强度倍数 multiple 直接与振幅 A 相乘，就得到增益或衰减后的振幅。最后使用式(15-22)和式(15-23)反向计算出对应点的实部和虚部：

$$\text{real} = A \times \cos\alpha \tag{15-22}$$

$$\text{imag} = A \times \sin\alpha \tag{15-23}$$

这里需要注意，对连续的时域信号进行离散傅里叶变换时，需要对数据进行分批处理，这样的分割会产生相位差，与此同时，我们使用滑动窗口也会产生相位差。真正准确的均衡器需要考虑相位差产生的频率偏移，准确地对频率进行增益。我们的演示算法不考虑这么精准，略去了对相位进行修正的计算，目的是更直观地理解算法实现。

2. 应用三次样条插值算法平滑增益与衰减

调节均衡器，对应的是一个波段，不是一个频率。因此，在频域进行增益（或衰减）计算时，不应仅考虑一个频率，而应考虑以这个频率为中心的整个波段。当然，也不是整个波段都进行相同的增益（或衰减），最好对波段的中心点频率执行最大增益（或衰减），然后按照波段带宽，从中心到边缘逐步降低增益（或衰减）的值。

从波段中心到边缘的变化可以采用线性方式，从示意图上看就是多条折线。当然，也可以采用当前流行的方法——曲线插值，使示意图看起来像一条平滑的曲线。说到曲线插值，大家应该想到第 12 章介绍的三次样条曲线拟合算法。是的，本章的均衡器例子就使用三次样条插值算法，得到一条平滑的增益（或衰减）值曲线。生活中到处都是算法，不是吗？代码正如 UpdateEqCurve() 函数所示，InterpolationX 和 InterpolationY 是插值点的增益（或衰减）值，对应的是所有波段的中心点频率及两个附加的起点和终点，使用三次样条曲线拟合算法得到整条曲线的值。

```
void UpdateEqCurve()
{
    float gain[FFT_SIZE/2];
    SplineFitting eq;

    eq.CalcSpline(InterpolationX, InterpolationY, EQ_BAND_COUNT + 2, 1, 0.0, 0.0);
    for(int x = 0; x < FFT_SIZE/2; x++)
    {
        gain[x] = (float)eq.GetValue(x);
    }
    UpdateEqualizerGain(&m_hEQ, gain);

}
```

15.6.3 均衡器的实现——仿 Foobar 的 18 段均衡器

有了以上的分析，均衡器算法的实现就水到渠成了。将音频数据按照 FFT 算法一次能处理的最大数据分块，将每一块音频数据用 FFT 算法转换到频域进行增益（或衰减）计算。下面就是对频域数据进行计算的主体代码，其中 hEq->gain[k]中存放的是预先用式(15-19)计算好第 k 个点的增益（或衰减）倍数。算法中只计算了前一半的频域数据，后一半采用的是对称赋值，这是由频域信号的对称性决定的。

```
FFT(ctx->gFFTworksp, fftSize, -1);//转换到频域

for (k = 0; k <= fftSize/2; k++)
{
    double real = ctx->gFFTworksp[2*k];
    double imag = ctx->gFFTworksp[2*k+1];

    /* 计算振幅和相位 */
    double magn = 2.0*sqrt(real*real + imag*imag) / fftSize;
    double phase = atan2(imag,real);

    /* 修正振幅 */
    magn = magn * hEq->gain[k];
```

```
                    /* 计算调整后的频率点复数 */
                    ctx->gFFTworksp[2*k] = magn*cos(phase);
                    ctx->gFFTworksp[2*k+1] = magn*sin(phase);
}

        IFFT(ctx->gFFTworksp, fftSize, 1);//转换到时域
```

在本书的第 1 版中，我们给出的算法是每次滑动整个窗口，虽然省略了对窗口衰减进行累加修正的计算，但是也导致了能量衰减比较大的问题。这一次我们给出的算法采用每次滑动 1/4 窗口的方式，并补充了衰减累加计算，尽量减少原始音频数据经过转换和计算后产生的失真。滑动窗口算法采用 Bernsee 算法框架，见第 25 章。

至此，所有的核心算法都已经完成，按照惯例，可以做个例子演示一下了——一个仿 Foobar 的 18 段均衡器，顺带展现三次样条插值算法的价值。图 15-10 展示的就是演示程序，均衡器曲线是我随便调的，没人会这么调均衡器吧？完整的示例程序代码包含在本章的随书代码中。除了算法核心代码之外，剩下的都是常规的 Windows 编程，请大家自己研究吧。

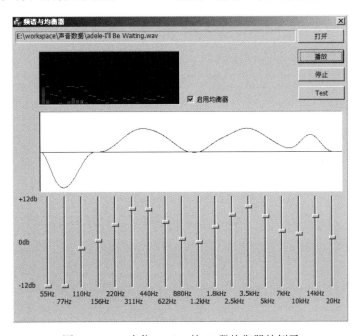

图 15-10　一个仿 Foobar 的 18 段均衡器的例子

15.7　总结

本章介绍了离散傅里叶变换及其快速算法（FFT）的几个应用例子，都是生活中常见的功能，背后却是如此简单的算法实现。其实离散傅里叶变换在工业和信号处理领域有非常广泛的应用，

并不仅限于本章的例子。本章给出的算法实现不算是最高效的，但是中规中矩，是研究算法原理的好例子，读者还可以从互联网上找到处理实数更高效的 FFT 算法来研究。我的目的是让大家了解生活中隐藏的算法，去除算法的神秘感，不知道是否达到了？

15.8　参考资料

[1]　E. O. 布里汉. 快速傅里叶变换. 柳群，译. 上海：上海科学技术出版社，1979.

[2]　何振亚. 数字信号处理的理论与应用. 北京：人民邮电出版社，1983.

[3]　Stephan M. Bernsee. Pitch Shifting Using The Fourier Transform, 1999.

第16章
全局最优解与遗传算法

最优化问题是算法中永恒的话题之一，之前我们介绍过一些求最优解的常用算法，比如不一定能得到最优解的贪婪法，适用于多目标、多阶段优化的动态规划算法，还有理论上万能、但是实际应用中常常受问题规模限制的穷举算法。这些算法都是采用一种确定或几乎确定的方式寻找最优解，本章将介绍一种完全不同的方式寻找最优解，那就是充满随机性的启发式方法。这里提到的启发式方法和之前介绍搜索算法时常常提到的启发式搜索是两个概念，大家不要搞混了。

传统的最优解算法都是建立在确定性基础上的搜索，在搜索过程中遇到一个决策点时，对于选 a 还是选 b，其结果是确定的。比如贪婪法，就是按照贪婪策略选择，在同样的条件下，每个决策选 1000 次结果都是一样的。随机化算法就不会有这么确定的结果，它是一种带启发式的随机搜索，但是随机化算法并不是"闭着眼睛掷骰"子，各种随机化算法都有相应的理论基础。常见的有模拟退火算法、禁忌搜索、蚁群算法、神经网络，当然也包括本章要介绍的遗传算法（genetic algorithm）。这些模拟、演化（进化）式的启发式搜索算法的搜索过程不依赖目标函数的信息，非常适合传统最优化方法难以解决的一些复杂问题或非线性问题，在人工智能、自适应控制、机器学习等领域得到了广泛应用。

16.1 遗传算法的原理

达尔文的进化论讲述的是"物竞天择，适者生存"的自然原理，生物体通过自然选择、基因突变和遗传等规律进化出适应环境变化的优良品种。遗传算法就是这样一种借鉴生物自然选择和遗传机制的随机搜索算法，其搜索过程就是"种群"一代一代"进化"的过程，通过评估函数进行优胜劣汰的选择，通过交叉和变异来模拟生物的进化。优胜劣汰是这种搜索算法的核心，根据优胜劣汰的策略不同，算法最终的效果也各不相同。

遗传算法将问题的解定义为进化对象的个体，对若干个体组成的种群进行选择、交叉（杂交）和变异处理，每处理一次种群就"进化"一代。只要评估和选择策略合适，经过若干次"进化"之后，种群中就会出现比较接近最优解的个体，对应的就是问题的近似最优解。这就是遗传算法的原理，接下来详细介绍遗传算法的处理流程，在这之前，先来了解几个与之相关的基本概念。

16.1.1　遗传算法的基本概念

遗传算法是借鉴生物进化过程而提出的一种启发式搜索算法，因此在介绍遗传算法之前，需要普及几个基本的生物学术语。

首先是**基因**（gene）和**染色体**（chromosome）。很多介绍遗传算法的资料通常将这二者混为一谈，其实从生物学角度看，二者是不同的概念。基因是一个单独的遗传因子，包含一组不能再拆分的生物学特征，而染色体可以理解为一组基因的组合，如无特殊说明，本书用"基因"一词表示参与计算的遗传特征。

然后是**种群**（population）和**个体**（individual）。生物的进化以群体的形式进行，这样的一个群体就称为种群，种群中的每个生物体就是一个个体。种群中的每个个体是相互联系、相互影响的，这种联系影响着种群的进化。

接着是残酷的"适者生存"。对环境适应度高的个体，生存能力强，繁衍的后代会比较多。相反，对环境适应度低的个体参与繁殖的机会比较少，后代会越来越少，最后只剩下强者。

最后是**遗传**和**变异**。下一代个体会遗传上一代个体的部分基因，使得个体的生物学特征能够延续下去。但是遗传并不是平稳的，会有一定的概率发生基因突变，基因突变所产生的新的生物学特征可能会提高个体的环境适应度，也可能会降低个体的环境适应度。能提高个体的环境适应度的突变基因通过适者生存原则通过种群延续到下一代。

生物通过繁殖产生下一代，在遗传算法看来，繁殖就是**基因交叉**（crossover）算法的处理过程，对种群中的个体两两进行部分基因编码片段互换，即可得到下一代的个体。遗传算法中的**基因突变**（mutation）算法是通过直接替换个体基因中的某个或某几个编码实现的，也有的算法采用直接生成一个新的个体（相当于替换全部基因编码）来实现基因突变。基因交叉和基因突变都是遗传算法的重要步骤，但是不能进行得太频繁，否则会导致每一代的基因差异太大，最终使得算法无法收敛到近似最优解。基因交叉和基因突变如果发生得太少也不行，因为这样无法保证种群的多样性，最终使得算法可能收敛到某个局部最优解，而无法得到全局最优解。一般遗传算法的实现会定义一个基因交叉发生概率和基因突变发生概率，通过这两个概率控制其发生的频度。

选择（selection）也是遗传算法中的重要算法之一。选择就是根据个体对环境的适应度，按照一定的规则从上一代种群中选择一些优良的个体，令其遗传到下一代种群中。**适应度**（fitness）

是个体对环境的适应程度，适应度低的个体会被逐步淘汰，适应度高的个体会越来越多，遗传算法一般会根据问题要求设置一个适应度函数来评估每个个体的适应度。

16.1.2 遗传算法的处理流程

遗传算法的处理流程就是一种模拟计算的过程，如图 16-1 所示。

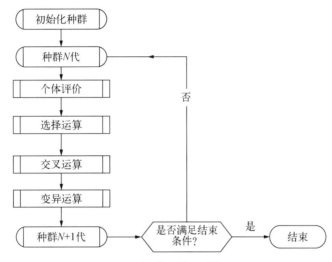

图 16-1　遗传算法模拟计算流程图

种群从第 N 代到第 $N+1$ 代演化的过程中，个体评价、选择运算、交叉运算和变异运算分别扮演着自然界生物进化过程中的"优胜劣汰""交配繁殖"和"基因突变"所对应的角色，其中选择运算、交叉运算和变异运算称为遗传算法的遗传算子。

严格来说，遗传算法并不是一个具体的算法，而代表一种思想。针对不同问题，基因的选择与编码、适应度评估函数的设计以及遗传算子的设计都各不相同。遗传算法其实非常简单，如果你不相信，请看图 16-1 的流程图，全是直线箭头。但是你还是不相信，对吧？虽然原理很简单，但是遇到问题，仍然无从下手。原因在于有几个问题还是没有明确，首先，基因是什么，怎么选择，怎么编码？其次，适应度评估函数如何设计？最后，三个遗传算子如何设计？下面就从这三个方面介绍如何设计针对具体问题的遗传算法。

1. 基因的选择与编码

简单地理解，遗传算法中的基因就是以某种编码形式表示的实际问题的解。确实很简单，举个例子，假如要求解抛物线 $y=-2x^2+x+15$ 在 $[-2.5, 3.0]$ 区间上的最大值，抛物线函数的自变量 x 是问题空间的解，对应遗传算法中的基因就是 x（$-2.5 \leqslant x \leqslant 3.0$）的某种编码形式。再比如本书第 3 章提到的 0-1 背包问题，包中所选择的物品就是问题空间的解，比如[0,1,0,1,1,0,0]，对应遗传算法中的基因就是以某种编码形式存储的这个[0,1,0,1,1,0,0]状态。由此可见，针对不同的问题，基因的形式千变万化，也就不难理解为什么不存在一劳永逸的全能遗传算法了。

说到基因，就不能不提基因的编码。基因可能有点抽象，但编码是具体的。所谓**编码**，就是用计算机能存储和处理的数据形式表达基因所代表的问题的解。遗传算法首先要解决的问题就是基因的选择与编码问题，如果这个问题不解决，遗传算法的三大遗传算子的设计就是空中楼阁。因为遗传算子需要在遗传算法中对基因进行选择、交叉和变异处理，所以需要选择一种合理的基因编码规则，才能使得遗传算子可以方便快捷地处理基因的选择、交叉和变异计算。基因的编码规则必须满足以下三个条件。

- ❑ **完备性**：问题空间的所有解在遗传算法中都有对应的编码值。
- ❑ **健全性**：遗传算法中的每一个编码值在问题空间中也有对应的值。
- ❑ **非冗余性**：遗传算法中的编码值与问题空间中的解满足一一对应关系。

遗传算法常用的基因编码方式有二进制编码、格雷编码、符号编码、属性序列编码等方式。对于多参数的最优化问题，可用上述方式对每个参数进行编码，然后用级联或交叉的方式将其组合成最终的基因编码。二进制编码是其中最简单的，简单地说，就是直接使用被选择为基因的解，不进行特殊编码，被选为基因的解在内存中以二进制形式存在。比如求抛物线最大值的问题，对 x 不进行任何编码，直接选择若干个在[−2.5, 3.0]区间上的随机数作为初始种群，遗传算子直接对种群中的二进制数据进行基因的交叉和变异计算，评估函数的设计也很简单。二进制编码虽然简单，但是从信息论的角度分析，存在汉明悬崖（Hamming cliff）问题[①]：对基因做很小的交叉和变异，得到的结果却差异巨大，这会使得遗传算法的基因交叉和变异难以跨越。

我们常用的数字体系，无论是二进制、十进制还是十六进制，每个数位都有权位，同样的数字 1，放在个位和放在十位上代表的意义不同。格雷码（Gray encoding）则是一种无权码，其特点是任意两个相邻的格雷码之间只有一位不相同。此外，格雷码的最大数和最小数也仅有一位不同，因此又称循环二进制码或反射二进制码，其循环和单步的特性可以消除随机取数时出现重大误差的可能。格雷码最初作为通信领域内的一种可靠性编码使用，但是其"两个相邻的格雷码之间只有一位不同"的特性可用于遗传算法的基因编码。格雷编码连续性好，可避免汉明悬崖问题，增强遗传算法的局部搜索能力。关于格雷编码和二进制编码之间的转换，本章的随书代码中有转换算法，请读者参考本章最后给出的参考资料自行研究转换算法的原理和实现。

对于某些非数字体系的问题，其基因无法直接用数字表示，这就需要用一些符号编码来表示。

[①] 在信息论中，汉明距离（Hamming distance）是描述两条信息之间相似程度的一个属性。两个长度相等的字符串，对应位置上不同字符的个数就是它们的汉明距离。换句话说，如果将一个字符串通过替换字符的方式变换成另一个字符串，需要做替换的次数就是汉明距离。汉明悬崖是二进制编码的一个缺点，就是相邻整数的二进制代码之间有很大的汉明距离，使得遗传算法的交叉和变异变得难以跨越。

举个学生选课问题的例子。假设有 26 门课程可供学生选择，每个学生可选 4 门课程，很显然，学生所选课程如果作为运算的输入参数，无法用数字表示。但是如果我们定义英文字母 A ~ Z 分别代表 26 门课程，则每个学生所选课程作为输入参数就可以组成符号编码，比如 ACEK，采用符号编码后，就可以转换成遗传算法中的基因进行遗传算子计算了。属性序列编码和符号编码的处理思想类似，也是解决非数字体系问题常用的基因编码方式。如果算法的输入参数无法用数字直接编码，但是输入参数由若干个固定个数的属性组成，这些属性变化就可以代表不同的输入参数。在这种情况下，可以为每种属性设置编码，然后按照属性序列排列，得到一个用属性序列编码表示的输入参数，这就是属性序列编码的主要思想。以 0-1 背包问题为例，我们把一次选择完成后背包中的物品作为问题的解，则这个解无法直接用数字进行编码；但是观察这个解，发现其组成就是 7 件物品的选择状态，我们对每个物品的选择状态编码，0 表示不选，1 表示选，最终背包问题的基因编码就是类似于[0,1,0,1,1,0,0]这样的形式。

2. 适应度评估函数

在遗传算法中，适应度用于衡量群体中每个个体与最优解的接近程度，也就是个体基因的优良程度。适应度高的个体将基因遗传到下一代的概率比较大，而适应度低的个体将基因遗传到下一代的概率比较小。计算个体适应度使用的是**适应度评估函数**或**适应度函数**（fitness function），遗传算子中的选择算子需要根据个体的适应度函数来评估每个个体将基因遗传到下一代的概率，因此，适应度函数的设计总是和基因的选择紧密相关。

适应度函数对个体的评估过程一般是这样的：首先，对种群中个体的基因进行解码处理，从遗传算法中的基因编码转换为问题空间中的数据表达形式；其次，根据问题空间中的数据表达形式，使用问题空间的目标函数或最优值评估方法计算问题空间中对应的结果；最后，根据问题的类型和最优解的形式，按照一定的规则对计算结果进行评估和转换，得到遗传算法中的个体适应度。

遗传算法中对适应度函数的处理有两种方法，一种是在算法执行过程中始终使用固定的适应度函数，另一种是在算法执行的不同阶段使用不同的适应度函数。第一种方法的算法处理简单，但是存在运算初期的早熟问题（也称未成熟收敛问题）和运算后期的竞争区分度不高的问题。所谓早熟问题，就是在遗传算法运算的初期，少数个体的适应度非常高（可能是局部最优解），这样在遗传过程中，这些个体在下一代中所占的比例很高，使得交叉和变异对种群多样性的作用严重降低，种群多样性无法保证，最终因为局部最优解的存在而错过全局最优解。所谓竞争区分度不高的问题，是在遗传算法运算的后期，此时种群中多数个体的值已经非常接近最优解，它们之间的适应度非常接近，互相之间的竞争力几乎相同，随机选择时因为适应度几乎一样导致根据概率选择的过程变成等概率的平均选择。一旦出现这种情况，遗传算法的搜索机制实际上就没有重点搜索区域了，变成了随机的平均搜索，即便算法再进行几千代、几万代模拟繁殖，其结果也变化不大，严重影响遗传算法的效率。

第二种方法采用自适应适应度函数或可变适应度函数，在遗传算法的不同阶段使用不同的规则计算个体的适应度，规避使用固定适应度函数可能面临的两个问题。在遗传算法中，这种方式称为**适应度尺度变换**（fitness scaling）。常见的适应度尺度变换方式有线性尺度变换、乘方（幂）尺度变换和指数尺度变换。对于简单的问题（或没有局部最优解的情况），使用固定的适应度函数即可。如果要研究可变适应度函数在遗传算法中的应用，读者可以通过本章的参考资料自行研究。

前面介绍过，遗传算法是一种随机搜索算法，遗传算法通过适应度函数控制搜索的重点区域，如果适应度函数设计不当，有可能找错重点区域，从而错过最优解。所以，遗传算法的适应度函数是算法能否成功的关键因素。

3. 遗传算子的设计

选择算子、交叉算子和变异算子被称为遗传算法的三个遗传算子。**选择算子**又称复制算子，是遗传算法中保证优良基因传播的基本方式，对应的是"适者生存"的群体进化现象。交叉算子对应的是物种"繁殖和交配"产生的基因交换现象，变异算子对应的是"基因突变"这种进化现象。交叉算子和变异算子用于产生新的个体，是基因多样性的保证。

选择算子的作用就是从群体中选出比较适应环境的个体复制（繁殖）到下一代，选择算子运行的基础是个体的适应度评估值，所以选择算子和适应度函数直接影响遗传算法的性能。根据"优胜劣汰"的原理，遗传算法的选择算子都是非均匀选择的，常见的选择策略有以下几种。

- ❑ **比例选择**（proportional selection）：又称"轮盘赌选择"（roulette wheel selection），是一种回放式随机采样方法，每个个体进入下一代的概率等于它的适应度值与整个种群中个体适应度值总和之比。

- ❑ **随机竞争选择**（stochastic tournament）：又称"随机锦标赛选择"，每次用比例选择方式从群体中选择两个或多个个体进行适应度竞争，适应度高的个体被选中。重复这个过程，直到下一代个体选满为止。

- ❑ **最佳保留选择**：确切地说，这是和交叉算子与变异算子相结合的一种选择策略。首先用比例选择方式选择下一代个体，但是每次都找出上一代中适应度最高的个体，直接替换到适应度最低的个体，并且这个个体不参与交叉和变异运算，确保它能遗传到下一代。

- ❑ **排序选择**：对群体中的所有个体按适应度高低进行排序，根据排序结果，按照某种规则计算出每个个体被选中的概率。

- ❑ **确定式采样选择**（deterministic sampling）：该策略能确保适应度高的个体 100% 遗传到下一代。具体的方法是：根据个体的适应度计算群体中每个个体在下一代中期望的生存数目，计算方法是 $N_i = M \times F_i / \sum_{i=1}^{M} F_i$。用 N_i 的整数部分确定对应个体在下一代中的生存数目，对 N_i 求和得到 $M' = \sum_{i=1}^{M} \lfloor N_i \rfloor$。按照 N_i 的小数部分对个体进行排序，按照从大到小的

顺序取前 $M - M'$ 个个体加入下一代种群（每个个体的数量是 N_i），最终得到 M 个下一代构成的种群。

遗传算法中的交叉算子的功能是将两个个体的基因的部分片段（基因片段对应的位置相同）互相交换，从而产生两个新的个体。设计交叉算子的算法，一般要求既不要太多地破坏个体基因中的优良基因，又要能够有效地产生基因不同的新个体，保证种群的基因多样性。交叉算子的设计一般由基因的编码方式决定，基本过程就是随机从群体中选择两个个体配对，然后按照一定的交叉规则交换对应位置上的基因片段。基因交叉规则大致可分为以下几类。

- **单点交叉**（one-point crossover）：在配对个体的基因中只随机选择一个点，以随机概率交换这个点对应的基因片段，从而生成两个新个体。
- **两点交叉**（two-point crossover）与**多点交叉**（multi-point crossover）：在配对个体的基因中随机选择两个或多个点，以随机概率交换每个点对应的基因片段，从而生成两个新个体。
- **均匀交叉**（uniform crossover）：又称一致交叉，对配对个体的基因上的每个点都按照相同的交叉概率交换其对应的基因片段，从而生成两个新个体。
- **算术交叉**（arithmetic crossover）：由两个配对个体的线性组合而产生两个新个体，该操作对象一般是由浮点数编码表示的基因。

遗传算法中的变异算子的功能是将个体基因上某个点对应的基因片段替换成适合该点的其他基因片段，从而产生一个新的基因。和生物学进化的基因突变一样，变异在遗传算法中也只是产生新个体的辅助手段，通常用一个比较低的概率控制变异发生的频度。变异算子和交叉算子共同决定了遗传算法的搜索性能，通过维持种群的多样性避免早熟现象。变异算子主要解决两个问题，一个是如何确定变异的位置，另一个是如何进行基因变异。常用的变异算子类型如下。

- **单点变异**（one-point mutation）：对个体的基因编码随机选择一个点，以随机概率进行变异运算。
- **固定位置变异**：对个体基因上的一个或几个固定位置上的基因片段，以随机概率进行变异运算。
- **均匀变异（一致性变异）**：对个体基因上的每个片段，都使用均匀分布的随机数，以较小的随机概率进行变异运算。
- **边界变异**（boundary mutation）：做变异操作时，使用基因编码规则定义的编码边界值（如果有多个边界值，比如同时有最大值和最小值的情况，则根据事先定好的规则选一个或随机选一个）替换原来的基因片段。
- **高斯变异**：基因变异的随机概率不是平均分布随机数或普通正态分布随机数，而是采用符合高斯分布的随机数生成器生成随机概率。

具体的变异算法与基因编码方式有关，比如二进制编码和浮点数编码，直接将某一位从 1 变成 0，或从 0 变成 1 就实现了变异。对于符号编码的基因，直接将某个位置上的符号替换成符合该位置要求的其他符号即可实现变异。对于属性序列编码方式，改变某个属性的值也算是实现了变异。总之，变异只是一个抽象的要求，具体的算法实现千姿百态。

4. 遗传算法的运行参数

除了遗传算子和适应度函数，遗传算法的 4 个重要参数也会影响对结果的求解，这 4 个参数分别是种群大小 M、交叉概率 P_c、变异概率 P_m 和进化代数 T。

- 种群大小 M 表示种群中个体的数量，它决定了遗传算法的多样性。M 值越大，种群的多样性越高，但是会增加算法的计算量，降低运行效率。如果 M 值太小，会因为遗传多样性降低而导致比较容易出现早熟现象。一般建议 M 的取值最小为 20。
- 交叉概率 P_c 决定了产生新个体的频度，这是保证种群多样性的关键参数之一。交叉概率太小，会导致新个体产生速度慢，影响种群多样性；而过大的交叉概率会使基因的遗传变得不稳定，优良基因比较容易被破坏。一般建议交叉概率取值在 0.4 ~ 0.9，0.8 是比较常用的值。
- 变异概率 P_m 也是影响种群多样性的参数之一。变异概率太小不利于产生新个体，对种群多样性有影响，但是变异概率太大会使基因遗传变得不稳定，优良基因比较容易被破坏。根据遗传学原理，基因突变是一个小概率事件，在遗传算法中，变异算子对种群的影响也应该远远小于交叉算子。一般建议变异概率取值小于 0.2。
- 进化代数 T 是遗传算法的退出条件，如果 T 太小，会使得遗传算法在种群还没有进化成熟就退出了，自然会影响结果的准确性。当然，T 也不是越大越好，当种群已经接近最优结果时，每次进化所产生的变化非常小了，在这种情况下仍然继续进化不仅影响算法的效率，对结果精度的提高也没有太大帮助。一般建议 T 最少进化 100 代。

16.2 遗传算法求解 0-1 背包问题

本书的第 3 章介绍了 0-1 背包问题，并给出了使用贪婪法求解该问题的算法。除此之外，我们知道这个问题还可以使用动态规划法和穷举法求解。本章介绍了遗传算法，当然，这个问题也可以用遗传算法求解。这一节我们将介绍一种使用遗传算法求解 0-1 背包问题的算法实现，该算法采用属性序列方式对基因进行编码，遗传算子则使用了比例选择、多点交叉和均匀变异三种方式实现，虽然核心代码只有 60 多行，但是实现了基本遗传算法的全部要素。

16.2.1 基因编码和种群初始化

0-1 背包问题基因编码的方式已经在 16.1.2 节简单介绍过了，这里我们讨论一下具体的编码实现。基因由 7 件物品的状态组成，1 表示装入背包，0 表示不装入背包，这样一个 7 元组可以用一个数组表示。每个个体除了基因以外，还有适应度、选择概率和积累选择概率。本章的算法给出个体的定义如下：

```
typedef struct GAType
{
    int gene[OBJ_COUNT];
    int fitness;
    double rf;
    double cf;
}GATYPE;
```

种群初始化就是为每个个体选择随机的基因，这可以使用一些 0 和 1 的随机数直接填充 gene 属性数组。这里需要说明一下，随机填充的基因，也就是物品的装入状态并不一定符合问题要求，比如会出现物品总重量超过背包容量的问题。有两种策略处理这个问题。一种策略是在初始化种群基因时判断这种情况，保证每个基因都是满足问题要求的状态。如果采用这种策略，在设计交叉算子和变异算子时也要考虑这种情况，当新产生的个体的基因不符合问题要求时做特殊处理。另一种策略是不判断基因的非法状态，只是在适应度评估时对不符合问题要求的个体给出惩罚性评估值，使其获得一个非常低的选择概率，这样的个体在选择算子的处理过程中自然就被淘汰了。第二种策略需要特殊设计适应度函数，给出惩罚机制，在选择算子的设计上也要特殊考虑，但是总体来说还是比第一种策略简单，所以本章的算法采用第二种策略。

16.2.2　适应度函数

对于 0-1 背包问题，其最优化目标函数就是对背包内装入物品的价值进行评估，取价值最大的那个结果，当然，前提条件是物品的总重量不能超过背包容量。因此，我们把适应度定义为背包内装入物品的总价值，同时对非法状态给出惩罚性的适应度。因为物品的总价值都是比较大的数值（最小值是 10），所以惩罚策略就是将非法状态的个体的适应度评价为 1。当然，还可以用更小的值，但是对选择概率来说，这已经足够小了。代码如下所示：

```
int EnvaluateFitness(GATYPE *pop)
{
    int totalFitness = 0;
    for(int i = 0; i < POPULATION_SIZE; i++)
    {
        int tw = 0;
        pop[i].fitness = 0;
        for(int j = 0; j < OBJ_COUNT; j++)
        {
            if(pop[i].gene[j] == 1)
            {
                tw += Weight[j];
                pop[i].fitness += Value[j];
            }
        }
        if(tw > CAPACITY) /*惩罚性措施*/
```

```
        {
            pop[i].fitness = 1;
        }
        totalFitness += pop[i].fitness;
    }

    return totalFitness;
}
```

EnvaluateFitness()函数是适应度函数的实现，totalFitness 变量用于计算种群中全部个体的适应度总和。之所以计算适应度总和，是因为选择算子需要计算选择概率。除此之外，这个函数的实现就是前面讨论的适应度函数的内容，无须过多说明。

16.2.3　选择算子设计与轮盘赌算法

选择算子的设计采用比例选择方法，也就是轮盘赌选择方法。轮盘赌算法是随机算法中最常用的一种概率选择算法，因其和赌场中的轮盘赌原理相似而得名。每个个体被选择的概率就像轮盘上的一个扇区，面积大的扇区被选中的概率比较大，面积小的扇区被选中的概率比较小。轮盘赌算法首先需要计算出每个个体被选择的概率，这个概率通常采用个体的适应度与种群的总体适应度之和的比值。显然，对于适应度高的个体来说，这个比值就比较大，意味着其被选中的概率比较高，这体现了根据适应度评估优胜劣汰的原则。

传统的轮盘赌算法需要首先根据种群的适应度总和确定转盘的格子总数，然后根据选择概率确定每个个体对应的格子，最后随机产生一个转动格子的数量，由这个随机数加上当前转轮的起始位置得到最终对应的格子数，从而确定该格子对应的个体被选中。除了直接使用上述方法实现轮盘赌算法，还可以用一种比较简单的方法模拟轮盘赌算法。在介绍这种方法之前，先介绍一下什么是积累概率。

某个个体对应的积累概率定义为该个体被选择的概率和前一个个体的积累概率之和。显然，这是一个递归定义，如图 16-2 所示，假如某种群中有 8 个个体，每个个体被选择的概率分别是 0.1、0.2、0.15、0.25、0.05 和 0.25，则它们的积累概率分别是 0.1、0.3、0.45、0.7、0.75 和 1。

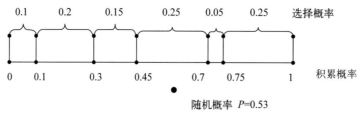

图 16-2　积累概率与选择概率的关系

假如选择算法随机产生概率 P=0.53，根据积累概率关系：$0.45 < P < 0.7$，于是第四个个体被选中。

在开始随机选择之前，种群中个体的选择概率和积累概率需要事先计算出来，计算的依据就是适应度函数给出的适应度评估值和种群的适应度总和：

```
double lastCf = 0.0;
//计算个体的选择概率和累积概率
for(i = 0; i < POPULATION_SIZE; i++)
{
    pop[i].rf = (double)pop[i].fitness / totalFitness;
    pop[i].cf = lastCf + pop[i].rf;
    lastCf = pop[i].cf;
}
```

轮盘赌模拟算法每次生成一个在 0 到 1 之间的随机数，然后与个体的积累概率比较，确定随机数位于哪个个体的积累概率区间就选择哪个个体，如果随机数小于第一个个体的积累概率，则选择第一个个体。具体的选择算法如下：

```
for(i = 0; i < POPULATION_SIZE; i++)
{
    double p = (double)rand() / (RAND_MAX + 1);
    if(p < pop[0].cf)
    {
        newPop[i] = pop[0];
    }
    else
    {
        for(int j = 0; j < POPULATION_SIZE; j++)
        {
            if((p >= pop[j].cf) && (p < pop[j + 1].cf))
            {
                newPop[i] = pop[j + 1];
            }
        }
    }
}
```

pop 是当前种群，newPop 是经过选择的下一代种群，至此，选择算子的算法实现就介绍完了，接下来介绍交叉算子的算法实现。

16.2.4　交叉算子设计

交叉算子采用的是多点交叉的策略，对两个随机选中的个体的基因进行交换，基因交换的位置和个数都是随机选择的，使得新个体的基因更具随机性。交叉选择受交叉概率的控制，对种群中的每个个体生成一个 0～1 的随机数，判断这个随机数是否小于交叉概率，当小于交叉概率时，则选择这个个体参与基因交叉运算。个体选择的算法如下：

```
void Crossover(GATYPE *pop)
{
    int first = -1;//第一个个体已经选择的标识
```

```
for(int i = 0; i < POPULATION_SIZE; i++)
{
    double p = (double)rand() / (RAND_MAX + 1);
    if(p < P_XOVER)
    {
        if(first < 0)
        {
            first = i; //选择第一个个体
        }
        else
        {
            ExchangeOver(pop, first, i);
            first = -1;//清除第一个个体的选择标识
        }
    }
}
```

first 变量是一个标识，用于判断是否已经选择过一个个体，P_XOVER 是交叉概率。交叉算法每选择两个个体后，就调用 ExchangeOver()函数进行基因交换。ExchangeOver()函数首先选择一个 1~7 的随机数作为基因交换的位数，然后对基因的每一位进行平均概率交换。正如你看到的那样，交叉算法没有对基因交换后的合法性做判断，这个工作已经由适应度函数和选择算子代劳了。代码如下所示：

```
void ExchangeOver(GATYPE *pop, int first, int second)
{
    /*对随机个数的基因位进行交换*/
    int ecc = rand() % OBJ_COUNT + 1;
    for(int i = 0; i < ecc; i++)
    {
        /*每个位置被交换的概率是相等的*/
        int idx = rand() % OBJ_COUNT;
        int tg = pop[first].gene[idx];
        pop[first].gene[idx] = pop[second].gene[idx];
        pop[second].gene[idx] = tg;
    }
}
```

16.2.5　变异算子设计

变异算子采用的是均匀变异的策略,对基因编码的每一位以平均分布的概率进行选择。当然，变异算子受变异概率的控制，以较低的概率选择进行变异的个体：

```
void Mutation(GATYPE *pop)
{
    for(int i = 0; i < POPULATION_SIZE; i++)
    {
        double p = (double)rand() / (RAND_MAX + 1);
        if(p < P_MUTATION)
        {
            ReverseGene(pop, i);
        }
```

```
        }
    }
```

P_MUTATION 是变异概率，只有当随机数小于变异概率时，才调用 ReverseGene() 函数进行基因的变异处理。ReverseGene() 函数首先选择一个 1 ~ 7 的随机数作为基因变异的变异点个数，然后使用一个均匀分布的随机数决定对基因中的哪些位进行变异。对于本例的基因编码，变异的方法就是 1 变成 0，0 变成 1。以下就是 ReverseGene() 函数的实现代码：

```
void ReverseGene(GATYPE *pop, int index)
{
    /*对随机个数的基因位进行变异*/
    int mcc = rand() % OBJ_COUNT + 1;
    for(int i = 0; i < mcc; i++)
    {
        /*每个位置被交换的概率是相等的*/
        int gi = rand() % OBJ_COUNT;
        pop[index].gene[gi] = 1 - pop[index].gene[gi];
    }
}
```

16.2.6 这就是遗传算法

现在回顾一下图 16-1，流程图中所有的遗传算法关键元素都已经具备，现在是展示遗传算法的真面目的时候了，下面就是遗传算法的主体代码：

```
GATYPE population[POPULATION_SIZE + 1] = { 0 };
Initialize(population);

    int totalFitness = EnvaluateFitness(population);
    for(int i = 0; i < MAX_GENERATIONS; i++)
    {
        Select(totalFitness, population);
        Crossover(population);
        Mutation(population);
        totalFitness = EnvaluateFitness(population);
    }
```

Initialize() 函数负责种群基因初始化，很简单，就是生成一些随机数。将适应度函数和三个遗传算子的实现按照图 16-1 所示的流程图组织起来，就是遗传算法。当主体代码中的 for 循环结束以后，种群 population 中适应度最高的那个个体就是遗传算法的解。根据基因编码的规则，解码出背包问题的物品选择状态，即可得到问题空间的解。

将第 3 章介绍的背包问题的数据代入遗传算法中，种群大小取值为 32，进化代数 T 取值为 500，交叉概率 P_c 取值为 0.8，变异概率 P_m 取值为 0.15。运行算法，得到最终种群中最好的结果是适应度为 170 的个体（不止一个），其基因编码是[1,1,0,1,0,1,1]，转换成问题空间的解就是背包中选择编号为 1、2、4、6、7 的物品，能获得最大价值是 170，这和我们用其他算法得到的最优结果完全一致。

16.3 总结

遗传算法是一种带启发性的随机搜索算法，它不像传统的搜索算法那样，从单个值开始迭代搜索，按照特定的搜索顺序对整个解空间进行遍历，而是一开始就从一大群解中搜索，覆盖区域大，有利于找到全局最优解。

遗传算法通过基因的变化隐含地对解空间的一部分重点区域进行搜索，从问题的多个解开始并行搜索，对重点区域的选择是通过适应度函数和选择算子的运算来实现的，这也是启发性的体现。所以，不要对遗传算法过分崇拜，它只是一种搜索算法而已，只是比漫无目的的穷举搜索算法"聪明"一点而已，通过较小的计算量获得较大的收益。也不要以为遗传算法高效，只要能用解析的方法直接得到最优解的问题，都不要试图用遗传算法，因为它比穷举搜索高明不了多少。

轮盘赌算法是各种随机化算法中常用的随机选择算法，原理简单，实现也简单，但是也存在致命的问题。假如一些选择概率非常小的个体连续出现，就会导致它们集中在一起，在"赌轮"上占据一块很大的扇区，这块扇区就比较容易被选中，但实际上选择的都是选择概率非常小的个体，这也是轮盘赌算法选择误差比较大的原因，在设计算法的时候需要注意这一点。

本章给出的是遗传算法的一种极其简单的实现，但是麻雀虽小，五脏俱全，可以作为今后更复杂的遗传算法设计的基础。我对这个算法做了一些评估，每批次进行 500 次遗传算法模拟，连续进行多个批次，发现当进化代数 T 取 100 时，每批次平均有 450~460 次模拟算法能得到最优解；当 T 取 200 时，每批次平均有 480~490 次模拟算法能得到最优解；当 T 取 500 时，每批次能得到最优解的次数平均超过 495 次。对于这几十行代码来说，结果还不错。当然，它还有进一步优化的余地，有兴趣的读者自己动手试试吧。

16.4 参考资料

[1] Goldberg D E. *Genetic Algorithms in Search, Optimization, and Machine Learning.* Addison-Wesley, 1989.

[2] 维基百科词条"遗传算法"。

[3] 徐宗本，张讲社，郑亚林. 计算智能中的仿生学：理论与算法. 北京：科学出版社，2003.

[4] 陈国良，王煦法，庄镇泉. 遗传算法及其应用. 北京：人民邮电出版社，2001.

[5] Koza J R. *Genetic Programming: On the Programming of Computers by Means of Natural Selection.* The MIT Press, 1992.

[6] Poli R, Langdon W, McPhee N. *A Field Guide to Genetic Programming.* Lulu Enterprises, UK Ltd, 2008.

第 *17* 章
计算器程序与大整数计算

几乎每个学习编程的朋友都写过计算器程序，有可能是老师布置的作业，也有可能是出于自己的兴趣。不管是只支持加减乘除四则运算的简单程序，还是支持括号、对数和乘方计算的复杂程序，都会面临一个问题，就是字长问题。简单地说，32 位的整数计算最大结果只能表示到 4 294 967 295，两个超过 65 535 的数字相乘就会发生溢出。但是 Windows 的计算器程序却能超过这个限制，这背后的秘密其实就是大整数计算。

17.1　哦，溢出了，出洋相的计算器程序

记得我写第一个计算器程序时，花了一晚上的时间，还引入了逆波兰表达式，支持带括号的四则运算。我向同学们炫耀这个成果，其中一个同学输入了两个数相乘，结果我的程序可耻地打印出了一个不着边际的负数。我很快找到了问题的原因，用 C 语言的 int 类型能表示的最大整数是 2 147 483 647，这个结果显然是溢出了。于是我修改了程序，用 double 代替 int，暂时解决了整数计算溢出问题。但是很快，我的同学就发现，我的计算器计算的结果和科学计算器计算的结果有偏差。无论我怎么调整代码，结果总是不准确，最后我只好放弃了。

后来我研究了 double 类型浮点数的定义，才明白是浮点数有效数字不足造成结果不准确。IEEE 定义 double 类型的浮点数，是 1 个符号标志位，11 个指数位（包括一个指数符号位），另外52 位是有效数字。52 位二进制有效数字，以十进制表示也就是 14 ~ 15 位数字，再长的数字就不能表示了。也就是说，从数据输入时就被截断了，结果自然就不准确了。

要支持更大范围的整数计算，或提供更高的计算精度，原生的数据类型肯定不能满足要求，必须使用大整数计算。比如圆周率 π，平常的数学计算可能小数点后精确到六七位就足够了，但是对于天文计算，必须精确到上万位甚至更高的精度，否则计算几十亿光年外的星系的运行轨迹就会产生很大的误差。本章将简单介绍大数计算的原理，并给出大数的加减乘除四则运算、乘方

和求余的算法实现。这些算法在第18章介绍 RSA 算法时也会用到。

17.2 大整数计算的原理

任何一本关于计算机组成原理的书都会介绍计算机处理加减乘除运算的原理，以及运算器的实现方法。大数计算的方法也是采用这些原理，只不过不是使用逻辑电路实现各种运算器。同时，大数计算也会根据自身的特点，利用竖式手工计算的一些方法，用程序的方式在计算机中模拟这些方法。

在开始介绍算法原理之前，先要确定大数的存储方式，也就是大数在计算机内的表示方式。常见的大数存储方式有字符串和大数数组两种。字符串存储方式采用由数字组成的字符串存储和表示大数，比如"12309484373726664384832887276"。其优点是比较直观，处理用户输入和输出都很简单，不需要额外的转换操作；但缺点也很明显，计算时需要逐位将数字字符转换成数字进行计算，然后再将结果转换成该位对应的数字字符，这使得计算效率很低。采用大数数组的优点是计算效率高，而且可以采用任意进制的数字存储，比如 2^8 进制，2^{16} 进制等。此外，存储效率也比较高，占用空间小。当然，其缺点就是不直观，处理用户输入和输出时需要进行字符串转换操作。

现在比较流行的几个大数运算库，基本都是使用大数数组方式存储和表示大数，本章介绍的大数算法也采用这种方式。以数组方式存储大数，一般采用每个数组元素表示"一位"的方式，数组元素从低到高分别表示大数每"一位"数字。每个数组元素对应大数的"一位"数字，便于进位和借位，计算过程中数字按位对齐也很简单。下面介绍一下大数的"位"的概念，大数的每一位数字其实和十进制数字的每一位数字一样，区别仅仅是这一位数字能表示的计数单位个数。十进制数字每个数位可以用 0 ~ 9 表示 10 个计数单位，超过 10 就需要进位。同样，十六进制数字每个数位可以用 0 ~ 9 和 A ~ F 表示 16 个计数单位，超过 16 同样需要进位。现在，我们让每一位表示更多的计数单位，比如 256（2^8）进制，为了能表示 0 ~ 255 共 256 个计数单位，这个数位至少需要 8 个比特（刚好可以用 unsigned char 类型的数组表示）。256 进制的数字 10 表示 256 个计数单位，相当于十进制数字的 256。

对于 32 位体系的计算机来说，CPU 处理 32 位数据的效率比处理 8 位（单字节）数据高，因此，如果进一步扩展，采用 2^{32} 进制（0x100000000 进制），刚好可以用 unsigned int 类型表示大数的每一位，使得计算和存储都很高效。2^{32} 进制原理也很简单，就是用每一个 32 位整数表示大数的一个数位，比如 2^{32} 进制的数字 10 是"两位数"，用十进制表示就是 4294967296，如下所示：

2^{32} 进制的数字 10 表示为：00000001 00000000 = 4294967296（十进制）

高位   低位

前面举例用的大数字 1230948437372666438483287276，用 2^{32} 进制的数字表示也是两位数：

　　8037F94B 71B59CEC = 1230948437372666438483287276（十进制）

　　　　高位　　　　　　　低位

本章介绍的大数算法就采用了 2^{32} 进制表示大数，在开始介绍算法实现之前，先给出大数的数据定义：

```
class CBigInt
{
    ...
    //符号位, 0 表示正数, 1 表示负数
    unsigned int m_Sign;
    //大数在 x100000000 进制下的数字位数
    unsigned int m_nLength;
    //用数组记录大数在 x100000000 进制下每一位的值
    unsigned long m_ulValue[MAX_BI_LEN];
    ...
};
```

CBigInt 类没有使用的 m_ulValue 数组的最高位作为符号标志（有一些大数库的实现确实是这么做的），而是使用一个独立的属性 m_Sign 作为符号标志。这样做的好处是，在不考虑符号位的情况下，可以将 CBigInt 对象当作无符号数计算。另外，符号位单独控制也带来了很多灵活性。比如，一个正数加上一个负数的情况，不必像计算机那样转换成补码进行计算，只需要将其转化成无符号数减法，然后再设置一下符号标志即可。CBigInt 类的内部结构就是先实现无符号数的加减乘除算法，再加上符号位的处理，支持带符号数的运算。

17.2.1　大整数加法

　　大整数运算的原理，就是用基本数据类型模拟大整数的加减乘除运算，包括进位和借位。在大数四则运算中，加法是最基本的运算，也最容易实现。大数加法的算法就是按位相加，只要处理好进位就行了。处理进位的关键是如何判断"溢出"是否发生，两个正数相加，如果大于 2^{32} 所能表示的最大正数，就发生溢出，溢出意味着要进位。如果没有 64 位整数类型，要判断两个 32 位整数相加是否发生溢出还真不容易，需要判断 CPU 的进位标志。但是有 64 位整数类型就简单了，直接将两数之和赋值给一个 64 位整数，然后判断是否大于 0xFFFFFFFF，如果大于就说明需要进位。

　　下面就以竖式加法演示一下大数加法的过程，如图 17-1 所示，这个过程和十进制竖式加法一样。

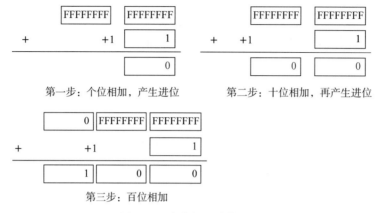

图 17-1 大数加法计算过程

　　和十进制的 99+1=100 一样，这两个大数的和也是 100，不过是 2^{32} 进制的 100，相当于十进制的 18446744073709551616。在不考虑符号位的情况下，我们先实现无符号数的大数加法：

```
void CBigInt::Add(const CBigInt& value1, const CBigInt& value2, CBigInt& result)
{
    result = value1;

    unsigned carry = 0;
    /*先调整位数对齐*/
    if(result.m_nLength < value2.m_nLength)
        result.m_nLength = value2.m_nLength;
    for(unsigned int i = 0; i < result.m_nLength; i++)
    {
        unsigned __int64 sum = value2.m_ulValue[i];
        sum = sum + result.m_ulValue[i] + carry;
        result.m_ulValue[i] = (unsigned long)sum;
        carry = (unsigned)(sum >> 32);
    }
    //处理最高位，如果当前最高位进位 carry!=0，则需要增加大数的位数
    result.m_ulValue[result.m_nLength] = carry;
    result.m_nLength += carry;
}
```

CBigInt::Add() 函数将大数 value1 与 value2 的和存入 result，CBigInt::Add() 函数不改变 value1 与 value2 的值，也不考虑符号位。要支持符号位其实很简单，如果参与计算的两个数符号相同，则直接调用 CBigInt::Add() 函数计算两数之和，然后将符号标志设置为和两个数一样即可；如果两个数的符号位不相同，则调用下一节将介绍的无符号减法函数，用两数中较大的数减较小的数，然后将结果的符号标志设置成与较大的数一样。CBigInt 类重载了+运算符，用于支持带符号数的加法。根据以上描述，算法实现如下：

```
CBigInt CBigInt::operator+(const CBigInt& value) const
{
    CBigInt r;
```

```
    if(m_Sign == value.m_Sign)
    {
        CBigInt::Add(*this, value, r);
        r.m_Sign = m_Sign;
    }
    else
    {
        if(CompareNoSign(value) >= 0)
        {
            CBigInt::Sub(*this, value, r);
            r.m_Sign = m_Sign;
        }
        else
        {
            CBigInt::Sub(value, *this, r);
            r.m_Sign = value.m_Sign;
        }
    }

    return r;
}
```

17.2.2　大整数减法

　　和大整数加法一样，大整数减法的设计也从无符号数的减法开始。大数的减法是相对简单的算法，和加法一样，也是按位相减，只要处理好借位就可以了。当被减数当前位比减数小的时候，就要向前一位（高位）借位。十进制数字每一位数字有 10 个计数单位，因此，向前一位"借 1"相当于借了 10 个计数单位。2^{32} 进制数字每一位则有 0x100000000（2^{32}）个计数单位，因此，向前一位"借 1"相当于借了 0x100000000 个计数单位。

　　大数减法的算法流程和大数加法一样，从低到高按位计算。如果被减数对应位上的数字大于或等于减数，则直接对这一位做减法，计算得到的值就是最终结果中这一位的值；如果被减数对应位上的数字小于减数，则设置借位标志，并从前一位"借 1"。当前一位的数字进行计算时，被减数除了减去减数，还要根据借位标志判断是否需要再减 1。这里仍然先给出无符号数减法的实现代码：

```
void CBigInt::Sub(const CBigInt& value1, const CBigInt& value2, CBigInt& result)
{
    CBigInt r = value1;

    unsigned int borrow = 0;
    for(unsigned int i = 0; i < r.m_nLength; i++)
    {
        if((r.m_ulValue[i] > value2.m_ulValue[i])||((r.m_ulValue[i] == value2.m_ulValue[i])&&(borrow
            == 0)))
        {
            r.m_ulValue[i] = r.m_ulValue[i] - borrow - value2.m_ulValue[i];
```

```
                borrow = 0;
            }
            else
            {
                unsigned __int64 num = 0x100000000 + r.m_ulValue[i];
                r.m_ulValue[i] = (unsigned long)(num - borrow - value2.m_ulValue[i]);
                borrow = 1;
            }
        }
        while((r.m_ulValue[r.m_nLength - 1] == 0) && (r.m_nLength > 1))
            r.m_nLength--;

        result = r;
    }
```

CBigInt::Sub()函数的计算过程不考虑符号位，且假设被减数（value1）总是大于或等于减数（value2）。CBigInt::Sub()函数的实现做这个限制是有目的的。首先，这样做简化了算法实现，使代码专注于按位减和借位的处理逻辑，避免了一些不必要的判断和处理逻辑。其次，这个假设使得大数的符号标识独立，可以用加法来模拟符号相异（两个数一正一负）的两个数的减法，避免了像计算机那样做复杂的转码处理。

带符号的大数减法也可以由无符号大数的加法和减法模拟实现。其原理也很简单，如果被减数和减数符号相异，则调用 CBigInt::Add()函数在忽略符号标识的情况下计算二者之和，然后将符号位设置成和被减数符号位一样即可；如果被减数和减数符号相同，则比较二者的绝对值，用绝对值大的数减绝对值小的数，并将减过的符号标识设置成和绝对值大的那个数一致。CBigInt 类重载了-运算符，用于支持带符号数的减法。根据以上描述，算法实现如下：

```
CBigInt CBigInt::operator-(const CBigInt& value) const
{
    CBigInt r;

    if(m_Sign != value.m_Sign)
    {
        CBigInt::Add(*this, value, r);
        r.m_Sign = m_Sign;
    }
    else
    {
        if(CompareNoSign(value) >= 0)
        {
            CBigInt::Sub(*this, value, r);
            r.m_Sign = m_Sign;
        }
        else
        {
            CBigInt::Sub(value, *this, r);
            r.m_Sign = (m_Sign == 0) ? 1 : 0; //需要变号
        }
    }
```

CompareNoSign()函数比较两个大数的大小，并忽略符号标识，相当于比较两个大数的绝对值。CompareNoSign()函数的实现很简单，如果两个数的位数不一样，则位数多的数比较大；如果两个数的位数相同，则从高位开始逐位比较。CompareNoSign()函数实现简单，此处就不再列出代码。

17.2.3 大整数乘法

大数乘法比大数加法和大数减法复杂一点，但是计算过程依然是按位相乘，并处理进位。乘法计算的进位处理和加法不太一样，加法的进位一般是"进1"，但是乘法的进位可不一定是1，但是也不会超过 2^{32}。观察一下十进制乘法的竖式计算过程，可以发现其主要计算过程就是乘数与被乘数按位相乘，处理进位，然后乘数和被乘数移位，重复上述过程，直到结束。大数的乘法计算可以仿照十进制乘法的计算过程实现，以三位的大数"1 5F 7FFFFFFF"乘以"F"为例，其竖式乘法计算过程如图 17-2 所示。

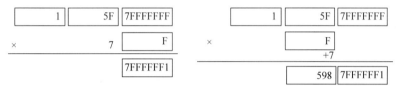

第一步：个位相乘，得到 77FFFFFF1，进位是 7　　第二步：移位，再相乘，得到 591，没有进位，
　　　　　　　　　　　　　　　　　　　　　　　　与个位进位 7 相加后得到这一位的结果

第三步：移位，相乘，得到大数百位的结果

图 17-2　大数乘法计算过程

CBigInt::Mul()函数计算两个大数的乘积，这个函数不考虑符号位，只进行无符号大数的乘法计算。如果考虑带符号大数的乘法，逻辑上比带符号的加减法还简单，因为符号标识的确定非常简单：如果乘数和被乘数同号则结果为正数，否则结果为负数。CBigInt 类重载了*运算符计算带符号数的乘法，代码非常简单，此处不再列出。

```
void CBigInt::Mul(const CBigInt& value1, const CBigInt& value2, CBigInt& result)
{
    unsigned __int64 carry = 0;
    result.m_nLength = value1.m_nLength + value2.m_nLength - 1; //初步估算结果的位数
    for(unsigned int i = 0; i < result.m_nLength; i++)
    {
        unsigned __int64 sum = carry;
        carry = 0;
```

```
       for(unsigned int j = 0; j < value2.m_nLength; j++)
       {
           if(((i - j) >= 0)&&( (i - j) < value1.m_nLength))
           {
               unsigned __int64 mul = value1.m_ulValue[i - j];
               mul *= value2.m_ulValue[j];
               carry += mul >> 32;
               mul = mul & 0xffffffff;
               sum += mul;
           }
       }
       carry += sum >> 32;
       result.m_ulValue[i] = (unsigned long)sum;
   }
   if(carry != 0) //最后仍有进位，则大数位数需要扩大
   {
       result.m_nLength++;
       result.m_ulValue[result.m_nLength - 1] = (unsigned long)carry;
   }
}
```

17.2.4　大整数除法与模

除法表达的是两个数之间的倍数关系，这种倍数关系可以用连续的减法进行测试。大整数除法最简单的实现方法就是用被除数去减除数，重复这个减法过程，直到被除数小于除数为止，这个过程中进行减法的次数就是最终的结果。但是，这种方法效率最低，如果除数非常小，而被除数非常大，那么这个减的过程将非常耗时。必须对其进行优化，任何有进取心的大整数计算都不会采用这种方法实现除法运算。

优化的方向就是"试商"。这和我们做竖式除法的原理一样，我们先用 135÷6 演示一下十进制竖式除法的计算过程，如图 17-3 所示。

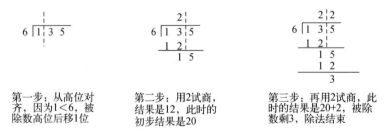

第一步：从高位对齐，因为1<6，被除数高位后移1位

第二步：用2试商，结果是12，此时的初步结果是20

第三步：再用2试商，此时的结果是20+2，被除数剩3，除法结束

图 17-3　十进制除法计算过程

除法的整个过程仍然是多次减法重复的过程，但是试商的结果是每次可以减去除数的若干倍，这能极大地加快这个减的过程，提高计算效率。

大整数的除法依然采用这个原理，从被除数和除数的高位开始，如果被除数的高位小于除数，

则用被除数的高位和次高位组成两位大数与除数的高位做除法（这要得益于系统提供的 64 位整数原生运算支持，大大降低了算法的复杂度）。这个除法的结果就是试商的依据，同时也是最终结果的一部分，要累加到最终结果中。但是，到底累加多少呢？假如这个除法的结果是 5，那么，结果是加 5 还是加 50，或者是 500、5000 呢？那就要看被除数拿掉最高位和次高位后还剩多少位。对于大整数来说，如果剩 0 位，则结果就累加 5；如果剩 1 位，则结果就累加 5×2^{32}；如果剩 2 位，则结果就累加 5×2^{64}；以此类推。

　整数的除法运算通常不会刚好除尽，其结果总是分成两部分：商和余数，大整数也不例外。被除数在整个除法过程中逐步减小，最终小于除数的时候，此时的被除数的值就是余数，因此，除法和取模是同一个过程。

　CBigInt::Div()函数计算两个大数的除法，得到商和余数。这个函数同样不考虑大整数的符号，CBigInt 类重载了/和%运算符，用于支持带符号大整数的除法和取模。两个带符号位的大整数相除，其结果的符号位判别方法和乘法一样，如果两数同号，则商结果是正数；如果两数异号，则商结果是负数。对于取模运算，也就是余数的符号则更简单，它总是和被除数的符号一致。代码如下所示：

```
void CBigInt::Div(const CBigInt& value1, const CBigInt& value2, CBigInt& quotient, CBigInt& remainder)
{
    CBigInt r = 0;
    CBigInt a = value1;
    while(a.CompareNoSign(value2) >= 0)
    {
        unsigned __int64 div = a.m_ulValue[a.m_nLength - 1];
        unsigned __int64 num = value2.m_ulValue[value2.m_nLength - 1];
        unsigned int len = a.m_nLength - value2.m_nLength;
        if((div == num) && (len == 0))
        {
            CBigInt::Add(r, CBigInt(1), r);
            CBigInt::Sub(a, value2, a);
            break;
        }
        if((div <= num) && (len > 0))
        {
            len--;
            div = (div << 32) + a.m_ulValue[a.m_nLength - 2];
        }
        div = div / (num + 1);
        CBigInt multi = div; //试商的结果
        if(len > 0)
        {
            multi.m_nLength += len;
            unsigned int i;
            for(i = multi.m_nLength - 1; i >= len; i--)
                multi.m_ulValue[i] = multi.m_ulValue[i - len];
            for(i = 0; i < len; i++)
                multi.m_ulValue[i] = 0;
```

```
        }
        CBigInt tmp;
        CBigInt::Add(r, multi, r);
        CBigInt::Mul(value2, multi, tmp);
        CBigInt::Sub(a, tmp, a);
    }
    quotient = r;
    remainder = a;
}
```

17.2.5　大整数乘方运算

整数的乘方运算可以分解为整数的连乘，因此乘方的最简单实现方法就是用连续乘法计算代替。采用这种实现方案，计算一个数的 n 次方需要做 n 次乘法计算。思考一下，有没有方法可以减少乘法计算次数？来看一个例子，计算 a^9，根据乘方的意义：$a^9 = a^8 \times a$，只要能计算出 a^8，则计算 a^9 只需要做一次乘法。a^8 又可以分解为 $a^4 \times a^4$，因此，只需要计算出 a^4，a^8 也只需要一次乘法就可以得到。继续这个过程，a^4 又可以分解为 $a^2 \times a^2$，只要计算出 a^2，则只需要一次乘法计算就可以得到 a^4。最后，计算 a^2 也只需要一次乘法，看到了吧，整个过程变成了 4 次乘法计算，这就是神奇的**平方–乘降幂法**，也称**二进制平方和乘法**。利用乘方计算的数学性质将其逐步分解，可以有效减少乘法计算量，提高计算效率。

计算乘方的算法实现刚好是上述分析过程的逆过程，仍以计算 a^9 为例，设临时变量 t 初始化为 a，结果 r 初始化为 1。乘方 9 的二进制表示是 1001，从最低位开始处理。最低位是 1，计算 r=r*t，同时计算 t=t²，此时 r=a，t=a²。倒数第二位是 0，计算 t=t²，此时 t=a⁴。倒数第三位仍然是 0，继续计算 t=t²，此时 t=a⁸。最高位是 1，计算 r=r*t，此时 r=a*a⁸=a⁹，完成计算。CBigInt::Power() 函数计算 value 的 n 次方，结果存放在 result 中，这个函数也不考虑符号位。CBigInt 类重载了^运算符，这个重载^运算符的版本支持带符号数的乘方计算，处理符号标识的方法也很简单，如果 n 是奇数，结果的符号标识与 value 一样；如果 n 是偶数，结果的符号标识总是+号。代码如下所示：

```
void CBigInt::Power(const CBigInt& value, const CBigInt& n, CBigInt& result)
{
    result = 1;
    CBigInt t = value;

    for(__int64 i = 0; i < n.GetTotalBits(); i++)
    {
        if(n.TestBit(i))
        {
            CBigInt::Mul(result, t, result);
        }
        CBigInt::Mul(t, t, t);
    }
}
```

17.3 大整数类的使用

至此，我们已经实现了大整数的四则运算和乘方计算（包括取模），这也是整数计算中常用的几种方法。用这些方法已经可以支撑我们完成比较复杂的大数计算，包括 RSA 加密算法需要的模幂和模乘运算。除此之外，为了实现类似计算器的功能，还必须有和用户交互的接口。大整数在计算机内部以数组的形式存在，占用空间小并且高效，但是如果反映在用户界面上，却不符合人类的使用习惯。通常人们还是习惯使用数字组成的字符串输入数字，也只看得懂字符串形式的数字（尽管当数字位数非常多的时候，人们已经不知道其实际意义了）。

大整数的输入，是将数字组成的字符串转换成内部数组形式的大数，通常这些字符串是十进制的数字，但也可以是十六进制的数字。把一个数字字符串转换成一个大数与转换成普通的整数本质上是一样的，都可以参照 C 语言的库函数 `atoi()` 来实现。同样，大整数的输出也可以参照 `itoa()` 函数实现。

17.3.1 与 Windows 的计算器程序一决高下

如果早点有了 CBigInt 类，我就不会在同学面前出丑了，现在回过头再看看 Windows 自带的计算器程序，发现其整数计算最大也只支持到 18446744073709551615，真是太弱了。现在向小伙伴们炫耀一下吧，谁能计算出：

144562844584094674460760923578370952479566781906 1352

乘以

1844644567440766799709655100615 2135

的结果是多少？当然是：

26666706591583411822193194835830799779242590142029250059182106110878932434973010786520

结果是否正确？现在只有你知道。

17.3.2 最大公约数和最小公倍数

求两个数或多个数的最大公约数（greatest common divisor）和最小公倍数（least common multiple）是整数计算中常见的算法问题，这里我们讨论几种计算最大公约数和最小公倍数的方法。首先看看最大公约数，求解最大公约数有很多算法，比如辗转相除法、辗转相减法以及小学生都会的短除法等。**辗转相除法**在汉代的《九章算术》一书中就有记载，在西方又被称为**欧几里得算法**，是求最大公约数的传统算法，这种方法进行辗转相除的理论依据是下面的定理：

$$GCD(a, b) = GCD(b, a \bmod b) \qquad （a \bmod b 表示 a 除以 b 的余数）$$

这就是朴素欧几里得定理，利用这个定理实现最大公约数的递归算法非常简单。在一些不适合使用递归算法的场合（比如某些单片系统），也可以使用非递归的算法，求最大公约数算法的大数计算版本一般采用非递归的算法实现：

```
CBigInt EuclidGcd(const CBigInt& a, const CBigInt& b)
{
    CBigInt c = (a > b) ? a : b;
    CBigInt result = (a > b) ? b : a;

    c = c % result;
    while(c != 0)
    {
        CBigInt tmp = c;
        c = result;
        result = tmp;
        c = c % result;
    }

    return result;
}
```

辗转相除法实现简单，效率还可以，但是大数求余需要大数除法的支持，而大数除法一般效率不高，如果能够避免除法和取模，则可以极大地提高求最大公约数算法的效率。J. Stein 在 1961 年提出了一种改进的算法，只使用大数的加减法和移位（除 2 可用移位代替），这称为 Stein 算法。Stein 算法的理论依据是：

```
GCD(ka, kb) = k * GCD(a, b)
```

当 k 取特别的值 2 时，可以利用整数的移位操作递归地对原数据 a 和 b 进行归约。下面来看看 Stein 算法的概念实现：

```
CBigInt SteinGcd(const CBigInt& a, const CBigInt& b)
{
    CBigInt biger = (a > b) ? a : b;
    CBigInt smaller = (a > b) ? b : a;

    if(smaller == 0)
        return biger;
    if((biger % 2 == 0) && (smaller % 2 == 0))
        return SteinGcd(biger / 2, smaller / 2) * 2;
    if(biger % 2 == 0)
        return SteinGcd(biger / 2, smaller);
    if(smaller % 2 == 0)
        return SteinGcd(biger, smaller / 2);

    return SteinGcd((biger + smaller) / 2, (biger - smaller) / 2);
}
```

　　看起来好像比传统算法有更多的除法和乘法，但是取模可以用位测试代替，乘 2 和除 2 都可以用整数移位来代替，实际上规避了效率比较低的大数除法，这里给出的 SteinGcd() 函数只是一个概念实现，有兴趣的读者可以用移位对其进行优化。

　　除了辗转相除法和 Stein 算法，**辗转相减法**也是一种比较容易编程实现的算法。辗转相减法看起来只用了减法，避免了乘法和除法，但是实际效果并不理想，特别是在两个数相差很大的情况下，会导致循环很多次也无法收敛。这里只给出算法实现，读者可自行研究：

```
CBigInt SubstractGcd(const CBigInt& a, const CBigInt& b)
{
    CBigInt aa = a;
    CBigInt bb = b;

    while(aa != bb)
    {
        if(aa > bb)
        {
            aa = aa - bb;
        }
        else
        {
            bb = bb - aa;
        }
    }

    return aa;
}
```

　　几个数公有的倍数就是公倍数，其中最小的那个就是最小公倍数。求最小公倍数的方法也有很多，比如短除法、分解质因数法等，最简单的方法是利用最大公约数和最小公倍数的关系间接获得最小公倍数。以两个数为例，最小公倍数和最大公约数存在以下关系：

最大公因数 × 最小公倍数 = 两数的乘积

根据这个关系得到简单的求最小公倍数的算法实现如下：

```
CBigInt GcdLcm(const CBigInt& a, const CBigInt& b)
{
    CBigInt r = (a * b) / EuclidGcd(a, b);

    return r;
}
```

　　这个算法存在的主要问题是，大数的乘法会导致需要超过一倍的存储空间存储大数的乘积，如果 CBigInt 类只支持 2048 比特的大整数，则 GcdLcm() 函数只能计算两个小于 1024 比特的大整数的最小公倍数。如果不使用最大公约数帮忙，还可以考虑用自加加整除测试的方法计算最小公倍数。假设要求整数 a 和 b 的最小公倍数，首先看 a 能否被 b 整除，如果不能就继续测试 $2a$ 能否被 b 整除，继续这个过程，直到 na 能被 b 整除，则 na 就是 a 和 b 的最小公倍数。用这种方法实现的算法如下：

```cpp
CBigInt NormalLcm(const CBigInt& a, const CBigInt& b)
{
    CBigInt r = a;

    while(r % b != 0)
    {
        r += a;
    }

    return r;
}
```

很显然，这种方法也存在问题，比如 a 非常小而 b 非常大的时候，会导致 while 循环相当漫长。

17.3.3　用扩展欧几里得算法求模的逆元

对于任意整数 a、b 和 c，形如 $ax + by = c$ 的方程称为线性不定方程。根据贝祖定理[①]，如果 c 是 a 和 b 的最大公约数，则该不定方程存在整数解。当 c 是 a 和 b 的最大公约数的整数倍时，不定方程有多组解，每一组解之间存在 $c/\gcd(a, b)$ 的倍数关系。求解 $ax + by = \gcd(a, b)$ 通常可使用扩展欧几里得算法，其基本原理仍然是朴素欧几里得定理。

扩展欧几里得算法其实并不复杂，其推导过程很简单。首先利用朴素欧几里得定理给出的最大公约数辗转关系 $\gcd(a, b) = \gcd(b, a\%b)$，将不定方程 $ax + by = \gcd(a, b)$ 转换成另一种形式：

$$ax + by = \gcd(a, b) = \gcd(b, a\%b) = bx' + (a\%b)y'$$

重复（递归）利用以上辗转关系，最终会有 $a\%b=0$，原方程最终可转换成 $ax'+0*y'= \gcd(a, 0)$，解这个方程很容易，只要令 $x' = 1$，$y'= 0$ 即可。很显然，经过这样的转换后得到的解，已经不是原方程的解了，但是，根据上述转换的递推关系，可以反向递推出原方程的解。

$a\%b$ 可以理解为 $a-(a/b)b$，将其代入上述递推关系中，可得到每一次辗转变换后 (x, y) 与 (x', y') 的递推关系：

$$ax + by = bx' + (a\%b)y' = bx'+ (a - (a/b)b)y' = ay' + b(x'-(a/b)y')$$

利用恒等关系，可以得到以下递推关系：

$$x = y'$$

$$y = x'-(a/b)y'$$

[①] 贝祖定理：给两个整数 a 和 b，必然存在一对整数 x 和 y，使得 $ax+by=\gcd(a, b)$。

利用这个关系逐级反推即可得到原方程的解。ExtEuclid()函数给出了求解形如 $ax + by = 1$ 的不定方程的算法实现（暗含 $\gcd(a, b)=1$ 的条件）：

```
CBigInt ExtEuclid(const CBigInt& a,const CBigInt& b,CBigInt& x,CBigInt& y)
{
    if(b == 0)
    {
        x = 1;
        y = 0;
        return a;
    }
    CBigInt xp,yp;
    CBigInt c = ExtEuclid(b, a%b, xp, yp);
    x = yp;
    y = xp - (a / b) * yp;

    return c;
}
```

除了求解线性不定方程，扩展欧几里得算法还用来求解线性同余方程和模的逆元。我们定义以下形式的方程为同余方程：$ax \equiv b \pmod{n}$，当且仅当满足 $\gcd(a, n) \mid b$ 条件时，此方程有 $\gcd(a, n)$ 个整数解。如果引入一个整数 y（y 可为任意整数值），将同余方程的右边转换成 $ny + b$，则线性同余方程可以转换为线性不定方程 $ax - ny = b$，如此一来就可以利用扩展欧几里得算法求解 x（y 为指定整数，注意符号可能是反的）。对于同余方程 $ax \equiv b \pmod{n}$，若 $\gcd(a, n) = 1$，则方程有唯一的整数解。在这种情况下，如果 b 也等于 1，则这个唯一的整数解就称为 a 对模 n 的乘法逆元，记为 $x = a^{-1}$。和求最大公约数一样，求大整数模的乘法逆元也是 RSA 非对称密钥加密体系中的一个基本操作，具有非常重要的意义。

当 $b = 1$ 的时候，同余方程 $ax \equiv 1 \pmod{n}$ 可以转化为线性不定方程：$ax - ny = 1$，这样就可以利用前面讨论的扩展欧几里得算法求解 x 和 y。需要注意的是，此时得到的 y 的符号是反的，但是同余方程的转换只是将 y 作为一个辅助整数引入，并不关心其值。前面已经分析过扩展欧几里得算法的求解步骤和解的递推计算方法，只需要用 n 代替 b，并忽略 y 的值，就可以得到同余方程的求解算法。代码如下所示：

```
CBigInt CongruenceEquation(const CBigInt& a, const CBigInt& n)
{
    CBigInt x,y;

    CBigInt r = ExtEuclid(a, n, x, y);
    if(r > 0)
    {
        return x;
    }

    return 0;
}
```

17.4 总结

有人认为大数计算是科学家才会用到的东西，生活中不会用到这么大的数字，其实不然。大数计算可不仅仅是计算器用的，天文、物理等各个领域都离不开大数计算。著名的 RSA 算法的本质也是大整数的指数计算。在生物学领域，DNA 的分解和重组研究也离不开大数计算。

Miracl 和 Freelip 都是比较著名的大数计算库，本章的有些算法就是参考了这些库的设计思想。除此之外，很多专业的加密软件包包含大数计算库，读者可自行研究。完整的 CBigInt 类的实现代码包含在本章附带的示例代码中，包括简单的测试用例。第 18 章介绍 RSA 算法时，还会用到这个类的实现。

17.5 参考资料

[1] 白中英. 计算机组成原理（第四版）. 北京：科学出版社，2008.

第 *18* 章

RSA 算法——加密与签名

RSA（Rivest-Shamir-Adleman）**算法**是非对称公钥加密体系的开山鼻祖，经过几十年的发展，RSA 算法在银行、军事、通信等领域得到了广泛应用。RSA 算法不仅用于数据加密，还可用于数字签名和身份验证。虽然现在**椭圆曲线加密**（elliptic curves cryptography，ECC）**算法**的应用也如日中天，但是 RSA 算法仍然在非对称公钥加密体系中占有一席之地。

RSA 算法是一种非常简洁的加密算法，远没有人们想象的那么复杂和神秘。RSA 算法背后的数学理论就是大素数分解难题，其算法实现的核心是大整数的模幂运算。有了第 17 章介绍的大整数运算基础，实现 RSA 算法易如反掌。

18.1 RSA 算法的开胃菜

RSA 算法的核心是大整数的**模幂**（modular power）**运算**。模幂运算又称**模乘方运算**，用数学表达式表示就是：

$$C = A \char`^ B \,(\mathrm{mod}\ n)$$

我们已经实现了大数的乘方运算和取模运算，只需要先计算 A 的 B 次方，再对这个中间结果用除法求余数就可以得到结果。但是这个方案存在一个很大的问题，就是乘方和除法取余数的计算量都非常大，效率不高。除此之外，乘方计算的中间结果将是一个非常大的数，因为操作数不确定，所以也无法估计这个结果会有多大，大数必须支持非常多的位才能保存这个中间结果。

根据 RSA 算法的性质可以看出，模幂运算的性能决定了 RSA 算法的性能。为了解决模幂运算效率的问题，现代数学界提出了很多解决方案，基本思想都是先将模幂运算转换成**模乘运算**（modular multiplication），然后再用高效的算法处理模乘运算。本节要介绍的快速模幂和模乘算法都是实现高效 RSA 算法必不可少的组件，可以称为 RSA 算法的"开胃菜"。

18.1.1 将模幂运算转化为模乘运算

前面介绍过，对于模幂运算，如果用先求幂再取模的方式直接计算结果，在很多情况下性能是不能接受的。即便不考虑乘方计算的低效率，中间结果的存储也是个棘手的问题。以 1024 比特的大整数的乘方计算为例，其二次方的结果最大可能需要 2048 比特的存储空间，其 1024 次方的结果最大可能需要 1 兆比特（约 128 千字节）的存储空间。对于大数计算来说，1024 作为指数简直就是个微不足道的值，考虑到指数也可能是 1024 比特的大整数，存储中间结果最终需要的内存将超出计算机的能力。

模幂计算的解决思路是将其转化为模乘计算，避免直接求幂带来的存储和效率问题。模乘的数学表达式是：

$$C = A \times B \ (\mathrm{mod}\ n)$$

那么，如何将模幂计算转化成模乘计算呢？第 17 章介绍大整数计算时，提到过一种优化乘方运算的"平方–乘降幂法"，在计算大数乘方时可以有效减少乘法计算的次数。可以利用这种思想将模幂运算转化成一系列模乘运算，而这需要利用模运算的两个特性，即：

$$(a \times b)\%n = (a\%n \times b\%n)\%n$$

$$(a + b)\%n = (a\%n + b\%n)\%n$$

以计算 $a^9 \% n$ 为例，可以分解为 $(a^8 \% n \times a \% n)\%n$，$a^8 \% n$ 又可以分解为 $(a^4 \% n \times a^4 \% n)\%n$，$a^4 \% n$ 又可以继续分解为 $(a^2 \% n \times a^2 \% n)\%n$，$a^2 \% n$ 最终分解为 $(a \% n \times a \% n)\%n$。利用这种思想，$a^9 \% n$ 的模幂运算就转换成 5 次模乘运算。这种转换的算法实现类似于 CBigInt::Power() 函数的实现，非常简单：

```
CBigInt ModularPower(const CBigInt& M, const CBigInt& E, const CBigInt& N)
{
    CBigInt k = 1;
    CBigInt n = M % N;

    for(__int64 i = 0; i < E.GetTotalBits(); i++)
    {
        if(E.TestBit(i))
        {
            k = (k * n) % N;
        }
        n = (n * n) % N;
    }

    return k;
}
```

CBigInt ModularPower() 函数可以将 $M^E \% N$ 的计算转化成平均 3log(E)/2 次模乘运算。这只是对模幂运算优化的第一步，接下来还要利用蒙哥马利模乘再对模乘运算进行优化，化解不必要的除法计算，进一步提高模幂计算的速度。

18.1.2 模乘运算与蒙哥马利算法

影响模乘运算速度的关键在于费时的取模运算（除法计算），如果在模乘运算中不用除法或尽量少用除法，将大大提高模幂运算的速度。数学家们研究了很多快速计算模乘的算法，**蒙哥马利算法**就是其中的一种。大家可能对二战时期著名的英国陆军元帅蒙哥马利比较熟悉，但是此蒙哥马利非彼蒙哥马利。蒙哥马利算法是由彼得·L. 蒙哥马利（Peter L. Montgomery）在 1985 年提出的一种大数模乘快速计算方法，又称**蒙哥马利约分算法**。

蒙哥马利约分的基本思想是选择一个适当的 $R = 2^k$，k 满足条件 $n < 2^k$，将对 n 的取模运算转化为对 R 的完全剩余系计算，对 R 的除法计算可以转换为移位操作。因为 $R > n$，且 R 是 2 的整数幂，n 是素数，所以 R 和 n 互素，根据欧拉方程有解的条件可知，一定存在整数 $0 < R^{-1} < n$ 和 $0 < n' < R$，满足 $RR^{-1} - nn' = 1$。此时可以将 $A \times B \pmod n$ 的计算转化为计算 $A' \times B' \times R^{-1} \pmod n$，其中 A' 和 B' 分别是 A 和 B 对 R 的剩余系表达，即：

$$A' = A \times R \pmod n$$
$$B' = B \times R \pmod n$$

$A' \times B' \times R^{-1} \pmod n$ 称为**蒙哥马利模乘**，它可以利用蒙哥马利约分算法高效地计算出来。蒙哥马利约分算法的计算方法如下：

```
function REDC(A', B', n', R, N)
    S = A' × B'
    m = (S mod R) × n' mod R
    t = (S + mN) / R
    if(t >= N)
        then return t - N
        else return t
```

根据上述方法很容易写出蒙哥马利约分算法的实现代码：

```
CBigInt MontgomeryReduction(const CBigInt& X, const CBigInt& Y, const CBigInt& Np, const CBigInt& N,
    const CBigInt& R)
{
    CBigInt S = X * Y;
    CBigInt m = (S * Np) % R;
    S = (S + m * N) / R;
    if(S >= N)
        return S - N;
    else
        return S;
}
```

因为 R 是 2 的整数幂，所以只需要将对 R 的取模和除法运算转化成移位运算，就可以得到真正高效的模乘算法。蒙哥马利约分算法需要为计算 R 的剩余系而付出一些额外的开销，因此对于单次模乘计算，该算法并没有优势，但是对于像模幂运算这样需要多次反复计算模乘的情况，使用该算法可以极大地提高模幂计算的速度。

18.1.3 模幂算法

现在可以使用蒙哥马利约分算法改造 18.1.1 节给出的模幂算法。首先要利用同余方程计算出 n'，然后将模幂运算的底数 M 转换到 R 的剩余系，并用"平方–乘降幂法"逐次计算蒙哥马利模乘，最后将蒙哥马利模乘运算的结果转出 R 的剩余系，得到最终结果。在选择 R 的时候，我们取 k 值为 32 的整数倍，这样在进行蒙哥马利约分算法的移位处理时，对于大整数 CBigInt 来说，一次移动一个 unsigned int 大数位，速度更快。下面给出使用蒙哥马利算法优化后的模幂算法实现：

```
CBigInt ModularPower(const CBigInt& M, const CBigInt& E, const CBigInt& N)
{
    CBigInt R = 1;
    R <<= N.m_nLength * 32;

    CBigInt Np = CongruenceEquation(R - N, R);
    //转换到 R 的剩余系
    CBigInt Mp = (M * R) % N;
    CBigInt D = R % N;

    for(__int64 i = 0; i < E.GetTotalBits(); i++)
    {
        if(E.TestBit(i))
        {
            D = MontgomeryReduction(D, Mp, Np, N, R);
        }
        Mp = MontgomeryReduction(Mp, Mp, Np, N, R);
    }
    //转出 R 的剩余系
    D = MontgomeryReduction(D, 1, Np, N, R);

    return D;
}
```

18.1.4 素数检验与米勒–拉宾算法

素数在数论中是一个很大的分支，很多数学定理和素数有关，有人甚至将其独立出来称为素论，可见素数对于数学的重要性。RSA 算法在生成密钥对时需要两个随机大素数，并将它们的乘积作为公共模数 n，这就需要有对应的素数生成算法。素数生成没有什么特殊方法，就是生成随机大数作为疑似素数，然后用素数检验方法检验它是否是"真"的素数，如果是就返回结果，否则继续上述过程。由此可见，要生成一个素数，必须要有一套判断素数的方法。1000 以内的小素数可以用素数的定义直接判断，大素数则要采用特定的算法进行素性测试。要进行素性测试，先来了解一下**费马小定理**，定义如下：

设 p 是素数，a 是任意整数，且 $a \not\equiv 0(\bmod p)$，则 $a^{(p-1)} \equiv 1(\bmod p)$

一般来说，可以利用费马小定理直接进行素数测试，这就是**费马测试**。费马测试实际上是利用费马小定理的逆定理进行反向证明，但费马小定理只是素数检验的必要条件，其充分条件，也就是费马小定理的逆定理并不成立，因为存在**卡米歇尔数**[①]（Carmichael number）。费马测试是个概率测试，并没有得到广泛应用，目前判断大素数（特别是超过 512 位的大素数）普遍采用的方法是米勒–拉宾（Miller–Rabin）算法。

1975 年，卡内基–梅隆大学计算机系的加里·李·米勒（Gary Lee Miller）教授首先提出了基于**广义黎曼猜想**[②]的确定性算法，由于广义黎曼猜想并没有被证明，直接引用它存在理论上的缺陷，所以以色列耶路撒冷希伯来大学的米歇尔·O. 拉宾（Michael O. Rabin）教授对其进行了改进，提出了不依赖于该假设的随机化算法，这就是米勒–拉宾算法的由来。米勒–拉宾算法利用随机化算法判断一个数是合数还是可能是素数，请注意，这里的用词是"可能"，因为米勒–拉宾算法也是一种判断素性的概率算法。虽然是概率算法，如果加上限制条件，米勒–拉宾算法也可以作为一种确定性算法。

用米勒–拉宾算法判断 n 是否是素数，首先将 $n-1$ 分解为 $m \times 2^k$，然后在 $[1, n-1]$ 区间随机选一个整数 a，对于 $[0, k-1]$ 区间中的每一个值 r，检测：

$$a^m(\bmod\ n) \neq 1 \text{ 和 } a^{m \times 2^r}(\bmod\ n) \neq -1$$

两个条件是否同时成立，如果两个条件同时成立，则 n 是一个合数，否则 n 有 75% 的概率是一个素数。由此可知，做一次检验，即便 n 不满足两个成为合数的条件，仍然有 1/4 的可能性是合数。但是，如果用足够多的随机数 a 对其进行多次检验，则可以降低 n 是合数的可能性。假设检验次数是 t，则 n 是合数的可能性是 $P(c) = 1/4^t$。如果进行 5 次检验都符合上述情况，n 是合数的可能性就降到 0.098%，即 n 有 99.9% 的可能是素数。如果进行 10 次检验，则 n 是素数的可能性就达到 99.9999%。用米勒–拉宾算法检验素数，一般至少需要检验 5 次，严格的场合可能需要检验更多次数，比如 50 次。

---

① 卡米歇尔数：能满足费马小定理，但非素数的数。

② 德国数学家黎曼在 1858 年写了一篇只有 8 页长的关于素数分布的论文，提出了著名的广义黎曼猜想（Riemanns Hypothesis）。这个猜想是指黎曼 ζ 函数（ζ 音：齐塔）：$\zeta(s) = \Sigma 1/n^s$（n 从 1 到无穷大）的非平凡零点都在 Re(s) = 1/2 的直线上（也就是说，所有非平凡零点的实部都是 1/2）。看似简单的问题实际上并不容易，求多项式的零点，特别是求代数方程的复根都不是简单的问题。数学家把复平面上 Re(s) = 1/2 的直线称为临界线（critical line）。1914 年，英国数学家哈代（G. H. Hardy）首先证明这条临界线上有无穷个零点。三位荷兰数学家利用计算机对最初的 ζ 函数的两亿个零点进行检验，目前已经证明了 2/5 的复零点在这条直线上，并且在这条直线之外至今还没有发现其他复零点。这初步证明黎曼的假设是对的，但是这个检验的过程还在继续，因此，广义黎曼猜想是对还是错还没有定论。

　　MillerRabinHelper()函数是一次米勒-拉宾检验的算法实现,其中 m 和 k 两个参数需要计算出来,计算的方法将在 MillerRabin()函数中给出。根据检验规则的定义,需要计算 a 与 m 关于 n 的模幂,以及 a 与 $m \times 2^r$ 关于 n 的模幂,根据幂运算关系的特点,a 的 $m \times 2^r$ 次方与 a 的 m 次方存在平方的关系。如果令 $b = a^m$,则 a 的 $m \times 2$ 次方就是 b^2,a 的 $m \times 4$ 次方就是 b^4,以此类推。如果采用 b^2 的累积,可以减少很多计算量,因此,一般算法实现会采用 b^2 的累积代替计算 a 的 $m \times 2^r$ 次方,MillerRabinHelper()函数也不例外。代码如下所示:

```cpp
bool MillerRabinHelper(const CBigInt& a, const CBigInt& m, int k, const CBigInt& n)
{
    CBigInt b = ModularPower(a, m, n);

    if(b != 1)
    {
        for(int r = 0; r < k; r++)
        {
            if(b != (n - 1)) //b != 1 && b != n-1, 满足合数条件
            {
                return false;
            }
            b = ModularPower(b, 2, n);
        }
    }

    return true;
}
```

　　MillerRabinHelper()函数返回 false 表示 n 不是素数,返回 true 表示 n 有 75%的可能性是素数。当 MillerRabinHelper()函数返回 true 时,需要使用新的随机数 a 对 n 继续检验,直到满足检验次数条件。MillerRabin()函数首先根据 n 计算出 m 和 k,然后多次调用 MillerRabinHelper()函数进行检验。产生随机数 a 的时候,总是选一个 32 位以内的小随机数,目的是减少检验的计算量。a 的二进制位数总是比 n 少一位,且最大不超过 32 位,保证 a 总是小于或等于 $n - 1$。代码如下所示:

```cpp
int MillerRabin(const CBigInt& n)
{
    CBigInt m = n - 1;
    int k = 0;

    //根据 n-1 = m*2^k, 计算 m 和 k
    while(!m.TestBit(0))
    {
        m >>= 1; //m = m / 2;
        k++;
    }

    CBigInt a,b;
    for(int i = 0; i< M_R_TEST_COUNT; i++)
    {
```

```
        __int64 nbits = n.GetTotalBits();
        // 1 <= a <= n - 1
        a = CBigInt::GenRandomInteger((nbits > 32) ? 32 : nbits - 1) + 1;
        if(!MillerRabinHelper(a, m, k, n))
        {
            return 0;//测试失败，明确是合数
        }
    }
    return 1;
}
```

前面介绍过，米勒–拉宾检验算法是一个概率方法，但是如果加上限制条件，也可以作为一种确定性算法使用。限制条件就是数的范围。根据数学家的证明，只要用 2 和 3 作为随机数进行两次检验，就可以 100% 正确地检验小于 1 373 653 的所有素数。再比如，只要用 2、3、5、7、11 作为随机数进行 5 次检验，就可以 100% 正确地检验小于 2 152 302 898 747 的所有素数。这些经过证明的经验值都是 100% 正确的，但是不在上述范围中的其他大素数的判断，目前还只是概率结果，也就是说，即使能通过检验，也要打上"伪素数"的标签。

18.2　RSA 算法原理

传统的加密模式一般是信息发送者用特定的密钥对信息加密（加密和解密算法都是公开的），然后将密文传递给接收者，同时要将密钥告诉接收者，这样接收者就可以用密钥对密文进行解密。这种方式的隐患在于密钥的传递——密钥在传递过程中有可能被截取，此外，密钥分发出去以后就很难控制分发的范围，一旦失控，发出去的加密信息就等于是明文了。

1976 年，维特菲尔德·迪菲（Whitfield Diffie）和马丁·赫尔曼（Martin Hellman）在一篇革命性文章"密码学的新方向"（New Directions in Cryptography）中提出了一种使用非对称密钥的密码学新方法，可以在不用传递密钥的情况下完成信息的加密和解密。这就是现代非对称公钥体系的基础，在这种体系中，发送者要给接收者传递密文，首先要得到接收者对外发布的公钥，然后用该公钥加密信息，并将加密的信息发送给接收者。接收者收到密文后用自己的私钥对信息解密。在这个过程中，不需要密钥传递，接收者的私钥自己保管，不对外公开。

这种思想对密码学家提出了新的挑战，也鼓舞了很多数学家寻找一种满足非对称公钥体系的加密算法。第二年，美国麻省理工学院的罗纳德·李维斯特（Ronald Rivest）、阿迪·萨莫尔（Adi Shamir）和伦纳德·阿德曼（Leonard Adleman）三位研究员在"实现数字签名和公钥密码体制的一种方法"一文中首次提出了一种非对称公钥加密算法，因为三个人的姓氏首字母分别是 R、S、A，所以这种算法被命名为 RSA 算法。经过 40 多年的发展，RSA 算法已经成为现代非对称公钥体系中最基本也是目前应用最广泛、最有影响力的公钥加密算法。

18.2.1 RSA 算法的数学理论

在研究 RSA 算法的数学原理之前，先来介绍几个数学概念。首先是"同余"，假定有三个整数 a、b 和 $n(n \neq 0)$，如果 a 和 b 的差是 n 的整数倍，则称 a 在模 n 时与 b 同余，记做 $a \equiv b(\mod n)$。可以将同余简单理解为等式：$a-b=kn$，k 为任意整数。然后是"欧拉函数"，欧拉函数 $\varphi(n)$ 定义为所有小于或等于 n，且与 n 互素的正整数的个数，$\varphi(n)$ 的值又称 n 的欧拉数。以 8 为例，1、3、5、7 都与 8 互素，所以就有 $\varphi(8)=4$。当 n 是素数时，$\varphi(n)=n-1$，因为所有比 n 小的数都与它互素。欧拉函数还有一个特性，当 n 可以分解为两个互素的数的乘积时，n 的欧拉函数就是两个因子的欧拉函数的乘积，即 $\varphi(n) = \varphi(pq)=\varphi(p)\varphi(q)=(p-1)(q-1)$。最后是"乘法逆元"，若 $ab \equiv 1(\mod n)$，则称 b 为 a 在模 n 的乘法逆元，b 可以表示为 a^{-1}。第 17 章介绍过，可以使用欧拉算法求解乘法逆元，相关算法的实现在第 17 章已经给出。

RSA 算法基于一个十分简单的数论事实：将两个大素数相乘十分容易，但想要对其乘积进行因式分解却极其困难，因此可以将乘积公开作为加密密钥的一部分。由此可知，密钥的生成是 RSA 算法的核心，先来看看 RSA 密钥对的生成过程。

(1) 任意选择两个大素数，p 和 q，计算出 $n=p \times q$，n 又称 RSA 算法的公共模数。

(2) 计算 n 的欧拉数 $\varphi(n)=(p-1)(q-1)$。

(3) 随机选择加密密钥指数，从 $[0, \varphi(n)-1]$ 中选择一个与 $\varphi(n)$ 互质的数 e 作为公开的加密指数。

(4) 求解与 e 对应的解密指数 d，d 和 e 满足条件：$(d \times e) \equiv 1 \mod \varphi(n)$。因为 e 和 $\varphi(n)$ 互素，所以可以利用扩展欧几里得算法求解同余方程，得到唯一整数解 d。

(5) 销毁 p 和 q，妥善保存私有密钥 SK=(d, n)，将公开密钥 PK=(e, n) 分发给希望给你发送信息的人。

由以上过程可知，在 p 和 q 不可知的情况下，要得到私有密钥的解密指数 d，必须知道 $\varphi(n)$，而 $\varphi(n)$ 必须通过第(2)步给出的方法计算，也就是说，必须要分解公共模数 n，重新得到 p 和 q。对 n 的分解是个数学难题，目前没有有效的方法可以快速分解 n，n 越大越难分解，这就是 RSA 算法的数学原理。以目前计算机的处理能力，当 n 大到一定的程度，可以认为它是不可分解的，这也是 RSA 算法安全性的基本保证。

18.2.2 加密和解密算法

RSA 算法的加密和解密其实就是模幂运算，这也是我说 RSA 算法简单的原因，18.1 节已经给出了加密和解密的算法实现代码，就是 ModularPower() 函数。假设 M 是明文，C 是密文，加密的过程就是：

$$C = M^e (\mod n)$$

解密的过程就是：

$$M = C^d \pmod n$$

举个经典的密码学示例来解释一下 RSA 算法加密和解密的过程。爱丽丝希望鲍勃对给她发送的信息进行加密，她首先选择两个素数 $p=11$ 和 $q=13$，计算它们的乘积，得到公共模数 $n=143$，同时计算出 n 的欧拉数 $\varphi(n)=120$。接下来爱丽丝需要选择一个小于 119（$\varphi(n) - 1=119$），且与 $\varphi(n)$ 互素的数作为加密指数 e，爱丽丝选择 $e=7$。然后爱丽丝需要求解同余方程 $7d \equiv 1 \bmod 120$，得到 $d=103$。最后，爱丽丝销毁 p 和 q，将 $(7, 143)$ 作为公开密钥发送给鲍勃，将 $(103, 143)$ 作为私钥自己保存。鲍勃需要发送信息 $M=85$ 给爱丽丝，他先用爱丽丝的公钥对 M 进行加密，得到密文 $C = 85^7 \pmod{143} = 123$，然后将密文 $C=123$ 发送给爱丽丝，爱丽丝得到 C 后，用私钥对 C 进行解密，得到明文 $M=123^{103} \pmod{143}=85$。

以上就是整个 RSA 算法加密和解密的过程，其核心就是模幂运算，使用的过程很简单，但是简单并不意味着不安全。接下来介绍一下 RSA 算法的安全性。

18.2.3　RSA 算法的安全性

人们在提到 RSA 算法加密的时候，都会附带一个很重要的参数，就是 RSA 密钥长度，比如 1024 比特的 RSA 密钥、2048 比特的 RSA 密钥等。这里的 1024 和 2048 实际上是 RSA 密钥中公共模数 n 的二进制位长度，n 越大就越难分解，这就是通常人们认为 1024 比特的 RSA 密钥要比 512 比特的 RSA 密钥更安全的原因。但是从数学上看这个问题，对 n 的分解并没有被证明是 NP 问题，也就是说，增加 n 的长度就能提高安全性还没有被用数学的方法证明（当然，也没有被证伪）。RSA 加密的安全性由很多因素决定，比如组成 n 的两个随机素数 p 和 q 的选择就很有讲究。p 和 q 必须是随机生成的强素数，绝对不能用别人用过的素数，或者从某个素数表中选择 p 和 q。p 和 q 的差值应该尽量大，以增加分解 n 计算的难度。

加密指数 e 的选择也很重要，e 越大计算量就越大。为了加快加密计算的速度，RSA 算法对公钥 e 通常选择 3、5、17、257 或 65 537。X.509 证书体系建议使用 65 537，PEM 建议使用 3，PKCS#1 建议使用 3 或 65 537。但是使用太小的 e 会引入小指数攻击问题，在原始数据中填充随机数值，使得 $m^e \pmod n \neq m^e$，可以有效抵抗小指数攻击。因此使用 RSA 加密数据通常会指定随机值填充模式，单纯地直接用模幂算法加密数据是不安全的。

除此之外，还有针对明文破解的选择密文攻击方式。攻击者知道了 A 的公开密钥 (e, n)，同时截获了用 A 的公钥加密的信息 $Y = X^e \pmod n$。攻击者首先选择一个 r（$r < n$），计算 $Y_1 = r^e \pmod n$，这意味着用 A 的私钥对 Y_1 解密可得到 r，即 $r = Y_1^d \pmod n$。接下来，攻击者计算 $Y_2 = Y \times Y_1 \pmod n$，求解 r 的模 n 乘法逆元 $t = r^{-1} \pmod n$。因为 $r = Y_1^d \pmod n$，所以 $t = Y_1^{-d} \pmod n$。现在，攻击者以验证身份的名义将 Y_2 发给 A，请 A 对消息 Y_2 签名，于是得到 $S = Y_2^d \pmod n$。最后，攻击者做以下计算：

$$t \times S = (Y_1^{-d} Y_2^d)(\bmod n)$$

将 $Y_2 = Y \times Y_1 (\bmod n)$ 代入上式得到：

$$t \times S = (Y_1^{-d} Y_2^d)(\bmod n) = (Y_1^{-d} Y^d Y_1^d)(\bmod n) = Y^d(\bmod n) = X$$

最终攻击者在不知道私有密钥 d 的情况下得到了明文 X。

以上选择密文攻击过程关键的一步就是攻击者需要骗取 A 对 Y_2 进行签名，只要用户 A 不对来历不明的数据直接签名，就可以阻断这种攻击。实际上，RSA 的签名是不对数据直接计算的，而是像加密一样要填充一些随机数值，具体的签名算法请看 18.4 节的介绍。

18.3 数据块分组加密

前面我们讨论了 RSA 算法加密的数学原理和加密/解密过程的算法实现，但是所给出的算法实现还都是在数学领域的大数计算，怎么将其应用到现实生活领域呢？加密和解密领域最典型的问题就是对数据分组加密，RSA 同样支持对数据分组加密。和 DES、AES 这样的分组加密算法不同，RSA 算法所支持的每个数据分组的大小不仅与 RSA 密钥长度有关，还和数据分组的填充模式（padding scheme）有关。填充模式是和 RSA 算法安全性相关的内容，不同的填充模式需要插入原始数据中的 padding 数据量不一样，因此会影响数据分组中有效载荷的大小。

RSA 算法有多种填充模式，常用的填充模式有 PKCS #1 1.5 和 OAEP 两种，我们将在后面介绍这两种模式，这里只介绍使用两种填充模式对原始数据载荷大小的影响。RSA 加密算法每个数据分组的有效载荷大小与密钥长度和填充模式的关系如表 18-1 所示。

表18-1 RSA填充模式与数据分组大小关系表

填充模式	RSA密钥长度（位）	输入分组有效载荷（字节）	输出分组长度（字节）
PKCS #1 1.5	768	85	96
PKCS #1 1.5	1024	117	128
PKCS #1 1.5	2048	245	256
OAEP	768	54	96
OAEP	1024	86	128
OAEP	2048	214	256

18.3.1 字节流与大整数的转换

被加密的数据可以理解为字节流，对数据加密时，除了按照表 18-1 给出的输入分组有效载荷大小对字节流进行分组外，还要将分组后的数据转换成大整数才能进行 RSA 加密运算。完成加密运算后，还要将计算得到的大整数转换成字节流数据，这样才能存入文件或通过网络传送。解密的过程与之类似，都需要一套大整数与字节流互相转换的方法，这样 RSA 算法才具有实用性。

其实将加密数据转换成大数对象的方法非常朴实无华，如果将大数也看成按照顺序在内存中存放的字节流，这种转换就一目了然。只要逐字节将加密数据转换成 CBigInt 类的大数位数组（m_ulValue），并正确设置大数位的位数（m_nLength），即可完成加密数据转换成大数对象。反之亦然，只要将 CBigInt 类的大数位数组中的数据逐字节转换到指定缓冲区，即完成大数对象转换成字节流数据。转换过程唯一需要注意的是对数据中 0 的特殊处理，对于 CBigInt 大数对象来说，最高的大数位不能是 0，否则要调整 m_nLength。

18.3.2　PCKS 与 OAEP 加密填充模式

18.2.3 节介绍 RSA 算法的安全性时，提到为了对抗小指数攻击，需要在原始数据中添加随机填充数据以提高 RSA 的安全性。常用的填充模式有 PKCS #1 1.5 和 OAEP 两种。PKCS 的全称是 Public-Key Cryptography Standards（公钥加密标准），是 RSA 实验室发布的一个标准。OAEP 的全称是 Optimal Asymmetric Encryption Padding（最优非对称加密填充），是一个比 PKCS #1 1.5 新的填充标准，被 PKCS #1 2.0 接受为新的填充标准。理论上 OAEP 比 PKCS #1 1.5 的安全性高，但 PKCS #1 1.5 具有更好的兼容性。

从表 18-1 可以看出，PKCS #1 1.5 需要额外的 11 字节进行随机数据填充，而 OAEP 需要额外的 42 字节用于随机数据填充，而且 OAEP 的填充方式更为随机化，由此可知，OAEP 填充方式对原始数据造成的混乱程度（熵值）比较大，具有更高的安全性。这里的更高是相对的，并不是说 PKCS #1 1.5 填充方式不安全。当你在不同的系统之间传递 RSA 加密的信息时，填充模式的兼容性就是需要特别注意的地方，PKCS #1 1.5 因为发布得早，应用更广泛，兼容性更好一些。

前面提到 PKCS #1 1.5 需要额外的 11 字节进行随机数据填充，实际上不完全正确。只有当数据的有效载荷足够多的时候，PKCS #1 1.5 填充的长度才被压缩为 11 字节；当有效载荷不足的时候，实际需要填充的数据会超过 11 字节。总的来说，PKCS #1 1.5 填充可以分为 4 部分，分别是一字节前导 0，一字节标志 T 和 $k-|M|-3$ 字节的随机数据和一字节的截断符号 0。k 是 RSA 密钥公共模数的字节长度，$|M|$ 表示实际载荷数据长度，$|M|$ 通常要满足 $|M| \leqslant k-11$，当 $|M|=k-11$，PKCS #1 1.5 要求的最小填充长度是 11 字节时，其结构如图 18-1 所示。

图 18-1　PKCS #1 1.5 填充模式

其中标志字节 T 表示拼凑填充数据的方法，如果 T 是 0，表示填充数据 P 全部是 0；如果 T 是 1，表示填充数据 P 全部是 0xFF；如果 T 是 2，表示填充数据是 $k-|M|-3$ 个 1~0xFF 之间的随机数据。

前导位设为 0 是为了保证转换后得到的大数是正数，这 $k-|M|$ 字节的填充数据放在实际的数据载荷之前，构成完整的加密数据分组，然后转换成大整数进行加密计算。对加密过的数据解密时，解密计算后得到的数据也是包含填充数据的，要从中提取出有效数据载荷，其方法就是从前导 0 和标志 T 开始向后搜索，直到找到截断 0 标志为止（随机填充数据不会是 0），在这之间的都是填充数据，剩下的就是有效数据载荷。

相对于 PKCS #1 1.5 来说，OAEP 稍显复杂。OAEP 是 Mihir Bellare 和 Philip Rogaway 两位密码学家提出的一种加密方案，后来被 PKCS #1 2.0 接受为标准，因此也被称为 PKCS #1 2.0 填充方案。OAEP 模式中明文载荷的长度 $|M|$ 要满足 $|M| \leqslant k-2\text{hLen}-2$，其中 hLen 是 OAEP 模式所选择的哈希函数的输出长度。OAEP 模式的哈希函数和掩码生成函数都不是固定的，可以通过参数化配置和选择，如果选择 SHA（secure hash algorithm），输出长度是 20 字节，则明文载荷不能超过 $k-42$ 字节。OAEP 模式需要指定一个与明文有关联的标签 L，如果没有指定，则默认 L 是空。OAEP 的加密过程如下。

(1) 计算标签 L 的哈希输出，得到一个长度为 hLen 的字节串 IHASH=HASH(L)。

(2) 生成一字节串 PS，内容是 0，长度为 $k-|M|-2\text{hLen}-2$ 字节。当 $|M|=k-2\text{hLen}-2$ 时，PS 长度有可能是 0。

(3) 连接 IHASH、PS、一字节的 0x01 和明文 M，得到一个长度为 $k-\text{hLen}-1$ 字节的字节流 DB= IHASH|PS|0x01|M。

(4) 生成一个长度为 hLen 的随机字节串 seed，并用掩码生成函数将其转换为长度为 $k-\text{hLen}-1$ 字节的掩码 DBmask，DBmask= MGF(seed, $k-\text{hLen}-1$)。

(5) 用 DBmask 与 DB 做掩码计算得到 mDB=DB$\oplus$DBmask。

(6) 用掩码生成函数将 mDB 转换为长度为 hLen 字节的掩码 seedMask，将其与随机字节串 seed 做掩码计算，得到 Mseed，即 seedMask=MGF(mDB, hLen)，mSEED= seed$\oplus$seedMask。

(7) 将一字节的 0x00、mSEED 和 mDB 拼在一起，组成长度为 k 的加密数据分组 EM，即 EM=0x00|mSEED|mDB，然后将 EM 转换为大整数即可进行 RSA 加密计算。

OAEP 解密的过程与加密过程相反，首先要将加密数据转换成大整数，进行 RSA 解密计算，然后将解密后的大整数转换成字节流，此时就得到加密过程第(7)步拼接的数据分组 EM，然后再按照以下过程分解出原始加密数据 M。

(1) 计算标签 L 的哈希输出，得到一个长度为 hLen 的字节串 IHASH=HASH(L)。

(2) 从 EM 中分解出 mSEED 和 mDB，用掩码生成函数将 mDB 转换为长度为 hLen 字节的掩码 seedMask，即 seedMask=MGF(mDB, hLen)。

(3) 计算 seed=mSEED$\oplus$seedMask，然后用掩码生成函数将其转换成长度为 $k-\text{hLen}-1$ 字节的掩码 DBmask，DBmask= MGF(seed, $k-\text{hLen}-1$)。

(4) 根据 DBmask 和 mDB 计算得到 DB，DB=mDB⊕DBmask，如果解密计算过程没有错误，DB 的内容应该和加密过程第(3)步得到的 DB 一样。

(5) 分解 DB，首先匹配一下 IHASH 与第(1)步算出来的是否一致，如果不一致说明解密错误。如果一致，则匹配一连串 0 和一个 0x01：如果能匹配，则剩下的就是原始明文 M；如果不能匹配，说明解密错误。

18.3.3　数据加密算法实现

分组数据的加密过程，实际上是一个和填充模式捆绑在一起对数据进行处理的过程。下面就以简单的 PKCS #1 1.5 填充模式为例，说明一下 RSA 分组数据加密过程。这个过程正如 Rsa_Pkcs15_Encrypt_Block() 函数所展示的那样，首先是填充前导 0，然后是 T 标识，我们选择 T=2，这也是 PKCS #1 1.5 推荐的模式。接下来是随机字节串，长度由 $k - |M| - 3$ 计算得到，GeneratePkcsPad() 函数产生长度为 pad_len 的随机字节串。在拼接原始数据之前，还要再添加一个截断标识 0。完成填充之后，将数据转化成大整数，用模幂运算进行加密，得到密文大数 c，将 c 转换成字节串，即可作为加密后的数据进行存储或分发。代码如下所示：

```
int Rsa_Pkcs15_Encrypt_Block(CBigInt& e, CBigInt& n, int kbits,
    void *pSrcBlock, int srcSize, CBigInt& c)
{
    int k = kbits / 8;
    int pad_len = k - srcSize - 3;

    char *padBlock = new char[k];
    if(padBlock == NULL)
        return -1;

    padBlock[0] = 0x00;
    padBlock[1] = 0x02; //填充随机数
    GeneratePkcsPad(2, padBlock + 2, pad_len);
    padBlock[pad_len + 2] = 0x00;
    memcpy(padBlock + k - srcSize, pSrcBlock, srcSize);
    CBigInt em;
    em.GetFromData(padBlock, k);//OS2IP
    c = ModularPower(em, e, n);

    delete[] padBlock;

    return k;
}
```

18.3.4　数据解密算法实现

分组数据的解密过程也是和填充模式捆绑在一起的处理过程。首先将得到的密文转换成大整数 c，然后对 c 进行模幂运算解密，得到密文 em，最后将 em 转换成字节串，并分离出随机填充信息，得到原始明文信息。Rsa_Pkcs15_Decrypt_Block()函数展示的就是分组解密的实现过程，其中分离填充信息需要用到截断标识，就是插入到随机填充字节串和原始数据之间的那个 0。PKCS #1 1.5 要求填充的随机字节都是 1~0xFF 的数值，因此，从填充标识 T 开始搜索，遇到的第一个 0 肯定就是截断标识，其后跟的就是原始数据。

```
int Rsa_Pkcs15_Decrypt_Block(CBigInt& d, CBigInt& n, int kbits,
    CBigInt& c, void *pDecBlock, int blockSize)
{
    char *padBlock = new char[kbits / 8];
    if(padBlock == NULL)
        return -1;

    CBigInt em = ModularPower(c, d, n);
    int dataSize = em.PutToData(padBlock, kbits / 8);
    int pad_len = 2;
    for(int i = 2; i < dataSize; i++)
    {
        pad_len++;
        if(padBlock[i] == 0)
            break;
    }
    memcpy(pDecBlock, padBlock + pad_len, dataSize - pad_len);
    delete[] padBlock;

    return dataSize - pad_len;
}
```

18.4 RSA 签名与身份验证

RSA 密钥中的加密指数 e 和解密指数 d 是关于模 $\varphi(n)$的乘法逆元，这个关系使得 RSA 算法的加密和解密过程具有一个很有意思的特点：用 e 加密的数据可以用 d 解密，反过来，用 d 加密的数据也可以用 e 解密。利用这个特点，RSA 算法还可以用来做数字签名和身份验证。数字签名是只有信息发送者才能产生、别人无法伪造的一段信息，这段信息还可以用来验证发送者所发送信息的真实性。可以这样理解，数字签名就是信息发送者用自己的私钥对一段公开信息加密后得到密文信息，因此它具有两个特征：

❑ 任何人都可以利用发送者的公钥验证签名的有效性（对其解密并比较）

❑ 签名具有不可伪造性和不可否认性（只有发送者有与公钥对应的私钥）

签名的验证就是利用发送者的公钥对加密信息解密，然后比较解密后的信息是否是原始信息。数字签名的一般过程是：用户 A 用选择的哈希算法计算出文件 M 的哈希值，然后用自己的私钥对这个哈希值进行加密，这个过程就是"签名"。现在 A 把文件 M（不加密）和加密后的哈希值发给 B，B 于是用 A 的公钥对哈希值解密，然后再计算文件 M 的哈希值，比较文件 M 的哈希值是否和 A 发来的哈希值一样，如果一样则说明文件确实是 A 发来的，并且文件没有被修改；否则就说明文件不是 A 发出的，或者文件在传递过程中被篡改了。由此可知，数字签名除了证明文件 M 是不是 A 发出的，还可以验证文件 M 是否被他人（包括接收者）篡改或伪造。

身份验证的过程和签名的过程类似，当 B 需要验证 A 的身份时，就将一段信息发给 A，请 A 对其进行签名（加密）。得到 A 的签名后，B 使用 A 的公钥对签名解密，验证是否和自己发给 A 的信息一致，以此验证 A 的身份。其他人没有 A 的私钥，因此无法伪造 A 的签名。

和 RSA 的加密一样，使用 RSA 签名一样需要面对各种攻击，因此，不要随便对某一个人发过来的东西进行签名（有潜在危险）。如果必须要这么做（比如为了验证身份），最好先用哈希算法计算出信息的哈希值，然后对哈希值进行签名。

18.4.1 RSASSA-PKCS 与 RSASSA-PSS 签名填充模式

RSA 算法的签名和身份验证过程，面临着和加密过程一样的攻击风险，因此 RSA 实验室对签名算法也制定了和加密过程一样的随机填充模式标准——**带填充的签名算法**。PKCS 制定了两种带填充的签名算法，分别是 RSASSA-PSS 和 RSSSA-PKCS #1 1.5。尽管从理论上讲 RSASSA-PSS 比 RSSSA-PKCS #1 1.5 有更高的健壮性，但是目前还没有发现针对 RSSSA-PKCS #1 1.5 的有效攻击手段。RSSSA-PKCS #1 1.5 的签名算法已经在很多系统上得到了广泛应用，具有很好的兼容性，不过 PKCS 标准建议新的应用系统应该能够平滑地过渡到 RSASSA-PSS 算法。

RSSSA-PKCS #1 1.5 签名算法的填充方式和 PKCS #1 1.5 加密算法的填充方式类似，主要由以下 6 部分组成：

$$EM = 0x00 \mid 0x01 \mid PS \mid 0x00 \mid T \mid H$$

首先是前导 0，T 标识固定是 1，也就是说，PS 使用随机长度的 0xFF 填充，跟在截断标识 0 后的 T 是一个与哈希算法相关的字节串，其内容与哈希算法有关，但是每种哈希算法对应的 T 的内容和长度是固定的。哈希算法与 T 的关系如表 18-2 所示。

表18-2　PKCS #1 1.5签名算法中哈希算法与T的关系

Hash	T
MD5	30 20 30 0c 06 08 2a 86 48 86 f7 0d 02 05 05 00 04 10
SHA-1	30 21 30 09 06 05 2b 0e 03 02 1a 05 00 04 14
SHA-224	30 2d 30 0d 06 09 60 86 48 01 65 03 04 02 04 05 00 04 1c
SHA-256	30 31 30 0d 06 09 60 86 48 01 65 03 04 02 01 05 00 04 20
SHA-384	30 41 30 0d 06 09 60 86 48 01 65 03 04 02 02 05 00 04 30
SHA-512	30 51 30 0d 06 09 60 86 48 01 65 03 04 02 03 05 00 04 40

H 是明文 M 的哈希值，填充数据 PS 的长度等于 $k - |T| - |H| - 3$，其中 k 是 RSA 密钥公共模数 n 的字节长度，$|T|$ 是填充 T 的长度，$|H|$ 是明文 M 的哈希值的长度。完成填充后得到 EM，将其

转换成大整数，用私钥进行加密，就得到了数字签名。

RSSSA-PKCS #1 1.5 的签名验证过程与解密过程类似，首先将签名数据转换成大整数，然后用公钥解密，就得到签名之前的填充状态 EM。分解 EM，得到签名中的原始信息的哈希值 H，然后将这个 H 与原始明文计算出来的哈希值比较，如果一致则签名验证成功，否则说明该签名无效或者是伪造的。

RSSSA-PSS 签名填充模式是一种新的签名填充方案，在 RSSSA-PKCS #1 v2.1 中被接受为 PKCS 的标准。RSSSA-PSS 源于 Mihir Bellare 和 Philip rogaway 发明的**概率填充方案**（probabilistic signature scheme），将其应用于 RSA 加密体系，就是 RSSSA-PSS。RSSSA-PSS 签名算法的输入参数是明文 M 和签名体最大比特长度 emBits，emBits 的最小值不能小于 8hLen+8sLen+9，其签名过程如下。

(1) 计算明文 M 的哈希值 mHash=HASH(M)，长度为 hLen，生成一个随机字节串 salt，长度为 sLen。

(2) 拼接 MP=0 0 0 0 0 0 0 0|mHash|salt，计算 MP 的哈希值 H=HASH(MP)，H 的长度是 hLen。

(3) 生成由 0 字节组成的字节串 PS，长度为 emLen–hLen–sLen – 2，emLen=⌈emBits / 8⌉。PS 的长度也可以是 0。

(4) 令 DB = PS|0x01|salt，DB 是一个长度为 emLen – hLen – 1 的字节串。

(5) 用掩码生成函数将 MP 的哈希值 H 转换成长度为 emLen – hLen – 1 的掩码，DBmask= MGF(H, emLen – hLen – 1)。

(6) 计算 mDB = DB⊕DBMask，将 mDB 的左边最高有效位的 8emLen–emBits 个比特置为 0。

(7) 拼接 mDB、MP 的哈希值 H 以及一字节的固定值 0xBC，得到 EM=mDB|H|0xBC。将 EM 转换成大整数，用私钥加密即可得到 RSSSA-PSS 填充的数字签名。

RSSSA-PSS 签名的验证过程首先要将签名体转换成大整数，用公钥解密得到 EM，然后按照以下步骤验证 EM。

(1) 从左到右对 EM 进行分解，前 emLen–hLen–1 字节是 mDB，接下来是 hLen 字节的 H，最右边是一字节的固定值 0xBC，如果最右边一字节不是 0xBC，则输出"验证失败"并停止。

(2) 如果 mDB 左边最高有效位的 8emLen – emBits 个比特不是 0，则输出"验证失败"并停止。

(3) 用掩码生成函数将 H 转化成 emLen – hLen – 1 字节的掩码 DBmask= MGF(H, emLen – hLen – 1)，并计算出 DB=mDB⊕DBMask。

(4) 将 DB 的左边最高有效位的 8emLen – emBits 个比特置为 0，并判断 emLen – hLen – sLen – 1 位置的一字节是否是 0x01，如果不满足这两个条件，则输出"验证失败"并停止。

(5) DB 的最后 sLen 字节是 salt，计算出明文 M 的哈希值 mHask，并拼接出 MP=0 0 0 0 0 0 0 0 |mHash|salt。

(6) 计算 MP 的哈希值并与 H 比较，如果相等则输出"验证成功"，否则输出"验证失败"并停止。

由此可见，RSSSA-PSS 和其他签名填充模式一样，也是遵循"先哈希再签名"的原则，不直接使用明文 M 签名。

18.4.2　签名算法实现

有了上一节分析的签名算法的原理和实现步骤，写出签名算法的实现代码就易如反掌。Rsa_Pkcs15_Sign() 函数就是 RSSSA-PKCS 算法的实现，采用了 MD5 作为哈希值计算函数，可以看到其填充方式和 PKCS 加密填充方式类似，最终 pSignBuf 得到 k 字节的签名数据：

```
int Rsa_Pkcs15_Sign(CBigInt& d, CBigInt& n, int kbits,
    void *pSrcData, int dataSize, void *pSignBuf, int bufSize)
{
    int k = kbits / 8;

    char *padBlock = new char[k];
    if(padBlock == NULL)
        return -1;

    unsigned char md5Hash[MD5_DIGEST_SIZE] = { 0 };
    CalcMD5Hash(pSrcData, dataSize, md5Hash);

    int pad_len = k - MD5_DIGEST_SIZE - Md5SignPadSize - 3;
    padBlock[0] = 0x00;
    padBlock[1] = 0x01; //填充全 xFF
    GeneratePkcsPad(1, padBlock + 2, pad_len);
    padBlock[pad_len + 2] = 0x00;
    memcpy(padBlock + pad_len + 3, Md5SignPadding, Md5SignPadSize);
    memcpy(padBlock + pad_len + 3 + Md5SignPadSize, md5Hash, MD5_DIGEST_SIZE);
    CBigInt em;
    em.GetFromData(padBlock, k);//OS2IP
    CBigInt  c = ModularPower(em, d, n);
    c.PutToData((char *)pSignBuf, k);

    delete[] padBlock;
    return k;
}
```

18.4.3　验证签名算法实现

RSSSA-PKCS 算法的签名验证实现也不复杂，出于篇幅考虑，Rsa_Pkcs15_Verify() 函数给出了概念性实现代码，这个函数只处理了具体哈希值的解析和判断（这已经是签名验证算法的主体），没有对填充数据的格式校验，有兴趣的读者可自行加上校验，使之成为更有实用性的签名验证算法。

```
bool Rsa_Pkcs15_Verify(CBigInt& e, CBigInt& n, int kbits,
    void *pSignData, int dataSize, void *pSrcData, int srcSize)
{
    char *padBlock = new char[kbits / 8];
    if(padBlock == NULL)
        return false;

    CBigInt c;
    c.GetFromData((const char *)pSignData, dataSize);
    CBigInt em = ModularPower(c, e, n);
    int emSize = em.PutToData(padBlock, kbits / 8);
    int pad_len = 2;
    for(int i = 2; i < emSize; i++)
    {
        pad_len++;
        if(padBlock[i] == 0)
            break;
    }

    unsigned char md5Hash[MD5_DIGEST_SIZE] = { 0 };
    CalcMD5Hash(pSrcData, srcSize, md5Hash);

    int result = memcmp(padBlock + pad_len + Md5SignPadSize, md5Hash, MD5_DIGEST_SIZE);

    delete[] padBlock;

    return (result == 0);
}
```

18.5　总结

这一章介绍了 RSA 算法的原理，把看似神秘的 RSA 算法在放大镜下看了个底朝天，原来如此嘛，你应该有这种感觉吧？蒙哥马利算法、米勒–拉宾算法、欧几里得算法，一个个看似高高在上的名词，原来有如此平易近人的实现，举重若轻，算法的乐趣尽在于此吧。现在，你可以用本章介绍的算法给自己弄个签名，也可以把自己的公钥散发出去，让别人也给你发送加密邮件，最重要的，这些都是你自己实现的。

还记得介绍广义黎曼猜想时提到的英国数学家哈代吗？有一次，哈代要乘船渡北海回英国，那天天气恶劣，浪涛汹涌，而船又很小，因此他在船开之前就写了一张明信片寄给丹麦物理学家波尔（Harald Bohr），上面只写了一句话："我已经证明了黎曼猜想。哈代。"哈代寄这张明信片的用意是：万一这艘船沉入大海，哈代去世，世人就会认为哈代真的解决了这个世界数学难题，而为这个解法及哈代一起沉入海底而惋惜。但是上帝如此不喜欢哈代，一定不会让哈代享有解决这个著名难题的声誉，肯定不会让这艘船沉入大海，于是哈代可以平安回到英国，这样这张明信片就是他的护身符了。本章有些内容还是比较严肃的，大家看看这个乐一下吧，顺便说一下，这不是笑话，是真事儿。

18.6　参考资料

[1] Montgomery P. *Modular Multiplication Without Trial Division*. Math. Computation, 1985, 44: 519-521.

[2] Schneier B. 应用密码学：协议、算法与 C 源程序（中文版）. 吴世忠，祝世雄，张文政，等译. 北京：机械工业出版社，2004.

[3] 王小云，王明强，孟宪萌. 公钥密码学的数学基础. 北京：科学技术出版社，2013.

[4] Stinson D R. 密码学原理（第 3 版）. 北京：电子工业出版社，2009.

[5] 乔纳森·卡茨，耶胡达·林德尔. 现代密码学：原理与协议. 北京：国防工业出版社，2011.

[6] Bajard J-C, Didier L-S, Komerup P. *An RNS Montgomery Modular Multiplication Algorithm. IEEE Transaction on Computers*, 1998, 47(7): 766–776.

[7] Koc C K, Acar T, Burton S, et al. Analyzing and Comparing Montgomery Multiplication Algorithms. *IEEE Micro*, 1996, 16(3): 26–33.

[8] Quisquater J-J, Couvreur C. Fast Decipherment Algorithm for RSA Public-Key Cryptosystem. *Electronics Letters*, 1982, 18: 905–907.

[9] Wu C-H, Hong J-H, Wu C-W. VLSI Design of RSA Cryptosystem Based on the Chinese Remainder Theorem. *Journal of Information Science and Engineering*, 2001, 17: 967-980.

[10] Rivest RL, Shamir A, Adleman L. *A Method for Obtaining Digital Signatures and Public-Key Cryptosystems. Communications of the ACM*, 1978, 21(2): 120-126.

[11] RSA Laboratories. *PKCS #1 v2.1: RSA Encryption Standard*, 2002.

18

第19章

数独游戏

数独游戏（SUDOKU）是一种数学智力拼图游戏，起源于 18 世纪末的瑞士，当时的瑞士数学家莱昂哈德·欧勒发明了"拉丁方块"游戏，但并没有受到人们的重视。直到 20 世纪 70 年代，美国杂志才以"数字拼图"（number place puzzles）游戏的名称将它重新推出，结果风靡一时。日本随后接受并推广了这种游戏，并且将它改名为"数独"，大致的意思是"独个的数字"或"只出现一次的数字"。数独游戏在日本非常流行，许多报纸和杂志会刊登数独游戏。在日本的地铁上经常看到手拿报纸和铅笔、眉头紧锁的人，那就是在玩数独游戏。玩数独游戏不需要学习额外的知识，也不像字谜游戏那样需要掌握很大的词汇量，可谓老少咸宜。

数独游戏在流行的过程中产生了很多变形，比如格子数演变成 6×6、12×12，甚至是 16×16，还有规则要求对角线上的数字也不重复。不过，总的来说，这些变种都没有偏离这个游戏的基本规则。本章将介绍传统的 9×9 格子的数独游戏（九宫数独），并给出一种以候选数法为基础的求解数独游戏的算法实现。

19.1 数独游戏的规则与技巧

数独游戏有着独特的规则和技巧，在推广和传播过程中，出现了很多新的规则和形式。本节将简单介绍数独游戏的基本规则，也是被最广泛接受的规则，当然，也包括在此规则基础上的一些常用技巧。

19.1.1 数独游戏的规则

9×9 格子数独游戏的形式如图 19-1 所示，为了方便描述，一般用大写字母 A～I 来标识行，用数字 1～9 来标识列，这样每个小单元格就有了坐标。数独游戏的规则非常简单，就是在 $9 \times 9 = 81$ 个单元格中填入数字 1～9。这 81 个单元格又形成 $3 \times 3 = 9$ 个小九宫格，要求填入的数字在每行和每列都不能重复，同时在每个小九宫格中也不能重复。游戏开始时会将一些位置上的数字固定下来，这称为提示数（或起始数），根据提示数的位置和数量可以将数独游戏分成不同的难度。

	1	2	3	4	5	6	7	8	9
A						6			1
B	9						3	7	6
C	7	1			4				
D	1	7		8					3
E		3					1		
F	6					3		5	8
G					3			6	5
H	3	5	1						2
I	8			1					

图 19-1　一个数独游戏的例子

19.1.2　数独游戏的常用技巧

　　解决数独问题的技巧大致可分为两类，一类是直观法，另一类是候选数法。直观法就是不借助任何辅助工具，直接利用数独游戏的规则进行求解的方法，一般只需一支铅笔就可以直接在报纸或杂志上玩了。这种方法适合求解简单的数独游戏，对于常见于报纸和杂志上的数独题目（专业数独杂志除外），都可以轻松应对，也是最能体验数独乐趣的一种方法。直观法常用的技巧包括唯一解法、基础排除法、区块排除法、唯余解法、矩形排除法、单元排除法等。这些技巧中唯一解法、基础排除法和唯余解法是基本的技巧，一般简单的数独游戏用这三种技巧就可以应付。除此之外，其他几种技巧都对应一种或多种稍微复杂的数独局面，当求解数独过程中遇到与之相似的局面时，应用对应的方法可以起到事半功倍的效果。

　　候选数法首先要根据数独题目的需要，为每个没有确定的单元格建立一个候选数列表，然后根据各种排除方法，逐步排除每个单元格中不可能出现的候选数，当某个单元格对应的候选数列表中只剩下唯一候选数时，这个剩余候选数就是该单元格要填的正确数字。候选数法需要一个准备过程，要为每个单元格建立候选数列表，因此通常在解题过程中，都是先利用直观法进行求解，直到直观法无法继续时，才使用候选数法。候选数法需要做一些简单的记录来维护候选数列表，因此没有直观法那么直接，但是它适合解决较为复杂的数独难题（比如有多个解的数独问题）。候选数法常用的技巧包括唯一候选数法、隐性唯一候选数法、区块删减法、数对删减法、隐性数对删减法、三链数删减法、隐性三链数删减法、矩形顶点删减法、三链列删减法、关键数删减法、关连数删减法等。

19.2 计算机求解数独问题

用计算机求解数独问题最典型的方法就是使用穷举遍历整个解空间，遍历过程中结合数独规则设置适当的"剪枝"条件排除一些明显错误的分支，加快遍历速度。这种方法的算法实现简单，对于 9×9 格子的数独题目来说，解题的速度还可以；对于有多个解的高难度数独问题，也可以轻松应对。这种方法的问题是遍历和回溯都是在最大深度上进行的，对于一个已经固定了 28 个数字的数独题目来说，遍历和回溯的深度就是 81−28＝53 层，效率很低。另外，为了能利用"剪枝"加快遍历速度，在遍历过程中要频繁地判断当前数独状态是否符合数独规则，而这些判断在很多情况下是不必要的。

最简单的穷举算法是对每个单元格都进行深度尝试，也就是用 1～9 分别进行试数，然后利用数独规则对试数进行检查，如果合法则继续对下一个单元格试数，直到所有单元格都填了数字，且检查发现符合数独规则就算找到一个解。有一些文献或资料提出了一种改进的方法，就是仿照候选数法为每个单元格建立候选数列表，穷举的时候只利用候选数列表中的数字进行试数。这种改进减少了一些明显不正确的尝试。不仅如此，候选数一般是该单元格上可能的合法数字，直接使用候选数进行试数可以避免不必要的有效性检查，这些都能有效地提高算法效率。但是这种方法只是机械地利用候选数列表避免了不必要的尝试，没有充分利用数独游戏规则对每个单元格的候选数列表进行动态维护，并没有最大限度地发挥候选数列表的作用。

本章要介绍的算法也是一种基于候选数方法的穷举算法，但是该方法不仅利用候选数列表减少不必要的试数次数，还在每次试数的过程中动态维护相关单元格的候选数列表。动态维护候选数列表的优点是不仅可以更快地排除候选数，尽可能多地减少试数次数，还可以在一次试数的过程中确定多个单元格的数字。在介绍这种方法之前，先来了解一个概念：**相关 20 格**。数独中每一个单元格所在的行、列和小九宫格中的 20 个单元格被称为这个单元格的相关 20 格。在数独游戏中，在一个单元格填入一个确定数字，则这个单元格的相关 20 格都会受到影响。对于候选数法来说，这种影响就是候选数的排除。实际上，在对每个单元格试数的过程中，相关 20 格的候选数列表是会发生变化的，有可能会导致某些单元格出现唯一候选数，还可以利用这一点在一次试数过程中确定多个单元格的数字，减少回溯次数。另外，在试数的过程中，各个单元格的候选数列表是动态维护的，也就是说，这些候选数都是可以填入单元格的有效候选数，因此，整个穷举过程都不需要进行数独规则的合法性检查。当最后被确定的单元格达到 81 个时，得到的就是一个合法的数独结果。

总结一下本章介绍的算法的要点。首先为每个单元格建立候选数列表，并且对每个已经给出的提示数使用基本排除法，排除相关 20 格的无效候选数。然后利用枚举的方法对每个还没有确定的单元格进行试数，每进行一次试数，就对这个单元格的相关 20 格的候选数列表使用排除法进行维护，如果相关 20 格中的某个单元格位置符合唯一候选数条件，则将这个单元格设置为确定状态，同时对这个单元格的相关 20 格的候选数再进行排除（这可能是递归过程）。重复上述过程，直到本次试数结束。当最后一个未确定的单元格完成试数时，得到的结果就是正确的结果，不需要再做数独规则合法性检查。

穷举算法的效率主要由穷举所需要搜索的解空间大小所决定，需要搜索的解空间越大，找到正确结果的效率就越低。对于具体的算法实现来说，穷举算法每次深度搜索需要回溯的次数直接决定了解空间的大小，减少回溯次数就能有效减少穷举需要搜索的解空间大小。本章给出的算法从理论上可以有效减少穷举回溯的次数，实际效果如何呢？接下来就给出算法实现，就递归回溯的深度进行验证。

19.2.1 建立问题的数学模型

前面介绍过，用计算机求解现实问题，需要解决三个关键问题：计算机求解数学模型的建立、人类语言描述的问题以及数学模型的转换和算法设计。对于数独游戏这样简单的问题，建立数学模型可以简化为一系列简单数据结构的定义。这些数据结构不仅要能在计算机系统内表达原始问题，还要有利于设计算法。算法设计可以理解为对表达在定义好的数据结构上的数据的一系列操作和转换，因此，数据结构的定义还要能够对这些操作和转换提供尽可能多的便利。

首先，我们需要一个模型表达数独游戏的每个小单元格。根据对题目的理解，每个小单元格可能有两种状态，分别是确定数字的状态和不确定数字的状态。当单元格处于确定的状态时，需要一个属性描述这个确定的数字；当单元格处于不确定的状态时，需要一个属性描述候选数列表。在定义数据结构时，我们当然可以为单元格定义两种数据结构，但是考虑到在数独问题的求解过程中，单元格的状态会发生变化，为了使数据的表达形式统一，便于数独整体数据结构的定义，我们考虑将单元格的数据结构统一定义如下：

```
typedef struct
{
    int num;
    bool fixed;
    std::set<int> candidators;
}SUDOKU_CELL;
```

其中附加的 fixed 标志用于标识单元格的两种状态。候选函数列表使用了 STL 的 set 容器，因为在算法实现过程中，对候选数列表最常见的操作就是删除某个候选数，所以 STL 的 set 容器无疑为这个操作提供了最方便的接口。

接下来考虑数独整体数据结构的定义。因为我们的算法不需要复杂的规则检查，所以不需要额外的标识，只需要一个二维矩阵表示 81 个单元格，另外再加上一个当前已经确定的单元格计数器即可：

```
typedef struct
{
    SUDOKU_CELL cells[SKD_ROW_LIMIT][SKD_COL_LIMIT];
    int fixedCount;
}SUDOKU_GAME;
```

在算法穷举解空间的过程中，每确定一个单元格的数字，fixedCount 计数器就+1，当 fixedCount 计算器等于 81 时，就表示找到了一个合法的解。

从数据结构定义就可以看出来该算法的数学模型相当简单，但是简单并不意味着粗糙，应用这个模型，将原始数据转换成这个模型以及输出最终的结果都变得非常简单。

19.2.2 算法实现

算法实现的基本思想是从第一个单元格开始搜索，跳过已经确定的单元格，直到找到一个未确定的单元格，然后使用这个单元格的候选数列表对这个单元格开始试数。每试一个数，就将相关 20 格的候选数进行一次排除，如果没有冲突，就从这个单元格之后的一个位置开始继续搜索未确定的单元格。算法整体结构如下所示：

```
void FindSudokuSolution(SUDOKU_GAME *game, int sp)
{
    if(game->fixedCount == SKD_CELL_COUNT)
    {
        std::cout << "Find result :" << std::endl;
        PrintSudokuGame(game);
        return;
    }

    sp = SkipFixedCell(game, sp); //跳过确定单元格
    if(sp >= SKD_CELL_COUNT)
        return;

    int row = sp / SKD_COL_LIMIT;
    int col = sp % SKD_COL_LIMIT;
    SUDOKU_CELL *curCell = &game->cells[row][col];
    SUDOKU_GAME new_state;
    std::set<int>::iterator it = curCell->candidators.begin();
    while(it != curCell->candidators.end())
    {
        CopyGameState(game, &new_state);
        if(SetCandidatorTofixed(&new_state, row, col, *it))
        {
            //试数成功，没有冲突，从后面一个单元格继续搜索
            FindSudokuSolution(&new_state, sp + 1);
        }
        ++it;
    }
}
```

之所以要复制一个新状态，是因为试数过程会改变某些单元格的状态（候选数列表），为了

使深度遍历能够正确回溯，需要保持原状态不变。因此，复制一个新状态并对其进行变换是最简单的方法。该算法如果还有提升效率的余地的话，这个状态的处理应该是一个可以改进的地方。

SetCandidatorTofixed()函数的处理是该算法区别于其他算法的核心。对相关20格的处理就在这个函数中：

```
bool SetCandidatorTofixed(SUDOKU_GAME *game, int row, int col, int num)
{
    SwitchCellToFixed(game, row, col, num);

    if(!ExclusiveCorrelativeCandidators(game, row, col, num))
        return false;
    if(!ProcessSinglesCandidature(game, row, col, num))
        return false;

    //到这里说明在[row][col]位置填入num没有问题，可以确定这个单元格的数字
    game->fixedCount++;
    return true;
}
```

SwitchCellToFixed()函数将当前单元格的状态从未确定转换成确定，ExclusiveCorrelativeCandidators()函数按照数独规则从相关20格的候选数列表中删除num。如果此次试数num选择不合法，会导致相关20格的候选数列表为空，如果出现这种情况，ExclusiveCorrelativeCandidators()函数返回false终止试数。ProcessSinglesCandidature()函数对排除候选数后的相关20格的候选数列表进行检查，看看是否有唯一候选数的情况，如果某个单元格符合唯一候选数条件，则将此单元格设置为确定状态，同时对这个单元格的相关20格再进行排除候选数操作。ProcessSinglesCandidature()函数分别对[row][col]位置所在的行、列和小九宫格进行唯一候选数检查。以行检查的代码为例：

```
//处理行
for(int i = 0; i < SKD_COL_LIMIT; i++)
{
    if(!game->cells[row][i].fixed
        && (game->cells[row][i].candidators.size() == 1))
    {
        int num = *(game->cells[row][i].candidators.begin());
        if(!SetCandidatorTofixed(game, row, i, num))
            return false;
    }
}
```

读者可能已经注意到了，这是个递归操作，也就是说，SetCandidatorTofixed()函数如果返回false，将导致递归回溯到最初的试数单元格位置，此时FindSudokuSolution()函数的while循环内会继续尝试下一个候选数，这正是我们想要的结果。ProcessSinglesCandidature()函数中对列和小九宫格的处理与行处理方法类似，都隐式地包含递归过程。

19.2.3 与传统穷举方法的结果对比

如果用最简单的穷举方法，对于有 26 个提示数的数独游戏，穷举需要搜索的递归深度是 81–26=55 级。我用 1000 个有 26 个提示数的数独游戏进行了对比测试，采用本章给出的算法，穷举需要搜索的递归深度平均在 9 级以内，最多不超过 13 级。其中 30% 左右的数独游戏基本上在 2 ~ 3 级深度搜索即可找到正确结果。对于芬兰数学家因卡拉给出的号称世界最难的数独游戏，本算法的递归深度也只有 16 级。

19.3 关于数独的趣味话题

芬兰都柏林大学学院的 Gary McGuire 曾经公开了一个证明方法，证明了一个数独游戏具有唯一解的条件是提示数不能少于 17 个。也就是说，16 个或更少提示数的数独游戏可能会存在多个解。无独有偶，来自澳大利亚自佩斯市西澳大利亚大学的数学家 Gordon Royle 用另一种方法证明了数独具有唯一解的条件，结论也是 17 个提示数是最低要求。目前，数学家们普遍认可了 McGuire 的证明方法，但是也承认，确认这一结论还需要一段时间，以便人们进行足够的验算。

19.3.1 数独游戏有多少终盘

除了提示数与唯一解的关系，关于数独有多少终盘的问题，也是一个很有趣的话题。很多人尝试用穷举的方法找出所有数独终盘，但是大家显然低估了这个问题。首先来看一下解空间，在不考虑规则的情况下，81 个单元格填数字有 9^{81} 次方种结果，即使有计算机能进行每秒 1000 亿次穷举，也需要 6235002868960962506915141696058857061234887285709908335653 年才能穷举出所有解（有兴趣的读者可以用第 17 章介绍的大数类 CBigInt 计算一下），也就是说，到那时才能知道到底有多少个合法的数独终盘。于是，这个问题就变得很无趣了。

但是最近，这个问题又变得有趣了。首先是 2005 年，Bertram Felgenhauer 和 Frazer Jarvis 两人发表了一篇名为 "Enumerating possible Sudoku grids" 的文章，其中介绍了一套方法，通过小范围的穷举加上数独单元格的对称性，计算出一共有 6670903752021072936960 种合法的数独终盘。有兴趣的读者可以研究其证明方法和相关代码。不过没过多久，有人就发现其实有个网名为 "QSCGZ" 的家伙早在 2003 年就在谷歌的 "rec.puzzles" 群中发布了这个结果，答案是一样的，但是没有给出计算方法和推算原理。对此有兴趣的读者可以通过本章参考资料找到这篇帖子。

sudoku 网站对这个问题也有很多讨论，大家还是比较认可 6670903752021072936960 这个答案的。实际上，如果排除对称性和数字换位等重复因素，数独终盘一共有 3546146300288 种。知道了数独终盘的个数，那么这么多终盘最终又能产生多少数独题目呢？我们不妨来计算一下，每个数独有 81 个单元格，假设每次挖掉 n 个数字形成一个数独题目，根据排列组合理论，一共有 C_{81}^{n} 种挖法。为了保证数独有唯一解，至少要保留 17 个提示数，也就是说，n 最多只能是 81–17=64。

如果每次只挖掉一两个数，肯定会被认为这是侮辱大家的智商，因此 n 的最小值也必须是一个合理的数字。本人觉得每行或每列至少要挖掉两个格子的题目才值得动动脑子（尽管这仍然是非常简单的题目），因此设计 n 最小值是 18。这样一来，每个终盘能设计出的数独题目就是 $\sum_{n=18}^{64} C_{81}^{n}$ 个。这只是一个终盘的结果，考虑到终盘的个数，最终能产生的数独游戏是个天文数字。

数独的终盘有如此之多，以至于就算分给全世界几十亿人解决，每个人都可以分得一万亿个数独终盘。数独爱好者们可能会很泄气，一辈子玩过的数独也只是整个游戏的皮毛而已，但这也正是数独游戏的乐趣所在，不用担心你曾经做过的数独再次耽误你的时间，因为你在有生之年碰上两个相同的数独游戏的概率太小了，你面对的每一个数独游戏都是以前没有见过的。

19.3.2　史上最难的数独游戏

2013 年 5 月，网络上的各种媒体都在炒作一则新闻：69 岁中国农民三天破解世界最难数独游戏。我曾经关注过这个问题，新闻中提到的世界最难数独游戏据说是芬兰数学家阿托·因卡拉（Arto Inkala）花了 3 个月的时间设计的一个数独局，号称难度系数达到 11，是世界上最难的数独局。评价一个数独游戏的难度没有量化标准，采用不同的评价标准得到的评价结果也不一样。目前有很多评价数独游戏难度的软件，比较有名的是 Nicolas Juillerat 开发的 Sudoku Explainer 和 Bernhard Hobiger 开发的 Hodoku。一般人能够解出的数独游戏难度在 1～5 级，Sudoku Explainer 给因卡拉设计的这个数独游戏的难度评价是 10.7。

因卡拉的这个数据题目如图 19-2 所示。

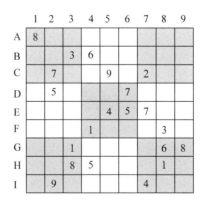

图 19-2　因卡拉设计的"世界最难"数独

这个题目确实有一定的难度，用本文给出的算法进行求解，回溯深度达到了 16 级。回到刚才的新闻话题，有多事的媒体后来公开了这位老先生解这个题目时的手稿，不过有细心的网友发现，他其实是改动了一个数字才得到了结果。如图 19-3 所示，他将 D2 单元格的 5 改成了 8，于是得到了一个答案。看似微小的改动，却大大降低了这个题目的难度。改动之后，题目由唯一解变成了多个解（用本章的算法求解，得到 295 个解）。

图 19-3 媒体刊登的解题手稿

后来，包括大学教授在内的众多数独爱好者都给出了正确答案，但是都很难分辨出是自己做的还是计算机做的。

19.4 总结

本章介绍了一种非常流行的数字游戏——数独，并且给出了一种结合候选数列表和相关 20 格深度搜索技术的数独求解算法。应用该算法可以有效减少穷举过程中的搜索深度和试数次数，是一种比较高效的算法。当然，本章还讨论了数独终局个数和最难数独游戏这样的八卦话题，希望读者们从数独游戏自动求解算法中体会到更多乐趣。

19.5 参考资料

[1] Felgenhauer B, Jarvis F. *Enumerating possible Sudoku grids*, 2005.

[2] 谷歌网上论坛：combinatorial question on 9x9。

第 20 章

华容道游戏

华容道游戏具有开局变化多端、百玩不厌的特点，与七巧板和九连环一起被数学界称为"中国古典智力游戏三绝[1]"。一般人们说华容道游戏的最快解法是 81 步，事实上这样说是不准确的。传统的华容道游戏有很多种开局，比如"横刀立马""齐头并进""兵分三路"等，目前已知"横刀立马"开局的最快解法是 81 步，而"齐头并进"开局的最快解法是 60 步，号称最难开局的"峰回路转"的最快解法则是 138 步。

20 世纪六七十年代，中日学者经过努力将"横刀立马"开局的解法减少到 82 步，从 87 步到 82 步用了几十年的时间。但是很快就有美国人提出了 81 步解法，并说这是理论上最快的解法。正当大家惊呼的时候，谜团解开了，原来美国人用计算机搞定了这个问题。外行可能觉得计算机太神奇了，但是我们程序员应该知道，这就是个算法设计的问题。迄今为止，华容道问题还没有找到任何数学理论支持，自然也没有数学解决方法，目前的求解算法基本上都是穷举。再次提醒，不要小看穷举算法，目前还只能靠它了。本章就来介绍华容道游戏的解题算法。说实话，自从有了计算机算法解决华容道游戏，人们争相研究最快解法的意义就消失了，但是这个游戏本身还是值得一玩的。

20.1 华容道游戏介绍

华容道游戏的名字据说来源于著名的三国故事"诸葛亮智算华容，关云长义释曹操"。根据小说《三国演义》描述，曹操在赤壁大战中被刘备和孙权的"苦肉计""火烧连营"打败，被迫由乌林向华容县撤退，在地势险要的华容道与关羽相遇。曹操当时败退得十分狼狈，已经无力与关羽一战，只得哀求关羽放行。关羽念曹操的旧日恩情，义释曹操，使其安全回到江陵。华容道

---

[1] 事实上，华容道游戏虽然披着中国文化的外衣，却是个地地道道的舶来品。这种滑块游戏的首创者是美国人，在中国的本土化过程中添加了三国元素。

游戏的内容正是取自这一典故。华容道游戏虽然有个很中国化的名字，但是它的发明者并不是中国人。美国人 Lewis W. Hardy 在 1909 年就申请了名为 "Pennant Puzzle" 的美国专利，被称为华容道游戏的前身。流行于中国的华容道游戏是英国人 John Harold Fleming 在 1932 年发明的（申请了英国专利），在中国流行以后加入了三国背景，成为一款具有中国特色的游戏。

华容道游戏在一个 5×4 的棋盘上布置多名蜀国大将和军士作为棋子，将曹操围困在中间，通过滑动各个棋子，帮助曹操移动到出口位置逃走。用最少的滑动步骤让曹操走出困局是人们玩这个游戏的乐趣所在。图 20-1 就是华容道游戏棋盘的一个展示，使用了经典的"横刀立马"开局。传统的华容道开局布局并不多，但是使用计算机技术以后，更多的有解法的开局被穷举出来，除了传统的"五将四兵一横"布局，还出现了"五将四兵二横""七将四横三竖（无兵）"以及"七将三横四竖（无兵）"等多种布局方式，解法也趋于多样化。关于华容道游戏的数学原理至今仍然是个谜，20 个格子的棋子游戏竟然有如此多的名堂，也正因为如此，华容道游戏与魔方、独立钻石棋一起被数学界称为三个最不可思议的智力游戏。

图 20-1 典型的华容道游戏棋盘展示

20.2 自动求解的算法原理

目前研究华容道游戏相关的算法，主要关注"有多少种开局""判断一个局面是否有解"和"求出最优解"三个问题。人们用计算机求解华容道问题，基本上都是用建立在穷举法基础上的各种算法。用某种精心设计的算法穷举搜索所有可能的解，找出滑动步骤最少的解作为最优解，所以"判断一个局面是否有解"实际上和"求出最优解"是联系在一起的。

使用穷举法的关键是要弄清楚穷举的对象是什么。第 5 章和第 6 章都介绍了穷举法，首先根据问题描述抽象出一个状态，将问题描述演变成对状态的穷举。本章要介绍的算法也不例外，也需要将问题抽象出一个便于计算机处理的可比较、可存储、可转化为结果的东西。因为这是一个棋盘类游戏，所以我们将其称为"局面"。简单地讲，图 20-1 就是一个局面，它是一个特殊的局面，也就是开局。我们要做的就是将这样的局面转化成数学模型，也就是计算机能够理解的一系列数据结构。如果不能定义局面，穷举就变得无的放矢；如果局面的数学模型设计得不好，会给算法设计带来很大的麻烦。

20.2.1　定义棋盘的局面

棋类游戏的局面一般至少包含两部分内容，分别是棋盘的状态和棋子的状态。对于华容道游戏而言，可以将 5×4 的格子定义为棋盘，将武将定义为棋子，这样华容道游戏的局面就可以仿照棋类游戏的局面进行定义。先来看看棋盘的定义，棋盘上有 5×4 个格子，每个格子地位相等，没有特殊的格子。每个格子有两种状态，即被某个棋子（武将）或棋子的一部分占用的状态和未被任何棋子占用的空状态。一般可采用二维数组描述棋盘，数组元素的值用 1 和 0 分别表示被占用状态和空状态。为了使每个数组元素能够表示更多的信息，同时简化移动棋子的合法性判断算法，我们对上述棋盘模型中的定义进行扩充。首先扩充棋盘数组元素值的范围，如果每个数组元素的值是 0，则表示对应的格子是空；否则表示是某位武将占用了这个位置，其值就是武将对应的编号。其次给棋盘定义增加一个"边界"。所谓的边界就是将棋盘扩大为 7×6，棋子布局仍然使用中间的 5×4 个格子，四周围绕的格子被赋予一个特殊的值，作为边界类型的格子。中间 5×4 个格子的值要么是 0，要么是某个武将的编号。我们用从 1 开始的索引值为每个武将编号，华容道的棋盘上能放置的武将个数最多不会超过 14，所以我们用 15（0x0F）作为边界格子的值。增加的这些边界格子其实就是设计算法时常用的"哨兵位"（guard bit），哨兵位在算法中的意义就是表示这些位置已经被一个特殊的武将棋子占了，其他武将棋子不能移动到这里。这是一种常见的算法设计技巧，可以避免数据访问过程中为防止越界而进行的边界保护判断，使得算法能够对移动武将棋子的操作进行一致性处理。以本章介绍的算法为例，如果不采用哨兵位，每次判断一个棋子向各个方向滑动的合法性时，除了判断要移动的方向是否是空的格子之外，还要针对四个方向分别做边界判断。而使用了四周边界的哨兵位后，只需根据滑动方向修正位置，然后判断新位置是否为空即可，因为边界格子的值和其他已经被棋子占用的格子的值都非 0。图 20-2 展示了采用这个棋盘设计方案的"横刀立马"开局的棋盘状态。

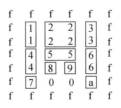

图 20-2　"横刀立马"开局的棋盘状态

接下来我们看看棋子的定义。虽然扩充定义的棋盘数学模型中暗含了每个武将棋子的信息（棋盘上对应格子的状态只是武将的编号），可以根据这些信息反向计算出每个武将的位置，但是出于算法效率的原因，我们仍然用一个单独的表来记录每个武将在棋盘上的位置信息，而棋盘数组元素的值就是对应的武将在这个位置表中的索引，这也是算法设计常用的"以空间换时间"的策略。每个武将（棋子）有两个属性，即位置和棋子类型。我们用行和列的值组合成一个二维坐标来表示棋子左上角的位置，棋子其他部分占用的位置则可以根据棋子类型推算出来。棋子类型一共有四种，分别是大方块（2×2）、横长方形（2×1）、竖长方形（1×2）和小方块（1×1），可以用枚举类型来表示这个属性。武将的数据结构定义如下所示：

```
typedef struct tagWARRIOR
{
    WARRIOR_TYPE type;
    int left;
    int top;
}WARRIOR;
```

棋盘采用一个 7×6 的二维数组表示，一个游戏局面的完整定义如下：

```
struct HRD_GAME_STATE
{
    char board[HRD_BOARD_HEIGHT][HRD_BOARD_WIDTH];
    std::vector<WARRIOR> heroes;
    MOVE_ACTION move;
    int step;
    HRD_GAME_STATE *parent;
};
```

这个定义中除了表示棋盘的二维数组之外，还有一个存放武将信息的一维表，其他三个属性是算法设计过程中需要的附加信息，后面会介绍这三个属性的意义。

20.2.2 算法思路

二人对战的棋类游戏一般采用博弈树相关算法处理棋局演化状态的搜索，但是本问题仅仅是棋盘类游戏求解，棋局的演化和搜索都可以采用更简单的方法。对于一个棋局，如果有一种或多种移动武将的方法，这个棋局就可以演化出一个或多个新的棋局，每个新的棋局又可以根据移动武将的方式演化出更多的棋局。很显然，本问题的棋局搜索空间是一个树状关系空间，对树状空间的搜索既可以采用广度优先搜索，也可以采用深度优先搜索。本书第 5 章和第 6 章介绍的状态搜索算法都采用了深度优先搜索算法，本章介绍的算法将采用广度优先搜索算法。

我们对算法的要求是：给定一个华容道游戏的开局布局，可以得到这个开局的所有解决方法（包括最少武将移动步骤的方法）以及相应的武将移动步骤，要求算法具有通用性，能处理任何一种开局的华容道游戏。为此我们在棋局状态定义中额外增加了三个属性，分别是 move、step 和 parent。move 是当前棋局对应的动作，step 记录移动的步骤，也就是记录 move 动作是第几次移动武将，parent 是当前棋局的"父棋局"，可以这样理解，parent 对应的棋局采用 move 动作后得到当前棋局。添加 parent 的目的是在搜索到一个能让曹操成功逃脱的棋局时，通过 parent 回溯整个武将移动过程，输出移动武将的步骤。

能推动棋局变化的事件是在棋盘上移动武将的动作（Action），对于一个棋局来说，一个动作应该包含两个信息：其一是动作是哪个武将产生的，也就是说移动的是哪个武将；其二是动作的方向，根据华容道游戏的规则，合法的移动方向只有上、下、左、右四个方向。动作的定义可以这样实现：

```
typedef struct tagMOVE_ACTION
{
    int heroIdx;
    int dirIdx;
}MOVE_ACTION;
```

我们定义了棋局，定义了武将移动的动作，剩下的工作就是找出移动武将、驱动棋局状态变化的算法。移动武将，实际上就是调整武将的 left 和 top 位置，为了使调整算法能够做到不依赖具体的方向，对向四个方向的移动做一致性处理，我们再次使用了方向数组技巧。首先将方向的定义分解为横向和纵向的移动量，如下所示：

```
typedef struct tagDIRECTION
{
    int hd;
    int vd;
}DIRECTION;
```

所谓的向上移动棋子，其实就是保持棋子列方向位置不变，将棋子整体行方向减 1。同理，向其他方向移动可以分别描述为对相应方向行或列坐标的加 1 或减 1 计算。最后定义向四个方向移动的方向数组如下：

```
DIRECTION directions[MAX_MOVE_DIRECTION] = { {0, -1}, {1, 0}, {0, 1}, {-1, 0} };
```

这样做的好处是循环一遍这个方向数组，将每个方向的横向和纵向移动量与武将的当前位置叠加，即可实现向四个方向移动武将的功能，避免了 if(向上)…if(向下)…这样的代码。

搜索算法的核心是通过动作推动棋局的转化，对于一个棋局的当前状态，遍历所有的武将棋子，判断它们能否移动，如果能够移动，则尝试移动它，使得棋局发生变化得到一个新的棋局。广度优先搜索算法通常用一个线性表存储所有棋局，按照顺序对表中每一个棋局进行搜索，如果找到新棋局，则添加到棋局表的尾部，重复这个搜索过程直到结束，结束条件是搜索到期望的结果棋局或搜索完最后一个棋局也没有再产生新的棋局（棋局表已经空了）。

20.3 自动求解的算法实现

20.2 节介绍了搜索算法的原理，算法原理虽然简单，但是实现起来还有许多具体的问题需要明确。首先是重复棋局的问题。搜索过程中肯定会出现之前已经处理过的棋局，重复处理会降低算法的效率，对这样的棋局应该丢弃。要做到这一点，就需要设计一套存储和比较棋局的方法。

其次是棋盘状态的左右镜像问题。所谓的左右镜像问题，就是两个棋局虽然武将的位置不一样，但是如果忽略武将的名字信息，单纯从形状上看是左右对称的镜像结构，图 20-3 和图 20-4 是左右镜像的两种常见情况。对于华容道游戏来说，这种左右镜像的情况对于滑动棋子寻求结果的影响是一样的，也就是说，如果一个棋局存在一个 80 步的解，则它的左右镜像棋局也存在一个 80 步的解，而且相同形状的棋子的移动步骤和顺序完全一样（当然，就武将来说是相同形状的不同武将）。一般华容道游戏的求解算法都要处理左右镜像的情况，将左右镜像视为相同的棋局而丢弃。要做到这一点，就需要对棋局进行模式定义并识别出左右镜像的情况。

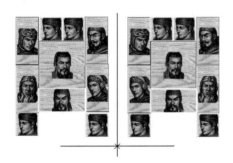

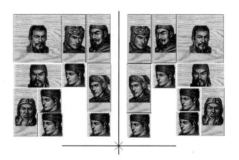

图 20-3　左右镜像的常见情况之一　　　　图 20-4　左右镜像的常见情况之二

最后是武将的连续滑动问题。根据华容道游戏的规则，武将的连续滑动（1×1 的小方块棋子比较容易出现）被视作走一步。针对这个规则，对武将的每次位置移动都需要做特殊的判断，滑动一次和滑动两次虽然对最后的结果输出来说都是一步，但是中间会得到不同的棋局，对这两个棋局都要进行处理。

本节介绍算法实现时将会遇到这些问题，当然还包括其他问题，接下来就分别介绍如何处理这些问题，并给出解决这些问题的算法。

20.3.1 棋局状态与 Zobrist 哈希算法

华容道游戏中棋子位置和棋盘状态是标识一个棋局有别于其他棋局的关键数据。要进行棋局的比较，判断是否是重复处理过的棋局，就必须能够对这两个关键数据进行存储、比较和转换。既然我们已经在 20.2.1 节设计了棋局的数据结构，那就应该可以通过逐个比较这些数据结构中属性的值来判断两个棋局是否相同。这样做确实可以，但并不是高效的算法。在一些复杂的棋类游戏中，棋局的产生数以亿计，直接对纷繁复杂的数据逐个比较是不能接受的。

1. Zobrist 哈希算法原理

棋类游戏中通常采用各种哈希算法对棋局进行处理，得到一个可在 $O(1)$ 时间复杂度内判断是否是重复棋局的哈希表。Zobrist 哈希算法是一种适用于棋类游戏的棋局编码方式，以其发明者 Albert L. Zobrist 的名字命名。Zobrist 哈希算法通过建立一个特殊的置换表，对棋盘上每一个位置的所有可能状态赋予一个绝不重复的随机编码，通过对不同位置上的随机编码进行异或运算，实现在极低冲突率的前提下将复杂的棋局编码为一个整数类型哈希值的功能。

Zobrist 哈希算法的哈希编码步骤如下。

(1) 识别出棋局的最小单位（格子或交叉点），确定每个最小单位上的所有可能的状态数。以华容道游戏的棋局为例，最小单位就是 20 个小格子，每个格子有 5 种状态，分别是空状态、被横长方形占据、被竖长方形占据、被小方格占据和被大方格占据。

(2) 为每个单位上的所有状态分配一个随机的编码值。棋类游戏一般需要"行数×列数×状态数"个状态，以华容道游戏为例，编码值采用 32 位，需要为 5×4×5=100 个状态分配编码值。

(3) 对指定的棋局，对每个单位上的状态用对应的编码值（随机数）做异或运算，最后得到一个哈希值。

以上第(1)步和第(2)步是准备阶段，可以实现计算并分配好，只有第(3)步需要对每个棋局进行编码计算。用 Zobrist 算法产生的编码值是个随机数，表面上看起来好像和棋局没有什么关系，但是如果棋子被移动过，相关的一个或多个最小单位上的状态就会变化，于是对应的编码值也就变化了，最终会反映为棋局的哈希值发生变化。也就是说，只要一个棋子发生变动，最终得到的棋局哈希值也会变化。

Zobrist 哈希算法有两大优点。第一个优点是冲突概率小，只要随机编码值的范围够大，棋局发生哈希冲突的概率就非常小，实际应用中基本上不考虑冲突的情况（最多就是出个昏招输掉一局棋）。第二个优点是当棋局发生变化时，不必对整个棋局重新计算哈希值，只需要计算发生变化的那些最小单元的状态变化即可。对棋类游戏算法的搜索效率来说，这是一个非常诱人的红利。举个例子，如果把华容道游戏的一个"小卒"从 A 位置移到 B 位置，棋局发生了变化，但是不需要重新计算整个棋盘上的状态，只需要计算 A 和 B 两个位置的变化。首先，A 位置的状态从 1（1×1 的小方块的类型值）变化成空状态（0），这时候只需要将 A 位置上状态 1 对应的编码值与棋局的哈希值再做一次异或运算。根据异或运算的特点，这相当于"小卒"从 A 位置上"删除了"，然后再将 A 位置上空状态对应的编码值与棋局的哈希值做异或运算，相当于将 A 位置变为空状态。A 位置处理完，继续对 B 位置进行处理。B 位置的处理与 A 位置的处理一样，先将 B 位置上空状态对应的编码值与棋局的哈希值做一次异或运算，再将 B 位置上状态 1 对应的编码值与棋局的哈希值做一次异或运算。原来棋局的哈希值经过四次异或运算后得到的值就是新棋局的哈希值，这就是 Zobrist 哈希算法增量计算的优点。实际上，我们会将棋盘的空状态的值设为 0，这样一来，与空状态进行的两次异或状态就没有必要了（与 0 异或不改变原值），最终只需两次异或运算就可以得到新棋局的哈希值。

2. Zobrist 哈希算法实现

实现 Zobrist 哈希算法首先要定义编码表，编码表是针对棋局定义的。根据上一节的描述，很显然这是一个三维的表。为了更清晰地表达这个表的结构，我们将这个三维表分成最小单元定义和最小单元的状态定义两个数据结构，如下所示：

```
typedef struct tagCellState
{
    int value[MAX_WARRIOR_TYPE];
}CELL_STATE;

typedef struct tagZobristHash
{
    CELL_STATE key[HRD_GAME_ROW][HRD_GAME_COL];
}ZOBRIST_HASH;
```

对于复杂的棋类游戏，一般认为采用 64 位整数编码是安全的，但是对于华容道这样简单的局面，用 32 位整数表示随机编码就足够了，因此 value 的定义用的是无符号整数。

计算整个棋局的哈希值的过程就是首先初始化哈希值为 0，然后对 20 个棋盘格子逐个处理，根据棋盘格子的武将编号信息获取武将类型（也就是棋盘格子的状态），根据武将类型获取对应的编码值，用此编码值参与哈希值进行异或运算，处理完所有棋盘格子后的哈希值就是最终的结果。完整的算法实现如 GetZobristHash() 函数所示：

```
unsigned int GetZobristHash(ZOBRIST_HASH *zob_hash, HRD_GAME_STATE *state)
{
    unsigned int hash = 0;
    const std::vector<WARRIOR>& heroes = state->heroes;
    for(int i = 1; i <= HRD_GAME_ROW; i++)
    {
        for(int j = 1; j <= HRD_GAME_COL; j++)
        {
            int index = state->board[i][j] - 1;
            int type = (index != 0) ? heroes[index].type : 0;
            hash ^= zob_hash->key[i - 1][j - 1].value[type];
        }
    }
    return hash;
}
```

Zobrist 哈希算法的一个主要优点是，当棋局发生变化时，只需要计算变化的部分就可以得到新棋局的哈希值。这一点在 GetZobristHashUpdate() 函数中得到了体现，将编号为 heroIdx 的武将棋子向 dirIdx 指定的方向移动一步后，这个函数只重新计算移动武将棋子所影响的几个位置，就可以得到新的棋局的哈希值。

```
unsigned int GetZobristHashUpdate(ZOBRIST_HASH *zob_hash, HRD_GAME_STATE *state, int heroIdx, int
dirIdx)
{
    unsigned int hash = state->hash;
    const WARRIOR& hero = gameState->heroes[heroIdx];
    const DIRECTION& dir = directions[dirIdx];

    switch(hero.type)
    {
        ...
    case HT_VBAR:
        //原始位置的处理:
        hash ^= zob_hash->key[hero.left][hero.top].value[hero.type];
        hash ^= zob_hash->key[hero.left][hero.top + 1].value[hero.type];
        hash ^= zob_hash->key[hero.left][hero.top].value[0]; //0是空状态
        hash ^= zob_hash->key[hero.left][hero.top + 1].value[0];
        //新位置的处理:
        hash ^= zob_hash->key[hero.left + dir.hd][hero.top + dir.vd].value[0];//0是空状态
        hash ^= zob_hash->key[hero.left + dir.hd][hero.top + dir.vd + 1].value[0];
        hash ^= zob_hash->key[hero.left + dir.hd][hero.top + dir.vd].value[hero.type];
        hash ^= zob_hash->key[hero.left + dir.hd][hero.top + dir.vd + 1].value[hero.type];
        break;
        ...
    }

    return hash;
}
```

20.3.2 重复棋局和左右镜像的处理

重复棋局的判断依赖于 Zobrist 哈希算法对棋局计算出的哈希值。搜索算法用一个集合存放已经处理过的棋局的哈希值,集合中的元素不重复,我们可以利用 STL 的 std::set 容器。搜索算法在搜索棋局的过程中,每产生一个新的棋局,就调用 AddNewStatePattern()函数判断是否是重复的棋局。这个函数就是查这个哈希值的集合,如果已经存在相同的棋局,则返回 false,否则返回 true,并将新棋局的哈希值加入这个集合中,同时将新棋局加入棋局队列中,这个棋局队列是广度优先搜索算法需要的搜索队列。

```
bool AddNewStatePattern(HRD_GAME& game, HRD_GAME_STATE* gameState)
{
    unsigned int l2rHash = GetZobristHash(&zob_hash, gameState);
    if(game.zhash.find(l2rHash) == game.zhash.end())
    {
        game.zhash.insert(l2rHash);
#if NO_LR_MIRROR_ALLOW
        unsigned int r2lHash = GetMirrorZobristHash(&zob_hash, gameState);
        game.zhash.insert(r2lHash);
#endif
        game.states.push_back(gameState);
```

```
        return true;
    }

    return false;
}
```

AddNewStatePattern()函数内部对左右镜像的情况也做了处理,调用 GetMirrorZobristHash()
函数计算镜像棋局的哈希值。求镜像棋局的哈希值不需要先求出镜像棋局再计算哈希值,可以利
用 Zobrist 哈希算法的特性,通过对调左右两列的状态编码值的方式,直接在原棋局上计算镜像
棋局的哈希值。请看 GetMirrorZobristHash()函数的实现代码:

```
unsigned int GetMirrorZobristHash(ZOBRIST_HASH *zob_hash, HRD_GAME_STATE *state)
{
    unsigned int hash = 0;
    const std::vector<WARRIOR>& heroes = state->heroes;
    for(int i = 1; i <= HRD_GAME_ROW; i++)
    {
        for(int j = 1; j <= HRD_GAME_COL; j++)
        {
            int index = state->board[i][j] - 1;
            int type = (index >= 0 && index < heroes.size()) ? heroes[index].type : 0;

            //(HRD_GAME_COL - 1) - (j - 1))
            hash ^= zob_hash->key[i - 1][HRD_GAME_COL - j].value[type];
        }
    }
    return hash;
}
```

GetMirrorZobristHash()函数与 GetZobristHash()函数的区别就是将 key 的列下标定位由 j - 1
改成了 HRD_GAME_COL - j,相当于将第 1 列的状态编码值和第 4 列的状态编码值交换,将第 2 列
的状态编码值与第 3 列的状态编码值交换,这样交换后直接对当前棋局进行计算,得到的就是其
镜像棋局的哈希值。NO_LR_MIRROR_ALLOW 是编译控制,决定算法搜索过程中是否排除镜像棋局,
如果要排除镜像棋局,就需要将 GetMirrorZobristHash()函数计算出来的镜像棋局的哈希值也加入
已经处理过的棋局哈希值集合中,从而避免在后序的搜索过程中重复处理镜像棋局。

20.3.3 正确结果的判断条件

很显然,当代表曹操的大方块棋子出现在棋盘下部的中央缺口位置时,游戏就结束了。根据
之前对武将的定义,这个条件其实就是代表曹操的棋子的左上角位置位于[1, 3]时。现在的问题是,
哪个棋子代表曹操?可以约定武将数据初始化时第一个武将总是曹操,也可以使用一个属性保存
曹操的棋子编号,以便可以随时找到曹操(传说中的"说曹操,曹操到")。我们的算法采用第二
种方式,在 HRD_GAME 的定义中增加一个表示曹操编号的属性。2.3.2 节介绍 AddNewState Pattern()
函数的时候已经引用了这个定义,HRD_GAME 的完整定义如下:

```
typedef struct tagHRD_GAME
{
    std::string gameName;
    std::vector<std::string> heroNames;
    char caoIdx;
    std::deque<HRD_GAME_STATE *> states;
    std::set<unsigned int> zhash;
    int result;
}HRD_GAME;
```

gameName 和 heroNames 的定义是为了使得输出结果更具趣味性，caoIdx 就是曹操棋子的编号，states 是广度优先搜索算法需要的棋局队列，zhash 是棋局哈希表，result 记录搜索算法结束后找到了几种正确的解。

完成以上数据结构定义，就可以用 IsEscaped()函数判断是否得到正确的游戏结果了，这个函数的实现非常简单，就是判断曹操棋子的左上角坐标是否是[1, 3]：

```
bool IsEscaped(HRD_GAME& game, const HRD_GAME_STATE* gameState)
{
    return (gameState->heroes[game.caoIdx - 1].left == CAO_ESCAPE_LEFT)
            && (gameState->heroes[game.caoIdx - 1].top == CAO_ESCAPE_TOP);
}
```

20.3.4　武将棋子的移动

这一节我们讨论华容道游戏棋盘上武将棋子的移动问题。移动武将棋子相当于产生了新状态，所以移动棋子也是棋局搜索算法的基础。从数据的角度理解棋子的移动，就是将棋盘中武将所在位置的信息清除，然后在新位置上设置武将的信息。这就是武将棋子移动算法的实现方法，在棋局上移动棋子需要两个信息，一个是武将编号，另一个是移动方向。

移动武将棋子之前，先要判断能否移动该棋子。判断的依据有两个：首先，不能移出边界；其次，新位置上不能有其他武将棋子。这很容易理解，但是编写算法实现要考虑周到。之前我们在设计棋盘时在其四周设置了哨兵位，这样设计算法时就不需要再单独判断每次移动是否超出边界了，只需关注新位置是否被其他武将棋子占用即可。新位置如果是 0，表示空位置，非 0 则表示被其他武将棋子（包括边界）占用。但是有一点需要注意，在棋盘上移动棋子，多数情况下只能移动一个格子的位置，对尺寸比较大、需要占用多个格子的武将棋子，需要考虑位置重叠的情况。以横长方形的棋子为例，如果向右移动一个格子，横长方形右边格子和左边格子的判断条件有点区别，右边格子需要判断新位置是否是空，左边格子因位置重叠不需要做判断。如果向左移动则刚好相反，左边格子需要判断新位置是否是空，右边格子因位置重叠不需要做判断。那么是否需要对不同的移动方向做不同的处理呢？答案是否定的，因为如果这样做就违背了当初将移动方向设计为数组的初衷。因为每个武将的编号不同，这给算法的重叠判断提供了依据。对于横长方形的两个格子，不需要根据方向做区别处理，只要判断如果新位置是 0，表示新位置是空，可

以移动，如果新位置是当前武将的编号，则说明位置重叠，也可以移动。具体的代码实现请看
CanHeroMove()函数：

```cpp
bool CanHeroMove(HRD_GAME_STATE* gameState, int heroIdx, int dirIdx)
{
    int cv1,cv2,cv3,cv4;
    bool canMove = false;
    const WARRIOR& hero = gameState->heroes[heroIdx];
    const DIRECTION& dir = directions[dirIdx];

    switch(hero.type)
    {
    ...
    case HT_VBAR:
        cv1 = gameState->board[hero.top + dir.vd + 1][hero.left + dir.hd + 1];
        cv2 = gameState->board[hero.top + dir.vd + 2][hero.left + dir.hd + 1];
        canMove = (cv1 == BOARD_CELL_EMPTY || cv1 == heroIdx) && (cv2 == BOARD_CELL_EMPTY || cv2 ==
          heroIdx);
        break;
    ...
    }

    return canMove;
}
```

MoveHeroToNewState()函数移动武将棋子产生新棋局，这个函数的核心操作就是判断能否移动
棋子，如果能移动棋子就产生一个新状态，清除原位置上的棋子信息，在新位置上设置棋子信息，
其他代码都是处理辅助数据的。

```cpp
HRD_GAME_STATE* MoveHeroToNewState(HRD_GAME_STATE* gameState, int heroIdx, int dirIdx)
{
    if(CanHeroMove(gameState, heroIdx, dirIdx))
    {
        HRD_GAME_STATE* newState = new HRD_GAME_STATE;
        if(newState != NULL)
        {
            CopyGameState(gameState, newState);
            WARRIOR& hero = newState->heroes[heroIdx];
            const DIRECTION& dir = directions[dirIdx];

            ClearPosition(newState, hero.type, hero.left, hero.top);
            TakePosition(newState, heroIdx, hero.type, hero.left + dir.hd, hero.top + dir.vd);
            hero.left = hero.left + dir.hd;
            hero.top = hero.top + dir.vd;

            newState->step = gameState->step + 1;
            newState->parent = gameState;
            newState->move.heroIdx = heroIdx;
            newState->move.dirIdx = dirIdx;
            return newState;
        }
    }
}
```

```
        return NULL;
    }
```

根据华容道游戏规则，连续移动一个武将棋子只算一步。如果搜索算法只是确定指定的局面是否有解，这个规则实际上对算法没有影响。如果需要输出移动的步骤并计算最少移动步骤，则必须考虑这个问题。在每一步移动成功以后，继续尝试移动该棋子，但是移动的方向有限制，不能向原方向移动。代码如下所示：

```
void TryHeroContinueMove(HRD_GAME& game, HRD_GAME_STATE* gameState, int heroIdx, int lastDirIdx)
{
    int d = 0;
    /*向四个方向试探移动*/
    for(d = 0; d < MAX_MOVE_DIRECTION; d++)
    {
        if(!IsReverseDirection(d, lastDirIdx)) /*不向原方向移动*/
        {
            HRD_GAME_STATE *newState = MoveHeroToNewState(gameState, heroIdx, d);
            if(newState != NULL)
            {
                if(AddNewStatePattern(game, newState))
                {
                    newState->step--;
                }
                else
                    delete newState;

                return;
            }
        }
    }
}
```

判断两个方向是否相反，不需要写一堆 if 语句，这再次体现了使用方向数组的好处：

```
bool IsReverseDirection(int dirIdx1, int dirIdx2)
{
    return ( ((dirIdx1 + 2) % MAX_MOVE_DIRECTION) == dirIdx2);
}
```

20.3.5　棋局的搜索算法

华容道游戏的求解过程就是棋局的搜索过程，搜索的过程其实也是棋局生成的过程。移动一个棋子会产生一个新棋局，而移动另一个棋子会产生另一个不同的新棋局。此外，对于同一个棋子，向不同方向移动也会产生不同的新棋局。搜索算法开始的时候，棋局队列中只有一个元素，就是游戏的开局状态。搜索算法每次从棋局队列中取出一个棋局，首先判断是否是结束状态，如果是结束状态，就输出结果，否则就对这个棋局尝试各种移动武将棋子的操作，新产生的棋局如果没和之前的重复，就加入棋局队列。代码如下所示：

```
bool ResolveGame(HRD_GAME& game)
{
    int index = 0;
    while(index < static_cast<int>(game.states.size()))
    {
        HRD_GAME_STATE *gameState = game.states[index];
        if(IsEscaped(game, gameState))
        {
            game.result++;
            OutputMoveRecords(game, gameState);
        }
        else
        {
            SearchNewGameStates(game, gameState);
        }

        index++;
    }

    return (game.result > 0);
}
```

SearchNewGameStates()函数对棋盘上的武将和可能的移动方向进行组合枚举，驱动搜索算法产生新的棋局状态，这是一个两重循环，也是组合类枚举惯用的方法：

```
void SearchNewGameStates(HRD_GAME& game, HRD_GAME_STATE* gameState)
{
    for(int i = 0; i < static_cast<int>(gameState->heroes.size()); i++)
    {
        for(int j = 0; j < MAX_MOVE_DIRECTION; j++)
        {
            TrySearchHeroNewState(game, gameState, i, j);
        }
    }
}
```

TrySearchHeroNewState()函数尝试令编号为 i 的武将向 j 指定的方向移动，如果可以通过移动棋子产生新的棋局（MoveHeroToNewState()函数负责做这个工作），就根据游戏规则继续尝试能否连续移动。如果新棋局是重复棋局（AddNewStatePattern()函数负责做这个判断）或无法在这个方向移动，就忽略这个武将棋子和移动方向的组合。

```
void TrySearchHeroNewState(HRD_GAME& game, HRD_GAME_STATE* gameState, int heroIdx, int dirIdx)
{
    HRD_GAME_STATE *newState = MoveHeroToNewState(gameState, heroIdx, dirIdx);
    if(newState != NULL)
    {
        if(AddNewStatePattern(game, newState))
        {
            /*尝试连续移动，根据华容道游戏规则，连续的移动也只算一步*/
            TryHeroContinueMove(game, newState, heroIdx, dirIdx);
            return;
        }
    }
```

```
        delete newState;
    }
}
```

至此，搜索算法都完整了，结合之前的游戏和棋局定义，就可以求解各种华容道游戏开局了。

20.4 总结

最后不出所料，我们的算法找到了"横刀立马"开局的最快 81 步解法，当然，还有"指挥若定"的 73 步解法，"比翼横空"的 28 步解法，等等。广度优先搜索算法有助于快速找到步骤最少的解法，通常第一个输出的结果就是最快的解决方法。

为了使得算法对华容道游戏的结果输出更有趣味，我们的算法采用了单独的数组 heroes 存放武将信息，事实证明这极大地影响了算法的速度。新棋局产生时复制棋局数据操作是个瓶颈，可以对此做优化，比如将武将信息压缩到一个 32 位整数中，直接存放在 board 中（需要将 board 改成 int 类型），有兴趣的读者可自行优化这个算法。

20.5 参考资料

[1] Cormen T H, et al. *Introduction to Algorithms* (*Second Edition*). The MIT Press, 2001.

[2] 维基百科词条"华容道"。

[3] Surhone L M, Timpledon M T, Marseken S F. *Zobrist Hashing*. Vdm Publishing House, 2010.

20

第 *21* 章
A*寻径算法

我最初接触计算机是从游戏开始的，最早是 DOS 时代的 RPG（role-playing game，角色扮演游戏），只需鼠标一点，游戏中的人物或精灵就会绕过各种障碍物，沿着一条最近的道路到达指定位置。那时候我对各种算法没有概念，一直很好奇这是怎么实现的。后来我也模仿着做了一个可以用鼠标控制精灵在地图上移动的小程序，但是"可耻地"使用了类似于迷宫游戏的穷举算法，后来才知道原来大家都用 A*算法。**A*算法**其实是一类启发式搜索算法的基础，传统上用作寻径（寻路）算法，但是 A*算法的思想并不仅限于游戏中的寻径算法。

A*算法虽然名字很神秘，但是其原理和实现都很简单。本章我们将介绍 A*算法，作为对比，首先会介绍 Dijkstra（迪杰斯特拉）算法。游戏中的寻径算法一般不会使用 Dijkstra 算法，但是作为一种不带任何启发思想的广度优先搜索算法，刚好可以和 A*算法做个对比。我们编写了一个寻径算法对比演示程序，在一个 16×16 个小方格组成的模拟地图上用图示的方法直观地展示各种算法的搜索方式和搜索效率，以及各种距离评估函数对 A*算法的影响。

21.1　寻径算法演示程序

Dijkstra 算法与 A*算法有很大的差异，A*算法比较适合用于二维平面地图上的寻径算法，如果用小方格模拟地图，A*算法的结果可以直接输出成小方格的状态，而 Dijkstra 算法则需要做一些转换，将用小方格描述的二维平面地图转化成带权有向图。设计这个演示程序并不是本章的重点，但是为了输出的效果，需要对算法定义的数据结构进行调整，使我们给出的算法实现能够输出符合演示程序要求的数据结构和数据。

在一个 16×16 个小方格组成的模拟地图上，每个小方格有不同的状态、类型和标志，我们用不同的颜色表示这些属性。小方格属性定义 CELL 如下：

```
typedef struct tagCell
{
```

```
    int node_idx;
    int type; //0:normal,1:mark,2:wall,3:source,4:target
    bool inPath;
    bool processed;
}CELL;
```

type 是 0 表示这是一个普通的小方格，1 表示需要特殊标记，2 表示这个小方格代表的是类似于墙的障碍物，3 表示这个小方格是寻径的起点，4 表示这个小方格是寻径的终点。inPath 表示这个小方格是否在最后找到的最短路径上，processed 表示这个小方格是否被搜索算法处理过。每种寻径算法最后的结果都输出在 GRID_CELL 中，以便演示程序能够以一致的方式显示各种算法的结果。

```
typedef struct tagGridCell
{
    CELL cell[N_SCALE][N_SCALE];
}GRID_CELL;
```

对于 Dijkstra 算法，还需要将以矩阵方式描述的地图（小方格）状态转化为带权有向图。转化的原则就是小方格矩阵中每个小方格视作带权有向图中的一个顶点（被标记为障碍物的小方格不作为顶点），两个直接相邻的小方格（顶点）视作有一条权为 1 的边将它们相连。如果用邻接矩阵的方式描述带权有向图，则 Dijkstra 算法所用到的数据结构可描述为：

```
typedef struct tagDijkstraGraph
{
    std::vector<GNODE> nodes;
    int adj[N_NODE][N_NODE];
    int prev[N_NODE];
    int dist[N_NODE];
    int source;
    int target;
}DIJKSTRA_GRAPH;
```

其中 nodes 是顶点集合，adj 是邻接矩阵，其他 4 个属性是与 Dijkstra 算法相关的变量，21.2 节具体介绍 Dijkstra 算法时再对它们做详细说明。

对于 A*算法，本身就适合用矩阵方式描述地图，不需要转化为有向图，因此用于 A*算法的数据结构可直接描述为：

```
typedef struct tagAStarGraph
{
    int grid[N_SCALE][N_SCALE];
    std::multiset<ANODE, compare> open;
    std::vector<ANODE> close;
    ANODE source;
    ANODE target;
}ASTAR_GRAPH;
```

其中 grid 直接描述这个小方格矩阵，其他 4 个属性是与 A*算法有关的变量，21.3 节具体介绍 A*算法时再对它们做详细说明。

21.2 Dijkstra 算法

Dijkstra 算法是典型的单源最短路径算法，任何一本介绍图论或数据结构的书都会介绍这种算法。Dijkstra 算法适用于求解没有负权边的带权有向图的单源最短路径问题，所谓的单源可以理解为一个出发点，Dijkstra算法可以求得从这个出发点到图中其他顶点的最短路径。由于 Dijkstra 算法使用广度优先搜索策略，因此可以一次得到到所有点的最短路径。Dijkstra 算法在各种地图软件中得到了广泛应用，假如我们把一个地区的交通网用带权有向图表示，其中城市就是图的顶点，边就是连接城市的道路，边的权就是城市之间的距离，就可以用 Dijkstra算法求解从一个城市到另一个城市的最短路径。由此可见，地图软件中的这个实用功能背后就是简单的 Dijkstra 算法在支撑。本节我们来介绍一下 Dijkstra 算法。

21.2.1 Dijkstra 算法原理

设 $G=(V, E)$ 是一个带权有向图，其中 s 是起始点。Dijkstra算法的思想就是用一个表存放当前找到的从 s 到每个顶点 v_i 的最短路径，称其为 dist 表。dist 表的初始状态是 dist[s]=0，若存在与 s 直接相连的顶点 m，则记录 dist[m]=$W(s, m)$，其中 $W(s, m)$ 就是连接 s 和 m 的边的权。对于其他与 s 不直接相连的顶点 v_i，记录 dist[v_i]=+∞。Dijkstra算法的基本操作就是用广度优先搜索策略处理每一个顶点，对与之相关的边进行拓展。扩展边的方法是：如果存在一条从 u 到 v_i 的边，那么从 s 到 v_i 的最短路径可以通过将边 $W(u, v_i)$ 添加到尾部来拓展一条从 s 到 v_i 的路径。这条路径的长度是 dist[u] + $W(u, v_i)$，如果这个值比目前已知的 dist[v_i] 的值要小，则使用这个新值来替代当前 dist[v_i] 的值；如果这个值比目前已知的 dist[v_i] 的值大，则不做任何动作。

21.2.2 Dijkstra 算法实现

Dijkstra算法在搜索过程中需要维护两个顶点的集合 S 和 Q，集合 S 中存放所有已知 dist[v_i]都已经是最短路径的顶点，其余顶点都在集合 Q 中。初始时 S 集合为空，算法每次从集合 Q 中选择一个顶点 u，其距离 dist[u]的值最小（起点 s 总是被第一个选中，因为 dist[s]的初始状态总是 0），将 u 从 Q 中移到 S 中，然后对每一条与 u 相连的边 $W(u, v_i)$进行扩展，具体的算法步骤如下。

(1) 初始化集合 S 和 Q，设起点 dist[s]=0，并将其他顶点的 dist[v_i]设为无穷大。

(2) 从 Q 中选择一个 dist[u]值最小的顶点 u，将 u 从集合 Q 中移到集合 S 中。

(3) 以 u 为当前顶点，修改 Q 中与 u 相连的顶点的距离。修改的方法是：对于集合 Q 中每一个与 u 相连的顶点 v_i，如果从起点 s 经 u 到 v_i 的距离 dist[u] + $W(u, v_i)$的值小于当前到 v_i 的距离 dist[v_i]，则将 dist[v_i]的值修正为 dist[u] + $W(u, v_i)$的值，同时将顶点 v_i 的前驱顶点记为 u。

(4) 重复步骤(2)和(3)，直到集合 Q 为空。

第(3)步记录顶点的前驱顶点操作不是算法的必需内容，其目的仅仅是方便回溯每条最短路径的顶点连接关系。根据以上分析，Dijkstra 算法的实现如下：

```
void Dijkstra(DIJKSTRA_GRAPH *graph)
{
    std::set<int> S,Q;

    for(int i = 0; i < graph->nodes.size(); i++)
    {
        graph->dist[i] = graph->adj[graph->source][i];
        graph->prev[i] = (graph->dist[i] == MAX_DISTANCE) ? -1 : graph->source;
        Q.insert(i);
    }
    graph->dist[graph->source] = 0;

    while(!Q.empty())
    {
        int u = Extract_Min(graph, Q);
        S.insert(u);

        for(auto it = Q.begin(); it != Q.end(); ++it)
        {
            int v = *it;
            if((graph->adj[u][v] < MAX_DISTANCE) //小于 MAX_DISTANCE 表示有边相连
                && (graph->dist[u] + graph->adj[u][v] < graph->dist[v]))
            {
                graph->dist[v] = graph->dist[u] + graph->adj[u][v]; //更新 dist
                graph->prev[v] = u;     //记录前驱顶点
            }
        }
    }
}
```

DIJKSTRA_GRAPH 数据结构的定义 21.1 节已经给出，dist 和 prev 两个属性的作用就是记录到当前顶点的最短距离和当前节点在最短路径上的前驱节点。Dist[v]表示编号为 v 的顶点与源点的最短距离，prev[v]存放的是 v 在这条最短路径上的前驱节点，逐次遍历 prev[v]直到达到源点，就能依次得到这条最短路径上的每个顶点，21.2.3 节的 UpdateCellInfo()函数就展示了通过 prev[v]逐次得到最短路径的方法。Extract_Min()函数从集合 Q 中找到 dist 值最小的一个顶点，从集合 Q 中删除这个顶点并返回这个顶点。Extract_Min()函数的实现非常简单，大家可以从本章的随书代码中找到它的代码。

21.2.3　Dijkstra 算法演示程序

21.2.2 节给出的算法结束后，集合 S 中是所有搜索过的顶点，通过 UpdateCellInfo()函数将其转换成 GRID_CELL 数据结构，就可以将 Dijkstra 算法的结果直观地展示出来。图 21-1 是在地图上没有障碍物的情况下 Dijkstra 算法的寻径结果，可以明显地看到广度优先搜索的过程，从源点开始向外层层搜索，直到"碰到"终点为止。根据算法原理，有灰色圆点标识的小方块就是从源点到目标点的最短路径。

```
void UpdateCellInfo(DIJKSTRA_GRAPH *graph, std::set<int>& S, GRID_CELL *gc)
{
    for(auto it = S.begin(); it != S.end(); ++it)
    {
        GNODE node = graph->nodes[*it];
        gc->cell[node.i][node.j].processed = true;
    }
    int u = graph->target;
    while(u != -1)
    {
        GNODE node = graph->nodes[u];
        gc->cell[node.i][node.j].inPath = true;
        u = graph->prev[u];
    }
}
```

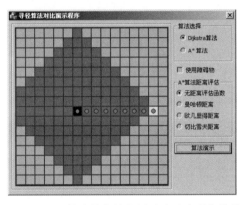

图 21-1　Dijkstra 算法搜索效率图示（无障碍物的情况）

那么，有障碍物的情况下 Dijkstra 算法的搜索效率如何呢？我们在地图中加入一段墙（深灰色方块组成的 L 形障碍物），Dijkstra 算法的寻径结果显示如图 21-2 所示，几乎搜遍了整个地图中的所有点，但是找到的路径确实是最短路径。

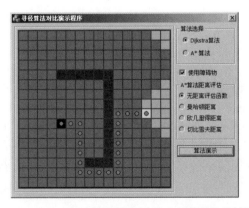

图 21-2　Dijkstra 算法搜索效率图示（有障碍物的情况）

21.3　带启发的搜索算法——A*算法

Dijkstra 算法从带权有向图的角度寻找图中顶点之间的最短路径，只是简单地做广度优先搜索，忽视了许多有用的信息。盲目搜索的效率很低，耗费很多时间和空间。考虑到实际地图上的两个点的位置和距离信息，是否可以利用这些信息得到一种高效的寻径算法呢？很显然，我们需要一种启发式搜索算法。一提到启发式搜索，首先要想到的就是启发函数，也就是评估函数。评估函数的作用就是根据起点和终点的位置和距离信息给出下一步需要搜索各个位置的评估值，启发式搜索算法可以通过以下三种方式利用这些评估值。

- ❑ 根据评估结果，每次选择评估值最高的位置开始下一步搜索，避免盲目的穷举搜索。
- ❑ 决定搜索的顺序，按照评估值的高低排序，从评估值最高的位置开始下一步搜索（如果评估值高的位置没找到结果，则评估值较低的位置也能被顺序处理到）。
- ❑ 剪枝，去除一些明显不可能得到最优结果的搜索位置，提高搜索效率。

相比盲目的穷举搜索，启发式搜索显然更高效，但是如果评估函数选择不当，也存在得不到正确结果的风险。

寻径算法中常见的启发式搜索算法有 best-first search 算法和 A*算法。best-first search 算法在广度优先搜索算法的基础上加入评估函数，通过评估函数剪枝，避免一些明显不可能得到最短路径的搜索动作。在没有障碍物的地图上，其算法效果接近 A*算法，总体上远远优于 Dijkstra 算法。但是 best-first search 算法因为评价函数只考虑位置方向信息，基于贪心策略，总是试图向最接近目标点的方向移动，使得这种算法在有障碍物的地图上表现不佳，很多情况下得到的路径不是最短路径。图 21-3 就是用 A*算法模拟的 best-first search 算法在有障碍物地图上的执行效果，由于过于关注与终点的距离，使得算法在启发函数的引导下一路向右，直到碰到障碍物才转向，这显然不是最短路径。

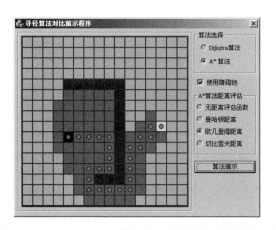

图 21-3　best-first search 算法在有障碍物的情况下的表现

A*算法既能像 Dijkstra 算法那样搜索到最短路径，又能像 best-first search 算法一样使用启发函数进行启发式搜索，是目前各种寻径算法中最受欢迎的选择。即使在有障碍物的情况下，选择合适的距离评估函数，A*算法基本上都能搜索到最短路径。本节我们将介绍 A*算法，其中启发函数的距离评估算法分别采用曼哈顿距离、欧氏几何平面距离和切比雪夫距离，寻径算法演示程序会以图示的方式给出它们的差别。

21.3.1 A*算法原理

best-first search 算法在有障碍物的情况下会失败，原因在于其评估函数只考虑当前点与终点的距离，其策略是选择与终点最近的点进行搜索。Dijkstra 算法则只关注当前点与起点的距离，其策略是选择与起点最近的点开始搜索（与起点最近意味着从起点到当前点是最短路径，一旦当前点就是终点，那自然就是到终点的最短路径）。那么将二者结合起来会如何呢？这就是 A*算法的启发原理。

A*算法的启发函数采用的计算公式是：$F(n) = G(h) + H(n)$。$F(n)$ 就是 A*算法对每个点的评估函数，它包含以下两部分信息。

❑ $G(n)$ 是从起点到当前点 n 的实际代价，也就是从起点到当前点的移动距离。相邻的两个点的移动距离是 1，当前点距离起点越远，这个值就越大。

❑ $H(n)$ 是从当前点 n 到终点的距离评估值。

在这个计算公式中，如果我们设 $G(n)$ 的值总是 0，则算法的效果类似于 best-first search 算法。图 21-3 所示的结果就是将 A*算法中的 $G(n)$ 始终赋值为 0 得到的效果，与 best-first search 算法的结果比较相似。反过来，如果设 $H(n)$ 的值总是 0，则算法可退化得到类似于 Dijkstra 算法的效果，如图 21-4 所示。

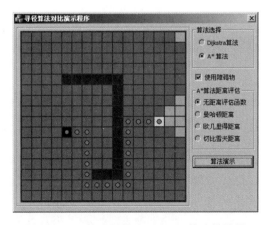

图 21-4　A*算法退化为 Dijkstra 算法的效果

A*算法的搜索过程需要两个表：一个是 OPEN 表，存放当前已经发现但是还没有搜索过的节点；另一个是 CLOSE 表，存放已经搜索过的节点。A*算法通过以下步骤搜索最短路径。

(1) 初始化 OPEN 表和 CLOSE 表，将起点加入 OPEN 表中。

(2) 从 OPEN 表中取出当前 $F(n)$ 值最小的节点作为当前搜索节点 U，将 U 节点加入 CLOSE 表中。

(3) 对于每一个与 U 可联通的节点（障碍物不相通）V，考察 V：

   1) 如果 V 已经在 CLOSE 表中，则对该节点不做任何处理；

   2) 如果 V 不在 OPEN 表中，则计算 $F(V)$，将 V 的前驱节点设置为 U 并将 V 加入 OPEN 表中；

   3) 如果 V 在 OPEN 表中，比较 $G(U)+1$ 与 $G(V)$ 的大小（$H(V)$ 的值不变），如果 $G(U)+1 < G(V)$，则令 $G(V) = G(U)+1$，同时将 V 的前驱节点设置为 U。

重复步骤(2)和(3)，直到第(2)步得到的搜索节点 U 就是终点为止，此时算法结束。

21.3.2 常用的距离评估函数

$H(n)$ 是 A*算法的距离估计值，A*算法需要一个距离评估函数来计算这个值。有很多距离评估函数可供选择，本节介绍曼哈顿距离、欧氏几何平面距离和切比雪夫距离。在没有障碍物的地图上，三种距离评估函数所得到的效果是一样的，如图 21-5 所示。但是在有障碍物的地图上，三种距离评估函数的效果略有差异。特别地，如果距离评估函数总是返回 0，则可令 A*算法退化为 Dijkstra 算法的效果，如图 21-4 所示。

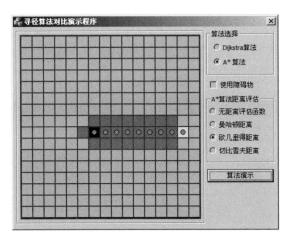

图 21-5　在没有障碍物的情况下，欧几里得距离评估函数的效果

1. 曼哈顿距离

曼哈顿距离（Manhattan distance）是 19 世纪的赫尔曼·闵可夫斯基所创的词语，曼哈顿距

离的命名来源于从规划为方形建筑区块的城市（如曼哈顿）中寻找最短行车路径问题，所以又称出租车几何距离。从数学上描述曼哈顿距离是两个点在各个坐标轴上的距离差值的总和，n 维几何空间中的曼哈顿距离的数学描述为：

$$D_{\text{Manhattan}}(p,q) = \sum_{i=1}^{n}(px_i - qx_i)$$

对于二维平面上的两个点(x_1, y_1)和(x_2, y_2)，其曼哈顿距离就是：

$$D = |(x_1 - x_2)| + |y_1 - y_2|$$

即欧氏几何平面距离在直角坐标系中两个坐标轴上的投影的距离之和。本章介绍 A*算法用的曼哈顿距离实现代码是：

```cpp
double ManhattanDistance(const ANODE& n1, const ANODE& n2)
{
    return (std::abs(n1.i - n2.i) + std::abs(n1.j - n2.j));
}
```

在有障碍物的地图上，使用曼哈顿距离评估函数的 A*算法效果如图 21-6 所示。

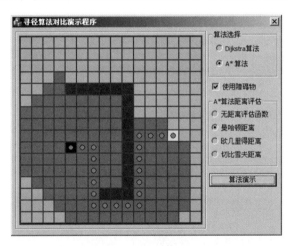

图 21-6　使用曼哈顿距离的 A*算法效果

2. 欧氏几何平面距离

欧氏几何平面距离又称欧氏距离或欧几里得距离（Euclidean distance），它的数学定义是 n 维空间中两个点之间的真实距离（几何距离），其数学符号可描述为：

$$D_{\text{Euclidean}}(p,q) = \sqrt{\sum_{i=1}^{n}(px_i - qx_i)^2}$$

对于二维平面上的两个点(x_1, y_1)和(x_2, y_2)，其欧氏几何平面距离就是：

$$D = \sqrt{(x_1 - x_2)^2 + (y_1 - y_2)^2}$$

即平面几何中两点之间的几何距离。本章介绍 A*算法用的欧氏几何平面距离的实现代码是：

```cpp
double EuclideanDistance(const ANODE& n1, const ANODE& n2)
{
    return std::sqrt(double(n1.i - n2.i)*(n1.i - n2.i) + (n1.j - n2.j)*(n1.j - n2.j));
}
```

在有障碍物的地图上，使用欧氏几何平面距离评估函数的 A*算法效果如图 21-7 所示。可以看到与 Dijkstra 算法得到的最短路径稍有差别，这是因为欧氏几何平面距离强调对角线方向上的距离，但是我们的演示程序只将一个顶点的上下左右四个方向视为联通方向，对角线方向相邻的节点不是联通节点，所以最后一段变成了折线。后面我们将介绍距离评估函数 $H(n)$ 与 A*算法的关系。

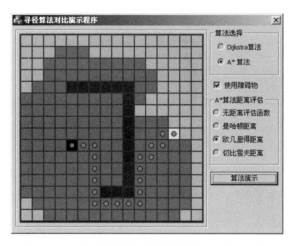

图 21-7   使用欧氏几何平面距离的 A*算法效果

3. 切比雪夫距离

切比雪夫距离（Chebyshev distance）是由一致范数（uniform norm）（或称为上确界范数）所衍生的度量。从数学上理解，对于两个向量 p 和 q，其切比雪夫距离就是向量中各个分量的差的绝对值中最大的那一个，用数学符号可描述为：

$$D_{\mathrm{Chebyshev}}(p, q) = \max(|p_i - q_i|)$$

特别情况下，对于二维平面上的两个点(x_1, y_1)和(x_2, y_2)，其切比雪夫距离就是：

$$D = \max(|x_1 - x_2|, |y_1 - y_2|)$$

即两个点之间的切比雪夫距离就是两个方向上坐标数值差的最大值。本章介绍 A*算法用的切比雪夫距离的实现代码是：

```
double ChebyshevDistance(const ANODE& n1, const ANODE& n2)
{
    return std::max<double>(std::abs(n1.i - n2.i), std::abs(n1.j - n2.j));
}
```

在有障碍物的地图上，使用切比雪夫距离评估函数的 A*算法效果如图 21-8 所示。

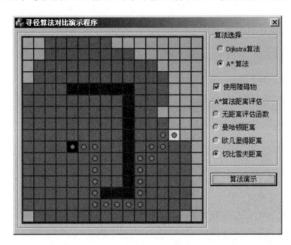

图 21-8　使用切比雪夫距离的 A*算法效果

4. $H(n)$ 与 A*算法的关系

距离评估函数 $H(n)$ 与 A*算法的结果之间存在很微妙的关系。前面介绍过，如果令 $H(n)$ 始终为 0，相当于一点启发信息都没有，则 A*算法退化为 Dijkstra 算法，这种情况称为最差的 A*算法（尽管如此，仍可以确保得到最短路径）。$H(n)$ 的值越小，启发信息越少，搜索范围越大，速度越慢，但是越有希望得到最短路径。$H(n)$ 值越大，启发信息越多，搜索范围越小，速度越快，但是有可能得不到真正的最短路径。当 $H(n)$ 大到一定程度，$F(n)$ 公式中 $G(n)$ 的值可以被忽略，则 A*算法演化成 best-first search 算法，速度最快，但是不一定能得到最短路径。

这是一个很有意思的关系，A*算法很灵活，通过调整 $G(n)$ 和 $H(n)$ 函数，可以使得 A*算法在速度和准确性之间折中。在很多情况下，让游戏中的人物沿着一条近似最短的路径到达目的地就可以了，不一定要走最短路径。

21.3.3　A*算法实现

A*算法实现的关键是维护 OPEN 表和 CLOSE 表，其中对 OPEN 表的主要操作就是查询 $F(n)$ 最小的节点和删除节点，因此我们考虑在算法实现时将 OPEN 设计为有序表。STL 中的 multiset

天然具有排序特征，因此我们考虑使用 std::multiset 表达 OPEN 表。AStar()函数是 A*算法的实现，从注释可以看到与 21.3.1 节介绍的 A*算法的三个步骤一一对应。ExtractMiniFromOpen()函数从 OPEN 表中取出 $F(n)$ 值最小的一个节点，OPEN 表已经根据 $F(n)$ 的值从低到高排序，因此 ExtractMiniFromOpen()函数所做的事情就是从 OPEN 表中取出第一个节点。

```cpp
void AStar(ASTAR_GRAPH *graph, GRID_CELL *gc)
{
    //步骤(1)
    graph->open.insert(graph->source);

    //步骤(2)
    ANODE cur_node;
    while(ExtractMiniFromOpen(graph, cur_node))
    {
        graph->close.push_back(cur_node);
        if(cur_node == graph->target)
        {
            UpdateCellInfo(graph, gc);
            break;
        }

        //步骤(3)
        for(int d = 0; d < COUNT_OF(dir); d++)
        {
            ANODE nn = {cur_node.i + dir[d].y, cur_node.j + dir[d].x, 0, 0};
            if((nn.i >=0) && (nn.i < N_SCALE) && (nn.j >=0) && (nn.j < N_SCALE)
                && (gc->cell[nn.i][nn.j].type != CELL_WALL)
                && !IsNodeExistInClose(graph->close, nn.i, nn.j))
            {
                std::multiset<ANODE, compare>::iterator it;
                it = find(graph->open.begin(), graph->open.end(), nn);
                if(it == graph->open.end()) /*nn 不在 open 列表*/
                {
                    nn.g = cur_node.g + 1; //将 g 始终赋值为 0 可得到 best-first search 算法的效果
                    nn.h = ManhattanDistance(nn, graph->target);
                    nn.prev_i = cur_node.i;
                    nn.prev_j = cur_node.j;
                    graph->open.insert(nn);
                    gc->cell[nn.i][nn.j].processed = true;
                }
                else   /*nn 在 open 列表中*/
                {
                    if((cur_node.g + 1.0) < it->g)
                    {
                        it->g = cur_node.g + 1.0;
                        it->prev_i = cur_node.i;
                        it->prev_j = cur_node.j;
                    }
                }
            }
        }
    }
}
```

21

这就是 A*算法的实现，并不像它的名字那么神秘，正如广告说的那样：简约而不简单。A*算法是各种游戏中最常用也是最好的寻径算法之一。

21.4 总结

从 Dijkstra 算法和 A*算法的实现可知，它们都是很简单的算法。Dijkstra 算法的时间复杂度是 $O(n^2)$，其中 n 是有向图中顶点的个数。对于不含负权边的有向图来说，Dijkstra 算法是目前最高效的单源最短路径算法。如果有向图中含有负权边，则可以使用 Floyd-Warshall 算法求解最短路径。Floyd-Warshall 算法可以求解有向图中任意两点之间的最短距离，其时间复杂度是 $O(n^3)$。

A*算法兼有 Dijkstra 算法和 best-first search 算法的特点，在速度和准确性之间具有很大的灵活性。除了调整 $G(n)$ 和 $H(n)$ 获得不同效果，A*算法还有很多提高效率的改进算法。比如在地图很大的情况下，可以使用二叉堆来维护 OPEN 表以提高效率。对于环境和权重都不断变化的动态网络，还有动态 A*算法（又称 D*算法）。

Dijkstra 算法在地图和导航软件中得到了广泛应用，A*算法在游戏软件中也得到了广泛应用，它们都很简单，但是得到了广泛应用，这也是小算法解决大问题的现实例子。

21.5 参考资料

[1] Cormen T H, et al. *Introduction to Algorithms* (*Second Edition*). The MIT Press, 2001.

[2] 维基百科词条 "Dijkstra 算法"。

[3] 维基百科词条 "A*搜寻算法"。

[4] Amit's A* Pages（Stanford Theory 网站）。

[5] A* Pathfinding for Beginners（GameDev 网站）。

[6] Smart Moves: Intelligent Path Finding（Game Developer 网站）。

第 22 章

俄罗斯方块游戏

俄罗斯方块游戏（Tetris）是苏联科学家阿列克谢·帕基特诺夫在 1984 年 6 月利用空闲时间编写的一个游戏程序（如图 22-1 所示）。帕基特诺夫当时是在俄罗斯科学院计算机中心工作的数学家，据说他编写这个游戏最初的目的是测试一种新型计算机的性能。至于这个游戏名字的来历，据说是因为帕基特诺夫喜欢网球（tennis）运动，于是他把来源于希腊语的 tetra（意为"四"）与其结合，造了"tetris"一词，不过这个说法也未经证实。从 1988 年开始，俄罗斯方块游戏便风靡全世界。从最初的街机和掌上游戏机到计算机平台，再到现在的手机、平板电脑等移动平台，它深受全世界游戏迷的喜爱。

图 22-1　俄罗斯方块游戏

编写一个俄罗斯方块游戏，涉及键盘控制、定时器、UI 和复杂数据结构定义和使用，非常具有挑战性，很多编程爱好者编写过俄罗斯方块游戏。但是大家有没有想过，是否可以脱离人的控制，让计算机自己玩俄罗斯方块游戏呢？事实上，很多高级的俄罗斯方块游戏提供了电脑演示或电脑提示的功能，那么，如何让计算机知道把各种形状的板块放在最合适的位置上呢？本章我们就来介绍一种简单的人工智能算法，让计算机玩俄罗斯方块游戏。这类简单的人工智能的本质就是通过评估函数，对一个局面以及局面的演化结果进行评估，选择较好的一个局面作为演化结果。类似的算法还用在棋类游戏中，详见第23章。

22.1 俄罗斯方块游戏规则

俄罗斯方块游戏一共有 7 种形状不同的板块，每种板块都由 4 个小方块组成，如图 22-2 所示，这些板块被冠以一个大写英文字母作为名字，分别是：I、J、L、O、S、T 和 Z。游戏的区域是一个宽度为 10 个小方块、高度为 20 个小方块的长方形区域。在游戏进行的过程中，不同形状的板块从游戏区域上方随机落下，在此过程中，玩家可以通过游戏机的控制按钮，以 90 度为单位顺时针或逆时针旋转板块，也可以左右移动板块。当一个板块下落到游戏区域最下方或者落到其他板块上无法再向下移动时，就会固定在该处，然后新的板块从游戏区域的上方开始落下。当区域中某一横行的小方格全部由方块填满时，则该行会被消除，玩家得分。同时消除的行数越多，得分也越多，比如消除 1 行得 100 分，同时消除 2 行可以得 200 分，同时消除 3 行可以得 400分，同时消除 4 行可以得 800 分。没有被消除的方块不断堆积，一旦堆到游戏区域顶端，玩家便告输，游戏结束。

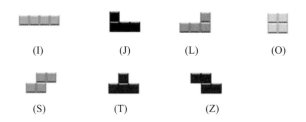

图 22-2 俄罗斯方块形状示意图

一般来说，游戏还会提示下一个将要落下的板块的形状，熟练的玩家会利用下一个板块的形状评估要如何摆放当前的板块。玩家玩俄罗斯方块游戏的目的是得到更高的分数和玩更长时间，但是游戏能不断进行下去对商用游戏不太合适，所以一般俄罗斯方块游戏的程序设计会随着游戏的进行而提高难度，比如加快板块的下落速度，随机增加一些带空格的行等。

俄罗斯方块游戏在传播过程中，出现了很多有意思的改版，有的是增加了更多形状的板块，有的是增加一种能穿透固定方块的单格小方块，使得玩家能够有机会"补上"游戏区域下方的"空洞"。还有 2.5 维和三维俄罗斯方块游戏，以及利用整面墙上的窗户模拟俄罗斯方块游戏的有趣试验，大家可以在本章的参考资料中了解这些内容。本章介绍的智能算法都是基于标准俄罗斯方块游戏的规则设计的，可能不适用于各种改版游戏规则，但是作为一种基础方法，读者可以在此基础上增加对其他规则的支持。

22.2 俄罗斯方块游戏人工智能的算法原理

在探讨计算机的俄罗斯方块游戏智能算法之前，我们先研究一下人类玩家玩这个游戏的一些基本策略。玩家玩这个游戏，首先要能够玩尽量长的时间，这就要求要尽可能地消除行，避免累积高度太高；其次是尽量多地得分，利用规则消除加分的特点，尽量一次消除多行。遇到板块形状很难处理的情况，要选择产生空格子少的摆放方法，尽量避免出现"空洞"。很多情况下，当一个板块可以摆放在多个位置的时候，玩家需要根据自己的经验选择一个对下一步操作最有利的位置摆放这个板块，这就涉及局面评估的问题。

玩家可以根据自己的经验迅速做出判断，但是计算机做不到这一点。使用神经网络+专家系统可以使计算机具有一点"经验"，但是对于俄罗斯方块这样的游戏有点大材小用。对于此类问题，通常的做法是设计一个局面评价函数，对各种可能的局面进行评估，根据评估结果选出最好的一个局面进行实施。对于俄罗斯方块游戏而言，我们把 10×20 个小格子组成的游戏区域称作一个"棋盘"，所谓的局面就是一个板块摆放在某个位置后这个"棋盘"的状态。如果一个板块有多个位置可以摆放，就会产生多个"棋盘"状态，使用评价函数对每个状态进行评估，根据评估结果将板块摆放在最佳位置上。

22.2.1 影响评价结果的因素

影响评价结果的因素是多方面的，对这些因素需要统一考虑，选择一个合理的评估策略。每一个板块放在什么位置，都会造成一系列的状态参数变化，根据俄罗斯方块游戏的规则，我们整理出相关参数有如下几个。

- ❑ 当一个板块摆放后，与这个板块相接触的小方块的数量是一个需要考虑的参数。很显然，与之接触的小方块越多，说明这个板块摆放在该位置后产生的空格或"空洞"越少，如果一个"棋盘"局面中空格或"空洞"数量少则说明这个局面对玩家有利。

- ❑ 当一个板块摆放在某个位置后，这个板块最高点的高度是一个需要考虑的参数。这个高度会影响整体的高度，当有两个位置可选择摆放板块时，应该优先选择放置在板块最高点的高度比较低的位置上。

- ❑ 当一个板块摆放在某个位置后能消除的行数是一个重要参数。毫无疑问，能消除的行越多越好。

- ❑ 游戏区域中已经被下落板块填充的区域中空的小方格的数量也是评价游戏局面的一个重要参数。很显然，每一行中空的小方格数量越多，局面对玩家越不利。

- ❑ 游戏区域中已经被下落板块填充的区域中"空洞"的数量也是一个重要参数。如果一个空的小方格上方被其他板块的小方格挡住，则这个小方格就形成"空洞"。"空洞"是俄罗斯方块游戏中最难处理的情况，必须等上层的小方块都被消除后才有可能填充"空洞"。很显然，这是一个能恶化局面的参数。

22

简单地理解,摆放一个板块的策略就是:板块放置的位置越靠下越好,方块之间越紧密越好,能消除的(行)方块数量越多越好。当然,这些参数要统一考虑,片面地突出某一方面的参数,会起到物极必反的作用。举个例子,选择摆放板块的位置时,如果能消除一行,当然是非常理想的位置,但是如果评估函数过分重视消除参数的影响,反而会导致一些非常不利的局面出现,如图22-3所示。在图22-3a所示的局面上摆放板块 J,如果突出消除参数的因素,评价函数最终可能会选择在图22-3b所示的位置放置板块,因为这样能消除一行。但是这样摆放的结果是出现了"空洞",这是俄罗斯方块游戏中最棘手的情况。事实上,在这种局面下,对玩家最有利的摆放方法是放在图22-3c所示的位置上。

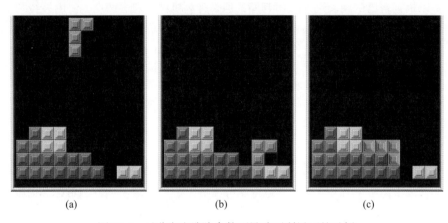

(a)　　　　　　　　　(b)　　　　　　　　　(c)

图22-3　过分突出消除参数而导致不利局面的示例

22.2.2　常用的俄罗斯方块游戏人工智能算法

可以说,评估函数的优劣决定了游戏智能的强弱,这么多参数,如何给出一种均衡的评估策略,使得评估函数总是能够给出最有利的评价结果?这个问题不好回答,首先要根据问题的本质确定这些参数和评估结果是线性关系还是各种非线性关系,其次是确定各种参数在评估结果曲线上的系数。确定这些系数没有好的方法,如果参数不复杂,而且是简单的线性关系,可以通过多次对比实践逐步调整这些参数的系数。如果参数复杂且参数之间的关系复杂,多数人会选择使用神经网络之类的学习算法,利用大量的游戏局面数据进行"训练",最终收敛出一组能接近最优结果的系数。但是这种方法存在随机性比较大的问题,受"训练"数据的影响比较大,如果"训练"数据不够多,得到的结果会非常差。

幸运的是,我们不需要做这些棘手的事情,这个领域的先行者们为我们留下了他们的经验和研究结果。最初人们热衷于研究俄罗斯方块游戏的"不死"算法,也有一些人开始研究怎么打败俄罗斯方块游戏的 AI 程序。1997 年,Heidi Burgiel 证明了完全随机的俄罗斯方块游戏最终一定会结束,于是人们把研究热情转移到如何让 AI 程序获得更高的积分或消除更多的行(平均值)。

在这个过程中出现了很多著名的 AI 算法，比如 Pierre Dellacherie 算法、Colin Fahey 算法、Roger LLima/Laurent Bercot/Sebastien Blondeel 算法、James & Glen 算法和 Thiery & Scherrer 算法等。Colin Fahey 算法和 James & Glen 算法都支持 two-piece 算法，所谓的 two-piece 算法，就是在评估的过程中将当前板块形状和下一板块形状一起进行评估和计算。Colin Fahey 在自己的网站上公开了算法的实现代码，同时还发布了一个算法模拟平台，各种俄罗斯方块游戏的 AI 算法可以在这个平台上进行对比和评估。大家可以通过参考资料中给出的信息下载 Colin Fahey 的实现代码和这个模拟平台。在 2003 年之前，Colin Fahey 算法在这个模拟器平台上取得了非常好的效果。

在评估过程中只考虑当前板块形状的 one-piece 算法相对简单一些，但是取得的效果一点也不比 two-piece 算法差，甚至要强于 two-piece 算法。Pierre Dellacherie 算法和 Thiery & Scherrer 算法都是比较著名的 one-piece 算法，当然，James & Glen 算法有 one-piece 算法的版本。Colin Fahey 算法如果屏蔽对下一板块的判断，也可以当成 one-piece 算法，但是由于 Colin Fahey 算法是针对 two-piece 的情况研究的算法，因此在 one-piece 的情况下性能很差。Christophe Thiery 和 Bruno Scherrer 介绍了这些算法的评估原理和评分方法。当然，Bruno Scherrer 和 Christophe Thiery 两人也发布了 Thiery & Scherrer 算法的实现（毕竟这就是他们俩研究的算法嘛），据说可以平均消除 3500 万行。2009 年他们发布了这个算法的 1.4 版，立即超越 Pierre Dellacherie 算法，成为当年 one-piece 算法的 No.1。

本章将重点介绍相对简单一点的 Pierre Dellacherie 算法，该算法每次只考虑当前板块的情况，是一种 one-piece 算法。Pierre Dellacherie 算法虽然简单，但是性能一点都不弱，Colin Fahey 在他的网站上非常推崇 Pierre Dellacherie 算法，称其是 one-piece 算法中最好的算法（2003 年）。Pierre Dellacherie 算法最好的结果是能消除 200 多万行，平均也能达到 65 万行。在 2003 年，Pierre Dellacherie 算法是 one-piece 算法中公认的 No.1。

22.2.3　Pierre Dellacherie 算法

22.2.1 节介绍了一些评价俄罗斯方块游戏局面的参数，但是这些参数都比较抽象，如何具体使用这些参数进行评估计算呢？对于这些参数，不同的算法有不同的使用策略，本节要介绍的 Pierre Dellacherie 算法就是其中一种评价策略。2003 年，法国人 Pierre Dellacherie 在 Colin Fahey 的平台上提交了一种 one-piece 算法，该算法的效果超过了 Colin Fahey 算法，取得了平均消除 65 万行的成绩，成为 2003 年智能程度最高的 one-piece 人工智能算法。

Pierre Dellacherie 算法将 22.2.1 节介绍的影响俄罗斯方块游戏的抽象参数转化为 6 种具体的属性，并详细定义了这 6 种属性。

- ❑ landingHeight：指当前板块放置后，板块中点距离游戏区域底部的距离（以小方格为单位）。
- ❑ erodedPieceCellsMetric：这是消除参数的体现，它代表的是消去的行数与当前摆放的板块中被消去的小方格数的乘积。

❑ boardRowTransitions：如果把每一行中的小方格从有小方块填充到无小方块，或从无小方块到有小方块填充视作一次"变换"，这个属性就是各行中发生变换的次数之和。

❑ boardColTransitions：关于"变换"的定义和 boardRowTransitions 一样，只是以列为单位统计变换的次数。

❑ boardBuriedHoles：各列中"空洞"的小方格数之和。

❑ boardWells：各列中"井"的深度连加之和。

landingHeight 属性比较简单，无须多做说明。erodedPieceCellsMetric 属性体现了消除参数的影响，但是对它进行了适当的折中。每个板块由 4 个小方块组成，如果能同时将这个板块的 4 个小方块都消除，其结果就是"行数×4"，将取得明显优势。但是如果只能消除 1 个小方块，其结果就是 1，所产生的影响很容易被形成一个"空洞"或引起一次"变换"所抵消，这样就可以避免类似于图 22-3 所示例子中的那种"偏激"的选择。boardRowTransitions 和 boardColTransitions 属性反映的是小方块摆放的紧密程度。这个也比较容易理解，小方块摆放得越紧密，其间的空格就越少，小方格状态之间的变换就越少。但是需要注意一点，这种变换要考虑边界因素。可以这样理解，如果紧邻边界的行或列是空小方格，则视为一次"变换"，即边界作为被填充的小方格参与计算。

boardBuriedHoles 是一列中"空洞"的小方格数量之和。所谓的"空洞"，就是某一列中顶端被小方块填堵住的空小方格，如图 22-4 所示，带有方框标识的就是"空洞"。形成空洞是俄罗斯方块游戏中最坏的局面，要极力避免这种情况，因此 Pierre Dellacherie 算法给"空洞"的系数是–4。boardWells 是"井"的深度连加之和。首先来定义什么是"井"，"井"就是两边（包括边界）都由方块填充的空列。图 22-5 就是很多资料常引用的"井"的示意图，其中带有方框标识的就是 2 个"井"。"井"的评价记分采用的是连加求和，一个"井"中连续的空小方格有 1 个就计 1，有 2 个就计 $1 + 2 = 3$，有 3 个就计 $1 + 2 + 3 = 6$，以此类推。如图 22-5 中 2 个"井"的记分之和就是 $(1 + 2) + (1 + 2 + 3) = 9$。

图 22-4　"空洞"示意图

图 22-5　"井"示意图

接下来介绍 Pierre Dellacherie 算法的评估函数。该评估函数以上述 6 个属性为输入参数，采用线性组合的方式，计算出最后的评估值（value），其计算方法如下：

$$value = -landingHeight + erodedPieceCellsMetric - boardRowTransitions - $$
$$boardColTransitions - (4 * boardBuriedHoles) - boardWells \tag{22-1}$$

对每个局面应用上述公式计算 value 值，取最大的一个作为最后的选择。如果两个局面的评分相同怎么办？两个局面的 value 值相同是一种很普遍的情况，为此 Pierre Dellacherie 算法又定义了一个优先度的概念，当两个局面的 value 值相同的时候，取优先度高的那个作为最后的选择，优先度的定义如下。

如果板块摆放在游戏区域的左侧（1～5 列）：

$$priority = 100 \times 板块需要水平平移的次数 + 10 + 板块需要旋转的次数$$

如果板块摆放在游戏区域的右侧（6～10 列）：

$$priority = 100 \times 板块需要水平平移的次数 + 板块需要旋转的次数$$

假如游戏中新的板块总是从游戏区域的中间开始落下，那么"板块需要水平平移的次数"就是将板块摆放在所选位置时需要水平移动多少个小方格。每个板块最终摆放在指定位置后，其形态不一定就是初始形态，可能需要做一些旋转操作才能以此形态放置，这些旋转操作的次数就是"板块需要旋转的次数"。

以上就是 Pierre Dellacherie 算法的核心内容，主要就是式(22-1)所代表的评估函数，这个决定了俄罗斯方块游戏 AI 的智能。接下来，我们就以 Pierre Dellacherie 算法为基础，编写一个自动玩俄罗斯方块游戏的程序。

22.3　Pierre Dellacherie 算法实现

Demaine、Hohenberger 和 Liben-Nowell 初步论证了俄罗斯方块游戏是 NP 完全（NP-complete）问题（参见本章参考资料），这使得所有人都彻底放弃了寻找俄罗斯方块游戏的数学公式解法。目前主要的几种俄罗斯方块游戏人工智能算法都采用了穷举算法，只是在穷举实现的细节上稍有不同。因此，基于传统俄罗斯方块游戏规则制作一个 one-piece 算法相当简单。总的来说，俄罗斯方块游戏的人工智能算法都由两个核心部分组成：其一是板块摆放动作引擎，此引擎负责产生各种板块的摆放方法；其二是评估函数，对每种板块摆放方法进行评估。

板块摆放动作引擎就是穷举所有可能的板块摆放方法，对于板块的所有可能的旋转状态，从左到右依次进行尝试。这项工作的核心是设计好数据结构，处理好板块之间的冲突检测。评估函数就使用 Pierre Dellacherie 算法，22.2.3 节已经介绍了这个评估算法的原理，只要将其实现算法写出来就算完成了。作为一个算法验证程序，不需要设计复杂的图形界面，结果评估和板块摆放都是内存中的数据，可以使用简单的控制台界面将其展示出来，如图 22-6 所示。剩下的工作就是随机生成数千到数十万个板块，让我们的算法一一摆放它们，看看我们的算法能坚持多长时间或得多少分。

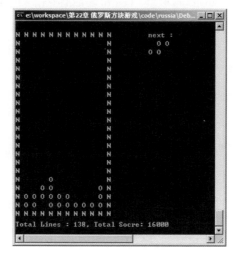

图 22-6　演示程序的输出界面

22.3.1　基本数学模型和数据结构定义

要让计算机理解俄罗斯方块游戏，需要定义数学模型。俄罗斯方块游戏的数学模型可采用棋盘类游戏常用的数学模型来定义，把游戏区域比拟为棋盘，用二维数组表示这个区域的状态，同时注意处理好边界问题。在此基础上，继续定义板块形状的数据结构，确定板块旋转和移动的数据定义以及板块冲突检测的规则。

1. 游戏和游戏区域

俄罗斯方块游戏包含几个关键要素，分别是当前游戏区域的状态、当前消除的行数、当前得分、下一个板块的形状以及 AI 算法。游戏区域由 10×20 个小方格组成，数据结构定义依然采用二维数组，因为要考虑边界的情况，所以定义为 12×22 的二维数组。我们用 1 表示小方格处于被占用的状态，用 0 表示小方格处于空的状态，用一个大于 0 的值表示边界方格，这是此类算法处理的常用技巧。当前已经消除的行数和当前得分是游戏进行过程中的两个状态，用整数分别表示它们就可以了。除此之外，增加一个表示当前最高行所在位置的标识：top_row，进行板块摆放位置穷举的时候，根据 top_row 指示的位置可以减少一些无谓的摆放尝试。

最后，RUSSIA_GAME 数据结构的定义如下：

```
typedef struct tagRussiaGame
{
    int board[BOARD_ROW][BOARD_COL];
    int top_row;
    int score;
```

```
    int lines;
}RUSSIA_GAME;
```

2. 板块形状的定义

标准俄罗斯方块游戏一共定义了 7 种板块形状，每种形状都由 4 个小方块组成，我们用一个
4 × 4 的小方格矩阵描述每一个板块形状，如图 22-7 所示。每种形状的板块通过旋转可以产生几
种不同的形态，O 型板块不管如何旋转都只有一种形态。I、S 和 Z 型板块通过旋转可以产生两种
形态，L、J 和 T 型板块通过旋转可以产生 4 种形态。图 22-7 显示了如何用 4×4 的矩阵描述这些
形状经过旋转产生的各种形态，其中灰色显示的小方块表示板块的形状。由小方块组成的 4 × 4
矩阵一般用二维数组定义，板块的旋转可以采用两种策略。一种策略是给矩阵中的每个小方块设
定一个坐标，需要旋转板块时，就根据旋转的方向和角度重新计算每个小方块的坐标，使灰色显
示的小方块变换到正确的位置上。另一种策略就是将每个板块旋转后可能产生的各种形态事先准
备好，存放在一些 4 × 4 的矩阵中，需要旋转板块时，就根据板块形状和旋转角度直接选择这些
事先准备好的小方块矩阵使用。由于每种板块旋转所产生的形态是有限的，多则 4 种形态，少则
1 种形态，因此采用第二种策略并不会带来太大的存储负担，却可以大大简化算法实现，因此大
多数俄罗斯方块游戏采用第二种策略来处理板块旋转。

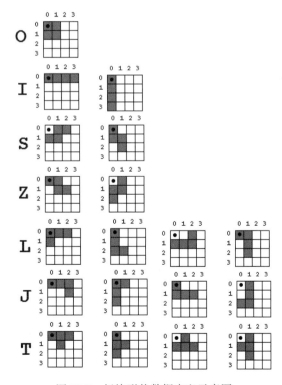

图 22-7 板块形状数据定义示意图

R_SHAPE 数据结构定义和存储一个板块的所有形态信息，r_count 是这个板块旋转时可能产生的不同形态的个数，对于 O 型板块来说，r_count 就是 1；对于 T 型板块来说；r_count 就是 4。shape_r 是一个最大长度为 4 的数组，存放 r_count 对应的每一种旋转形态。

```
typedef struct tagRShape
{
    B_SHAPE shape_r[MAX_SHAPE_R];
    int r_count;
}R_SHAPE;
```

B_SHAPE 是每种具体板块形态的 4×4 矩阵定义，二维数组 shape 就存储这个矩阵。shape 中的值如果是 1，则表示对应的小方格是板块形态的有效格子（对应图 22-7 中灰色显示的小方格），0 表示对应的小方格是无效的空格子，计算碰撞和摆放时可以忽略 0 对应的无效格子。width 和 height 定义板块形态在 4×4 矩阵中实际占用的宽度和高度，以图 22-7 所示的 S 型板块为例，其第 1 种旋转形态的宽度是 3，高度是 2；第二种旋转形态的宽度是 2，高度是 3。做碰撞检测计算时，直接利用这两个值可以提高检测计算的效率。此外，在穷举板块的摆放位置时，也可以根据这两个值直接排除一些明显不合适的位置。

```
typedef struct tagBShape
{
    int shape[SHAPE_BOX][SHAPE_BOX];
    int width;
    int height;
}B_SHAPE;
```

根据以上数据结构定义，用 7 个 R_SHAPE 类型元素组成的数组存放事先准备好的板块旋转形态数据，算法实现过程中需要引用这些数据时，首先根据板块的形状编号从 R_SHAPE 数组中找到板块对应的 R_SHAPE 数据，然后就可以根据旋转角度找到 R_SHAPE 数据中对应的 B_SHAPE 数据。如果要穷举 R_SHAPE 板块的所有旋转状态，只需遍历 shape_r 数组即可。

22.3.2 算法实现

编写一个自动玩俄罗斯方块游戏的 AI 算法其实非常简单，就是做两件事情：一是穷举板块的所有摆放形态和摆放位置，二是用评估函数对每种摆放方法进行评估，根据评估结果选择一个最佳摆放位置。22.3.1 节给出具体的数据结构定义以后，原来抽象的方法描述和算法原理就可以用具体的代码实现了。首先来看看 Pierre Dellacherie 算法的评估函数如何实现。

1. Pierre Dellacherie 算法评估函数

Pierre Dellacherie 算法的评估函数包含 6 个属性，现在就来介绍如何从一个游戏"棋盘"局面中统计出这 6 个属性。首先是 landingHeight，这个非常简单，由于数组的下标 row 与高度是反对称的，需要做取反计算：

```
int GetLandingHeight(RUSSIA_GAME *game, B_SHAPE *bs, int row, int col)
{
    return (GAME_ROW - row);
}
```

接下来计算 erodedPieceCellsMetric。GetErodedPieceCellsMetric 的算法实现也很简单，就是从 top_row 开始遍历所有的行，如果发现某一行可以消除，则计算当前板块形状中有多少小方块属于这一行。erodedRow 记录可以消除多少行，erodedShape 记录消除的行中有多少小方块属于当前摆放的板块，最后返回它们的乘积。

```
int GetErodedPieceCellsMetric(RUSSIA_GAME *game, B_SHAPE *bs, int row, int col)
{
    int erodedRow = 0;
    int erodedShape = 0;
    int i = game->top_row;
    while(i < GAME_ROW)
    {
        if(IsFullRowStatus(game, i))
        {
            erodedRow++;
            if((i >= row) && (i <= (row + bs->height)))
            {
                int sline = i - row;
                for(int j = 0; j < bs->width; j++)
                {
                    if(bs->shape[sline][j] != 0)
                    {
                        erodedShape++;
                    }
                }
            }
        }
        i++;
    }

    return (erodedRow * erodedShape);
}
```

boardRowTransitions 和 boardColTransitions 的计算也非常简单。以 GetBoardRowTransitions() 函数的计算为例，从 top_row 开始遍历所有的行，对每一行统计“变换”次数。统计从左边界开始到右边界结束，注意这个算法里列下标是从 0 开始的，因为要从 board 区域中的边界开始计算。计算 boardColTransitions 的算法实现与 GetBoardRowTransitions() 函数类似，只是将遍历方法从按照行遍历改成按照列遍历。

```
int GetBoardRowTransitions(RUSSIA_GAME *game, B_SHAPE *bs, int row, int col)
{
    int transitions = 0;
    for(int i = game->top_row; i < GAME_ROW; i++)
    {
        for(int j = 0; j < (BOARD_COL - 1); j++)
```

22

```
        {
            if((game->board[i + 1][j] != 0)&&(game->board[i + 1][j + 1] == 0))
            {
                transitions++;
            }
            if((game->board[i + 1][j] == 0)&&(game->board[i + 1][j + 1] != 0))
            {
                transitions++;
            }
        }
    }

    return transitions;
}
```

"空洞"是一个很关键的属性,但是计算 boardBuriedHoles 的算法并不复杂。遍历 board 的每一列,对每一列从 top_row 开始找第一个填充的小方块(第一个 while 循环),找到之后再继续找这个小方块之下所有的空小方格,统计它们的数量之和(第二个 while 循环)。

```
int GetBoardBuriedHoles(RUSSIA_GAME *game, B_SHAPE *bs, int row, int col)
{
    int holes = 0;
    for(int j = 0; j < GAME_COL; j++)
    {
        int i = game->top_row;
        while((game->board[i + 1][j + 1] == 0) && (i < GAME_ROW))
            i++;
        while(i < GAME_ROW)
        {
            if(game->board[i + 1][j + 1] == 0)
            {
                holes++;
            }
            i++;
        }
    }

    return holes;
}
```

"井"的计算仍然以列为单位进行扫描,对每一列从 top_row 开始处理,如果某个小方格是空状态,但是其左右相邻的两列(包括边界)都是填充的小方格,则统计"井"深的 wells 计数器 +1。当遇到一个小方块是填充状态时,一个"井"深的统计结束,根据 wells 计数器计算 sum,然后 wells 计数器清 0,准备继续统计下一个"井"深。

```
int GetBoardWells(RUSSIA_GAME *game, B_SHAPE *bs, int row, int col)
{
    int wells = 0;
    int sum = 0;
    for(int j = 0; j < GAME_COL; j++)
    {
```

```
        for(int i = game->top_row; i <= GAME_ROW; i++)
        {
            if(game->board[i + 1][j + 1] == 0)
            {
                if((game->board[i + 1][j]!= 0)&&(game->board[i + 1][j + 2]!=0))
                {
                    wells++;
                }
            }
            else
            {
                sum += sum_n[wells];
                wells = 0;
            }
        }
    }

    return sum;
}
```

统计 sum 的时候，假如"井"深是 n，需要计算从 1 到 n 的和，这一步我们再次使用了以空间换时间的策略，预先计算好从 1 到 n 各数列的和，存放在 sum_n 表中，然后用 n 作为数组下标直接得到对应的和。游戏区域最高就是 20 行，因此"井"深不会超过 20，只需计算 20 个数列和存放在 sum_n 表即可。

```
int sum_n[] = { 0, 1, 3, 6, 10, 15, 21, 28, 36, 45, 55, 66, 78, 91, 105, 120, 136, 153, 171, 190, 210 };
```

现在我们有了 6 个属性的计算方法，按照式(22-1)给出的计算方法写出评估函数即可：

```
int EvaluateFunction(RUSSIA_GAME *game, B_SHAPE *bs, int row, int col)
{
    int evalue = 0;

    int lh = GetLandingHeight(game, bs, row, col);
    int epcm = GetErodedPieceCellsMetric(game, bs, row, col);
    int brt = GetBoardRowTransitions(game, bs, row, col);
    int bct = GetBoardColTransitions(game, bs, row, col);
    int bbh = GetBoardBuriedHoles(game, bs, row, col);
    int bw = GetBoardWells(game, bs, row, col);

    evalue = (-1) * lh + epcm - brt - bct - (4 * bbh) - bw;

    return evalue;
}
```

最后是优先度选择，假如两个局面的评估值一样，就需要按照优先度进行选择。优先度计算的算法如下：

```
int PrioritySelection(RUSSIA_GAME *game, int r_index, int row, int col)
{
    int priority = 0;
```

```
        if(col < (GAME_COL / 2))
        {
            priority = 100 * ((GAME_COL / 2 - 1) - col) + 10 + r_index;
        }
        else
        {
            priority = 100 * (col - (GAME_COL / 2)) + r_index;
        }

        return priority;
    }
```

这个算法实现基本上就是按照 22.2.3 节给出的公式进行计算，r_index 代表的旋转次数实际上就是 R_SHAPE 数据结构中 shape_r 数组的下标。这个很容易理解，因为我们的穷举算法总是按照一个旋转方向（顺时针方向）遍历 shape_r 数组，所以其下标就代表了旋转次数。

2. 穷举板块的摆放方法

板块摆放方法的穷举分两步，第一步是对板块的每种旋转形态进行遍历，第二步是对每种旋转形态按照从左到右的顺序，在每个位置上尝试摆放。第一步比较简单，就是对 R_SHAPE 数据结构中的 shape_r 数组进行遍历。ComputerAIPlayer() 函数是 AI 算法的核心，其作用就是模拟人类玩俄罗斯方块游戏的方式将一个指定的板块摆放在最合理的位置上。第一个步骤，也就是对 shape_r 数组的遍历算法就在这个函数中：

```
bool ComputerAIPlayer(RUSSIA_GAME *game, SHAPE_T s)
{
    bool res_find = false;
    EVA_RESULT best_r = { 0, 0, 0, -999999, -999999 };

    R_SHAPE *rs = &g_shapes[s - 1];
    //遍历每个板块的形状，相当于旋转板块
    for(int i = 0; i < rs->r_count; i++)
    {
        B_SHAPE *bs = &rs->shape_r[i];
        EVA_RESULT evr = { i, 0, 0, -999999, -999999 };
        int rtn = EvaluateShape(game, bs, &evr);
        if((evr.value > best_r.value)
            || ((evr.value == best_r.value) && (evr.prs > best_r.prs)))
        {
            res_find = true;
            best_r = evr;
        }
    }
    if(res_find)
    {
        PutShapeInPlace(game, &rs->shape_r[best_r.r_index], best_r.row, best_r.col);
    }

    return res_find;
}
```

　　best_r 中存放最终得到的摆放板块的最佳位置和板块的旋转状态，PutShapeInPlace()函数根据这个结果将板块旋转并放置到指定位置，同时计算消除行并记分。EvaluateShape()函数从游戏区域的 0 列开始，逐个位置尝试摆放这个板块：

```
int EvaluateShape(RUSSIA_GAME *game, B_SHAPE *bs, EVA_RESULT *result)
{
    int start_row = GetTouchStartRow(game, bs);
    if(start_row < 0)
        return -1;

    for(int col = 0; col < (GAME_COL - bs->width + 1); col++)
    {
        int row = start_row;
        //是否还能向下？如果能就再下降一行，直到停下
        while(CanShapeMoveDown(game, bs, row, col))
        {
            row++;
        }
        AddShapeOnGame(game, bs, row, col, true);
        int values = EvaluateFunction(game, bs, row, col);
        int prs = PrioritySelection(game, bs->r_index, row, col);
        RemoveShapeFromGame(game, bs, row, col);
        if((values > result->value)
            || ((values == result->value) && (prs > result->prs)))
        {
            result->row = row;
            result->col = col;
            result->value = values;
            result->prs = prs;
        }
    }

    return 1;
}
```

　　从 0 列开始的遍历在 for 循环内完成，但是在这之前，首先要确定行的起始位置。GetTouch-StartRow()函数用于确定行的起始位置，计算的依据就是当前的 top_row 和当前板块的高度，从 top_row 指定的位置向上修正板块高度。如果当前 top_row 之上的空间比板块的高度小，则说明没有空间可以摆放这个板块，也就是应该 Game Over 了。CanShapeMoveDown()函数判断板块在这个位置是否可以继续向下移动，当所在的列存在"井"或开放的"空洞"时，板块是有可能继续向下移动的，所以要处理这种情况。while 循环调用 CanShapeMoveDown()函数，直到不能再下降为止。AddShapeOnGame()函数将板块临时放置在指定位置，然后调用 EvaluateFunction()函数进行评估，完成评估之后，调用 RemoveShapeFromGame()函数取消这次临时放置，使得游戏局面恢复到之前的位置，准备下一个位置的评估。得到一个位置的评估值和优先度值之后，根据评估值的高低更新 result 中的值。

3. 测试我们的 AI 算法

测试的方法非常简单，就是随机生成几千到几十万个板块，然后让我们的 AI 算法一一摆放它们，看看最后能得到什么结果。首先用 GenerateShapeList() 函数随机生成 10 万个板块，然后逐个"喂"给代表计算机 AI 的 ComputerAIPlayer() 函数。PrintGame() 函数打印如图 22-6 所示的一个中间状态。如果将打印输出重定向到一个文件中，可以看到我们的 AI 算法摆放这 10 万个板块的完整过程。

```cpp
std::vector<SHAPE_T> shape_list;
RUSSIA_GAME game;

InitGme(&game);
GenerateShapeList(100000, shape_list);
for(auto i = 0; i < shape_list.size(); i++)
{
    PrintGame(&game, shape_list[i]);
    if(!ComputerAIPlayer(&game, shape_list[i]))
    {
        std::cout << "Failed at: " << i + 1 << " pieces!" << std::endl;
        break;
    }
}
```

我们的 AI 算法最好的结果是消除了 26 万行，平均可以消除 8 万行左右，这比一些优秀的算法差远了。如果你耐心看 ComputerAIPlayer() 函数"玩"游戏的整个过程，会发现这个 AI 经常做出一些"自杀"性举动，说明我们的算法还有很大的改进余地，评估函数还可以继续优化。本章的参考资料里也列举了各种优秀的算法供大家参考。

22.4 总结

好了，就是这样，实现一个自动玩俄罗斯方块游戏的 AI 算法非常简单，相信你已经体会到站在巨人的肩膀上的好处了。不过话说回来，要做好一个 AI 算法也不是那么容易的。首先，我们的算法实现还有很多地方可以优化，比如优化数据结构，可以用一维 bit 位组代替二维数组，这样就可以充分利用现代 CPU 的 128 位寄存器和相关的指令提高算法的速度。其次，我们的评估算法还可以优化，比如使用更好的评估策略，重新定义"空洞"的概念，区分完全封闭的"空洞"和可以填充的开放性"空洞"或者支持板块下落过程中平移或旋转（用于填补侧面的开放性"空洞"）等，这些都是改进 AI 算法的一些研究方向。

最后，你玩过在线俄罗斯方块对战游戏吗？你被对手虐过吗？你肯定猜他们开挂了，但是是什么原理？你现在知道了吧？

22.5 参考资料

[1] Cormen T H, et al. *Introduction to Algorithms* (*Second Edition*). The MIT Press, 2001.

[2] 维基百科词条"俄罗斯方块"。

[3] Demaine E D, Hohenberger E, Liben-Nowell D. Tetris is Hard, Even to Approximate. Technical Report MIT-LCS-TR-865, Massachusetts Institute of Technology, 2002.

[4] Bourg D M, Seemann G.. *AI Techniques for Game Programming*. Premier Press, 2002.

[5] Fahey C. Tetris AI: Computer Plays Tetris.

[6] Burgiel H. How to lose at tetris. *Mathematical Gazette*, 1997, 81(491): 194–200.

[7] Thiery C, Scherrer B. Building Controllers for Tetris. *International Computer Games Association Journal*, 2010, 3-11.

22

第23章
博弈树与棋类游戏

1997 年 5 月 11 日，国际象棋世界冠军卡斯帕罗夫在一场挑战赛中以 2.5：3.5 输给了"深蓝"，特别是最后一局，卡斯帕罗夫只走了 19 步就投子认输了。这个比赛结果震惊了全世界，要知道"深蓝"并不是人类，只是一台几吨重的计算机而已。卡斯帕罗夫之前曾经和"深蓝"的前辈"深思"过招几次，"深思"每次都输得很惨。就在一年前，卡斯帕罗夫还曾经以 4：2 战胜过"深蓝"的一个初级版本。卡斯帕罗夫曾预言计算机在 2010 年之前不可能战胜人类，但是 IBM 的科学家让这个结果提前了 13 年。创新工厂的创始人李开复博士在学校期间，也曾开发过一个黑白棋（Othello）的 AI 算法，据说还战胜了当时美国黑白棋世界冠军。还是那句话："外行看热闹，内行看门道"，作为程序员，我们应该知道这"神奇"的现象背后一定是某种算法在"作祟"。

棋类游戏通常包含三大要素：棋盘、棋子和游戏规则，其中游戏规则又包括胜负判定规则、落子规则以及游戏的基本策略。设计一个棋类游戏的 AI 算法，棋盘和棋子的建模是相对简单的部分，而游戏规则的建模比较复杂。很多情况下，越是简单的规则越难以建模，比如围棋，目前还没有一种有效的理论能够对围棋的"形"和"势"进行建模，使得计算机能像人类一样理解一个围棋棋局。那么棋类游戏的 AI 到底是什么原理？很简单，既然不能让计算机像人一样思考，那就利用计算机强大的计算和数据处理能力搜索结果吧。当然，对于很多棋类游戏来说，穷举搜索所有棋局是不现实的，比如围棋，因此需要一些理论和算法来支撑搜索工作，这就是本章要介绍的棋类游戏的 AI 算法原理。棋类游戏的人工智能是各种人工智能技术中最基础的一类（或者说根本算不上是 AI），而与博弈树理论相关的各种算法则是棋类游戏人工智能算法的核心，本章将介绍博弈树相关算法在棋类游戏中的应用。

23.1 棋类游戏的 AI

前面已经提到，除了棋盘和棋子的建模，棋类游戏最重要的部分就是 AI 算法的设计。目前棋类游戏的 AI 基本上就是带启发的搜索算法，那么，这些搜索算法是建立在什么理论基础上的？常用的搜索算法有哪些？一个棋类游戏的 AI 算法通常包含哪些内容？本节就来解答这些问题。

23.1.1 博弈与博弈树

首先介绍什么是博弈。**博弈**可以理解为有限参与者进行有限策略选择的竞争性活动，比如下棋、打牌、竞技、战争等。根据参与者种类和策略选择的方式可以将博弈分成很多种，本章讨论的是与棋类游戏有关的简单的"二人零和、全信息、非偶然"博弈，也就是我们常说的**零和博弈**（zero-sum game）。所谓"零和"，就是有赢必有输，不存在双赢的结果。所谓"全信息"，是指参与博弈的双方进行决策时能够了解的信息是公开和透明的，不存在信息不对称的情况。比如棋类游戏的棋盘和棋子状态是公开的，下棋的双方都可以看到当前所有棋子的位置，但是很多牌类游戏不满足全信息的条件，因为牌类游戏都不会公开自己手中的牌，也看不到对手手中的牌。所谓的"非偶然"，是指参与博弈的双方的决策都是"理智"的行为，不存在失误和碰运气的情况。

在博弈过程中，任何一方都希望自己取得胜利，当某一方当前有多个行动方案可供选择时，他总是挑选对自己最为有利同时对对方最为不利的那个行动方案。当然，博弈的另一方也会从多个行动方案中选择一个对自己最有利的方案进行对抗。参与博弈的双方在对抗或博弈的过程中会遇到各种状态和移动（也可能是落子）的选择，博弈双方交替选择，每一次选择都会产生一个新的棋局状态。假设两个棋手（可能是两个人，也可能是两台计算机）MAX 和 MIN 正在一个棋盘上进行博弈。当 MAX 做选择时，主动权在 MAX 手中，MAX 可以从多个可选决策方案中任选一个行动，一旦 MAX 选定某个行动方案后，主动权就转移到了 MIN 手中。MIN 也会有若干个可选决策方案，MIN 可能会选择任何一个方案行动，因此 MAX 必须对做好准备，应对 MIN 的每一种选择。如果把棋盘抽象为状态，则 MAX 每选择一个决策方案就会触发产生一个新状态，MIN 也同样，最终这些状态就会形成一棵状态树，这棵附加了 MAX 和 MIN 的决策过程信息的状态树就是**博弈树**（game tree）。博弈树的根就是搜索开始时的棋盘状态，每一个子节点就是 MAX 的每一种决策方案可能产生的棋盘状态（局面），而这些子节点的子节点则是 MIN 的每一种决策方案可能产生的棋盘状态（各层相互间隔）。这棵树的叶子节点就是最终结局，结果无非三种：MAX 胜利、MIN 胜利或者平局。

博弈树的搜索就是从一个棋局状态开始，对每一步棋子移动产生的新的棋局状态进行判断，看看是赢还是输，直到最终得到整棵树的判断结果。根据这个搜索过程，如果 MAX 和 MIN 都知道这棵博弈树的全部状态，则结果将变得没有悬念。除非存在一个必胜的（棋局状态）节点序列（就像古老的井字棋游戏那样），否则平局将是所有博弈最后的结局，所有的棋类游戏都将变得无聊至极。幸运的是（反过来也可以理解为不幸），人类的大脑处理不了这么多状态，因此人类对弈的结局依然充满了悬念。以目前计算机的处理能力，要处理如此多的节点也是不现实的。以中国象棋为例，建立一棵双方各走 50 步的博弈树需要生成大约 10^{160} 个节点，即使处理一个节点只需要 10^{-8} 秒，要处理这棵树也需要 10^{140} 年以上。至于围棋，据估算，其博弈树的节点数大约在 $10^{575} \sim 10^{620}$。由此可见，对于大多数棋类游戏来说，建立完整的博弈树，从根节点到叶子节点完整地搜索博弈树是不现实的。所以复杂棋类游戏的搜索算法通常需要指定一个搜索深度，当达到搜索深度时就直接评估棋局,在时间和准确度之间做一个折中。

23.1.2 极大极小值算法

博弈树搜索是各种棋类游戏 AI 算法的基础,**极大极小值**(Min-Max)**算法**是各种博弈树搜索算法中最基础的搜索算法。假如 MAX 和 MIN 两个人在下棋,MAX 会对自己所有可能的落子后产生的局面进行评估,选择评估值最大的局面作为自己落子的选择。这时候就该 MIN 落子了,MIN 当然也会选择对自己最有利的局面,这就是双方的博弈,即总是选择最小化对手的最大利益的落子方法。作为一种博弈树搜索算法,极大极小值算法的名字就由此而来。

从下棋的角度考虑,是 MAX 和 MIN 双方轮流落子,但是从搜索算法的角度考虑,只能以其中一方为基准进行搜索。接下来我们就站在 MAX 的立场上分析极大极小值算法的搜索过程。首先我们知道,极大极小值搜索也将得到一棵博弈树,称为**极大极小博弈树**(minimax game tree)。这棵树的根(第 0 层)是搜索的开始状态。树的第 1 层节点是 MAX 的选择节点,这一层的节点 MAX 将选择对自己最有利的评估最大值,称为**极大值节点**。树的第 2 层节点是 MIN 选择节点,这一层的节点 MAX 将选择对自己最不利的评估最小值,因为这一层是对 MIN 落子后的局面进行评估,站在 MIN 的立场进行选择,所以这一层的节点又称**极小值节点**。极大值节点和极小值节点交错出现在每一层,直到最后一层的叶子节点对棋局进行评估。所谓的叶子节点,其实就是搜索达到终局状态或达到指定搜索深度时的节点。

图 23-1 是简单的井字棋游戏的极大极小博弈树的一部分,第 1 层是极大值节点,3 种落子位置得到的评估值分别是–1、0 和–2,MAX 会选择评估值最大的节点,也就是落子在中间位置的局面,这个局面的估值是 1。那么这一层的评估值是怎么得到的呢?那就是根据第 2 层的评估值进行选择。第 2 层是极小值节点,MAX 会选择对自己最不利的局面,也就是说,MAX 对每个分支都会选择评估最小的值作为第 1 层节点的估值。对于第一个分支,MAX 选择–1 作为评估值;对于第二个分支,MAX 选择 1 作为评估值;对于第三个分支,MAX 选择–2 作为评估值,这就是第 1 层 3 个局面评估值的由来。

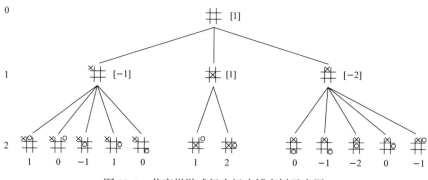

图 23-1 井字棋游戏极大极小博弈树示意图

根据以上分析，我们可以给出极大极小值算法的伪代码：

```
int MiniMax(node, depth, isMaxPlayer)
{
    if(depth == 0)
    {
        return Evaluate(node);
    }

    int score = isMaxPlayer ? -INFINITY : INFINITY;
    for_each(node 的子节点 child_node)
    {
        int value = MiniMax(child_node, depth - 1, !isMaxPlayer);
        if(isMaxPlayer)
            score = max(score, value);
        else
            score = min(score, value);
    }
}
```

有了 "α-β" 剪枝算法之后，当然不会有人再直接使用极大极小值算法，但它仍然是我们理解其他搜索算法的基础。

23.1.3 负极大值算法

博弈树的搜索是一个递归的过程，极大极小值算法在递归搜索的过程中需要在每一步区分当前评估的是极大值节点还是极小值节点。1975 年 Knuth 和 Moore 提出了一种消除 MAX 节点和 MIN 节点区别的简化的极大极小值算法，称为**负极大值**（negamax）**算法**。该算法的理论基础是：

max(a,b) = -min(-a, -b)

简单地将递归函数 MiniMax() 返回值取负再返回，就可以将所有 MIN 节点都转化为 MAX 节点，对每个节点的搜索都尝试让节点值最大，这样就将每一步递归搜索过程都统一了起来。

根据以上分析，我们可以给出负极大值算法的伪代码，其中 color 参数相当于传递了一个符号位：

```
int NegaMax(node, depth, color)
{
    if(depth == 0)
    {
        return color * Evaluate(node);
    }

    int score = -INFINITY;
    for_each(node 的子节点 child_node)
    {
        int value = -NegaMax(child_node, depth - 1, -color);
        score = max(score, value);
    }
}
```

23

23.1.4 "*α-β*"剪枝算法

博弈树搜索算法很简单，但是需要搜索的状态相当多。以简单的井字棋（Tic-Tac-Toe）游戏为例，当设定搜索深度是 6 时，不带任何优化的极大极小值算法确定第一个落子时需要搜索 56 160个状态。如果是五子棋或围棋这样的复杂棋类游戏，搜索的状态数会是天文数字，因此需要一些优化方法对简单搜索算法进行优化。"剪枝"是搜索算法中常见的优化方法，通过减除一些明显不可能得到正确解的状态，避免对这些状态的搜索，可以提高搜索算法的效率。本节将介绍一种可应用于极大极小值算法和负极大值算法的剪枝算法——"*α-β*"剪枝（alpha-beta pruning）算法。

有很多资料将"*α-β*"剪枝算法称为"*α-β*"搜索算法，实际上，它不是一种独立的搜索算法，而是一种嫁接在极大极小值算法和负极大值算法上的一种优化算法。"*α-β*"剪枝算法维护了一个搜索的极大极小值窗口：$[\alpha, \beta]$。其中 α 表示在搜索进行到当前状态时，博弈的 MAX 一方所追寻的最大值中最小的那个值（也就是对 MAX 来说最坏的情况）。在每一步的搜索中，如果 MAX 所获得的极大值中最小的那个值比 α 大，则更新 α 值（用这个最小值代替 α），也就是提高 α 这个下限。而 β 表示在搜索进行到当前状态时，博弈的 MIN 一方的最小值中最大的那个值（也就是对 MIN 来说最坏的情况）。在每一步的搜索中，如果 MIN 所获得的极小值中最大的那个值比 β 小，则更新 β 值（用这个最大值代替 β），也就是降低 β 这个上限。当某个节点的 $\alpha \geqslant \beta$ 时，说明该节点的所有子节点的评估值既不会对 MAX 更有利，也不会对 MIN 更有利，也就是对 MAX 和MIN 的选择不会产生任何影响，因此就没有必要再搜索这个节点及其所有子节点了。

"*α-β*"剪枝算法实际上包含两个过程，分别是极小值节点的"*α* 剪枝"和极大值节点的"*β*剪枝"，接下来我们用两幅图分别说明这两个剪枝过程的原理。图 23-2 是"*α* 剪枝"过程示意图。极大值节点 A 搜索博弈树时会从两个极小值节点 B 和 C 中选择评估值最大的一个节点，而 B 和C 节点则会从自己的子节点（极大值节点）中选择评估值最小的一个节点。假设已经对 B 节点完成了搜索，B 的 4 个子节点 D、E、F、G 中最小值是 2，则可知 B 节点的准确评估值是 2，此时更新 α 的值为 2。接下来开始搜索 C 节点的子节点 H、I 和 J，如果 H 的评估值是 1，则说明 C 节点的评估值一定不会超过 1（因为 C 总是选择 H、I、J 节点中的最小值），也就是说，C 节点的评估值一定不会比 B 节点的评估值更大，此时就可以终止对 C 节点的搜索，此过程就称为"*α* 剪枝"。

图 23-3 是"*β* 剪枝"过程示意图。极小值节点 A 搜索博弈树时会从两个极大值节点 B 和 C中选择评估值最小的一个节点，而 B 和 C 节点则会从自己的子节点（极小值节点）中选择评估值最大的一个节点。假设已经对 B 节点完成了搜索，B 的 4 个子节点 D、E、F、G 中最大值是 8，则可知 B 节点的准确评估值是 8，此时更新 β 的值为 8。现在开始搜索 C 节点的子节点 H、I 和 J，如果 H 节点的评估值是 10，则 C 节点的值一定不会小于 10（因为 C 总是选择 H、I、J 节点中的最大值），也就是说，C 节点的值一定不会比 B 节点更小，因此可以终止对 C 节点的搜索，此过程就称为"*β* 剪枝"。

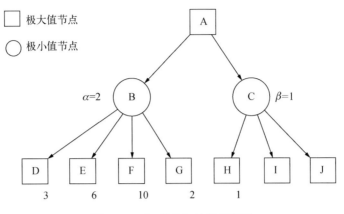

图 23-2 "α剪枝"过程示意图

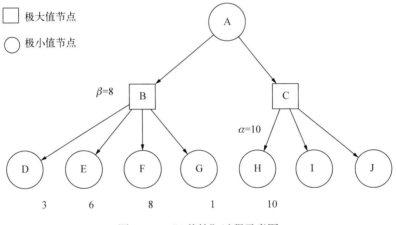

图 23-3 "β剪枝"过程示意图

这就是"α-β"剪枝算法的原理，搜索开始时，可设定 $\alpha=-\infty$，$\beta=+\infty$，在搜索过程中，这个范围会逐步收窄，直到出现 $\alpha \geqslant \beta$ 的剪枝条件。下面给出基于极大极小值算法的"α-β"剪枝算法的伪代码：

```
int MiniMax_AlphaBeta(node, depth, α, β, isMaxPlayer)
{
    if(depth == 0)
    {
        return Evaluate(node);
    }

    if(isMaxPlayer)
    {
        for_each(node 的子节点 child_node)
        {
            int value = MiniMax_AlphaBeta(child_node, depth - 1, α, β, FALSE);
```

23

```
            α= max(α, value);
            if(α >= β) /*β 剪枝*/
                break;
        }

        return α;
    }
    else
    {
        for_each(node 的子节点 child_node)
        {
            int value = MiniMax_AlphaBeta(child_node, depth - 1, α, β, TRUE);
            β= min(β, value);
            if(α >= β) /*α 剪枝*/
                break;
        }

        return β;
    }
}
```

"*α-β*" 剪枝算法同样可以应用于负极大值算法，需要注意的是，在递归搜索子节点时，需要将极大极小值窗口[*α, β*]更换为[−*β*, −*α*]。应用 "*α-β*" 剪枝算法后的负极大值算法伪代码如下所示：

```
int NegaMax_AlphaBeta(node, depth, α, β, color)
{
    if(depth == 0)
    {
        return color * Evaluate(node);
    }

    int score = -INFINITY;
    for_each(node 的子节点 child_node)
    {
        int value = -NegaMax_AlphaBeta(child_node, depth - 1, -β, -α, -color);
        score = max(score, value);
        α= max(α, value);
        if(α>= β)
            break;
    }

    return score;
}
```

23.1.5 估值函数

对于很多启发式搜索算法，其"智力"的高低基本上是由估值函数（评估函数）所决定的，棋类游戏的博弈树搜索算法也不例外。博弈树搜索算法基本上就是利用计算机强大的数据处理和计算能力进行蛮力计算，只有在进行棋局评估时才体现出一点点"智力"，这点"智力"就是估值函数的价值。人类棋手下棋，对棋局都有一个综合评估，协调各个棋子之间的关系，有舍有得，控制棋局向有利的方向发展。但是对于计算机算法来说，把这一套评估和控制转化成一个估值函数，是一个相当复杂的模型。比如弃子是棋类游戏中常用的策略，以退为进，在若干步之后可获得很好的结果，如何让评估函数也能理解这种策略呢？

估值函数的作用是把一个棋局量化成一个可直接比较的数字，这个数字在一定程度上能反映取胜的概率。棋局的量化需要考虑很多因素，量化结果是这些因素按照各种权重组合。这些因素通常包括棋子的战力（棋力）、双方棋子占领的空间、落子的机动性、威胁性（能吃掉对方的棋子）、形和势等。不同的棋类游戏会根据规则选择合适的参考因素与权重关系，组合出一个量化的评估结果。权重关系组合在很大程度上决定了估值函数的价值，为了获得一个更好的组合关系，研究者通常会收集成千上万的棋局对自己的估值函数进行"训练"，通过反馈调整权重组合关系。估值函数对棋局量化的原理通常是简单的，但是大多数"战力强悍"的 AI 算法是不公开自己的估值函数的。

估值函数并不仅仅是简单的评估计算，棋类游戏的估值函数需要综合大量跟棋类有关的知识。相关的知识越少，估值函数越简单，速度快但是效果差；相关的知识越多，估值函数就越复杂，估值函数的质量高但是速度慢。估值算法中增加的知识越多，算法就越慢，很多情况下需要在速度和质量之间寻求一种平衡。

23.1.6　置换表与哈希函数

置换表（transposition table）也是各种启发式搜索算法中常用的辅助算法，它是一种以空间换时间的策略，使用置换表的目的就是提高搜索效率。结合"$\alpha\text{-}\beta$"剪枝算法，直接通过置换表可以获得该节点的一个已经缩小范围的搜索窗口，直接在这个搜索窗口上进行搜索可以提高剪枝效率。如果通过置换表可以得到该节点的一个明确的搜索结果（通常这个结果是当前已知的最好结果），则可直接利用这个结果，没有必要再对这个节点进行搜索。本节将介绍与置换表相关的一些知识。

1. 置换表的原理

一般情况下，置换表中的每一项代表一个棋局中最好的落子方法，直接查找置换表获得这个落子方法能避免耗时的重复搜索，这就是使用置换表能大幅提高搜索效率的原理。

置换表用于存储已经搜索过的棋局（包括以该棋局为根的搜索子树）的搜索结果。搜索算法在搜索一个棋局时，首先查置换表，如果从置换表中能查到这个棋局的信息（已经完成的搜索结果），就可以直接使用这些信息，从而避免对这个棋局再次做完整搜索。置换表的每个表项包含与该棋局有关的搜索信息，这些信息包括评估结果、搜索深度、落子方法和位置等。

如果该棋局及其状态子树已经完成搜索，则会存储该棋局的精确结果；如果该棋局及其状态子树还没有完成搜索，则会存储已经完成的搜索窗口。使用"$\alpha\text{-}\beta$"剪枝的搜索算法通常有三种类型的评估值，分别是精确值、α值和β值。精确值，顾名思义，当搜索得到的评估结果落在区间$[\alpha, \beta]$之内，就将评估结果视为精确值。如果状态子树的所有子节点没有找到比当前极大值更好的结果，则将评估结果视为α值。如果状态子树的所有子节点没有找到比当前极小值更差的结果，则将评估结果视为β值。

搜索深度也是置换表中的一个重要属性，它决定了对这个表项的使用和更新方式。假如要对一个棋局进行n层深度的搜索，如果置换表中存在一个搜索深度是m且$m \geq n$的表项，则说明这个棋局的搜索结果可以直接使用，无须对该棋局再做完整的搜索。

除此之外，落子方法和位置用于指导落子和修改棋局状态，也是很重要的信息。

2. 哈希算法

使用置换表最大的问题在于组织和查找的效率。一般来说，置换表越大，查找的命中率就越高。但这个关系不是绝对的，当置换表达到一定规模后，命中率不仅不会再提高，反而会因为耗时的查找操作影响算法效率。所以置换表不是越大越好，需要根据计算机的性能以及搜索的深度选择合适的大小。此外，为了查找操作更高效，通常会用可直接访问的哈希表方式组织置换表，哈希函数的性能就成为影响置换表性能的重要因素。

棋类游戏普遍采用Zobrist哈希算法，本书第20章已经介绍过Zobrist哈希算法的原理和实现，本章在介绍黑白棋和五子棋的搜索算法时，会再次用到Zobrist哈希算法。

3. 置换表的替换原则

置换表的替换原则也称覆盖策略，就是同一个棋局（棋局的哈希值相同）如果有了更新的搜索结果，以何种方式更新置换表中的表项。对于单一的置换表算法，其替换原则一般有两种，一种是深度优先（deeper priority）替换，一种是始终（随时）替换（always replace）。深度优先替换原则执行的是"同样的搜索深度或更深时替换"的策略，也就是说，只有新棋局的搜索深度大于或等于置换表中已经存在的值时，才更新置换表中的值。深度优先策略只考虑搜索的深度，没有考虑棋局演化出的新棋局信息对后续演化的影响，置换表容易被已经过时但是搜索深度很深的棋局占满，无法保证棋局评估结果的实时性，同时也降低了置换表的搜索效率。始终替换原则就是不考虑其他情况，如果置换表中存在搜索过的棋局，始终用新的搜索结果替换已经存在的结果。始终替换策略总是用新的结果代替旧的结果，能保证棋局评估结果的实时性，但是容易丢掉搜索层数较深的棋局评估结果，而搜索深度越深，往往意味着更优的评估值（对很多搜索算法而言，结果往往是这样的）。

两种原则各有优缺点，有没有一种能将二者结合在一起的策略呢？很多研究者在这方面做了深入的研究，不过最简单也最常用的策略就是使用双置换表。简单来说，双置换表就是使用两个单置换表，一个使用深度优先策略，一个使用始终替换策略。查表时每次查找两个表，只要一个表中查到结果就可以直接使用，如果两个表中都查到结果，就根据事先制定的顺序策略选择其中一个。更新的时候，应用两种策略分别对两个置换表同步更新。

当然，也有一些开源的棋类软件使用了分类置换表算法，就是同一个棋局的置换表对应多个值，按照搜索深度从大到小排序，每当更新一个棋局时，将新的搜索结果按顺序插入到对应的位置中，同时删除搜索深度最小的那个结果。如果新结果的搜索深度小于当前最小的搜索深度，则直接替换当前搜索深度最小的结果。原理上有点像对双置换表的扩展，将其扩展成 n 层置换表，但是搜索和使用置换表的方法仍然是相同的。

23.1.7　开局库与终局库

俗话说"好的开始是成功的一半"，棋类游戏的开局尤其如此。如果能在开局阶段占据先机，对整个棋局的发展都是非常有利的。终局又称残局，是棋类游戏中决定胜负的最后阶段，也是棋类游戏中非常重要的一个阶段。在开局和终局阶段，棋盘上的变化与正常进行的中局有显著的不同，比如棋子的数量、某些类型棋子的走法（比如中国象棋的"兵"和"卒"）都会发生变化。很多棋类游戏在开局和终局阶段棋盘上的棋子很少，棋类游戏 AI 的搜索算法在面对空荡荡的棋盘时，常用的启发手段基本上失效，搜索算法退化为普通的穷举搜索，很多落子位置最终的评估结果都是一样的，搜索算法变得"不知所措"，也正是这个原因导致许多棋类游戏的 AI 算法在开局或终局阶段常常走出令人匪夷所思的"昏招"。针对这种情况，很多棋类游戏的算法会使用开局库和终局库，在开局和终局阶段，直接从库中搜索已知的开局和残局走法，借鉴各种经典的和成熟的开局走法，利用前人对弈的智慧度过这个阶段。到进入中局时，棋盘上的棋子比较多，在搜索过程中可以利用各种启发式搜索获取千变万化的棋局的评估结果后再使用搜索算法。

所谓的开局库和终局库，实际上就是一种存储了各种开局和终局棋局信息的数据库。以开局库为例，库中存储了很多已知的经典开局，都是一些很有规律的定势。棋类游戏的 AI 在对弈的开始阶段都从开局库中搜索落子方法，直到棋局演化的局面无法在开局库中找到对应的落子方法为止，此时算法才开始真正的搜索。开局库一般存些什么内容呢？开局库一般要存储开局的棋局、该棋局对应的各种走法和评估分数，有些开局库还统计了该开局最终的胜局次数、平局次数和负局次数，给出开局棋局的权重等附加信息供搜索时选择。

终局决定了一盘棋的胜负，终局中也有很多规律和定势，许多棋类游戏算法也会使用终局库，以便在终局阶段借鉴一些经典的走法。相对于局面简单的开局库，终局库棋子没有固定的位置，走法更为多样化，棋局的变化更无常，因此终局库的规模常常是开局库的几百或几万倍，检索时间比较长，效率比较低，需要根据实际需要酌情使用。

23.2　井字棋——最简单的博弈游戏

井字棋游戏在西方又被称为 Tic-Tac-Toe，是一种简单的九宫格游戏，因其棋盘很像汉字的 "井" 字而得名。井字棋游戏玩法是在 3×3 的方格子棋盘上，两人持不同颜色的棋子交替落子，谁的棋子在横、竖和斜线方向先连成 3 个就算获胜。2.1 节介绍了棋类游戏的 AI 算法相关的一些理论和算法设计，本节我们就结合井字棋游戏设计一个简单的人机博弈游戏。游戏虽然简单，但是包含了一个棋类游戏需要解决的基本问题，比如棋盘和棋子状态建模、博弈树搜索算法设计、静态棋局评估函数和如何产生井字棋的走法（落子方法）等。

一个简单的估值函数加上博弈树搜索，就使计算机具备了与人玩井字棋游戏的能力，虽然智力不高，但是计算机确实是在玩井字棋游戏，来看看怎么做吧。

23.2.1　棋盘与棋子的数学模型

井字棋的棋盘是 3×3 的九宫格，比较容易想到用一个 3×3 的二维数组表示棋盘，而数组的值就是棋盘上棋子的状态。使用二维数组的好处是数据访问比较直观，二维数组的两个下标可以直接表示棋子的位置。但是使用二维数组的缺点也很明显，首先是遍历棋盘需要用两重循环处理两个下标，其次是判断行、列以及斜线方向上是否满足三子一线的算法不统一，根据行、列和斜线的下标变化特点，需要用几套不同的方法处理。现在换个思路，用长度为 9 的一维数组表示 3×3 的棋盘如何？这样做损失的是数据访问的直观性，比如第 2 行第 1 个棋盘格，对应的数据存在数组的第 4 个元素中。但是使用一维数组的好处是处理数据简洁，只需对数组进行一维遍历就可以得到棋盘的当前状态，不需要关注两个下标的计算。最重要的是，结合一点小技巧可以用一套统一的算法非常简洁地处理上面提到的判断三子一线的问题。

有了棋盘和棋子的状态，加上当前落子的玩家 ID，即可构成一个棋局在某一时刻的状态。以下就是棋局状态的定义：

```
class GameState
{
    ...
    Evaluator *m_evaluator;
    int m_playerId;
    int m_board[BOARD_CELLS];
};
```

m_evaluator 是评估算子，是对棋局估值的委托算子，它不属于棋局状态，但是从代码实现角度理解，可以作为棋局对象的一个属性。m_board[i] 的值有两种状态，即空的状态和有棋子的状态。空状态时其值是 PLAYER_NULL，有棋子的状态时其值是玩家的 ID，所以 m_board[i] 的值可能为 PLAYER_NULL、PLAYER_A 或 PLAYER_B 三种情况。

以上就是棋局状态的数据结构定义，现在来看看前文提到的判断三子一线的小技巧。观察井字棋游戏的棋盘，能够排成三子一线的情况一共有三横、三竖加两条斜交叉线 8 种情况，我们事先把这 8 种情况的数组下标组织成一个表：

```
int line_idx_tbl[LINE_DIRECTION][LINE_CELLS] =
{
    {0, 1, 2}, //第 1 行
    {3, 4, 5}, //第 2 行
    {6, 7, 8}, //第 3 行
    {0, 3, 6}, //第 1 列
    {1, 4, 7}, //第 2 列
    {2, 5, 8}, //第 3 列
    {0, 4, 8}, //正交叉线
    {2, 4, 6}, //反交叉线
};
```

这样在判断三子一线时，不需要做复杂的数组下标计算，直接查这张表就可以依次判断 8 条线上是否有三子一线的情况。GameState 类中判断三子一线的算法实现如下：

```
bool GameState::CountThreeLine(int player_id)
{
    for(int i = 0; i < LINE_DIRECTION; i++)
    {
        if( (m_board[line_idx_tbl[i][0]] == player_id)
            && (m_board[line_idx_tbl[i][1]] == player_id)
            && (m_board[line_idx_tbl[i][2]] == player_id) )
        {
            return true;
        }
    }

    return false;
}
```

这就是算法设计中常用的用数据表进行一致性处理的技巧，在本书的其他章节中也多次用到这种技巧。使用精心构造的数据表，可以让很多棘手问题的实现代码变得无比简单。

23.2.2 估值函数与估值算法

研究井字棋游戏的估值函数，需要理解井字棋游戏的一些棋局现象。首先是空行数的概念，所谓棋子占据的空行数，指的是棋子所在的行、列或斜线方向上只有己方的棋子或空格子的行（列、斜线）数 + 全是空格的行（列、斜线）数。如图 23-4 所示，第一个棋局中 X 棋子的空行数是 5，O 棋子的空行数是 4；第二个棋局中 X 棋子的空行数是 4，O 棋子的空行数是 3。根据对井字棋游戏规则的理解，对于一个井字棋的棋局，每个玩家的棋子占据的空行越多，就说明该玩家有更大的可能性凑成三子一线的结果，因此空行数是井字棋游戏估值函数评估棋局的一个重要因素。

但是井字棋游戏的评估并不是只考虑空行数这一个因素，在某些情况下，一方棋子占据的空

23

行数多并不一定说明局面占优势，因为井字棋游戏还存在双连子的情况。所谓的双连子，指的是在一行（列、斜线）上有两个己方的棋子而没有对方的棋子的情况。如图 23-4 的第二个棋局所示，O 的棋子形成了双连子而 X 的棋子不是双连子。在这种情况下，尽管 X 棋子的空行数比 O 棋子的空行数多，但是 O 棋子形成了双连子，比 X 棋子更有优势。

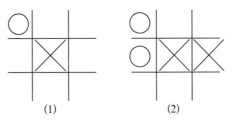

(1)　　　　　　　　(2)

图 23-4　井字棋局面示意图

综上考虑，我们给出一种井字棋游戏的估值函数计算方法，对于执 X 棋子的一方来说，其评估函数是：

$$E(X)=\begin{cases}+\infty\\-\infty\\0\\(X双连子数-O双连子数)\times 10+(X空行数-O空行数)\end{cases}$$

$+\infty$ 表示 X 获胜的局面，$-\infty$ 表示 X 失败的局面，0 表示双方是平局，其他值是具体的评估值。根据这个估值函数，我们设计了 FeEvaluator 算子。以下是 FeEvaluator 算子估值函数的算法实现：

```
int FeEvaluator::Evaluate(GameState& state, int max_player_id)
{
    int min = GetPeerPlayer(max_player_id);

    int aOne, aTwo, aThree, bOne, bTwo, bThree;
    CountPlayerChess(state, max_player_id, aOne, aTwo, aThree);
    CountPlayerChess(state, min, bOne, bTwo, bThree);

    if(aThree > 0)
    {
        return INFINITY;
    }
    if(bThree > 0)
    {
        return -INFINITY;
    }

    return (aTwo - bTwo) * DOUBLE_WEIGHT + (aOne - bOne);
}
```

井字棋游戏的估值算法很多，有很多网友也提供了其他方法，在本章的随书代码中，还用另一种方式实现了一个 WzEvaluator 算子，经过测试，两个评估算子的棋力差不多。

23.2.3 如何产生走法（落子方法）

搜索算法负责对棋局进行评估，选择下一步的最佳落子位置，但是搜索过程中需要遍历所有可能的落子或移动方法，这就需要一种能够推动落子或棋子移动的算法。棋类游戏的规则多种多样，有的只能放置棋子，不能移动棋子，有的只能移动已有的棋子，因此走法产生算法也是多种多样的，很难找到通用的算法。井字棋游戏的走法产生非常简单，就是对还没有放置棋子的格子依次进行落子试探即可，所有空格子都试过以后，走法产生的算法就结束了，非常简单。

走法产生算法一般配合搜索算法使用。下面给出井字棋游戏的极大极小值算法实现，内含了走法产生，结合 23.1.2 的算法解释，这段代码不难理解。MiniMax()函数就是极大极小值算法的实现，其中的 for 循环就是走法产生算法。为了配合 23.1 节的内容，井字棋游戏还实现了带"α-β"剪枝的搜索算法 AlphaBetaSearcher 和负极大值算法 NegamaxSearcher，有兴趣的读者可以查看本章的随书代码，了解这两种搜索算法的实现细节。通过对比，"α-β"剪枝算法对提高搜索效率确实有非常好的效果。对于空盘状态的棋局，假如设置搜索深度是 6，极大极小值算法搜索棋局的次数是 65 000 多，但是应用"α-β"剪枝后搜索棋局的次数只有 6500 多。

```cpp
int MinimaxSearcher::MiniMax(GameState& state, int depth, int max_player_id)
{
    if(state.IsGameOver() || (depth == 0))
    {
        return state.Evaluate(max_player_id);
    }

    int score = (state.GetCurrentPlayer() == max_player_id) ? -INFINITY : INFINITY;
    for(int i = 0; i < BOARD_CELLS; i++)
    {
        GameState tryState = state; /*生成临时棋局状态对象*/
        if(tryState.IsEmptyCell(i))/*此位置可以落子*/
        {
            tryState.SetGameCell(i, tryState.GetCurrentPlayer());
            tryState.SwitchPlayer();
            int value = MiniMax(tryState, depth - 1, max_player_id);
            if(state.GetCurrentPlayer() == max_player_id)
            {
                score = std::max(score, value);
            }
            else
            {
                score = std::min(score, value);
            }
        }
    }
}
```

```
    return score;
}
```

实现了搜索算法和评估算子，结合专为本书而做的一个棋类游戏代码框架（参见第 25 章），就可以实现一个简单的人机对战井字棋游戏了（如图 23-5 所示）。来看看结果吧，设定搜索深度为 6 的时候，计算机的智商貌似不错，我最多只能玩个平局。

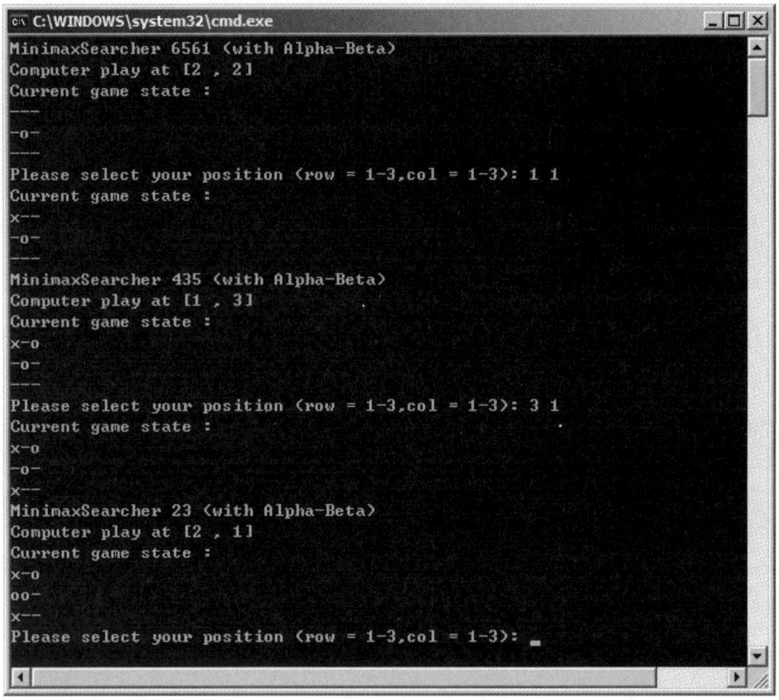

图 23-5　简单的井字棋游戏

23.3　奥赛罗棋（黑白棋）

奥赛罗棋（Othello）又称黑白棋、翻转棋（Reversi），在西方和日本非常流行。游戏双方分别执黑白两种颜色的棋子，在 8×8 的棋盘上轮流落子，相互翻转对方的棋子。只要落子和棋盘上任一枚己方的棋子在横、竖和斜线方向上能夹住对方棋子，就能将对方的这些棋子转变为己方棋子。如果一方在任一位置落子都不能夹住对手棋子，就要让对手落子，如果双方皆不能落子，则游戏结束，棋盘上棋子多的一方取胜。奥赛罗棋游戏规则简单，很容易上手，但是要玩得好就不容易了。

为了便于识别棋子的位置，用数字 1～8 标识棋盘的行，用字母 A～H 标识棋盘的列，如图 23-6 所示。黑白棋游戏的规则比较特殊，有时候一个落子就会造成十几个子的翻转，因此很容易出现双方比分剧烈变化的情况。即使在游戏的前期不占优势，只要占据了有利位置，后期很可能几个回合就能将对方大量的棋子翻转为己方棋子，从而扭转局势。因此黑白棋游戏的前期一般不太着眼于棋子的多少，更重要的是棋子的位置。中间位置的棋子最容易受到夹击，在横、竖和斜线共四个方向上都可能被夹击。边缘的棋子则只有一个可能被夹击的方向（横向或竖向），而四个角上的棋子则完全不可能被夹击，是最安全的位置。正因为这样，黑白棋有"金角银边草肚皮"之说。

C 位（C-squares）、星位（X-squares）、角和边是黑白棋中的一些特殊位置。在图 23-6 中标记了字母 C 的 A2、A7、B1、B8、G1、G8、H2 和 H7 几个位置即为 C 位，标记了字母 X 的 B2、B7、G2 和 G7 四个位置即为星位。下棋过程中不到万不得已不要占用 C 位和星位，因为对手可能会借助 C 位和星位的己方棋子做桥梁占领相邻的角位置。与 C 位相比，星位的危害更大，因为星位上如果落了己方的棋子，对手就可以从 5 个方向攻击相邻的 C 位和角位置。标记了字母 E 的是边位置，这些位置相对不容易受到攻击，下棋过程中应考虑优先在这些位置落子。与之相对的与边相邻的标记了字母 S 的位置，在这些位置落子容易导致对手占领边位置，因此要尽量避免。

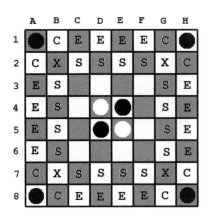

图 23-6　黑白棋棋盘位置示意图

除了这四个位置，黑白棋中还有几个重要的概念，比如内部子（internal discs）、边缘子（external discs）、稳定子（stable discs）和行动力（mobility）等。不与空位相邻的棋子称为内部子，与之相对的就是边缘子。当对手落子时，边缘子就是直接被夹击的对象，内部子相对好一些，边缘子和内部子都是考察一个黑白棋局面的要素，没有内部子的局面通常比较糟糕，边缘子太多同样糟糕。在棋盘上绝对不会被翻转的棋子就是稳定子，稳定子越多，局面越有利，四个角位置上的棋子就是天然的稳定子。一般来说，黑白棋的前 20 手一般不会出现稳定子，所以有一些黑白棋估值理论通常在黑白棋开局的时候不考虑稳定子的因素。最后是行动力的概念，行动力是指合法的落子位置的数量，当一方拥有更多的合法落子位置可供选择时，就意味着其具有更好的行动力。

23.3.1 棋盘与棋子的数学模型

黑白棋的棋盘是 8×8 个格子，很容易联想到用二维数组来表示棋盘和棋子状态。23.2.1 节介绍井字棋游戏时，提到过使用二维数组虽然展示更直观一些，但是在横向、竖向和斜线方向搜索棋子状态时会遇到算法不一致问题，因此对于黑白棋的棋盘和棋子状态，我们仍然使用一维数组来建模。黑白棋游戏比井字棋游戏复杂很多，有更多规则需要判断，使用一维数组为棋盘和棋子状态建模，需要使用很多技巧。本节我们不另辟蹊径，直接借用 Warren Smith 提出的一种建模方法，接下来我们就详细介绍 Warren Smith 提出的棋盘与棋子模型。

1. Warren Smith 棋盘状态模型

Warren Smith 的模型使用一个长度为 91 的一维数组表示黑白棋的棋盘与棋子状态，其中 64 个是棋盘上的位置，27 个是标志位或哨兵位。91 个数组元素中前 10 个和后 10 个是标志位，中间每间隔 8 个位置插入一个标志位，这个模型各个位置的逻辑结构如以下阵列所示：

```
dddddddddd
dxxxxxxxx 10
dxxxxxxxx 19
dxxxxxxxx 28
dxxxxxxxx 37
dxxxxxxxx 46
dxxxxxxxx 55
dxxxxxxxx 64
dxxxxxxxx 73
dddddddddd
```

字母 d 标识的就是标志位，用特殊值 DUMMY 表示，x 是棋子状态，我们的算法用 PLAYER_A 和 PLAYER_B 分别表示双方的棋子，用 PLAYER_NULL 表示空位置。一般人会觉得应该用标志 d 把整个棋盘都框起来，这相当于在每 8 个棋盘位置中间插入两个标志位，其实没有这个必要，一个标志位就足以保证在任意一个 x 位置向 8 个方向搜索都能遇到标志位而正常结束。如果你还有疑问，看完下面对方向步进数组的介绍后就能明白这样设置标志位的原因了。

井字棋游戏比较简单，我们介绍的算法用一个表预置了行、列和斜线的 8 个方向，但是这个方法不适用于黑白棋，因为黑白棋的行、列和斜线的组合太多了。尽管如此，我们还是有办法避免像二维数组那样需要分别用行和列的下标步进来处理各种方向，其窍门就是使用方向步进数组。对于任意一个 x 位置，向右搜索意味着每次 x 的下标+1，向左搜索意味着每次 x 的下标−1，向上搜索意味着每次 x 的下标−9，向下搜索意味着每次 x 的下标+9。斜线方向也是一样，最终的方向步进数组可以定义为：

```
const int dir_inc[] = {1, -1, 8, -8, 9, -9, 10, -10};
```

现在明白了吧，对于上述阵列，用这个数组向任意一个方向步进，最终都会遇到标志位而自然结束，这正是这个模型的高明之处。

现在问题是，这个模型中的元素与实际棋盘上的行和列的坐标如何换算呢？其实很简单，就是：

square(row,col) = board[10+col+row×9]　　(0<= row,col <=7)

有了这个关系，就不难将棋盘上的行、列坐标与棋盘模型中的一维数组元素对应起来了。

除了棋盘和棋子的状态，在黑白棋的棋盘上，空位是一个比较重要的数据，黑白棋的落子都是在空位上进行的。虽然可以搜索棋盘得到每个空位的位置，但这不是一种高效的做法。通常的做法是用一个列表将这些空位组织起来，在搜索算法中直接使用这个空位表进行搜索，要比搜索整个棋盘得到这些空位信息快很多，特别是进入中局阶段以后，空位的个数逐渐减少，这个表越来越小，这种组织方法所带来的效率提升作用就更明显。很显然，在搜索过程中这个表将面临频繁的插入和删除操作，因此我们使用双向链表来组织这个空位列表，这个链表定义如下：

```
typedef struct tagEMPTY_LIST
{
    int cell;
    tagEMPTY_LIST *pred;
    tagEMPTY_LIST *succ;
}EMPTY_LIST;
```

其中 cell 就是这个空位在一维棋盘模型数组中的位置。

2. Warren Smith 模型示例

这一节，我们用一个判断落子是否合法的算法来介绍如何使用这个棋盘模型，通过对比可以清楚地理解这个模型的优点。落子是否合法就是看能否翻转对手的棋子，只要在任意一个方向上能翻转对手的棋子即为合法落子位置。判断一个方向能否翻转对手棋子的方法是：首先这个落子位置应该是个空位，如果在这个方向上与此空位相邻的是对方的棋子，则沿着这个方向继续搜索，直到遇到的棋子不是对方的棋子为止。如果此时遇到的棋子刚好是己方的棋子，则说明在这个搜索方向上可以翻转对方的棋子。当然，遇到的这个棋子也可能是另一个空位或哨兵位，这就说明在这个搜索方向上不能翻转对方的棋子。下面给出判断沿一个方向搜索能否翻转对手棋子的算法：

```
bool GameState::CanSingleDirFlips(int cell, int dir, int player_id, int opp_player_id)
{
    int pt = cell + dir;
    if(m_board[pt] == opp_player_id)
    {
        while(m_board[pt] == opp_player_id)
        {
            pt += dir;
        }

        return (m_board[pt] == player_id) ? true : false;
    }

    return false;
}
```

23

在这个函数的参数中，cell 是搜索开始的空位在一维数组中的位置，dir 是方向步进值，就是 dir_inc 数组中的某个值，player_id 是当前落子的玩家 ID（也就是棋子的值），opp_player_id 是对手棋子的值。算法原理非常简单，m_board 的下标 pt 沿着 dir 方向步进，直到下一个棋子不是 opp_player_id 时终止步进，并判断这个棋子是否是 player_id，如果是则返回 true，否则返回 false。

沿着 8 个方向分别搜索，只需要用 CanSingleDirFlips() 函数依次遍历 dir_inc 数组即可。当然，并不是所有位置都需要遍历 8 个方向，比如四个角上的位置，就只需要遍历 3 个方向，而边上的位置则只需要遍历 4 个方向。为了提高算法效率，Warren Smith 的模型中还引入了一个方向掩码表，对棋盘模型中的 91 个位置都定义与之对应的方向掩码。方向掩码用一个字节表示，这个字节中的每个比特对应 dir_inc 数组中的一个方向。如果这个比特是 1，则表示相对于这个位置来说这个方向是有效方向，需要搜索；如果这个比特是 0，则表示这个方向不需要搜索。最终定义的方向掩码表如下：

```
unsigned char dir_mask[BOARD_CELLS] =
{
0,0,0,0,0,0,0,0,0,0,
0,81,81,87,87,87,87,22,22,
0,81,81,87,87,87,87,22,22,
0,121,121,255,255,255,255,182,182,
0,121,121,255,255,255,255,182,182,
0,121,121,255,255,255,255,182,182,
0,121,121,255,255,255,255,182,182,
0,41,41,171,171,171,171,162,162,
0,41,41,171,171,171,171,162,162,
0,0,0,0,0,0,0,0,0,0,0
};
```

有了这个表，对一个空位完成 8 个方向搜索的算法实现就非常简洁高效了，可以用一个掩码过滤掉一些方向。请看 CanFlips() 函数的实现：

```
bool GameState::CanFlips(int cell, int player_id, int opp_player_id)
{
    /*在 8 个方向试探，任何一个方向可以翻转对方的棋子就返回 true*/
    for(int i = 0; i < 8; i++)
    {
        unsigned char mask = 0x01 << i;
        if(dir_mask[cell] & mask)
        {
            if(CanSingleDirFlips(cell, dir_inc[i], player_id, opp_player_id))
            {
                return true;
            }
        }
    }

    return false;
}
```

23.3.2 估值函数与估值算法

黑白棋游戏有很多可用于估值的参数，除了前面介绍的边和角的位置关系、边缘子与内部子、稳定子以及行动力等几个概念，还有前沿子（潜在行动力）、棋子数以及奇偶性等因素。这么多参考因素是否都需要参与评估？如何参与评估？以及它们在最后的估值中占的比重就是估值函数设计的重点。本节将介绍黑白棋游戏 AI 程序中常用的估值函数模型，以及我们最后所用的估值函数算法设计。

1. 常用的估值模型

黑白棋有很多估值函数模型，Gunnar Andersson 在他的文章 "Writing an Othello program" 中提到了三种常用的估值函数模型，分别是基于位置价值表的估值模型（disk-square tables）、基于行动力的估值模型（mobility-based evaluation）和基于模板的估值模型（pattern-based evaluation）。首先介绍基于位置价值表的模型，这个模型着眼于棋盘上每个位置的不同价值，四个角的价值最高，与角相邻的几个位置价值最低，以此类推，给棋盘上的每个位置都定一个价值分。对有些位置甚至给出一个负价值分表示惩罚性记分，比如星位。评估时根据每个棋子所在位置的价值分求和，给出评估结果。有一些复杂的模型甚至在棋局的不同阶段使用不同的位置价值表，比如角位置，其在开局和中局阶段的重要性要比终局阶段高。单纯使用位置价值表忽略了黑白棋游戏的太多评估因素，算法的 AI 一般不高，当然，这个估值模型的优点是简单。

大多数人类黑白棋棋手下棋时最关注的就是己方的行动力和前沿子数量，棋手们总是追求最大行动力和最少前沿子数量，这就是基于行动力的估值模型的理论基础。当然，有一些基于行动力的评估模型会同时考虑边和角的关系，并在游戏的早期使用一些策略避免己方的棋子过多，这是对基于行动力的评估模型的扩展。

行动力、边沿子（潜在行动力）和稳定子是黑白棋估值的 3 个重点参数，但是这些参数的计算都比较复杂，精确地计算这些参数往往会影响评估的速度。为了加速估值算法，人们提出了基于模板的估值模型。该模型的思想是将全局的行动力、边沿子和稳定子化为局部的行动力、边沿子和稳定子，再将这些局部的参数组合起来表示全局参数。每个局部包含的棋子个数不多，可以预先计算好，这样在最终估值时就可以用查表代替计算，如此加快速度。以 Zebra 程序为例，它将一个 8 × 8 的棋盘剪切成 13 种模板，每种模板都有不同的实例，一共有 46 种模板实例。对于每一个棋局，都可以由这 13 种模板得到的 46 个不同的模板实例对其进行估值并相加，得到总的估值。那么这 46 个模板实例（系数值）是如何得到的呢？答案就是用大量的棋局进行训练。具体如何定义和训练模板，请参考 Michael Buro 的文章 "Experiments with Multi-ProbCut and a New High-Quality Evaluation Function for Othello"，此处不再赘述。训练充分的模板给出的估值都比较精确，与直接计算这 3 个参数不相上下，但是由于速度快，因此可以进行更大深度的搜索，通常具有更好的棋力。

2. 估值函数实现

现在该讨论我们的估值函数了。本章的例子不追求多强的棋力，只关注算法的实现，因此我们采用一个简单的评估策略。我们的算法根据棋盘上空位的数量，将棋局粗略地分为开局、中局和终局三个阶段。当棋盘上的空位大于 40 个时，视为开局阶段，因为此阶段棋盘上的棋子比较少，可参考的位置因素影响不大，所以此阶段的评估只考虑行动力因素。当棋盘上的空位大于 18 且小于 40 个时，视为终局阶段，这个阶段开始考虑棋子在棋盘上的位置估值，同时结合行动力进行评估，二者的评估系数分别是 2 和 7。当棋盘上的空位小于 18 个时，视为终局阶段，此时除了考虑位置估值和行动力之外，还考虑对棋子数量进行评估，但是会给棋子数量一个比较低的评估系数。

行动力可以理解为一方可落子的位置数量，计算行动力就是遍历所有空位，考察每个空位是否是合法的落子位置（能翻转对手的棋子）。23.3.1 节已经给出了判断一个空位能否落子的算法，计算行动力的算法可以简单实现如下：

```
int GameState::CountMobility(int player_id)
{
    int opp_player_id = GetPeerPlayer(player_id);
    int mobility = 0;

    for (EMPTY_LIST *em = m_EmHead.succ; em != NULL; em = em->succ )
    {
        if(CanFlips(em->cell, player_id, opp_player_id))
        {
            mobility++;
        }
    }

    return mobility;
}
```

m_EmHead 是空位链表的头节点，通过 m_EmHead 遍历空位列表，调用 CanFlips()函数判断每个空位能否落子。

进入中局时需要计算棋子位置的价值，我们根据国外的资料整理了一个棋子位置的价值表，如下所示：

```
int posValue[BOARD_CELLS] =
{
    0,0,0,0,0,0,0,0,0,0,
    0,100,  -8,  10,   5,   5,  10,  -8, 100,
    0,-8, -45,   1,   1,   1,   1, -45,  -8,
    0,10,   1,   3,   2,   2,   3,   1,  10,
    0,5,    1,   2,   1,   1,   2,   1,   5,
    0,5,    1,   2,   1,   1,   2,   1,   5,
    0,10,   1,   3,   2,   2,   3,   1,  10,
    0,-8, -45,   1,   1,   1,   1, -45,  -8,
```

```
0,100,  -8,  10,   5,   5,  10,  -8, 100,
0,0,0,0,0,0,0,0,0,0
};
```

对于角位，我们给出了 100 的高分，与之对应的是星位，我们给出–45 的惩罚性价值分，C 位也是负价值分，目的是降低位置评估分，使得搜索算法避免在这些位置落子。有了这个表，计算棋子位置价值的算法就非常简单了，遍历、求和即可：

```
int GameState::CountPosValue(int player_id)
{
    int value = 0;
    for(int i = 0; i < GAME_CELLS; i++)
    {
        if(m_board[i] == player_id)
        {
            value += posValue[i];
        }
    }

    return value;
}
```

最后是完整的估值函数实现，其中的系数并不是最优值，最好多找一些棋局进行估值计算，并根据反馈调整这些系数，以期获得更好的效果：

```
int WzEvaluator::Evaluate(GameState& state, int max_player_id)
{
    int min =  GetPeerPlayer(max_player_id);
    int empty = state.CountEmptyCells();

    int ev = 0;
    if(empty >= 40) /*只考虑行动力*/
    {
        ev += (state.CountMobility(max_player_id) - state.CountMobility(min)) * 7;
    }
    else if((empty >= 18) && (empty < 40))
    {
        ev += (state.CountPosValue(max_player_id) - state.CountPosValue(min)) * 2;
        ev += (state.CountMobility(max_player_id) - state.CountMobility(min)) * 7;
    }
    else
    {
        ev += (state.CountPosValue(max_player_id) - state.CountPosValue(min)) * 2;
        ev += (state.CountMobility(max_player_id) - state.CountMobility(min)) * 7;
        ev += (state.CountCell(max_player_id) - state.CountCell(min)) * 2;
    }

    return ev;
}
```

23

23.3.3 搜索算法实现

23.2 节介绍井字棋游戏时提到的极大极小值算法、带"α-β"剪枝的搜索算法和负极大值算法的实现，本节我们再实现一种搜索算法，就是 23.1.4 节介绍的带"α-β"剪枝的负极大值算法。由于黑白棋游戏搜索过程中状态极多，因此为了提高搜索效率，本节介绍的黑白棋游戏的搜索算法还采用了启发式搜索和置换表技术。再次重申一遍，和本书其他章节给出的算法示例一样，本节给出的算法使用了最简单的实现形式，目的是让大家理解算法实现的原理，并不是要实现一个棋力超强的 AI。有时候为了算法的简洁会舍弃一些效率，比如接下来要介绍的置换表就使用了 STL 库的 map 容器，更高效的做法可以参考各种开源软件给出的解决方案。

1. 走法生成

根据黑白棋的规则，任何一方落子必须要能翻转对方的棋子，这就是黑白棋走法生成的唯一规则。根据这个规则，黑白棋的走法生成就是遍历当前的空位链表，对每个空位判断如果落子后能否在 8 个方向中的任一个方向翻转对方的棋子：

```
int GameState::FindMoves(int player_id, int opp_player_id, std::vector<MOVES_LIST>& moves)
{
    std::vector<int> flips;
    MOVES_LIST ml;

    moves.clear();
    for(EMPTY_LIST *em = m_EmHead.succ; em != NULL; em = em->succ)
    {
        int cell = em->cell;
        int flipped = DoFlips(cell, player_id, opp_player_id, flips);
        if(flipped > 0)
        {
            m_board[cell] = player_id;
            em->pred->succ=em->succ;//cell 链表的 succ 链暂时跳过 em( CountMobility 函数会用到这个链表 )
            ml.goodness = -CountMobility(opp_player_id);
            em->pred->succ = em; //cell 链表的 succ 链恢复 em
            ml.em = em;
            UndoFlips(flips, opp_player_id);
            m_board[cell] = PLAYER_NULL;

            moves.push_back(ml);
        }
    }

    return moves.size();
}
```

for 循环遍历空位链表，DoFlips()函数尝试翻转对手的棋子（opp_player_id），如果返回值大于 0，则说明此处落子能翻转对方的棋子，被翻转的棋子位置记录在 flips 数组中，因为在对下一个空位进行尝试之前，要调用 UndoFlips()函数将被翻转的棋子恢复。FindMoves()函数最后将合法的走法存入 moves 数组返回。你可能已经注意到了，moves 数组除了记录可落子的空位链表节点之外，还记录了一个 goodness，这个 goodness 就是如果在此空位落子能获得的好处，它记录的是落子后对手行动力的负数，说明如果对手的行动力越大，这个落子获得的好处越少。记录这个值的目的是为后续启发式搜索提供启发依据，后面我们将介绍如何利用这个值进行启发搜索。

2. 引入置换表

黑白棋游戏搜索过程中会出现很多中间棋局状态，即使使用了"α-β"剪枝，中局时一个棋局的搜索还是可能超过 20 万个棋局状态（搜索深度 6 层）。这中间显然有很多棋局状态会重复出现，为此我们为搜索算法引入了置换表，希望通过置换表减少一些重复搜索。

置换表的关键是查找和存储，高效的哈希算法是置换表技术必不可少的部分。很多棋类游戏选择 Zobrist 哈希算法，原因在于 Zobrist 哈希算法简单，并且可以根据棋盘上少数位置的变化小范围地更新棋局的哈希值，不必因为改动几个棋子就全部重新计算一个棋局的哈希值，非常适合棋类游戏。本书第 20 章介绍华容道游戏时介绍了 Zobrist 哈希算法的原理和实现，本章就不再重复说明。Zobrist 哈希算法需要为每个棋盘格子的状态准备一个随机数，因此需要根据棋类游戏中每个棋盘格子的状态多少进行调整，大家可以通过查看 Othello 项目中的 InitZobristHashTbl() 函数的源代码了解这种变化。

对于置换表的更新我们采用深度优先策略。为了防止置换表被搜索深度很深的棋局占满，无法保证棋局评估结果的实时性，我们选择在每次开始搜索前重置置换表，即在 SearchBestPlay() 函数中调用 ResetTranspositionTable() 函数。借助 STL 的 std::map 容器的便利接口，置换表的查找和更新算法可以非常简单地实现：

```
bool LookupTranspositionTable(unsigned int hash, TT_ENTRY& ttEntry)
{
    std::map<unsigned int, TT_ENTRY>::iterator it = tt_map.find(hash);
    if(it != tt_map.end())
    {
        ttEntry = it->second;
        return true;
    }

    return false;
}

void StoreTranspositionTable(unsigned int hash, TT_ENTRY& ttEntry)
{
    std::map<unsigned int, TT_ENTRY>::iterator it = tt_map.find(hash);
    if(it != tt_map.end())
    {
        TT_ENTRY& old_entry = it->second;
        if(ttEntry.depth >= old_entry.depth)
        {
            old_entry = ttEntry;
        }
    }
```

23

```
    else
    {
        tt_map[hash] = ttEntry;
    }
}
```

3. 启发式搜索

调用 FindMoves() 函数后得到一个所有合法走法的列表，在后续的博弈树搜索过程中，如果对每个合法的走法不假思索、机械地搜索，最终结果就是盲目搜索。如果能利用一些额外信息对所有走法进行适当的处理，减少一些无谓的搜索，即可称为启发式搜索。从这个角度理解，我们使用的 "$\alpha\text{-}\beta$" 剪枝和置换表技术也是一种启发式搜索。事实上，棋类游戏中还有很多其他的启发因素，比如某个走法能吃掉对方的棋子，则优先对这个走法进行搜索，把不能吃子的走法放在后面搜索。如果有多个能吃子的走法，就根据吃掉的对方棋子的棋力从大到小排序，这种方法可以笼统地称为走法排序启发。

我们计划在黑白棋的搜索算法中应用走法排序启发。根据什么排序呢？前面介绍 FindMoves() 函数时统计了每一种走法的好处 goodness，实际上就是对手行动力的负值，我们就根据这个排序。因为我们的估值函数算法考虑了行动力因素，所以按照对自己有利的因素排序，首先搜索对自己最有利的走法，可以使得搜索算法更快地建立准确的剪枝窗口$[\alpha, \beta]$，使后续的剪枝操作更高效。SortMoves() 函数负责对走法数组排序，搜索算法每次调用 FindMoves() 函数得到走法数组后，首先调用 SortMoves() 函数排序，然后再开始具体的搜索操作。

4. 搜索算法实现

本节实现了一个带 "$\alpha\text{-}\beta$" 剪枝的负极大值算法 NegamaxAlphaBetaSearcher，同时引入了置换表技术。完整的搜索算法在 NegaMax() 函数中：

```cpp
int NegamaxAlphaBetaSearcher::NegaMax(GameState& state, int depth, int alpha, int beta, int
max_player_id)
{
    int alphaOrig = alpha;

    unsigned int state_hash = state.GetZobristHash();

    //查询置换表
    TT_ENTRY ttEntry = { 0 };
    if(LookupTranspositionTable(state_hash, ttEntry) && (ttEntry.depth >= depth))
    {
        if(ttEntry.flag == TT_FLAG_EXACT)
            return ttEntry.value;
        else if(ttEntry.flag == TT_FLAG_LOWERBOUND)
            alpha = std::max(alpha, ttEntry.value);
        else// if(ttEntry.flag == TT_FLAG_UPPERBOUND)
            beta = std::min(beta, ttEntry.value);
```

```
        if(beta <= alpha)
            return ttEntry.value;
    }

    if(state.IsGameOver() || (depth == 0))
    {
        return EvaluateNegaMax(state, max_player_id);
    }

    int score = -INFINITY;
    int player_id = state.GetCurrentPlayer();
    int opp_player_id = GetPeerPlayer(player_id);

    std::vector<MOVES_LIST> moves;
    int mc = state.FindMoves(player_id, opp_player_id, moves);
    if(mc != 0)
    {
        SortMoves(moves);

        std::vector<int> flips;
        for(int i = 0; i < mc; i++)
        {
            state.DoPutChess(moves[i].em, player_id, flips);
            state.SwitchPlayer();
            int value = -NegaMax(state, depth - 1, -beta, -alpha, max_player_id);
            state.UndoPutChess(moves[i].em, player_id, flips);
            state.SwitchPlayer();
            score = std::max(score, value);
            alpha = std::max(alpha, value);
            if(beta <= alpha)
                break;
        }
    }
    else
    {
        state.SwitchPlayer();
        score = -NegaMax(state, depth - 1, -beta, -alpha, max_player_id);
        state.SwitchPlayer();
    }

    //写入置换表
    ttEntry.value = score;
    if(score <= alphaOrig)
        ttEntry.flag = TT_FLAG_UPPERBOUND;
    else if(score >= beta)
        ttEntry.flag = TT_FLAG_LOWERBOUND;
    else
        ttEntry.flag = TT_FLAG_EXACT;

    ttEntry.depth = depth;
    StoreTranspositionTable(state_hash, ttEntry);

    return score;
}
```

23

在进行棋局搜索之前，首先调用 LookupTranspositionTable() 函数查找置换表，如果置换表中存在搜索深度大于或等于当前搜索深度的结果，就直接使用这个结果。根据 flag 标志的值，可以分三种情况使用这个置换表条目：如果 flag 的值是 TT_FLAG_EXACT，则 value 的值就是最终估值；如果 flag 的值是 TT_FLAG_UPPERBOUND 或 TT_FLAG_LOWERBOUND，则 vlaue 的是目前对这个棋局搜索过程中已知的极大 α 值和极小 β 值，在其后的搜索过程中可以据此更新当前的剪枝窗口 $[\alpha, \beta]$。

NegaMax() 函数的最后阶段是将搜索结果存入置换表。在此之前，首先要根据当前搜索的结果更新剪枝窗口 $[\alpha, \beta]$ 的范围，如果当前搜索的估值不在这个范围内，则说明这个估值是个精确值，需要设置 flag 标志的值为 TT_FLAG_EXACT。如果当前估值小于 α，则说明当前估值可作为后续搜索的极大剪枝（α 剪枝）边界值。如果当前估值大于 β，则说明当前估值可作为后续搜索的极小剪枝（β 剪枝）边界值。

23.3.4　最终结果

至此，与黑白棋游戏相关的棋盘模型、估值函数、搜索算法都介绍完了，将以上算法实现放入我们的棋类游戏代码框架，就可以得到一个控制台界面形式的黑白棋对战程序。我们的 AI 算法棋力虽然不高，但是我仍然不能战胜它，在搜索深度是 6 层的情况下，我被电脑杀得一败涂地。我用一个搜索深度是 4 层的电脑和一个搜索深度是 3 层的电脑对战，发现前者几乎 100% 获胜，看来基于博弈树搜索的 AI 算法，能多搜索一层就能占很大的优势。网上公开的几个棋力比较强的几个 AI 算法，在终局阶段都能达到 18～22 层的搜索深度，几乎能搜到最终状态了。

23.4　五子棋

五子棋非常流行，在不同的国家有不同的名称，英文名称为 FIR（Five In a Row）。标准的五子棋棋盘是 15×15 大小，用数字 1～15 标识棋盘的行，用字母 A～O 标识棋盘的列，棋子和围棋一样有黑白两种颜色，可以和围棋的棋局通用。下棋的双方轮流在 15×15 条线的交叉点上落子，先在横、竖和斜线方向上形成五子连珠的一方获胜。

作为一种策略类的游戏，五子棋也有很多"型"，按照五子棋的术语称为"冲四""活三"等。首先介绍一下"冲"，棋型的两端有界的棋称为"冲"，根据相连棋子个数可有"冲二""冲三""冲四"等说法。图 23-7 就是黑棋"冲四"的两种棋型，与黑棋的一端直接接触的要么是白棋，要么是边界，如果黑棋的两端都是空位，则这个棋型就成了"活四"。"活"的定义是棋型的两端都是无界约束（两端不和对手的棋子或边界直接接触），但是根据相连棋子的个数，对两端的空位数量也有要求。以图 23-8a 所示的"活三"为例，除了要求两端为空位外，还要求其中一端至少有两个空位，即要求空位数至少有三个。图 23-8b 所示的"跳活三"是另一种情况，加上中间空位也是至少需要三个空位。

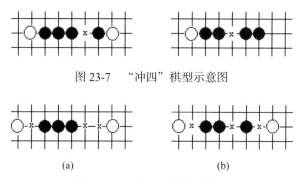

图 23-7　"冲四"棋型示意图

(a)　　　　　　　　　　　(b)

图 23-8　"活三"棋型示意图

　　大多数的棋类游戏先手落子一方会不同程度地占有一些优势，五子棋也不例外。不仅如此，现代计算机的大量模拟计算证明，五子棋存在一些特定的走法，按照步骤用这些走法可以保证战胜对手。为此，人们设置了很多特有的比赛规则，"禁手"就是其中最常用的一种。所谓"禁手"，就是禁止先手一方（通常是黑棋）走特定的棋型，这些棋型要么会使得先手一方占有某种不平等优势，要么会使得先手一方必胜。"禁手"棋型有很多，比如常见的"四四禁手""三三禁手""长连禁手"等。图 23-9a 是"四四禁手"的两种常见棋型，图 23-9b 是"三三禁手"的两种常见棋型。一般来说，比赛中黑棋只要走了"禁手"，白棋可立即指出，此时判黑棋负。如果白棋没有指出，则比赛继续进行。在某些情况下，如果规则允许，白棋甚至可以逼迫或诱骗黑棋走出"禁手"，从而赢得比赛。当然，黑棋如果看出白棋的阴谋，但是又无其他路可走，还可以选择放弃一手，也就是让白棋再走一步，无论如何，这对黑棋都非常不利。

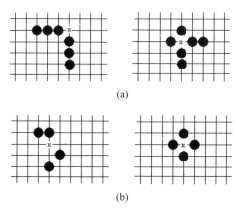

(a)

(b)

图 23-9　"禁手"棋型示意图

　　根据以上对五子棋游戏规则的分析，可知一个五子棋游戏的 AI 算法除了搜索算法、估值算法等内容之外，还要能识别特殊的棋型，比如各种"冲"或"活"的棋型，这些都是估值函数评估的依据。除此之外，还要能识别各种"禁手"棋型，并且在走法生成的时候直接过滤掉"禁手"。

接下来我们将介绍五子棋游戏的数据模型，这个模型的好坏将直接影响到棋型判断算法的实现复杂度。

23.4.1 棋盘与棋子的数学模型

23.3.1 节介绍黑白棋游戏的棋盘数据模型时，介绍了 Warren Smith 在其黑白棋终局处理算法中使用的一种棋盘状态模型（如下所示），我们的黑白棋 AI 算法也使用了这个模型，现在我们的五子棋游戏也继续使用这个模型：

```
dddddddddd
dxxxxxxxxx  11
dxxxxxxxxx  21
dxxxxxxxxx  31
dxxxxxxxxx  41
dxxxxxxxxx  51
dxxxxxxxxx  61
dxxxxxxxxx  71
dxxxxxxxxx  81
dxxxxxxxxx  91
dddddddddd
```

关于直接使用二维数组和使用一维数组的优缺点，在 23.3.1 节已经介绍过了，这里不再赘述。五子棋游戏的棋盘和黑白棋游戏的棋盘有很大的差异，需要对 Warren Smith 的模型做适当修改。标准的五子棋游戏是 15×15 的棋盘，但是我们演示 AI 算法的程序使用 9×9 的小棋盘，一方面是便于展示算法的实现效果，另一方面是加快计算机"想棋"的速度，毕竟棋盘变小了，需要的计算量会呈几何级数减少。9×9 的小棋盘用 Warren Smith 模型表示，需要一个长度为 111 的一维数组表示黑白棋的棋盘与棋子状态，其中 81 个是棋盘上的位置，30 个是标志位或哨兵位。111 个数组元素中前 11 个和后 11 个是标志位，中间每间隔 9 个 x 位置插入一个标志位 d，这个模型各个位置的逻辑结构如前面的阵列所示。

棋盘大小调整了，方向数组的步进量也需要调整。五子棋的搜索方向比较简单，只关注棋子在横、竖和两条斜交叉线上是否有连续出现的情况，只需沿 4 个方向搜索即可。根据 Warren Smith 模型的关系，适用于 9×9 棋盘的方向数组调整如下：

```
const int dir_inc[] = {1, 9, 11, 10};
```

模型中的元素与实际棋盘上行和列的坐标换算关系也调整为：

```
square(row,col) = board[11+col+row×10]    (0<= row,col <=8)
```

至此，整个五子棋的数据模型就建立了。

应用这个一维棋盘模型，可以极大地方便后续算法的设计。现在就以判断是否有棋手完成五子连珠的算法为例，演示一下这个模型给我们的算法实现带来的便利。下棋的双方每落一子，游戏控制器就要检查棋盘状态是否构成了五子连珠,如果有五子连珠,则设置游戏结束标志,并给出胜利者的 ID 以便最后输出胜负结果。这个检查算法的原理很简单,就是从落子位置开始,在一条线上沿正向和反向分别搜索与落子相同的棋子个数,如果从正、反两个方向搜索到的相同棋子个数之和大于或等于 5,则判定有棋手完成了五子连珠。代码如下所示:

```cpp
bool GameState::CheckLinefive(int cell, int dir_inc, int player_id)
{
    int count = 1;
    int ct = cell - dir_inc;
    while(m_board[ct] == player_id)
    {
        count++;
        ct -= dir_inc;
    }

    ct = cell + dir_inc;
    while(m_board[ct] == player_id)
    {
        count++;
        ct += dir_inc;
    }

    return (count >= 5);
}
```

CheckLinefive()函数每次搜索一条线,步进增量 dir_inc 取负表示沿这条线的反方向搜索。对四条线都搜索一次就可以判断在四个方向上是否有五子连珠,这正是 CheckFiveInRow()函数所做的事情:

```cpp
bool GameState::CheckFiveInRow(int cell, int player_id)
{
    for(int i = 0; i < DIR_COUNT; i++)
    {
        if(CheckLinefive(cell, dir_inc[i], player_id))
        {
            return true;
        }
    }

    return false;
}
```

23.4.2　估值函数与估值算法

五子棋游戏的局面评估主要是根据棋型进行,比如己方棋子达成五子连珠,表示这是一个胜局,应该给出最高分;如果是对手的棋子达成五子连珠,表示这是最糟糕的局面,应该给出最低分。如果有"活四"出现,就意味着离胜利只有一步之遥,也应该给予适当的评估分。由此可见,正确识别出各种棋型是五子棋估值算法实现的关键。

1. 棋型计算

五子棋的棋盘上，单个棋子对对手基本上没有太大威胁，两个以上的连子才开始对对手构成威胁，因此棋型的识别应该从"活二"和"冲二"开始。"冲三"和"活三"的威胁就又进了一步，特别是"活三"，如果对手此时不及时处置，再过一手就发展成"活四"，这是必胜的棋型之一。

五子棋的棋型识别是基于横线、竖线和正反两条斜线共四个方向，横线和竖线比较规整，但是正反两条斜线比较难处理，这正是我们放弃二维棋盘模型的原因。我们的数据模型将线定义为一个起点和一个方向步进量组成的二元组，起点是棋盘上的点对应的数据模型中的位置（一维数组的下标），从起点开始，通过叠加步进量移动到下一个点，逐次叠加步进量直到遇到哨兵位，这期间的点就是这条线上的点。图23-10是棋盘上的线与数据模型的位置关系示意图，图中每个圆圈代表9×9棋盘上的一个位置，圆圈中的数字是这个棋盘位置在数据模型中的位置。从图中可以看到，9条横线的起点分别是11、21、31、41、51、61、71、81、91这9个点，其方向步进量是1；9条竖线的起点分别是11、12、13、14、15、16、17、18、19这9个点，其方向步进量是10。斜线需要注意一下，4个角上的斜线如果棋子总数小于5是可以排除的，因为这些线上肯定构不成五子连珠。正斜线方向的起点是11、12、13、14、15、21、31、41、51这9个点，其方向步进量是11。同样，反斜线方向的起点是15、16、17、18、19、29、39、49、59这9个点，其方向步进量是9。

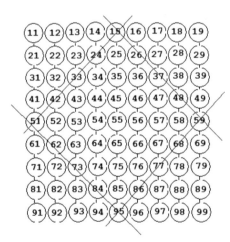

图23-10 棋盘线与数据模型位置关系示意图

按照这个思路，我们先给出线的定义：

```
typedef struct tagLines
{
    int line_s[MAX_LINE_S];
    int off_dir;
}LINES;
```

然后根据图 23-10 准备好 4 个方向上所有线的起点列表和方向步进量：

```
LINES line_cpts[4] = {…}
```

SearchPatterns() 函数的外层 for 循环完成对 4 个方向的遍历，内层 for 循环完成对每个方向上 9 条线的遍历，ev_ata 参数返回棋型识别的结果。所有的线都可以用 AnalysisLine() 函数进行一致化处理，这就是我们的数据模型的优点。

```
void GameState::SearchPatterns(EvaluatorData &ev_ata)
{
    for(int i = 0; i < COUNT_OF(line_cpts); i++)//每个方向
    {
        for(int j = 0; j < MAX_LINE_S; j++)//每个方向条线
        {
            AnalysisLine(line_cpts[i].line_s[j],
                    line_cpts[i].off_dir, ev_ata);
        }
    }
}
```

AnalysisLine() 函数不关心是横线还是竖线，它只根据线的起点和方向步进量进行扫描，可以一次性将一条线上黑白棋的棋型都识别出来。棋型识别的关键是先找出连续棋子的开始位置和结束位置，然后在这基础上向前和向后寻找空位，如果连子数和空位数小于 5，则说明这些连子最后不可能形成五子连珠，不会构成威胁，统计时可忽略这些连子，避免影响估值算法的结果。只有连子数和空位数大于 5 的时候，连子才可能对对手构成威胁，此时需要进一步判断是"冲"还是"活"。如果连子的两端都有空位，且任意一端的空位数大于或等于（5 – 连子数 – 1），则直接判定为"活"。如果连子的两端任意一端是边界或对方的棋子，则判定为"冲"；如果连子两端是空位，但是不满足"活"条件的也判定为"冲"。以上就是识别算法的简单描述，具体实现请看AnalysisLine() 函数的代码：

```
void GameState::AnalysisLine(int st, int dir_inc, EvaluatorData &ev_ata)
{
    int mark_cell,mark_player_id;
    int ct = st;
    while(m_board[ct] != DUMMY)
    {
        ct = SkipEmptyCell(ct, dir_inc);//向后跳过空位
        if(m_board[ct] == DUMMY) //已经到哨兵位? 直接结束
            break;

        mark_cell = ct;
        mark_player_id = m_board[ct];
        int count = 0;
        ct = SearchAndCountChess(ct, dir_inc, mark_player_id, count);
        if(count >= 5)
        {
            ev_ata.IncreaseCounter(5, mark_player_id, false);
        }
```

```
            else if(count >= 2)
            {
                int pre_space = 0;
                int succ_space = 0;
                //向前寻找空位
                int tmp_t = mark_cell - dir_inc;
                tmp_t = SearchAndCountChess(tmp_t, -dir_inc, PLAYER_NULL, pre_space);
                //向后寻找空位
                ct = SearchAndCountChess(ct, dir_inc, PLAYER_NULL, succ_space);
                if((m_board[ct] == mark_player_id) && (succ_space == 1))
                {
                    //处理"跳"的情况
                    count++; //多了一个棋子
                    int space_need = 5 - count;
                    bool succ_close = (m_board[ct + dir_inc] != PLAYER_NULL);
                    if((pre_space + succ_space) >= space_need)
                    {
                        ev_ata.IncreaseCounter(count, mark_player_id, succ_close);
                    }
                }
                else
                {
                    //除了 count 个连子之外, 还需要 5-count 个空位, 才能构成冲 x 或活 x
                    int space_need = 5 - count;
                    //两端都有空位, 且任意一端的空位数大于或等于 space_need, 直接定为活 x
                    if( ((pre_space > 0) && (succ_space > 0))
                        && ((pre_space >= space_need) || (succ_space >= space_need)) )
                    {
                        ev_ata.IncreaseCounter(count, mark_player_id, false);
                    }
                    else
                    {
                        //两端是否有封闭
                        bool pre_close = (m_board[mark_cell - dir_inc] != PLAYER_NULL);
                        bool succ_close = (m_board[ct] != PLAYER_NULL);
                        //空位足够连成五子才统计
                        if((pre_space + succ_space) >= space_need)
                        {
                            ev_ata.IncreaseCounter(count, mark_player_id, pre_close||succ_close);
                        }
                    }
                }
            }
        }
    }
}
```

SearchAndCountChess()函数从 cs 参数指定的开始位置搜索指定 id 的棋子个数 (通过 count 参数返回), 返回搜索结束时的位置。尽管通过 SearchAndCountChess()函数减少了几十行代码, 但是 AnalysisLine()函数仍然是本书迄今为止最长的函数, 不过我相信你一定见过比这更长的棋型识别算法。

2. 估值算法

对棋局进行估值,除了识别出棋型,还要给不同的棋型指定评估分数,以便估值函数进行计算。本书给出了一种简单的棋型记分规则:

- ❑ 五子连珠计 10 000 分
- ❑ "活四""双冲四""冲四活三"这三种情况分别计 9900 分
- ❑ "双活三""双冲四"这两种情况分别计 9800 分
- ❑ "活三冲三""冲四活三"这两种情况分别计 9700 分
- ❑ "冲三"一次计 300 分
- ❑ "活二"一次计 200 分
- ❑ "冲二"一次计 50 分

除此之外,我们的估值算法还考虑位置分。对于五子棋游戏来说,边是比较差的位置,靠近边的一侧发展受限,除非迫不得已或谦让对手,一般情况下棋手不会先靠边上落子。但是计算机傻,特别是在开局阶段,棋盘上的棋子很少,棋型的估值贡献为 0,此时计算机就会随机落子,有可能就落在边上。为了告诉计算机在这种情况下如何处理,我们给棋盘的每个点设置了位置分。边界上的点位置分是 0,越靠中间位置分越高,告诉电脑如果不知道怎么落子,就往中间位置放。

评估分超过 9000 的都是必胜的棋局,这种情况下就根据棋手的情况直接返回分数,其他情况下统计包括位置分在内的棋型得分。在前面介绍的棋型计算的基础上,估值算法的实现就非常简单了,此处就不再列出代码。

23.4.3 搜索算法实现

对于搜索算法,我们依然采用带 "α-β" 剪枝的负极大值算法, 23.3 节介绍黑白棋的时候介绍过该算法。本节将介绍与五子棋有关的走法生成和 "禁手" 判断。

1. 走法生成

除了 "禁手" 之外,五子棋的落子没有特殊规则,棋盘上任意空位都可以落子。因此走法生成算法就是遍历棋盘上的所有空位,排除 "禁手" 位置,剩下的就是可落子的位置。当然,我们也可以根据位置分对所有可落子的位置进行排序,作为走法排序启发搜索的依据。走法生成由 FindMoves() 函数实现,因为算法简单,这里就不列出代码了。

2. "禁手" 判断

"禁手" 是一种特殊的棋型,如果将 "禁手" 理解为在一个可以落子的位置周围几个特定位置上不能同时有己方棋子,那么对 "禁手" 建模就非常简单了。以图 23-9 的 "禁手" 示意图为例,如果黑棋想在 x 位置落子,需要判断在几个黑棋位置是否都有黑棋,这些位置与 x 位置存在某种关系，根据我们的棋盘数据模型，这种关系就是方向步进偏移。以图 23-9a 左侧的"四四禁手"示意图为例，x 位置左侧的三个黑棋位置与 x 的方向步进偏移分别是–1、–2 和–3，x 位置下方的三个黑棋位置与 x 的方向步进偏移分别是 10、20 和 30。

根据以上分析，我们将"禁手"的数据模型定义为：

```
typedef struct tagForbiddenItem
{
    int off_inc[MAX_FORBIDDEN_PATTERN];
    int off_cnt;
}FORBIDDEN_ITEM;
```

off_cnt 记录这个"禁手"棋型中相关的棋子个数，off_inc 数组记录这些棋子相对当前位置的方向步进偏移。利用这个数据模型，预先将各种"禁手"组织成一个列表：

```
FORBIDDEN_ITEM forbidden_patterns[] =
{
    {
        { -1,-2,-3,10,20,30 },
        6
    },
    ...
};
```

"禁手"判断的算法就是遍历这个"禁手"表，对每个"禁手"模型判断相关位置上的己方棋子是否与"禁手"模型匹配，如果匹配则说明当前落子位置是一个"禁手"。对单个"禁手"模型匹配的算法实现如下：

```
bool GameState::IsMatchSingleForbidden(FORBIDDEN_ITEM& item, int cell, int player_id)
{
    int match_cnt = 0;
    for(int j = 0; j < item.off_cnt; j++)
    {
        int cf = cell + item.off_inc[j];
        if((cf >= 0) && (cf < BOARD_CELLS))
        {
            match_cnt += ((m_board[cf] == player_id) ? 1 : 0);
        }
    }

    return (match_cnt == item.off_cnt);
}
```

match_cnt 记录匹配的棋子个数，如果 match_cnt 与这个模型中的棋子个数相等，则说明符合该"禁手"模型，是一个"禁手"。

23.4.4　最终结果

将以上算法实现放入我们的棋类游戏代码框架，就可以得到一个控制台界面形式的五子棋对战程序。这个 AI 还是比较弱智的，看来还有很大的改进空间。如果要实现一个 15×15 标准棋盘的五子棋游戏，只需修改几个常量定义和 GameState 类的几个数据结构即可，整个算法都是通用的。只是换成标准棋盘后计算量太大，搜索深度为 3 的时候计算机每一次要想很长时间，你要有心理准备。

23.5 总结

博弈树的搜索是当前棋类游戏的 AI 基础算法，当某一天计算机的处理能力强到可以搜索出所有棋局状态的时候，计算机之间的对战就真的一点意思都没有了，有的棋是先行者总是胜利，有的棋则无论如何都是平局。博弈树的搜索不仅仅用于棋类游戏，它是人工智能领域一个重要的研究方向，许多完全信息的二人零和博弈问题可以用博弈树搜索算法解决。在博弈树搜索算法方面，前人做了许多充满意义的研究工作，这些都是我们研究这些算法乐趣的来源。

本章介绍了几种最基本的博弈树搜索算法和三种简单的棋类游戏实现，我并不是这些棋类游戏的高手，所以不要指望我"调教"出来的算法有太高的"智商"。但是本章实现的算法都是实现一个自动下棋 AI 的基本内容，可以作为继续提高其"智商"的起点。改进可从几个方面进行，首先是数据模型的改进，可以使用数据量更小的"位棋盘"（bitboard），将棋盘状态的数据减少到 128 比特以内，就可以充分利用现代 CPU 的高阶寄存器提高计算和数据处理的速度。其次是搜索算法的改进，比如应用剪枝效率更高的 PVS 或 MTD(f) 算法，启用开局库和更高效的启发搜索等。最后是估值函数的设计，本章给出的都是最基本的估值函数，某些系数不是最优的，所以棋力不强，有很大的改进余地。改进估值函数的算法，是提高棋力最直接的方法。

最后再啰唆一下，看似复杂和神秘的东西，只要有简单的理论指导，其实现一定也简单。棋类游戏的 AI 算法再次印证了这一点，以后对电脑下棋应该不会再感到神奇了，基本的东西就是这些，关键就是细节的处理，谁的细节处理得好，谁的棋力就强。

23.6 参考资料

[1] Cormen T H, et al. *Introduction to Algorithms* (*Second Edition*). The MIT Press, 2001.

[2] 周伟中. 棋类游戏 100 种. 北京：人民体育出版社，2009.

[3] 王小春. PC 游戏编程——人机博弈. 重庆：重庆大学出版社，2002.

[4] Allis V. Searching for Solutions in Games and Artificial Intelligence. PhD thesis, Department of Computer Science, University of Limburg, 1994.

[5] Knuth D E, Moore R W. An Analysis of Alpha-Beta Pruning. *Artificial Intelligence*, 1975, 6(4): 293-326.

[6] 维基百科词条 "minimax"。

[7] 维基百科词条 "tic-tac-toe"。

23

[8] 维基百科词条 "negamax"。

[9] 维基百科词条 "alpha-beta pruning"。

[10] Marsland T A. A Review of Game-Tree Pruning. *ICCA Journal*, 1986, 9(1): 3-19.

[11] Schaeffer J. The History Heuristic and Alpha-Beta Search Enhancements in Practice. *IEEE Transactions on Pattern Analysis and Machine Intelligence*, 1989, 11(11): 1203-1212.

[12] 维基百科词条 "transposition table"。

[13] Edwards D J, Hart T P. The Alpha-Beta Heuristic (AIM-030). Massachusetts Institute of Technology, 2006.

[14] Marsland T A. *The Anatomy of Chess Programs*. ICCA President, 1992-1999.

[15] Marsland T A, Schaeffer J. *Computers, Chess, and Cognition*. Springer-Verlag, 1990.

[16] Laramée F D. *Chess Programming. Artificial Intelligence*, 2000.

[17] 游戏开发者网站：GameDev。

[18] Pearl J. *Heuristic-Intelligence Search Strategies for Computer Problem Solving*, 1984.

[19] 维基百科词条 "黑白棋"。

[20] Gunnar Andersson. Improved fast endgame solver code, 1999.

[21] Mandt M. Introduction to Basic Othello Strategy and Algorithms. *ICCA Journal*, 2001.

[22] Andersson G.. Writing an Othello program, 2007.

[23] Buro M. ProbCut: An Effective Selective Extension of the Alpha-Beta Algorithm. *ICCA Journal*, 1995, 18(2).

[24] Buro M. The Evolution of Strong Othello Programs. Proceedings of the IWEC-2002 Workshop on Entertainment Computing, 2002.

[25] Buro M. Experiments with Multi-ProbCut and a New High-Quality Evaluation Function for Othello. *Artificial Intelligence*, 1995.

[26] 维基百科词条 "五子棋"。

第 *24* 章

KNN 算法与手写数字识别

KNN（*k*-nearest neighbor，*k*-最近邻）算法是数据挖掘领域常用的分类算法。KNN 算法看似神秘，其实原理很简单，算法实现也很简单。KNN 算法在做类别决策时，只参考极少量的相邻样本，也就是说主要靠有限的邻近样本，而不是靠判别类域的方法来确定对象所属类别，因此对于类域交叉或重叠较多的待分类样本集来说，KNN 算法较其他方法更为适合。这一章我们用 KNN 算法实现一个简单的手写数字识别程序，看看它到底有多简单。

24.1 KNN 算法原理

KNN 算法是一个理论上比较成熟的方法，也是最简单的机器学习算法之一。所谓 *k*-最邻近（*k*-nearest neighbor），就是 *k* 个最相近的邻居的意思。KNN 算法的核心思想是每个样本都可以用与它在特征空间中最接近的 *k* 个邻居来代表，如果这 *k* 个最相邻的邻居样本大多数属于某一个类别，那么该样本也属于这个类别。

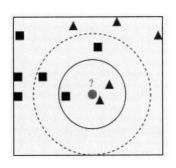

图 24-1　KNN 算法的决策示意图

图 24-1 是用来解释 KNN 算法的典型示意图，图中的实线圆和虚线圆表示 *k* 的范围。当 *k* 的范围比较小的时候（实线圆范围，*k* = 3），中心小圆最邻近的 3 个样本中有 2 个属于一个类别，

1 个属于另一个类别，根据 KNN 算法的理论，此时决策小圆表示的样本应该与三角属于一个类别。但是当我们令 $k = 5$，范围扩大到虚线圆时，小圆最邻近的样本有 5 个，3 个属于一个类别，2 个属于另一个类别，此时决策小圆表示的样本应该与矩形属于一个类别。

这个示意图解释了两个问题，一个是给未知样本分类的规则，另一个是 KNN 算法的一个关键参数 k 的意义。k 个最近的邻居，那么这个 k 怎么选合适，也是一个问题。

24.1.1　算法工作原理

KNN 算法原理很简单，但是要让算法工作起来，还需要解决最关键的模型问题。首先是训练样本如何表达，其次是样本之间的距离怎么表达。对于算法问题，只要一提到距离，大家首先应该想到向量。将样本数据转化为向量是此类问题常用的思想，比如计算文本相似度的余弦定理，就是对文本分词，将文本数据组织成词向量。对于 KNN 算法来说也不例外，只要想办法将样本数据转化成向量，第二个问题就迎刃而解了，因为计算向量距离的方法太多了，比如曼哈顿距离、欧式几何距离，等等。

将问题的样本数据转化为向量的方法很多，因问题的不同而异，如果样本数据有很多个属性，那这些属性就是天然的向量维度，直接将这些属性对应到向量的各个维度上就可以了。如果样本的信息无明显分组，可以考虑用一些特殊的方法将信息离散化，然后抽取关键信息点组成向量的各个维度，最后再将样本数据对应到向量的各个维度上。对文本数据进行分词，就是常见的向量化处理方法。

第 21 章介绍 A*算法的时候，介绍过曼哈顿距离和欧氏几何距离，这里回顾一下这两个距离的计算公式。对于任意 n 维向量 p 和 q，欧氏几何距离可以表示为：

$$D_{\text{Euclidean}}(\boldsymbol{p}, \boldsymbol{q}) = \sqrt{\sum_{i=1}^{n}(\boldsymbol{p}x_i - \boldsymbol{q}x_i)^2}$$

同样，曼哈顿距离可以表示为：

$$D_{\text{Manhattan}}(\boldsymbol{p}, \boldsymbol{q}) = \sum_{i=1}^{n}|\boldsymbol{p}x_i - \boldsymbol{q}x_i|$$

解决了数据建模问题和距离计算方法问题，KNN 算法的实现就非常简单了，因不同人而异，但大致有这几个步骤：

(1) 将已经分好类的训练数据以合理的方式组织；

(2) 计算测试数据与各个训练数据之间的距离；

(3) 按照距离的递增关系进行排序，然后取距离最小的前 k 个数据；

(4) 统计前 k 个数据所属类别出现的频率，取出现频率最高的那个分类作为测试数据的预测分类。

24.1.2 来个例子，增加点感性认识

某网站要对文章按照科技文章和人文文章进行分类，统计两类典型词汇：一类是科技类词汇，比如公式、定理、程序、证明、参数、算法，等等；另一类是人文类词汇，比如家庭、爱情、照顾、婚姻，等等。工作人员事先整理了一些科技文章和人文文章，得到了如表 24-1 所示的统计样本。

表 24-1 统计样本

文 章	科技类词汇出现次数	人文类词汇出现次数	分 类
人肉吹气推进技术在宇航科学中的应用前景	83	9	科技文章
当抓把洲爱上欸捏苏	2	122	人文文章
论豆浆和咖啡的拓扑一致性	196	9	科技文章
利用引力波技术降低离婚率的研究报告	165	23	科技文章
横跨 800 米的异地恋	6	151	人文文章
将 2 进行到底	15	137	人文文章

现有一篇文章，其中科技类词汇出现了 46 次，人文类词汇出现了 18 次，这篇文章应该归为哪一类呢？

首先可以看出来，这个问题可以根据样本的属性进行向量化。每个样本有 2 个属性，分别是科技类词汇出现次数和人文类词汇出现次数。接着是用曼哈顿距离分别计算这篇文章与以上 6 篇文章的距离，以第一篇文章的距离计算为例：$|83 - 46| + |9 - 18| = 46$。将各篇文章计算得到的曼哈顿距离按照从小到大的顺序排列，如表 24-2 所示。

表 24-2 文章排序

分 类	文 章	与未知文章的距离
科技文章	人肉吹气推进技术在宇航科学中的应用前景	46
科技文章	利用引力波技术降低离婚率的研究报告	124
人文文章	当抓把洲爱上欸捏苏	148
人文文章	将 2 进行到底	150
科技文章	论豆浆和咖啡的拓扑一致性	162
人文文章	横跨 800 米的异地恋	173

假设 $k = 3$，我们按照距离排序，并取前三个数据。其中有两个科技文章分类，一个人文文章分类，因此这篇文章被分类为科技文章。

24.2 手写数字识别程序设计

从上一节的原理介绍可以看出来，KNN算法非常简单，实现一个针对某类问题的KNN算法的主要难点在于如何设计相关的距离计算方法。使用向量描述问题，然后借助向量的成熟算法（比如各种距离公式）计算距离是最常用的方法。当然，并不是所有问题都采用向量化这种建模方式。在这一节，我们给出一个用KNN算法实现的手写数字识别程序，主要目的是演示算法的原理和实现。这个程序用到的训练数据和测试数据都来自网络，也是演示算法的经典数据。程序首先读取训练数据集中的文件数据，将其转化成向量，然后用测试数据集中的数据逐个进行测试（测试数据也是事先分好类的），以检查我们的分类算法识别的准确性。经过验证，识别率还是很高的。当设 $k = 13$ 时，如图 24-2 所示，只有数字 8 的识别准确率稍低了一点，其他数字的识别准确率都超过了 95%，还行。

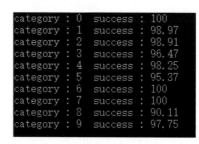

图 24-2 演示程序的识别准确率

24.2.1 数字文件的格式

一般来说，这种数字识别程序直接对位图文件进行处理和识别，基本思路就是将彩色图像转化为黑白二值图像（1表示黑色，0表示白色，或者反过来表示），然后读取图像文件中的点阵信息，将每个点的信息转换到设计好的数据模型中。为了简化演示程序的实现，让大家把注意力集中在 KNN算法上，我们的演示程序没有直接处理图像，而是使用了别人整理好的测试数据。这份测试数据被广泛使用，32×32 的图像文件转化成32行、32列的文本格式，用字符 0 和 1 代表图像上的白点和黑点，下面就是数字 8 的文件内容：

```
0000000011100001111110000000000000
0000000011100111111111111100000000
0000000011111111111111111100000000
0000000011111111111111111110000000
0000000011111111111111111111000000
0000000011111111000001111000000
0000001111111110000001111000000
0000001111111100000001110000000
0000000111110000000111100000000
0000000111110000000111110000000
0000000111110000000111100000000
0000000011111000011111000000000
0000000011111000011111000000000
0000000001111100111111000000000
0000000000011111111110000000000
0000000000001111111110000000000
0000000000001111111110000000000
0000000000000111111000000000000
0000000000000111110000000000000
0000000000001111110000000000000
0000000000001111111100000000000
0000000000011111111000000000000
0000000001111101111000000000000
0000000001111100111100000000000
0000000011110000111000000000000
0000000011100001110000000000000
0000000111000011110000000000000
0000000111000011110000000000000
0000000111111111110000000000000
0000000111111111111000000000000
0000000011111111111000000000000
0000000000111110000000000000000
```

　　这种转化后的文本格式处理起来非常方便，直接用字符串处理方式逐行读入文件即可。网上的这份测试数据分为两部分：一部分是训练数据，在 traindata 目录中；另一部分是测试数据，在 testdata 目录中。文件命名有规律，比如 0_113.txt 表示数字 0 的第 113 个测试文件。从文件名可以知道这个数据文件的分类，程序处理的时候直接根据文件名确认其中的数据应该分类为 2 还是 5 就可以了，很方便。

24.2.2 样本和数据集的处理

首先考虑怎么将文件中的数据转化成向量形式。既然每个数字的文件有 32 × 32 个点的信息，我们考虑用一个 1024（32 × 32 = 1024）维的向量来表示每个数字文件。转化方式也很简单，就是将 32 行的 0 和 1 依次拼接起来，就得到一个 1024 维的向量。

SampleVec 是每个样本数据的数据模型，cat 是这个样本的已知分类，用 0 ~ 9 的数字分别表示识别的数字分类（非巧合，也是 0 ~ 9）。vec 就是向量，因为数据就是 0 和 1，所以我们就用 char 类型，代码实现简单；如果讲究一点，可以考虑使用位域或 bitset。

```
const int BMP_WIDTH = 32;
const int BMP_HEIGHT = 32;

typedef struct
{
    int cat;
    char vec[BMP_WIDTH * BMP_HEIGHT];
}SampleVec;
```

将文件读入并转化成 SampleVec 的算法很简单，就是逐行读入文本格式的 0 和 1 字符串，然后转化成数字 0 和 1，依次拼接到 vec 中。注意，文本格式的数字 0 ~ 9 对应的 ASCII 码是 0x30 ~ 0x39，要转成数字 0 ~ 9，方法之前介绍过，这里再看一次，就是这一行：sline[i] - '0'。

```
bool AppendToVec(SampleVec& vec, int row, std::string& sline)
{
    if (sline.length() != BMP_WIDTH)
    {
        return false;
    }

    char *pvs = vec.vec + row * BMP_WIDTH;
    for (std::size_t i = 0; i < sline.length(); i++)
    {
        *pvs++ = sline[i] - '0';
    }

    return true;
}

bool LoadFileToVec(const std::string fileName, SampleVec& vec)
{
    std::ifstream file(fileName, std::ios::in);
    if (!file)
    {
        return false;
    }
    int row = 0;
    std::string sline;
    while (std::getline(file, sline))
    {
```

```
            if (!AppendToVec(vec, row, sline))
            {
                break;
            }
            row++;
        }

        return (row == BMP_HEIGHT);
    }
```

LoadDataSet()函数的作用就是枚举目录中的数据文件，逐个转化成 SampleVec，并用 std::vector 组织数据集合。GetCategoryFromFileName()函数从文件名中提取数字分类，方法就是找到名字中的'_'符号，这个符号的前一个字符就是分类，转化成数字直接使用即可。

```cpp
    std::pair<bool, int> GetCategoryFromFileName(const std::string fileName)
    {
        std::size_t pos = fileName.find('_');
        if (pos == std::string::npos)
        {
            return {false, 0};
        }

        int cat = fileName[pos - 1] - '0';

        return { true, cat };
    }

    bool LoadDataSet(const std::string filePath, std::vector<SampleVec>& dataSet)
    {
        for (auto& p : std_fs::directory_iterator(filePath))
        {
            std::string fileName = p.path().generic_string();
            std::pair<bool, int> catrtn = GetCategoryFromFileName(fileName);
            if (!catrtn.first)
            {
                return false;
            }

            SampleVec vec = { catrtn.second };
            if (!LoadFileToVec(fileName, vec))
            {
                return false;
            }

            dataSet.emplace_back(vec); //好于 push_back()
        }

        return true;
    }
```

24

24.2.3 训练和测试数据

这就是 KNN 算法的核心了，我很想写得详细一点，但是真的没什么可写的，因为这个算法太简单了。前面那些代码都是做些准备工作，Classify()函数才是 KNN 算法的核心，但是，也就是十几行代码而已。dataTrain 是从训练数据目录中加载的训练数据集，vec 就是待分类的样本。第一个 for 循环计算 vec 与所有训练数据的曼哈顿距离，将结果存到 CatResult 数组 cr 中，cr 数组初始化为长度和 dataTrain 一样，因为它们确实一样长，每个训练数据都要算出一个曼哈顿距离。计算完成后，对 cr 数组按照距离从小到大排序，std::sort()用 lessCrPred 给出的比较方式对这个数据进行了排序（升序），接下来是从排序后的 cr 数组中取前 k 个数据，并统计其中每种分类出现的次数。这里又用到了数组下标的技巧，希望大家能看出来。最后，GetMaxCountCategory()函数遍历 count 数组，从中找出出现次数最多的分类，并将这个结果作为 Classify()函数的分类结果。

```cpp
typedef struct
{
    double distance;
    int cat;
}CatResult;

int Classify(const std::vector<SampleVec>& dataTrain, const SampleVec& vec)
{
    int idx = 0;
    std::vector<CatResult> cr(dataTrain.size());
    for (auto& vt : dataTrain)
    {
        cr[idx].cat = vt.cat;
        cr[idx++].distance = ManhattanDustance(vt, vec);
    }

    auto lessCrPred = [](const CatResult& cr1, const CatResult& cr2)->bool { return (cr1.distance <
        cr2.distance); };
    std::sort(cr.begin(), cr.end(), lessCrPred);

    std::vector<int> count(NUM_COUNT, 0);
    for (int i = 0; i < K; i++)
    {
        count[cr[i].cat]++;
    }

    return GetMaxCountCategory(count);
}
```

图 24-2 显示的输出结果是用的测试数据集，对其中的每个样本依次进行 Classify()分类，并统计得到的准确率。

24.3 总结

KNN 算法的优点是简单、易于实现，样本数据只需要整理分类，不需要训练；分类精度高，对样本中的异常值不敏感（异常数据样本在排序后进不到前 k 个决策样本中），对于多分类问题（一个样本可以属于多个分类），KNN 算法也有很好的适应性。

KNN 算法的缺点是测试样本分类时计算量大（需要和所有训练样本都计算距离），样本空间开销大。当样本数量不平衡时，比如某类样本容量很大，其他类样本容量很小的时候，前 k 个样本邻居中该类样本就会占多数，容量小的分类样本很难进入前 k 个样本。

最后，大名鼎鼎的 k-最近邻算法，其实就是将样本转化成向量或其他可判断距离的参考系，然后计算距离，就这么简单。

24.4 参考资料

[1] 李航. 统计学习方法. 北京：清华大学出版社. 2001.

[2] Christopher M, Nasser M. Bishop.Pattern Recognition and Machine Learning, 2006.

[3] GitHub：tgk/PRML。

24

第 *25* 章
有趣的变声器

相信大家在各种短视频平台上刷到过这类视频：某主播正在翻唱一首名曲，声色优美，声音洪亮，但是突然有"好事者"捣乱，关掉了他的变声器，于是乎，后面的歌声让听众顿时上头。简单的变声器可以改变声调，搞出一些奇妙的声音效果，高级一点的甚至可以结合机器学习算法，让"张三"能够以假乱真地模拟"李四"的声音，甚至包括说话的腔调和口音。那么变声器的原理是什么呢？看完本章的内容，你就能了解一二了。

25.1 声调的变化

声音的"多普勒"效应大概是生活中最常见的声音变调体验，相信很多人在高速上开车有过这种体验。一段均匀采样的时域音频信号，如果用不同的采样率播放，会得到变调的效果。如果用 22 050 Hz 采样率得到的音频信号，按照 44 100 Hz 采样率播放，会使得声调变高，但是播放时间会减半。这种时间上的压缩效果，使得相同振幅的一组波在频率上发生变化，但是其中蕴含的总能量不变。相反，如果对 22 050 Hz 采样率得到的音频信号用 11 025 Hz 的采样率播放，会使得声调变低，当然，播放时间也会延长一倍。本章附带的 stre 程序变调的原理就是打开一个 WAV 格式的音频文件，然后修改文件头中的采样率，从而"欺骗"播放器产生变调效果。

除了在采样率上做手脚"欺骗"音频播放器这样的低级手段，还有很多方法可以实现声音的变调处理。时域压扩（time-scale modification，TSM）算法就是一种能够改变音频的"语速"而不改变其音调的算法，单纯改变采样率会导致播放时间变化，利用各种插值算法，再结合 TSM 技术，就可以"消除"时间上的差异，使得最终效果是时长不变，但是音调发生变化。

单纯的 TSM 算法在实现变调处理时要面临很多挑战，一个典型的场景是在火车轮轨的"哐当哐当"背景声中的一段音频对话，对这段音频进行处理的时候，无论是适应对话中低频的男声还是高频的女声，都可能会抹掉非常低频的"哐当"声。正因为这个原因，很多处理软件甚至需要将低频部分剥离出来单独处理。

Stephan M. Bernsee 于 1999 年在他的网站发表了一篇名为 "Pitch Shifting Using The Fourier Transform" 的文章，提出了一种利用离散傅里叶变换，直接在频域数据上对声调进行拉伸，并保持音频原始时长不变的算法。这种算法不仅原理简单，还具备自动修正相位、抗频率偏移的能力，效果也非常有趣。本章就介绍这个算法的原理以及对算法代码的理解，同时还对算法进行了改进，使之支持双声道音频数据的变调处理。闲话少说，现在就开始吧。

25.2 声调变化的算法实现

本节详细介绍声调变化的算法实现。

25.2.1 回顾 DFT

既然时域不好处理，那么在频域处理行不行呢？当然行，这就得把 DFT（离散傅里叶变换）再请出来了。先来回顾一下本书第 15 章介绍的 DFT。假如时域信号的采样率是 T（Hz），每次选择 N 个时域信号进行 DFT，则转换后得到 N 个频域信号，这 N 个信号对应的频率范围是 $0 \sim T$（Hz），每个频域信号覆盖的频率宽度是 $\frac{T}{N}$。除此之外，得到的 N 个频域信号还有一个特性，就是对称性，即前 $\frac{N}{2}$ 个点的数值和后 $\frac{N}{2}$ 个点的数值呈现轴对称，所以在一些数值计算的算法中，通常只计算前 $\frac{N}{2}$ 个点的数据，乘以 2 就可得到 N 个点的整体数值。

除了以上内容回顾，关于频域内计算声波的振幅、频率和相位，也需要简单介绍，因为本章要介绍的算法会用到这些内容。

1. 振幅

转换后得到的 N 个频域信号，实际上是 N 个复数，复数的实部代表的是这个频率的余弦分量，虚部代表的是这个频率的正弦分量。假如某个频率的信号在时域中某个采样点的振幅是 A，则在频域内这个采样点的振幅的计算方法是：

$$A = \frac{\text{复数的模}}{N/2} = \frac{2\sqrt{\text{real}^2 + \text{imag}^2}}{N}$$

其中 real 和 imag 分别是 DFT 后的复数的实部和虚部，N 是 DFT 的采样点个数。

2. 频率

DFT 后得到的 N 个频域信号，第一个对应的是 0 Hz 的波，也称信号中的直流分量，第二个对应的是频率为 $\frac{T}{N}$ 的信号，第三个是频率为 $2\frac{T}{N}$ 的信号，以此类推，但是需要注意其对称性。$\frac{T}{N}$

25

不是一个准确的频率，它代表的是一个频率范围，也称"频率盒"（frequence bin）。每次做 DFT 的采样点个数 N 越大，这个频率盒就越小，相应的频率精度就越高。以 44 100 Hz 采样率的时域数据为例，如果每次选择 2048 个采样做 DFT，则得到的频率盒是 21.533 Hz。

3. 相位

复数 $z = a + bi$ 可用三角形式表示为 $z = r\cos\alpha + r\sin\alpha$，$r$ 是复数的模（$r = \sqrt{a^2 + b^2}$），对复数的三角形式归一化后，实部代表的是这个频率的余弦分量，虚部代表的是这个频率的正弦分量，那么 $\tan\alpha = \dfrac{\sin\alpha}{\cos\alpha}$，即：

$$\alpha = \arctan\left(\frac{\sin\alpha}{\cos\alpha}\right) = \arctan\left(\frac{imag}{real}\right)$$

其中 real 和 imag 分别是复数的实部和虚部，α 是该频率的波对应的相位。DFT 后得到的每一个频域信号，都可以用这个公式计算对应频率的相位。

25.2.2　改变声调的原理

1. 频率的变化依据

声调的调整是基于什么呢？当然是基于频率。DFT 只是给了我们一个在频域观察音频数据的机会，要实现声调的变化，还需要了解频率变化与声调高低的关系。大家中学都上过音乐课，声调差异的原因就是基准音的频率不同，所以，改变一段音频的声调，其实就是改变这段音频中各种波的频率。时域中的音频采样，实际上是各种频率的声音在采样那一刻的叠加值，对连续多个采样点的数据进行 DFT，可以近似得到这些采样中各种频率的波的振幅和相位。这其实也是傅里叶变换的原理，即：满足一定条件的连续函数（周期函数）都可以表示成一系列三角函数（正弦函数或余弦函数）或者它们的积分的线性组合形式。所以，抽取出叠加在音频数据中的各种波的频率并调整，就可以实现声调的变化。

具体如何调整呢？可以考虑设置一个频率变化系数，让基准频率乘以这个系数，得到变调后的频率。这个系数是怎么确定的呢？这里先普及一点"现学现卖"的乐理知识。我们平常唱谱的时候所熟知的"Do Re Mi Fa So La Si"，对应的国际谱分别叫作"C、D、E、F、G、A、B"。以基准音高为出基础，向高音方向提高一轮，就是升八度；向低音方向降一轮，就是降八度。所谓的升八度，其实就是频率提高了一倍，当然，降八度就是频率减少一半。钢琴中央的 C4 对应的频率是 261.6 Hz，降八度后的 C3 对应的频率就是一半，即 130.8 Hz；再降八度的 C2 对应的频率就是 C4 的 1/4，即 65.41 Hz。另外，在标准谱中，C 和 D 之间是一个全音，但是 E 和 F 之间只有一个半音，如果用 # 表示升高半音，整个谱系是这样的：C、C#、D、D#、E、F、F#、G、G#、A、A#、B，也就是说，每个八度之间有 12 个半音。这个算法调整的系数就是基于半音个数计算出来的，假设需要调整的半音个数是 n，（正数表示升高的半音个数，负数表示降低的半音个数），则调整后的频率计算方法就是：

$$F_{\text{new}} = F_{\text{old}} \times 2^{\frac{n}{12}}$$

比如 C4 是 261.6 Hz，D4 是升高了两个半音，则 D4 的频率就是：

$$F_{\text{D4}} = 261.6 \times 2^{\frac{1}{6}} = 293.7 \text{Hz}$$

这个计算结果与国际音高赫兹谱是一致的。于是，我们就可以将变调系数设置为 $2^{\frac{n}{12}}$。事实上，本章要介绍的变调算法也是用的这个系数计算方法。

2. 窗口处理

傅里叶变换是构建在连续周期性信号基础上的理论，对于音频信号这种在一段较大时间跨度上的非周期信号应用 DFT，没有任何意义。但是如果将音频信号分成较小的时间跨度，比如几毫秒，你会发现某些声音会呈现出固有的周期性（以固定的频率保持一段较短的时间），这也就是短时傅里叶变换（STFT）的理论依据。所以，将无固定长度的连续非周期音频信号分成较小时间跨度的数据帧，一批一批地对原始信号进行 DFT，仍然可以分析出音频数据中的某些规律或特性。

但是将连续采样数据分成小的数据帧进行分析的时候，需要考虑对每批次的采样数据进行"加窗"处理，使其具有某种周期性特征。以常用的汉宁窗（hann window）为例：

$$\omega(n) = \frac{1}{2}\left[1 - \cos\left(\frac{2\pi(n-1)}{N}\right)\right]$$

很显然，这个窗口是某种形式的余弦曲线，对信号进行叠加后，部分信号将被削弱，也就是会造成原始信号的能量泄漏。为了部分弥补加窗造成的信号衰减，一种常用的策略是使用"滑动窗口"技术。所谓"滑动窗口"，就是对一块信号数据进行 DFT 后，保留这块数据的一部分，再补充一些新的数据，组成下一次 DFT 的原始数据，这个操作就相当于有个窗口在原始信号上滑动。本书第 15 章使用半个窗口滑动，在很多信号处理算法中，要求至少要 75% 的原始信号覆盖，也就是说每次最多滑动 1/4 个窗口大小的数据。

图 25-1 演示了滑动窗口的使用，每次滑动 1/4 个窗口大小。图中深色方块表示原始信号数据，浅色矩形框表示每次 DFT 的窗口大小，浅色渐变填充的方块表示前 3 次 DFT 时需要填充的数据（一般用 0 填充），最后一行的深色渐变填充方块表示数据的最后部分需要的填充，如果这一块数据之后还有数据，则用后续数据的前面一部分填充（需要数据做连续拼接），如果这一块数据之后没有数据了，就用 0 填充。

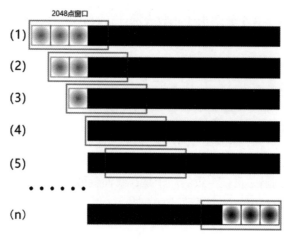

图 25-1 滑动窗口示意图

3. 相位变化

我们需要注意的相位变化主要分为两种情况。第一种情况是对连续非周期信号进行分块 DFT 处理时造成同一频率的波在不同处理批次中产生的相位差。这种相位差可用图 25-2 解释。

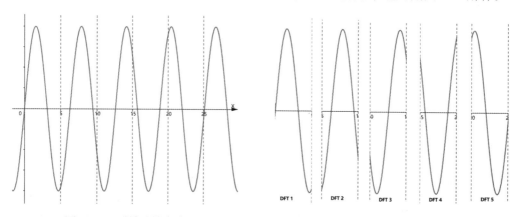

图 25-2a 时域连续声波   图 25-2b 数据分块 DFT 的情况

某频率的波在时域呈现连续周期性特征，但是分块做 DFT 时，由于数据被隔断，相当于每块数据中的音频信号（同一频率）出现了相位差。这部分相位差可用 2.1.3 节的公式计算。

产生相位变化的另一种情况是使用滑动窗口造成的，同一块数据每滑动一次，就会产生在本批次数据内的相位差。这部分相位差由窗口大小和每次滑动的距离决定。假设每次做 DFT 时使用 N 个采样信号，每次滑动这 N 个信号的 $\dfrac{1}{m}$，则每次 DFT 时由窗口滑动造成的相位变化可由这个公式计算：

$$\alpha = k \frac{2\pi}{m}$$

其中 k 的意义是 DFT 后得到的第 k 个频域信号，即 $0 \leqslant k \leqslant N$。当滑动窗口确定了以后，这类相位变化理论上可以预先计算出来，属于固定的相位变化，比较好修正。

4. 准确提取频率

根据 25.2.1 节的介绍，DFT 后第 n 个点对应的频率可用这个方法计算出来，即：$F_n = (n-1)\dfrac{T}{N}$。但是这个公式只能应用于理想的周期信号场景，对于使用短时傅里叶变换处理的音频信号，还需要考虑相位的变化。在 Stephan M. Bernsee 给出的算法中，他处理相位偏差、准确提取频率的算法过程可以归纳为以下几个步骤：

(1) 对 N 个采样数据做 DFT，根据频域数据的对称性，对第 k（$0 \leqslant k \leqslant \dfrac{N}{2}$）个点进行频率修正；

(2) 首先用 25.2.1 节介绍的公式计算出 k 点数据的相位，然后根据前一个批次的频域数据中对应第 k 个点的相位计算出相位差；

(3) 再利用前面介绍的方法对计算出的相位差进行修正；

(4) 将修正后的相位差映射到 $[-\pi, \pi]$ 区间，并转化为频率的偏差；

(5) 根据计算出的频率偏差修正第 k 个点的频率，得到第 k 个点的真正频率。

对以上过程的理解可以在下一节介绍具体代码实现的时候再加深一下。

25.2.3 理解 Stephan M. Bernsee 算法实现

1. 滑动窗口的实现

Bernsee 算法支持指定滑动窗口的大小和重叠（覆盖）系数。fftFrameSize 是每一帧需要做 DFT 的数据大小，一般是 2^n，比如 2048。osamp 是滑动重叠次数，这个值如果是 4，就表示每次滑动窗口的 1/4。gInFIFO 是长度为 fftFrameSize 的浮点数数组，每一个数据就是一个采样点值。gRover 是一个辅助变量，指示在 gInFIFO 中补充新数据的位置。如果 fftFrameSize = 2048，osamp = 4，则每次滑动 512 个采样数据（1/4 个窗口大小），gRover 的起始位置就总是 1536。假如 indata 缓冲区存放所有需要处理的采样数据，数量是 N，则使用滑动窗口处理 indata 中所有采样数据的算法框架就是：

```
int i = 0;
stepSize = fftFrameSize / osamp; //每次移动 2048 / 4 = 512 个数据
inFifoLatency = fftFrameSize - stepSize; // 2048 - 512 = 1536
while(i < N)
```

```
{
    gRover = inFifoLatency; //1536, 从 gInFIFO 的 3/4 位置开始
    while(gRover < fftFrameSize)
        gInFIFO[gRover++] = inData[i++]; //从 inData 向 gInFIFO 补充 1/4 的新数据

    // 对 gInFIFO 中的数据进行处理, 加窗, DFT...

    //gInFIFO 数据向前移动 1/4, 空出最后的 1/4 用于补充新数据
    for (int k = 0; k < inFifoLatency; k++)
        gInFIFO[k] = gInFIFO[k + stepSize];
}
```

从这个算法框架可以看出来, 很多人眼中神秘的滑动窗口, 其实实现起来非常简单。

2. 窗口处理

当 gInFIFO 收集够 2048 个数据后, 就进行 DFT, 变换之前是加窗的处理。很显然, Bernsee 算法使用的是汉宁窗:

```
for (int k = 0; k < fftFrameSize; k++)
{
    window = -0.5*cos(2.0*M_PI*(double)k/(double)fftFrameSize)+0.5;
    gFFTworksp[2*k] = gInFIFO[k] * window;
    gFFTworksp[2*k+1] = 0.0;
}
```

gFFTworksp 中连续的两个数据表示一个采样点数据, 实部和虚部交替存放。熟悉 FFT 算法的朋友对此应该不陌生, 因为大多数 FFT 算法要求输入数据以这种形式存放。加窗之后, 就可以进行 DFT 了, Bernsee 算法自己提供了一个 FFT 算法实现:

```
smbFft(gFFTworksp, fftFrameSize, -1);
```

3. 准确提取频率和振幅

经过 DFT 之后, gFFTworksp 中存放的就是频域数据, 接下来需要从 gFFTworksp 中提取频率和振幅数据。频率的修正可以对照 2.2.4 节的流程描述来理解, 有效代码不到 20 行:

```
for (int k = 0; k <= fftFrameSize / 2; k++)
{
    /* de-interlace FFT buffer */
    real = gFFTworksp[2*k];
    imag = gFFTworksp[2*k+1];

    /* compute magnitude and phase */
    magn = 2.0*sqrt(real*real + imag*imag);
    phase = atan2(imag,real);

    /* compute phase difference */
    tmp = phase - gLastPhase[k];
    gLastPhase[k] = phase;

    /* subtract expected phase difference */
```

```
        tmp -= (double)k*expct;

        /* map delta phase into +/- Pi interval */
        qpd = tmp/M_PI;
        if (qpd >= 0) qpd += qpd&1;
        else qpd -= qpd&1;
        tmp -= M_PI*(double)qpd;

        /* get deviation from bin frequency from the +/- Pi interval */
        tmp = osamp*tmp/(2.*M_PI);

        /* compute the k-th partials' true frequency */
        tmp = (double)k*freqPerBin + tmp*freqPerBin;

        /* store magnitude and true frequency in analysis arrays */
        gAnaMagn[k] = magn;
        gAnaFreq[k] = tmp;
    }
```

gFFTworksp 中的实部和虚部也是交替存放的，根据对称性，只需要计算 fftFrameSize / 2 个点的数据。第 8～9 行代码计算第 k 个点的振幅和相位，振幅的数值乘以 2 是因为只计算了一半的数据，另一半根据对称性乘以 2 修正。gLastPhase 存放的是上一次 DFT 时 k 点（与频率有关）对应的相位，对第一批 DFT 的数据来说，gLastPhase 中对应位置的初始值都是 0。第 12～13 行代码计算相位差，并将结果更新到 gLastPhase 的对应位置上，用作下一批数据计算相位差。第 16 行代码修正由窗口滑动造成的相位差，expct 的值是事先计算好的：

```
        expct = 2.*M_PI*(double)stepSize/(double)fftFrameSize;
```

可以参照 25.2.2 节介绍的计算公式理解这一行代码。第 21～24 行代码将相位差修正到 $[-\pi, \pi]$ 区间上。第 27 行代码根据相位差计算出频率偏移。第 30 行代码根据频率偏移计算出第 k 个点的实际频率。变量 freqPerBin 就是 DFT 后每个频域点覆盖的频率宽度（频率盒 $\frac{T}{N}$）：

```
        freqPerBin = sampleRate/(double)fftFrameSize;
```

计算完成后，将振幅和修正后的频率分别存储到 gAnaMagn 和 gAnaFreq 中，就完成了准确频率的提取。

4. 改变声调（频率变化）

有些读者可能认为此时可以根据 25.2.2 节给出的公式直接对 gAnaFreq 中的频率进行修正，就像这样：

```
        float pitchShift = (float)std::pow(2.0, semitones / 12.0);
        gAnaFreq[k] = gAnaFreq[k] * pitchShift;
```

但是不能这么简单理解，因为对频率进行修正，意味着整个频率范围发生拉伸。假如变调前 0～1024 点对应的频率范围是 0～22 050 Hz，pitchShift 计算出来是 1.5874（升高 8 个半音），那么

25

计算后频域中同样 1024 个点对应的频率范围就变成 0 ~ 35 002 Hz。理论上此时每个点的解析度（$\frac{T}{N}$）也应该变化 1.5874 倍，从 21.533 变成 33.988，但是由于要保证采样率不变，所以就要求解析度不能变化，即每个频率盒对应的频率不能变化。如此一来，就不能将变调后的频率数据放在原位，而要按照频率盒的计算分配到新的位置上。频率修改后频率盒的对应关系如图 25-3 所示。

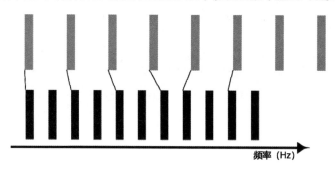

图 25-3　频率修改后频率盒的对应关系

浅色方块表示拉伸后的频率盒，需要将其映射到原来的频率盒（深色方块）中，映射后没有对应关系的频率盒（深色方块）将被清 0。Bernsee 算法的代码就是这样处理的：

```
for (k = 0; k <= fftFrameSize2; k++)
{
    index = k*pitchShift;
    if (index <= fftFrameSize2)
    {
        gSynMagn[index] += gAnaMagn[k];
        gSynFreq[index] = gAnaFreq[k] * pitchShift;
    }
}
```

注意计算新的位置 index 时涉及浮点数的取整计算，有可能原来两个频率数据调整映射到同一个频率盒中（比如降调处理，pitchShift 小于 1 的情况），所以需要对振幅进行累加，频率不需要累加，但是用最后一个映射到这个频率盒中的频率代表这个点的频率。从算法实现上不难看出，原始数据中的高频部分可能会被丢弃。

5. 时域数据还原

调整后的频域数据需要同步还原为时域数据。数据还原其实就是前述数据处理的逆向处理，包括相位的还原修正、频率的还原修正，等等。Bernsee 算法的逆向还原过程是这样的：

```
for (int k = 0; k <= fftFrameSize2; k++)
{
    /* get magnitude and true frequency from synthesis arrays */
    magn = gSynMagn[k];
    tmp = gSynFreq[k];
```

```
    /* subtract bin mid frequency */
    tmp -= (double)k*freqPerBin;

    /* get bin deviation from freq deviation */
    tmp /= freqPerBin;

    /* take osamp into account */
    tmp = 2.*M_PI*tmp/osamp;

    /* add the overlap phase advance back in */
    tmp += (double)k*expct;

    /* accumulate delta phase to get bin phase */
    gSumPhase[k] += tmp;
    phase = gSumPhase[k];

    /* get real and imag part and re-interleave */
    gFFTworksp[2*k] = magn*cos(phase);
    gFFTworksp[2*k+1] = magn*sin(phase);
}
```

算法依次修正频率偏差、相位偏差,最后利用 25.2.1 节介绍的相位与振幅的关系,得到声调变化后采样点数据的实部和虚部。gSumPhase 存储的是每个频率盒对应的频率经过连续多次 DFT 后累积的相位差之和,它的作用和变调过程中 gLastPhase 的作用正好相反。gFFTworksp 中的数据经过逆向 DFT 后就可以得到时域数据。至此,一个窗口的数据处理完成,接下来就是滑动窗口,然后继续下一批次数据的处理。

25.3 声调变化的算法改进

本节我们对声调变化的算法进行改进。

25.3.1 支持多声道音频数据

Bernsee 算法只支持单声道的 PCM 音频数据,理论上这个算法可以支持对多声道数据的处理。Bernsee 算法的计算上下文使用了全局变量,通过分析代码,只需将这些全局变量整理到一个转换上下文中,对每个声道的数据设置一个上下文就可以支持多声道数据同步处理。

改进的方法就是将全局数据整理到一个上下文数据结构中,也就是将原算法中定义的一些静态变量提取出来:

```
typedef struct tagPitchContext
{
    float gInFIFO[MAX_FRAME_LENGTH];
    float gOutFIFO[MAX_FRAME_LENGTH];
    float gFFTworksp[2 * MAX_FRAME_LENGTH];
    float gLastPhase[MAX_FRAME_LENGTH / 2 + 1];
    float gSumPhase[MAX_FRAME_LENGTH / 2 + 1];
```

25

```
        float gOutputAccum[2 * MAX_FRAME_LENGTH];
        float gAnaFreq[MAX_FRAME_LENGTH];
        float gAnaMagn[MAX_FRAME_LENGTH];
        float gSynFreq[MAX_FRAME_LENGTH];
        float gSynMagn[MAX_FRAME_LENGTH];
        long gRover;
    }PITCH_CONTEXT;
```

将原算法中初始化静态变量的代码提取到一个初始化函数中：

```
    void InitPitchContext(PITCH_CONTEXT * ctx)
    {
        memset(ctx->gInFIFO, 0, MAX_FRAME_LENGTH * sizeof(float));
        memset(ctx->gOutFIFO, 0, MAX_FRAME_LENGTH * sizeof(float));
        memset(ctx->gFFTworksp, 0, 2 * MAX_FRAME_LENGTH * sizeof(float));
        memset(ctx->gLastPhase, 0, (MAX_FRAME_LENGTH / 2 + 1) * sizeof(float));
        memset(ctx->gSumPhase, 0, (MAX_FRAME_LENGTH / 2 + 1) * sizeof(float));
        memset(ctx->gOutputAccum, 0, 2 * MAX_FRAME_LENGTH * sizeof(float));
        memset(ctx->gAnaFreq, 0, MAX_FRAME_LENGTH * sizeof(float));
        memset(ctx->gAnaMagn, 0, MAX_FRAME_LENGTH * sizeof(float));
        ctx->gRover = 0;
    }
```

最后将 smbPitchShift 函数中静态变量的声明删除，并给 smbPitchShift 函数增加一个 PITCH_CONTEXT * ctx 参数：

```
    void smbPitchShift(PITCH_CONTEXT* ctx, float pitchShift, ...);
```

处理音频数据的时候，为每个声道设置一个 PITCH_CONTEXT 就可以互不干扰地处理多声道数据了。

25.3.2 算法效率改进

算法的整体效率也可以稍微提升。首先是加窗的处理部分，Bernsee 算法在做加窗计算时，对每个窗口的数据都重复计算一次窗口值：

```
    window = -0.5*cos(2.0*M_PI*(double)k/(double)fftFrameSize)+0.5;
```

其实这个值只与窗口大小有关，当窗口大小确定后，可以在上下文中事先计算出来，加窗的时候直接引用就可以了，不必每次都重新计算。另外，算法中使用了很多三角函数，可以用第三方的高效数学库提供的快速三角函数替换标准库的三角函数，效率也可提升不少。

25.4 参考资料

[1] E. O. 布里汉. 快速傅里叶变换. 柳群，译. 上海：上海科学技术出版社，1979.

[2] 何振亚. 数字信号处理的理论与应用. 北京：人民邮电出版社，1983.

[3] Stephan M. Bernsee. Pitch Shifting Using The Fourier Transform, 1999.

[4] Stephan M. Bernsee. The DFT "à Pied": Mastering The Fourier Transform in One Day, 1999.

技术改变世界 · 阅读塑造人生

啊哈！算法

◆ 一本充满智慧和趣味的算法入门书
◆ 没有枯燥的描述，没有难懂的公式，一切以实际应用为出发点
◆ 通过幽默的语言配以可爱的插图来讲解算法
◆ 在轻松愉悦中掌握算法精髓，感受算法之美

作者： 啊哈磊

算法（第4版）

◆ 算法大家Sedgewick、Wayne巨著
◆ 与计算机圣经TAOCP一脉相承
◆ 好评如潮，Amazon 4.7星
◆ 豆瓣9.4分，近万人标记想读

作者： Robert Sedgewick，Kevin Wayne
译者： 谢路云

计算机程序设计艺术 卷1：基本算法（第3版）

◆ 公认的计算机科学领域的权威之作
◆ 本书是该系列的第1卷，讲解基本算法，其中包含了其他各卷都需用到的基本内容
◆ 本卷从基本概念开始，然后讲述信息结构，并辅以大量的习题及答案

作者： 高德纳
译者： 李伯民，范明，蒋爱军

计算机程序设计艺术 卷2：半数值算法（第3版）

◆ 公认的计算机科学领域的权威之作
◆ 本书为该系列的第2卷，全面讲解了半数值算法，分"随机数"和"算术"两章
◆ 书中总结了主要算法范例及这些算法的基本理论，广泛剖析了计算机程序设计与数值分析间的相互联系

作者： 高德纳
译者： 巫斌，范明

计算机程序设计艺术 卷3：排序与查找（第2版）

◆ 公认的计算机科学领域的权威之作
◆ 本书是该系列的第3卷，扩展了卷1中信息结构的内容，主要讲排序和查找
◆ 书中对排序和查找算法进行了详细的介绍，并对各种算法的效率做了大量的分析

作者： 高德纳
译者： 贾洪峰

计算机程序设计艺术 卷4A：组合算法（一）

◆ 公认的计算机科学领域的权威之作
◆ 本书是该系列的第4卷A，书中主要介绍了组合算法
◆ 内容涉及布尔函数、按位操作技巧、元组和排列、组合和分区以及所有的树等

作者： 高德纳
译者： 李伯民，贾洪峰